随机过程

王志刚　编著

中国科学技术大学出版社

内 容 简 介

　　本书主要介绍了随机过程的基本理论、基本方法和应用背景等,主要内容包括概率论基本知识、随机过程的基本概念和基本类型、泊松过程和更新过程、马尔可夫链、连续时间的马尔可夫链、平稳随机过程、平稳随机过程的谱分析、平稳时间序列、平稳时间序列的统计分析、随机积分和随机微分方程等.在选材上强调实用性,配有大量的应用实例,每章后附有一定数量的习题,附录给出了习题答案,可供读者选用、参考,期望帮助读者加深对基本概念和基本方法的理解和掌握.

图书在版编目(CIP)数据

随机过程/王志刚编著. —合肥:中国科学技术大学出版社,2018.9
ISBN 978-7-312-04547-9

Ⅰ.随…　Ⅱ.王…　Ⅲ.随机过程　Ⅳ.O211.6

中国版本图书馆 CIP 数据核字(2018)第 196131 号

出版	中国科学技术大学出版社
	安徽省合肥市金寨路 96 号,230026
	http://press.ustc.edu.cn
	https://zgkxjsdxcbs.tmall.com
印刷	安徽省瑞隆印务有限公司
发行	中国科学技术大学出版社
经销	全国新华书店
开本	787 mm×1092 mm　1/16
印张	15.25
字数	380 千
版次	2018 年 9 月第 1 版
印次	2018 年 9 月第 1 次印刷
定价	38.00 元

前　　言

随机过程理论在物理、生物、工程、经济、管理等方面都有着重要的应用,现已成为科技工作者必须掌握的一个理论工具.随机过程研究的是客观世界中随机现象演变过程的统计规律性,本书是编著者及其团队在多年讲授"随机过程"课程和科研实践的基础上编著而成的,希望能系统讲述随机过程的基本原理、基本方法和应用.

本书是在 2009 年出版的《应用随机过程》一书的基础上修订而成的,增加了随机积分和随机微分方程部分,在时间序列的统计分析章节中增加了利用统计软件 Eviews 9.0 对时间序列进行分析预测的内容,增加了鞅过程的介绍,对基本概念和基本原理的撰写更注重精炼和准确.

在撰写过程中力求反映以下几个特点:

(1) 强调基本概念和基本方法的理解与阐述.着眼于引发读者兴趣,使者领悟随机过程理论的思想,感受其魅力与威力,着重揭示基本概念的来源与实际背景,典型随机模型的提炼、特性的刻画、应用背景及其发展的踪迹.较全面地介绍了现代科学技术中常见的几种重要的随机过程,如泊松过程和更新过程、马尔可夫过程、平稳随机过程、时间序列分析等,对每种过程都做了详细的分析,读者可根据专业的需要适当取舍.每章都配有例题和习题,帮助读者理解和掌握基本概念与基本方法.

(2) 强调知识的灵活运用.本书不仅介绍了随机过程的基本概念和基本方法,还强调了随机过程理论的应用,例如线性时不变系统、市场占有率分析、网页搜索排序、教学效果评价、$M/M/s$ 排队系统分析、机床维修、天气预报系统、股票走势预测等,展示出随机过程理论强大的生命力和广阔的应用前景.

由于笔者水平有限,书中一定还有不少不足和错误,恳请读者批评指正.

作　者

2018 年 1 月于海南大学

目　　录

第1章 概率论基础知识

概率论是随机过程的基础.在传统的概率论中,由于各种原因,往往借助于直观理解来说明一些基本概念,这对于简单随机现象似乎无懈可击,但对于一些复杂随机现象就难以令人信服了.随着随机数学理论的不断完善,随机过程越来越成为现代概率论的一个重要分支和发展方向.为了更好地学习随机过程,我们必须对基础概率论的理论有一个比较深入和全面的了解.本章将系统介绍概率论基础知识,包括概率空间、随机变量及其分布、数学期望的若干性质、特征函数和母函数、随机变量列的收敛性及其相互关系、条件数学期望等.

1.1 概 率 空 间

概率论是研究随机现象统计规律的一门数学分科.由于随机现象的普遍性,概率论具有极其广泛的应用.随机试验是概率论的基本概念之一,随机试验所有可能结果组成的集合,称为这个试验的样本空间,记为 Ω.Ω 的元素 ω 称为样本点,Ω 的子集 A 称为随机事件,样本空间 Ω 也称为必然事件,空集 $\varnothing$ 称为不可能事件.

定义 1.1 设 Ω 是一个集合,$\mathscr{F}$ 是 Ω 的某些子集组成的集合簇(或称集类),如果:

(1) $\Omega \in \mathscr{F}$;

(2) 若 $A \in \mathscr{F}$,则 $\bar{A} = \Omega \backslash A \in \mathscr{F}$;(取余集封闭)

(3) 若 $A_n \in \mathscr{F}, n = 1, 2, \cdots$,则 $\bigcup\limits_{n=1}^{\infty} A_n \in \mathscr{F}$,(可列并封闭)

则称 $\mathscr{F}$ 为 σ-代数、Borel 域或事件域,$(\Omega, \mathscr{F})$ 称为可测空间,$\mathscr{F}$ 中的元素称为事件.由定义可以得到:

(4) $\varnothing \in \mathscr{F}$.

(5) 若 $A, B \in \mathscr{F}$,则 $A \backslash B \in \mathscr{F}$.(取差集封闭)

(6) 若 $A_n \in \mathscr{F}, n = 1, 2, \cdots$,则 $\bigcap\limits_{i=1}^{n} A_i, \bigcup\limits_{i=1}^{n} A_i, \bigcap\limits_{i=1}^{\infty} A_i \in \mathscr{F}$.(有限交、有限并、可列交封闭)

定义 1.2 设 $(\Omega, \mathscr{F})$ 为可测空间,$P(\cdot)$ 是定义在 $\mathscr{F}$ 上的实值函数,如果:

(1) 对任意 $A \in \mathscr{F}, 0 \leqslant P(A) \leqslant 1$;(非负性)

(2) $P(\Omega) = 1$;(正规性)

(3) 对两两互不相容事件 $A_1, A_2, \cdots$(当 $i \neq j$ 时,$A_i \bigcap A_j = \varnothing$),有 $P(\bigcup\limits_{i=1}^{\infty} A_i) = \sum\limits_{i=1}^{\infty} P(A_i)$,(可列可加性)

则称 P 是 $(\Omega, \mathscr{F})$ 上的概率,$(\Omega, \mathscr{F}, P)$ 称为概率空间,$P(A)$ 为事件 A 的概率.同时,由定义

我们可以得到:

(4) 如果 $A,B \in \mathscr{F}, A \subset B$, 则 $P(B \backslash A) = P(B) - P(A)$. (可减性)

一事件列 $\{A_n, n \geqslant 1\}$ 称为单调增列, 若 $A_n \subset A_{n+1}, n \geqslant 1$; 称为单调减列, 若 $A_n \supset A_{n+1}, n \geqslant 1$. 显然, 如果 $\{A_n, n \geqslant 1\}$ 为单调增列, 则 $\lim\limits_{n \to \infty} A_n = \bigcup\limits_{i=1}^{\infty} A_i$; 如果 $\{A_n, n \geqslant 1\}$ 为单调减列, 则 $\lim\limits_{n \to \infty} A_n = \bigcap\limits_{i=1}^{\infty} A_i$.

设 $\{A_n\}$ 为一集列, 称 $\varlimsup\limits_{x \to \infty} A_n = \bigcap\limits_{n=1}^{\infty} \bigcup\limits_{k=n}^{\infty} A_k$ 和 $\varliminf\limits_{n \to \infty} A_n = \bigcup\limits_{n=1}^{\infty} \bigcap\limits_{k=n}^{\infty} A_k$ 分别为集列 $\{A_n\}$ 的上极限和下极限. 容易看出, 集列的上极限是由属于 $\{A_n\}$ 中无限多个集的那种元素的全体所组成的集合, 集列的下极限是由不属于有限个集的那种元素构成的集合.

显然, $\{\bigcup\limits_{k=n}^{\infty} A_k\}$ 与 $\{\bigcap\limits_{k=n}^{\infty} A_k\}$ 分别为降列和升列, 因此集列的上极限和下极限可以分别写为

$$\varlimsup\limits_{n \to \infty} A_n = \lim\limits_{n \to \infty} \bigcup\limits_{k=n}^{\infty} A_k \quad \text{和} \quad \varliminf\limits_{n \to \infty} A_n = \lim\limits_{n \to \infty} \bigcap\limits_{k=n}^{\infty} A_k. \tag{1.1}$$

例如, 设某人在反复地投掷硬币, 观察硬币朝上的面是正面或反面. 记 A_n 为第 n 次投掷的是"正面"的事件, 则

$$\varlimsup\limits_{n \to \infty} A_n = \{\text{有无限多次投掷结果是"正面"}\},$$

$$\varliminf\limits_{n \to \infty} A_n = \{\text{除有限多次外, 投掷结果都是"正面"}\}.$$

(5) (次可加性) 若 $A_n \in \mathscr{F}, n = 1, 2, \cdots$, 则 $P(\bigcup\limits_{i=1}^{\infty} A_i) \leqslant \sum\limits_{i=1}^{\infty} P(A_i)$.

(6) (概率的连续性) 若 $\{A_n, n \geqslant 1\}$ 是递增的事件列, 则

$$\lim\limits_{n \to \infty} P(A_n) = P(\lim\limits_{n \to \infty} A_n) = P(\bigcup\limits_{n=1}^{\infty} A_n) \quad \text{(下连续性)}; \tag{1.2}$$

若 $\{A_n, n \geqslant 1\}$ 是递减的事件列, 则

$$\lim\limits_{n \to \infty} P(A_n) = P(\lim\limits_{n \to \infty} A_n) = P(\bigcap\limits_{n=1}^{\infty} A_n) \quad \text{(上连续性)}. \tag{1.3}$$

定义 1.3 设 $(\Omega, \mathscr{F}, P)$ 为概率空间, $B \in \mathscr{F}$, 且 $P(B) > 0$, 对任意 $A \in \mathscr{F}$, 记

$$P(A \mid B) = \frac{P(AB)}{P(B)},$$

称 $P(A \mid B)$ 为事件 B 发生条件下事件 A 发生的**条件概率**.

由条件概率的定义可得到:

(1) **乘法公式** 设 $A, B \in \mathscr{F}$, 则

$$P(AB) = P(B)P(A \mid B).$$

一般地, 若 $A_i \in \mathscr{F}, i = 1, 2, \cdots, n$, 且 $P(A_1 A_2 \cdots A_{n-1}) > 0$, 则

$$P(A_1 A_2 \cdots A_{n-1}) = P(A_1) P(A_2 \mid A_1) P(A_3 \mid A_1 A_2) \cdots P(A_n \mid A_1 A_2 \cdots A_{n-1}). \tag{1.4}$$

(2) **全概率公式** 设 $(\Omega, \mathscr{F}, P)$ 是概率空间, $A \in \mathscr{F}, B_i \in \mathscr{F}, i = 1, 2, \cdots, n, B_i B_j = \varnothing (i \neq j)$, 且 $\bigcup\limits_{i=1}^{n} B_i = \Omega, P(B_i) > 0$, 则

$$P(A) = \sum\limits_{i=1}^{n} P(B_i) P(A \mid B_i). \tag{1.5}$$

（3）**Bayes 公式**　设 $(\Omega, \mathscr{F}, P)$ 是概率空间，$A \in \mathscr{F}, B_i \in \mathscr{F}, i = 1, 2, \cdots, n, B_i B_j = \varnothing (i \neq j)$，且 $\bigcup_{i=1}^{n} B_i = \Omega, P(B_i) > 0, P(A) > 0$，则

$$P(B_i \mid A) = \frac{P(B_i) P(A \mid B_i)}{\displaystyle\sum_{i=1}^{n} P(B_i) P(A \mid B_i)}. \tag{1.6}$$

一般地，若 $A_1, A_2, \cdots, A_n \in \mathscr{F}$，有 $P(\bigcap_{i=1}^{n} A_i) = \prod_{i=1}^{n} P(A_i)$，则称 $\mathscr{F}$ 为独立事件族.

1.2　随机变量及其分布

随机变量是概率论的主要研究对象之一，随机变量的统计规律用分布函数来描述.

定义 1.4　设 $(\Omega, \mathscr{F}, P)$ 为概率空间，$X = X(\omega)$ 是定义在 Ω 上的实值函数，如果对于任意实数 x，有

$$X^{-1}((-\infty, x]) = \{\omega : X(\omega) \leqslant x\} \in \mathscr{F}, \tag{1.7}$$

则称 $X(\omega)$ 为 $\mathscr{F}$ 上的**随机变量**（random variable），简记为 r. v. X.

值得注意的是，条件 $\{\omega : X(\omega) \leqslant x\} \in \mathscr{F}$ 保证了 $P(X \leqslant x)$ 总有意义，通常 $\mathscr{F}$ 是包含全体 $\{X \leqslant x\}$ 的最小代数，并且对任意 $x \in \mathbf{R}$，有

$$\{X > x\} = \Omega - \{X \leqslant x\} \in \mathscr{F},$$

$$\{X = x\} = \{X \leqslant x\} - \bigcup_{k=1}^{\infty} \left\{ X \leqslant x - \frac{1}{k} \right\} \in \mathscr{F},$$

$$\{X < x\} = \{X \leqslant x\} - \{X = x\} \in \mathscr{F}.$$

并有 $\{X \geqslant x\}, \{x_1 < X < x_2\}, \{x_1 \leqslant X \leqslant x_2\} \in \mathscr{F}$.

随机变量实质上是 $(\Omega, \mathscr{F})$ 到 $(\mathbf{R}, \mathscr{B}(\mathbf{R}))$ 上的可测映射（函数），记 $\sigma(X) = \{X^{-1}(B) \mid B \in \mathscr{B}(\mathbf{R})\} \subset \mathscr{F}$，称 $\sigma(X)$ 为随机变量 X 所生成的 σ 域. 称

$$F(x) = P(X \leqslant x) = P(\omega : X(\omega) \leqslant x) = P(X \in (-\infty, x]) = P(X^{-1}(-\infty, x]) \tag{1.8}$$

为随机变量 X 的分布函数（distribution function），简记为 d. f..

由定义可知，分布函数有如下性质：

（1）$F(x)$ 为不降函数，即当 $x_1 < x_2$ 时，有 $F(x_1) \leqslant F(x_2)$.

（2）$F(-\infty) = \lim_{x \to -\infty} F(x) = 0, F(+\infty) = \lim_{x \to +\infty} F(x) = 1$.

（3）$F(x)$ 是右连续的，即 $F(x+0) = F(x)$.

可以证明，定义在 $\mathbf{R}$ 上的实值函数 $F(x)$，若满足上述三条性质，则其必能作为某个概率空间 $(\Omega, \mathscr{F}, P)$ 上某个随机变量的分布函数.

推广到多维情形，类似可得到：

定义 1.5　设 $(\Omega, \mathscr{F}, P)$ 为概率空间，$X = X(\omega) = (X_1(\omega), X_2(\omega), \cdots, X_n(\omega))$ 是定义在 Ω 上的 n 维空间 $\mathbf{R}^n$ 中取值的向量实值函数. 如对于任意 $x = (x_1, x_2, \cdots, x_n) \in \mathbf{R}^n$，有 $\{\omega : X_1(\omega) \leqslant x_1, X_2(\omega) \leqslant x_2, \cdots, X_n(\omega) \leqslant x_n\} \in \mathscr{F}$，则称 $X = X(\omega)$ 为 n 维随机变量，称

$$F(x) = F(x_1, x_2, \cdots, x_n) = P(\omega : X_1(\omega) \leqslant x_1, X_2(\omega) \leqslant x_2, \cdots, X_n(\omega) \leqslant x_n) \tag{1.9}$$

为 $X = X(\omega) = (X_1(\omega), X_2(\omega), \cdots, X_n(\omega))$ 的联合分布函数.

随机变量有两种类型:离散型随机变量和连续型随机变量.离散型随机变量的概率分布用概率分布列来描述:$p_k = P(X = x_k), k = 1, 2, \cdots$,其分布函数为 $F(x) = \sum\limits_{x_k \leqslant x} p_k$;连续型随机变量的概率分布用概率密度函数 $f(x)$ 来描述,其分布函数为 $F(x) = \int_{-\infty}^{x} f(t) \mathrm{d}t$.

类似可定义 n 维随机变量 $X = (X_1, X_2, \cdots, X_n)$ 的联合分布列和联合分布函数如下.

对于离散型随机变量 $X = (X_1, X_2, \cdots, X_n)$,联合分布列为

$$p_{x_1 x_2 \cdots x_n} = P(X_1 = x_1, X_2 = x_2, \cdots, X_n = x_n),$$

其中,$x_i \in I_i, I_i$ 为离散集,$i = 1, 2, \cdots, n$;X 的联合分布函数为

$$F(y_1, y_2, \cdots, y_n) = \sum_{x_i \leqslant y_i, \, i = 1, 2, \cdots, n} p_{x_1, \cdots, x_n}(y_1, y_2, \cdots, y_n) \in \mathbf{R}^n.$$

对于连续型随机变量 $X = (X_1, X_2, \cdots, X_n)$,如果存在 $\mathbf{R}^n$ 上的非负函数 $f(x_1, x_2, \cdots, x_n)$,对于任意 $(y_1, y_2, \cdots, y_n) \in \mathbf{R}^n$,有 $X = (X_1, X_2, \cdots, X_n)$ 的联合分布函数

$$F(y_1, y_2, \cdots, y_n) = \int_{-\infty}^{y_1} \int_{-\infty}^{y_2} \cdots \int_{-\infty}^{y_n} f(x_1, x_2, \cdots, x_n) \mathrm{d}x_1 \mathrm{d}x_2 \cdots \mathrm{d}x_n,$$

称 $f(x_1, x_2, \cdots, x_n)$ 为 X 的联合密度函数.

下面我们列出一些常见随机变量的分布.

(1) **离散均匀分布** 如果分布列为

$$p_k = \frac{1}{n}, \quad k = 1, 2, \cdots, n,$$

则称之为离散均匀分布.

(2) **二项分布** 如果对固定 n 和 $0 < p < 1$,分布列为

$$p_k = C_n^k p^k (1 - p)^{n-k}, \quad k = 0, 1, \cdots, n,$$

则称之为参数为 n 和 p 的二项分布,记为 $X \sim B(n, p)$.

(3) **几何分布** 如果分布列为

$$p_k = p (1 - p)^{k-1}, \quad k = 1, 2, \cdots,$$

则称之为几何分布.

(4) **泊松分布** 如果分布列为

$$p_k = \frac{\lambda^k}{k!} \mathrm{e}^{-\lambda}, \quad k = 0, 1, 2, \cdots; \lambda > 0,$$

则称之为参数为 λ 的 Poisson 分布,记为 $X \sim P(\lambda)$.

(5) **连续型均匀分布** 如果密度函数

$$f(x) = \begin{cases} (b - a)^{-1}, & a \leqslant x \leqslant b \\ 0, & 其他 \end{cases},$$

则称之为区间 $[a, b](a < b)$ 上的均匀分布,记为 $X \sim U[a, b]$.

(6) **正态分布** 如果密度函数

$$f(x) = \frac{1}{\sqrt{2\pi} \sigma} \exp\left\{ -\frac{(x - \mu)^2}{2\sigma^2} \right\}, \quad x \in \mathbf{R},$$

则称之为参数为 μ 和 σ^2 的正态分布,也称 Gauss 分布,记为 $X \sim N(\mu, \sigma^2)$.

(7) **Γ 分布** 如果密度函数

$$f(x) = \begin{cases} \dfrac{\lambda}{\Gamma(\alpha+1)}(\lambda x)^{\alpha}\mathrm{e}^{-\lambda x}, & x > 0, \\ 0, & x \leqslant 0 \end{cases}$$

其中,$\alpha > -1$,$\lambda > 0$,则称之为参数为 α 和 λ 的 Γ 分布.这里 Γ 函数定义为

$$\Gamma(x) = \int_0^{+\infty} y^{x-1}\mathrm{e}^{-y}\mathrm{d}y, \quad x > 0.$$

(8) **指数分布**　如果密度函数

$$f(x) = \begin{cases} \lambda\mathrm{e}^{-\lambda x}, & x > 0 \\ 0, & x \leqslant 0 \end{cases},$$

则称之为参数为 λ 的指数分布,记为 $X \sim E(\lambda)$.

(9) **χ^2 分布**　如果在 Γ 分布中取 $\alpha = (n-2)/2$,n 为正整数,$\lambda = 1/2$,这时密度函数为

$$f(x) = \frac{1}{2^{n/2}\Gamma(n/2)}x^{\frac{n-2}{2}}\mathrm{e}^{-\frac{x}{2}}, \quad x > 0,$$

则称之为自由度为 n 的 χ^2 分布,记为 $X \sim \chi^2(n)$.

(10) **n 维正态分布**　设 $C = (c_{ij})$ 是 n 阶正定对称矩阵,μ 为 n 维实值列向量,随机向量 $(X_1, X_2, \cdots, X_n)^{\mathrm{T}}$ 的联合概率密度为

$$f(x) = \frac{1}{(2\pi)^{n/2}(\det C)^{1/2}}\exp\left\{-\frac{1}{2}(x-\mu)^{\mathrm{T}}C^{-1}(x-\mu)\right\},$$

其中,$x = (x_1, x_2, \cdots, x_n)^{\mathrm{T}}$ 是实数列向量,$\mu = (\mu_1, \mu_2, \cdots, \mu_n)^{\mathrm{T}} = (EX_1, EX_2, \cdots, EX_n)^{\mathrm{T}}$ 为均值列向量,$C = (c_{ij})$ 为协方差矩阵,$c_{ij} = E[(X_i - \mu_i)(X_j - \mu_j)]$ $(i, j = 1, 2, \cdots, n)$,则称随机向量 $(X_1, X_2, \cdots, X_n)^{\mathrm{T}}$ 服从 n 维正态分布,记为 $(X_1, X_2, \cdots, X_n)^{\mathrm{T}} \sim N(\mu, C)$.

1.3　数学期望及其性质

设 $X = X(\cdot)$ 是定义在概率空间 $(\Omega, \mathscr{F}, P)$ 上的 r.v.,如果 $\int_{\Omega}|X|\mathrm{d}P < \infty$,就称 r.v. X 的数学期望或均值存在(或称 r.v. X 是可积的),记为 EX.有下列定义:

$$EX = \int_{\Omega}X\mathrm{d}P. \tag{1.10}$$

利用积分变换,也可写成 $EX = \int_{-\infty}^{+\infty}x\mathrm{d}F(x)$.

设 $g(x)$ 是 $\mathbf{R}$ 上的 Borel 可测函数,如果 r.v. $g(X)$ 的数学期望存在,即 $E|g(X)| < \infty$,由积分变换可知

$$Eg(X) = \int_{\Omega}g(X)\mathrm{d}P = \int_{-\infty}^{+\infty}g(x)\mathrm{d}F(x). \tag{1.11}$$

设 k 是正整数,若 r.v. X^k 的数学期望存在,就称它为 x 的 k 阶原点矩,记为 α_k,即

$$\alpha_k = EX^k = \int_{-\infty}^{+\infty}x^k\mathrm{d}F(x). \tag{1.12}$$

设 k 是正整数,若 r.v. $|X|^k$ 的数学期望存在,就称它为 x 的 k 阶绝对原点矩,记为 β_k,即

$$\beta_k = E|X|^k = \int_{-\infty}^{+\infty}|x|^k\mathrm{d}F(x). \tag{1.13}$$

类似地，X 的 k 阶中心矩 μ_k 和 k 阶绝对中心矩 ν_k 分别定义为

$$\mu_k = E(X - EX)^k = \int_{-\infty}^{+\infty} (x - \alpha_1)^k \mathrm{d}F(x),$$

$$\nu_k = E \mid X - EX \mid^k = \int_{-\infty}^{+\infty} \mid x - \alpha_1 \mid^k \mathrm{d}F(x).$$

我们称二阶中心矩为方差，记为 $\mathrm{Var}X$ 或 DX，显然有

$$\mathrm{Var}X = \mu_2 = \nu_2 = \alpha_2 - \alpha_1^2.$$

关于数学期望，容易验证下列性质：

(1) 若 r.v. X, r.v. Y 的期望 EX 和 EY 存在，则对任意实数 α, β，$E(\alpha X + \beta Y)$ 也存在，且 $E(\alpha X + \beta Y) = \alpha EX + \beta EY$.

(2) 设 $A \in \mathscr{F}$，用 I_A 表示集 A 的示性函数，若 EX 存在，则 $E(XI_A)$ 也存在，且

$$E(XI_A) = \int_A X \mathrm{d}P.$$

(3) 若 $\{A_k\}$ 是 Ω 的一个划分，即 $A_i \cap A_j = \varnothing (i \neq j)$，且 $\Omega = \bigcup_i A_i$，则

$$EX = \int_\Omega X \mathrm{d}P = \sum_i \int_{A_i} X \mathrm{d}P.$$

关于矩的存在性，有如下的必要条件和充分条件.

定理 1.1　设对 r.v. X 存在 $p > 0$，使 $E \mid X \mid^p < \infty$，则有

$$\lim_{x \to \infty} x^p P(\mid X \mid \geqslant x) = 0. \tag{1.14}$$

证明　设 X 的 d.f. 为 $F(x)$，由 $E \mid X \mid^p < \infty$，因有

$$\lim_{x \to \infty} \int_{\mid t \mid \geqslant x} \mid t \mid^p \mathrm{d}F(t) = 0,$$

且

$$x^p P(\mid X \mid \geqslant x) \leqslant \int_{\mid t \mid \geqslant x} \mid t \mid^p \mathrm{d}F(t),$$

故有

$$\lim_{x \to \infty} x^p P(\mid X \mid \geqslant x) = 0.$$

定理 1.2　设对 r.v. $X \geqslant 0$ (a.s.)(almost surely 的缩写)，它的分布函数为 $F(x)$，那么 $EX < \infty$ 的充要条件是

$$\int_0^\infty (1 - F(x)) \mathrm{d}x < \infty, \tag{1.15}$$

此时 $EX = \int_0^\infty (1 - F(x)) \mathrm{d}x$.

证明　对于非负随机变量 X，由 Fubini 定理，有

$$\begin{aligned}
EX &= \int_\Omega X(\omega) \mathrm{d}P(\omega) = \int_\Omega \int_0^{+\infty} I_{(x \leqslant X(\omega))} \mathrm{d}x \mathrm{d}P(\omega) \\
&= \int_0^{+\infty} \int_\Omega I_{(x \leqslant X(\omega))} \mathrm{d}P(\omega) \mathrm{d}x = \int_0^{+\infty} P(X \geqslant x) \mathrm{d}x \\
&= \int_0^\infty (1 - F(x)) \mathrm{d}x.
\end{aligned}$$

推论 1.1　$E \mid X \mid < \infty$ 的充要条件是 $\int_{-\infty}^0 F(x) \mathrm{d}x$ 与 $\int_0^{+\infty} (1 - F(x)) \mathrm{d}x$ 均有限，这时有

$$EX = \int_0^{+\infty} (1 - F(x)) \mathrm{d}x - \int_{-\infty}^0 F(x) \mathrm{d}x. \tag{1.16}$$

推论 1.2　对于 $0 < p < +\infty, E\mid X\mid^p < +\infty$ 的充要条件是 $\sum\limits_{n=1}^{+\infty} P(\mid X\mid \geqslant n^{1/p}) < +\infty$，也等价于 $\sum\limits_{n=1}^{+\infty} n^{p-1} P(\mid X\mid \geqslant n) < +\infty$．

证明　由 Fubini 定理，有

$$E\mid X\mid^p = \int_0^{+\infty} P(\mid X\mid^p \geqslant x)\mathrm{d}x = \int_0^{+\infty}\int_\Omega I_{(\mid X\mid^p \geqslant x)}\,\mathrm{d}P\mathrm{d}x$$

$$= \int_\Omega \int_0^{+\infty} px^{p-1} I_{(\mid X\mid \geqslant x)}\,\mathrm{d}x\mathrm{d}P$$

$$= p\int_0^{+\infty} x^{p-1} P(\mid X\mid \geqslant x)\mathrm{d}x.$$

因此，$E\mid X\mid^p < +\infty$ 当且仅当 $\int_0^{+\infty} P(\mid X\mid^p \geqslant x)\mathrm{d}x < +\infty$，也等价于 $\int_0^{+\infty} x^{p-1} P(\mid X\mid \geqslant x)\mathrm{d}x < +\infty$，而这两个积分收敛分别等价于上述两个级数收敛．

1.4　特征函数和母函数

特征函数是研究随机变量分布又一个很重要的工具，用特征函数求分布律比直接求分布律容易得多，而且特征函数有良好的分析性质．

设 X, Y 是实随机变量，定义复随机变量 $Z = X + \mathrm{i}Y$，其中 $\mathrm{i} = \sqrt{-1}$，数学期望为 $E(Z) = E(X) + \mathrm{i}E(Y)$．特别地，对于复数 $\mathrm{e}^{\mathrm{i}tX} = \cos(tX) + i\sin(tX)$，有

$$E(\mathrm{e}^{\mathrm{i}tX}) = E(\cos tX) + \mathrm{i}E\sin(tX)$$

$$= \int_{-\infty}^{+\infty}\cos(tx)\mathrm{d}F(x) + \mathrm{i}\int_{-\infty}^{+\infty}\sin(tx)\mathrm{d}F(x)$$

$$= \int_{-\infty}^{+\infty}\mathrm{e}^{\mathrm{i}tx}\mathrm{d}F(x), \quad -\infty < t < +\infty.$$

由于对任意实数 t，$\cos(tx)$ 和 $\sin(tx)$ 都是关于 x 的有界连续函数，因此，对于任意随机变量 X，$E(\mathrm{e}^{\mathrm{i}tX})$ 总是存在的，而且是关于实变量 t 的函数．

定义 1.6　设 X 是 n 维随机变量（随机向量），分布函数为 $F(x)$，则称

$$g(t) = E(\mathrm{e}^{\mathrm{i}tX}) = \int_{-\infty}^{+\infty}\mathrm{e}^{\mathrm{i}tx}\mathrm{d}F(x), \quad -\infty < t < +\infty \tag{1.17}$$

为 X 的特征函数（characteristic function），简记为 c.f..

从本质上看，特征函数是实变量 t 的复值函数，随机变量的特征函数一定是存在的．从定义，我们能够看出特征函数有如下性质：

(1) $g(0) = 1$.

(2)（有界性）$\mid g(t)\mid \leqslant 1$.

(3)（共轭对称性）$g(-t) = \overline{g(t)}$.

(4)（非负定性）对于任意正整数 n 及任意实数 $t_1, t_2, \cdots, t_n$ 和复数 $z_1, z_2, \cdots, z_n$，有

$$\sum_{k,l=1}^{n} g(t_k - t_l) z_k \overline{z_l} \geqslant 0.$$

(5) (一致连续性)$g(t)$为 $\mathbf{R}^n$ 上的一致连续函数.

(6) 有限多个独立随机变量和的特征函数等于各自特征函数的乘积,即如随机变量 $X_1, X_2, \cdots, X_n$ 相互独立,则 $X = X_1 + X_2 + \cdots + X_n$ 的特征函数为

$$g(t) = g_1(t)g_2(t)\cdots g_n(t), \tag{1.18}$$

其中,$g_i(t)$为随机变量 X_i 的特征函数.

(7) (特征函数与矩的关系)若随机变量 X 的 n 阶矩 EX^n 存在,则 X 的特征函数 $g(t)$ 可微分 n 次,且当 $k \leqslant n$ 时,有

$$g^{(k)}(0) = \mathrm{i}^k EX^k. \tag{1.19}$$

(8) 如随机变量 X 的特征函数为 $g_X(t)$,则 $Y = aX + b(a, b \in \mathbf{R})$ 的特征函数为

$$g_Y(t) = \mathrm{e}^{\mathrm{i}tb}g_X(at). \tag{1.20}$$

证明　这里只证明(6),(7)和(8),其余的显然成立.

(6) 由于 $X_1, X_2, \cdots, X_n$ 相互独立,其函数 $\mathrm{e}^{\mathrm{i}t_k X_k}, k = 1, 2, \cdots, n$ 也相互独立,从而

$$g(t) = g(t_1, t_2, \cdots, t_n) = E\left[\mathrm{e}^{\mathrm{i}(t_1 X_1 + t_2 X_2 + \cdots + t_n X_n)}\right]$$

$$= \prod_{k=1}^{n} E(\mathrm{e}^{\mathrm{i}t_k X_k}) = \prod_{k=1}^{n} g_{X_k}(t_k).$$

取 $t_k = t, k = 1, 2, \cdots, n$,有 $X = X_1 + X_2 + \cdots + X_n$ 的特征函数为

$$\prod_{k=1}^{n} g_{X_k}(t_k) = g(t, t, \cdots, t)$$

$$= E\left[\mathrm{e}^{\mathrm{i}(tX_1 + tX_2 + \cdots + tX_n)}\right] = E\left[\mathrm{e}^{\mathrm{i}t(X_1 + X_2 + \cdots + X_n)}\right] = g_{\sum\limits_{k=1}^{n} X_k}(t).$$

特别地,若 $X_1, X_2, \cdots, X_n$ 独立同分布,特征函数为 $g(t)$,则 $X = X_1 + X_2 + \cdots + X_n$ 的特征函数为

$$g_X(t) = [g(t)]^n. \tag{1.21}$$

(7) 仅对 X 是连续型的情形进行证明.设 X 的密度函数为 $f(x)$,有

$$\frac{\mathrm{d}^k[\mathrm{e}^{\mathrm{i}tx}f(x)]}{\mathrm{d}t^k} = \mathrm{i}^k x^k \mathrm{e}^{\mathrm{i}tx}f(x),$$

且

$$\int_{-\infty}^{+\infty} |\mathrm{i}^k x^k \mathrm{e}^{\mathrm{i}tx}f(x)| \, \mathrm{d}x = \int_{-\infty}^{+\infty} |x^k| \, f(x)\mathrm{d}x = E(|X|^k) < +\infty.$$

对 $g(t) = \int_{-\infty}^{+\infty} \mathrm{e}^{\mathrm{i}tx}f(x)\mathrm{d}x$ 两边求导,得

$$g^{(k)}(t) = \mathrm{i}^k \int_{-\infty}^{+\infty} \mathrm{e}^{\mathrm{i}tx}x^k f(x)\mathrm{d}x = \mathrm{i}^k E(X^k \mathrm{e}^{\mathrm{i}tX}).$$

令 $t = 0$,得 $g^{(k)}(0) = \mathrm{i}^k E(X^k)$.

(8) $g_Y(t) = E\left[\mathrm{e}^{\mathrm{i}t(aX + b)}\right] = E\left[\mathrm{e}^{\mathrm{i}t(aX)} \cdot \mathrm{e}^{\mathrm{i}tb}\right] = \mathrm{e}^{\mathrm{i}tb}E\left[\mathrm{e}^{\mathrm{i}t(aX)}\right] = \mathrm{e}^{\mathrm{i}tb}g_X(at).$

定理 1.3　(Bocher 定理) $\mathbf{R}^n$ 上的函数 $g(t)$ 是某个随机变量的特征函数当且仅当 $g(t)$ 连续非负定且 $g(0) = 1$.

由随机变量的分布函数可以唯一确定特征函数,下面的定理说明分布函数 $F(x)$ 能唯一地用特征函数 $g(t)$ 表示,从而建立了分布函数与特征函数的一一对应关系.

定理 1.4　(反演公式) 设 $F(x)$ 是随机变量 X 的分布函数,相应的特征函数为 $g(t)$,则对任意两点 $x_1, x_2, -\infty < x_1 < x_2 < +\infty$,有:

(1) 若 x_1, x_2 为 $F(x)$ 的连续点,则有

$$F(x_2) - F(x_1) = \frac{1}{2\pi} \lim_{T \to \infty} \int_{-T}^{T} \frac{e^{-itx_1} - e^{-itx_2}}{it} g(t) dt. \tag{1.22}$$

(2) 若 x_1, x_2 不是 $F(x)$ 的连续点,则有

$$\frac{F(x_2) + F(x_2 - 0)}{2} - \frac{F(x_1) + F(x_1 - 0)}{2} = \frac{1}{2\pi} \lim_{T \to \infty} \int_{-T}^{T} \frac{e^{-itx_1} - e^{-itx_2}}{it} g(t) dt.$$

定理 1.4 说明,x_1, x_2 为 $F(x)$ 的连续点时,$F(x_2) - F(x_1)$ 的值完全由特征函数 $g(t)$ 给出,也就是可利用特征函数计算下面的概率:

$$P(x_1 < X \leqslant x_2) = F(x_2) - F(x_1).$$

进一步,若 x_2 为 $F(x)$ 的连续点,令 $x_1 \to -\infty$,可以得到

$$F(x) = \lim_{x_1 \to -\infty} \lim_{T \to \infty} \frac{1}{2\pi} \int_{-T}^{T} \frac{e^{-itx_1} - e^{-itx_2}}{it} g(t) dt.$$

对于 $F(x)$ 的不连续点,重新定义 $\hat{F}(x) = \dfrac{F(x) + F(x - 0)}{2}$,则 $\hat{F}(x)$ 完全由特征函数确定.

推论 1.3 (唯一性定理) 分布函数 $F(x_1)$ 和 $F(x_2)$ 恒等的充分必要条件是它们的特征函数 $g_1(t)$ 和 $g_2(t)$ 恒等.

证明 若 $F_1(x) = F_2(x)$,则显然有 $g_1(t) = g_2(t)$. 反过来,若 $g_1(t) = g_2(t)$,令 A 为 $F(x_1)$ 和 $F(x_2)$ 的连续点所组成的集合. 若 $x \in A$,由式 (1.22) 可知 $F_1(x) = F_2(x)$. 若 $x \notin A$,取单调下降列 $x_n \in A$,且 $\lim_{n \to \infty} x_n = x$,由分布函数的右连续性,得

$$F_1(x) = \lim_{n \to \infty} F_1(x_n) = \lim_{n \to \infty} F_2(x_n) = F_2(x).$$

推论 1.4 若随机变量 X 的特征函数 $g(t)$ 在 $\mathbf{R}$ 上绝对可积,则 X 为连续型随机变量,其概率密度 $f(x)$ 和特征函数分别为

$$f(x) = \frac{1}{2\pi} \int_{-\infty}^{+\infty} e^{-itx} g(t) dt, \quad g(t) = \int_{-\infty}^{+\infty} e^{itx} f(x) dx. \tag{1.23}$$

也就是说,特征函数 $g(t)$ 是概率密度 $f(x)$ 的 Fourier-Stieltjes 变换,而概率密度 $f(x)$ 是特征函数 $g(t)$ 的 Fourier-Stieltjes 逆变换.

推论 1.5 若离散型随机变量 X 的分布律 $p_k = P(X = k), k = 0, \pm 1, \pm 2, \cdots$,则有

$$p_k = \frac{1}{2\pi} \int_{-\infty}^{+\infty} e^{-itx} g(t) dt, \quad g(t) = \sum_{k=-\infty}^{+\infty} p_k e^{itx}. \tag{1.24}$$

具有相同特征函数的两个分布函数是恒等的. 由此还可推导出一个事实:一个随机变量是对称的,当且仅当它的特征函数是实的. 事实上,由 X 的对称性知 X 和 $-X$ 有相同的分布函数,根据定义 $g(t) = Ee^{itX} = Ee^{-itX} = g(-t) = \overline{g(t)}$,也就是说 $g(t)$ 是实的;反之,从 $g(t) = Ee^{itX} = \overline{g(t)} = g(-t) = Ee^{-itX}$ 知 X 和 $-X$ 有相同的特征函数,因此,它们的分布函数相等,这就说明 X 是对称的.

例 1.1 设 X 服从 $B(n, p)$,求 X 的特征函数 $g(t)$ 及 EX, EX^2, DX.

解 X 的分布列为 $P(X = k) = C_n^k p^k q^{n-k}, q = 1 - p, k = 0, 1, 2, \cdots, n$,则有

$$g(t) = \sum_{k=0}^{n} e^{itx} C_n^k p^k q^{n-k} = \sum_{k=0}^{n} C_n^k (pe^{it})^k q^{n-k} = (pe^{it} + q)^n,$$

因此

$$EX = -ig'(0) = -i \frac{d}{dt} (pe^{it} + q)^n \big|_{t=0} = np,$$

$$EX^2 = (-i)^2 g''(0) = (-i)^2 \frac{d^2}{dt^2} (pe^{it} + q)^n \big|_{t=0} = npq + n^2 p^2,$$

故
$$DX = EX^2 - (EX)^2 = npq.$$

例 1.2 设 $X \sim N(0,1)$，求 X 的特征函数 $g(t)$.

解 由特征函数的定义知
$$g(t) = \frac{1}{\sqrt{2\pi}} \int_{-\infty}^{+\infty} e^{itx - x^2/2} dx.$$

由于 $|ixe^{itx - x^2/2}| = |xe^{-x^2/2}|$，且 $\frac{1}{\sqrt{2\pi}} \int_{-\infty}^{+\infty} |x| e^{-x^2/2} dx < \infty$，可对上式两边分别求导，得

$$g'(t) = \frac{1}{\sqrt{2\pi}} \int_{-\infty}^{+\infty} ixe^{itx - x^2/2} dx = \frac{i}{\sqrt{2\pi}} \int_{-\infty}^{+\infty} e^{itx}(-de^{-x^2/2})$$

$$= -\frac{i}{\sqrt{2\pi}} e^{itx - x^2/2} \Big|_{-\infty}^{+\infty} - \frac{t}{\sqrt{2\pi}} \int_{-\infty}^{+\infty} e^{itx - x^2/2} dx = -tg(t).$$

于是得到微分方程 $g'(t) + tg(t) = 0$. 这是变量可分离型方程，有
$$\frac{dg(t)}{g(t)} = -t dt.$$

对两边分别积分得 $\ln g(t) = -t^2/2 + c$，得方程的通解为 $g(t) = e^{-t^2/2 + c}$. 由于 $g(0) = 1$，因此，$c = 0$. 于是 X 的特征函数为 $g(t) = e^{-t^2/2}$.

若 $X \sim N(0,1)$，令 $Y = \sigma X + \mu$，则 $Y \sim N(\mu, \sigma^2)$，由式(1.20)可得，Y 的特征函数为
$$g_Y(t) = e^{i\mu t} g_X(\sigma t) = e^{i\mu t - \sigma^2 t^2/2}.$$

例 1.3 设 X, Y 相互独立，$X \sim B(n, p)$，$Y \sim B(m, p)$，证明：$X + Y \sim B(n + m, p)$.

证明 X, Y 的特征函数分别为
$$g_X(t) = (q + pe^{it})^n, \quad g_Y(t) = (q + pe^{it})^m \quad (q = 1 - p).$$
$X + Y$ 的特征函数为
$$g_{X+Y}(t) = g_X(t) g_Y(t) = (q + pe^{it})^{n+m} \quad (q = 1 - p),$$
即 $X + Y$ 的特征函数是服从参数为 $n + m, p$ 的二项分布的特征函数，由唯一性定理有
$$X + Y \sim B(n + m, p).$$

附表 1 给出了常用分布的均值、方差和特征函数.

例 1.4 设随机变量 X 的概率密度为 $f(x) = \frac{1}{2}\cos x$，$-\frac{\pi}{2} \leqslant x \leqslant \frac{\pi}{2}$，求 EX 和 DX.

解 由于概率密度为偶函数，于是 X 的特征函数为
$$g(t) = 2\int_0^{\frac{\pi}{2}} \frac{1}{2}\cos x \cos tx dx = \frac{1}{2}\int_0^{\frac{\pi}{2}} [\cos(t+1)x + \cos(t-1)x]dx$$

$$= \frac{1}{2}\left\{ \frac{1}{t+1}\sin\left[(t+1)\frac{\pi}{2}\right] + \frac{1}{t-1}\sin\left[(t-1)\frac{\pi}{2}\right] \right\}.$$

由于 $g'(0) = 0$，$g''(0) = 2 - \frac{\pi^2}{4}$，因此
$$EX = i^{-1} g'(0) = 0,$$
$$DX = EX^2 + (EX)^2 = i^{-2} g''(0) = \frac{\pi^2}{4} - 2.$$

例 1.5 设随机变量 X 在 $\left[-\frac{\pi}{2}, \frac{\pi}{2}\right]$ 上均匀分布，且 $Y = \cos X$，利用特征函数求 Y 的概率密度.

解　Y 的特征函数为 $g_Y(t) = E(\mathrm{e}^{\mathrm{i}tY}) = E(\mathrm{e}^{\mathrm{i}t\cos X}) = \int_{-\frac{\pi}{2}}^{\frac{\pi}{2}} \mathrm{e}^{\mathrm{i}t\cos x} \cdot \dfrac{1}{\pi}\mathrm{d}x$. 令 $v = \cos x$,

$\mathrm{d}v = -\sin x\mathrm{d}x = -\sqrt{1-v^2}\mathrm{d}x$, 则有

$$g_Y(t) = \frac{2}{\pi}\int_0^1 \mathrm{e}^{\mathrm{i}tv} \cdot \frac{1}{\sqrt{1-v^2}}\mathrm{d}v = \int_{-\infty}^{+\infty} \mathrm{e}^{\mathrm{i}tv} \cdot f(v)\mathrm{d}v.$$

由特征函数的定义及唯一性定理知随机变量 Y 的密度函数为

$$f_Y(y) = \begin{cases} \dfrac{2}{\pi\sqrt{1-y^2}}, & 0 < y < 1 \\ 0, & \text{其他} \end{cases}.$$

例 1.6　设随机变量 X 的特征函数为 $g(t) = \dfrac{1}{(1-\mathrm{i}t)^n}$, 确定 X 的分布函数或概率密度.

解　参数 $\lambda = 1$ 的指数分布随机变量的特征函数为 $g(t) = \dfrac{1}{1-\mathrm{i}t}$, 其概率密度为

$$f(x) = \begin{cases} \mathrm{e}^{-x}, & x \geqslant 0 \\ 0, & x < 0 \end{cases},$$

从而

$$g(t) = \frac{1}{1-\mathrm{i}t} = \int_{-\infty}^{+\infty} \mathrm{e}^{\mathrm{i}tx}f(x)\mathrm{d}x = \int_0^{+\infty} \mathrm{e}^{-(1-\mathrm{i}t)x}\mathrm{d}x.$$

上式两边分别对 t 求 $(n-1)$ 阶导数, 得到

$$\frac{(-\mathrm{i})^{n-1}(-1)^{n-1}(n-1)!}{(1-\mathrm{i}t)^n} = \mathrm{i}^{n-1}\int_0^{+\infty} x^{n-1} \cdot \mathrm{e}^{-(1-\mathrm{i}t)x}\mathrm{d}x,$$

因此

$$\frac{1}{(1-\mathrm{i}t)^n} = \int_0^{+\infty} \frac{x^{n-1}}{(n-1)!} \cdot \mathrm{e}^{-(1-\mathrm{i}t)x}\mathrm{d}x = \int_0^{+\infty} \mathrm{e}^{\mathrm{i}tx}\frac{x^{n-1}}{(n-1)!} \cdot \mathrm{e}^{-x}\mathrm{d}x.$$

由特征函数的定义及唯一性定理知随机变量 X 的概率密度为

$$f_X(x) = \begin{cases} \dfrac{x^{n-1}}{(n-1)!}\mathrm{e}^{-x}, & x \geqslant 0 \\ 0, & x < 0 \end{cases}.$$

在研究只取非负整数值的随机变量时, 以母函数代替特征函数比较方便.

定义 1.7　设随机变量 X 的分布列为 $p_k = P(X = k), k = 0,1,2,\cdots$, 且 $\sum\limits_{k=0}^{\infty} p_k = 1$, 称

$$P(s) = E(s^k) = \sum_{k=0}^{\infty} p_k s^k, \quad |s| \leqslant 1 \tag{1.25}$$

为 X 的母函数(或概率生成函数).

由于 $P(1) = \sum\limits_{k=0}^{\infty} p_k = 1$, 上式右边的幂级数在 $|s| \leqslant 1$ 上总是绝对且一致收敛的, 因此任取非负整数值的随机变量的母函数总是存在的, 并且在 $[-1,1]$ 上一致连续. 母函数具有下列性质:

(1)(反演公式)若随机变量 X 的母函数为 $P(s)$, 则分布列 p_n 可由下面的式子唯一确定:

$$p_n = \frac{1}{n!} P^{(n)}(0).$$

(2) 若随机变量 X 的 l 阶矩存在,则可以用母函数在 $s=1$ 的导数值来表示,特别地,有

$$EX = P'(1), \quad EX^2 = P''(1) + P'(1). \tag{1.26}$$

(3) (线性性)设随机变量 X 的母函数为 $P_X(s)$,则 $Y = aX + b(a, b$ 为非负整数)的母函数为

$$P_Y(s) = s^b P_X(s^a).$$

(4) 独立随机变量之和的母函数等于各随机变量母函数的乘积.

(5) 若 $X_1, X_2, \cdots$ 是相互独立且同分布的非负整数值随机变量,N 是与 $X_1, X_2, \cdots$ 独立的非负整数值随机变量,则 $Y = \sum_{k=1}^{N} X_k$ 的母函数为

$$H(s) = G[P(s)],$$

其中 $G(s), P(s)$ 分别是 N, X_k 的母函数.

证明　(1) $P(s) = \sum_{k=0}^{\infty} p_k s^k = \sum_{k=0}^{n} p_k s^k + \sum_{k=n+1}^{\infty} p_k s^k, n = 0, 1, 2, \cdots$. 两边对 s 求 n 阶导数,得

$$P^{(n)}(s) = n! p_n + \sum_{k=n+1}^{\infty} k(k-1)\cdots(k-n+1) p_k s^{k-n}.$$

令 $s = 0$,则 $p^{(n)}(0) = n! \, p_n$,因此

$$p_n = \frac{p^{(n)}(0)}{n!}, \quad n = 0, 1, \cdots.$$

(2) 由 $P(s) = \sum_{k=0}^{\infty} p_k s^k$,得 $P'(s) = \sum_{k=1}^{\infty} k p_k s^{k-1}$,令 $s \uparrow 1$("$\uparrow$"表示单调上升趋于,后同),得

$$EX = \sum_{k=1}^{\infty} k p_k = P'(1).$$

类似可得到

$$EX^2 = P''(1) + P'(1).$$

(3)、(4) 这两个结论是显然的.

(5) $H(s) = \sum_{k=0}^{\infty} P(Y = k) s^k = \sum_{k=0}^{\infty} P\left(Y = k, \bigcup_{l=0}^{\infty} \{N = l\}\right) s^k$

$$= \sum_{k=0}^{\infty} \sum_{l=0}^{\infty} P(N = l) P(Y = k) s^k$$

$$= \sum_{k=0}^{\infty} P(N = l) \sum_{l=0}^{\infty} P(Y = k) s^k$$

$$= \sum_{k=0}^{\infty} P(N = l) \sum_{l=0}^{\infty} P\left(\sum_{j=1}^{l} X_j = k\right) s^k$$

$$= \sum_{k=0}^{\infty} P(N = l) [P(s)]^l = G[P(s)].$$

二项分布 $p_k = C_n^k p^k (1-p)^{n-k}, k = 0, 1, \cdots, n$ 的母函数为 $P(s) = (q + ps)^n$. Poisson 分布 $p_k = \frac{\lambda^k}{k!} e^{-\lambda} (k = 0, 1, 2, \cdots; \lambda > 0)$ 的母函数为 $P(s) = e^{\lambda(s-1)}$.

下面的例子给出了母函数的应用.

例 1.7 从装有号码为 $1,2,3,4,5,6$ 的小球的袋中,有放回地抽取 5 个球,求所得号码总和为 15 的概率.

解 令 X_i 为第 i 次取得的小球的号码,则 X_i 相互独立,$X = X_1 + X_2 + \cdots + X_5$ 为所取的球的号码的总和. X_i 的母函数为

$$P_i(s) = \frac{1}{6}(s + s^2 + \cdots + s^6),$$

X 的母函数为

$$P(s) = \frac{1}{6^5}(s + s^2 + \cdots + s^6)^5 = \frac{s^5}{6^5}(1 - s^6)^5(1 - s)^{-5}.$$

所求概率为 $P(s)$ 展开式的 s^{15} 的系数,因此,$P(X = 15) = \dfrac{651}{6^5}$.

1.5 随机变量列的收敛性

定义 1.8 设 $\{X, X_n; n \geqslant 1\}$ 是概率空间 $(\Omega, \mathscr{F}, P)$ 上的随机变量,如果存在集 $A \in \mathscr{F}$,$P(A) = 0$,当 $\omega \in A^c$ 时,有 $\lim\limits_{n \to \infty} X_n(\omega) = X(\omega)$,则称 X_n 几乎必然收敛到 X,简称为 X_n a.s. 收敛到 X,记为 $X_n \to X$ a.s..

下面我们给出 a.s. 收敛的一个判别准则.

定理 1.5 $X_n \to X$ a.s. 的充分必要条件是对任意 $\varepsilon > 0$,有

$$\lim_{n \to \infty} P\left(\bigcup_{m=n}^{\infty} \{|X_m - X| \geqslant \varepsilon\} \right) = 0. \tag{1.27}$$

证明 对于任意 $\varepsilon > 0$,记 $E_m(\varepsilon) = \{|X_m - X| \geqslant \varepsilon\}$,$m \geqslant 1$. 由于

$$\{X_n \to X, n \to \infty\} = \bigcup_{\varepsilon > 0} \left\{ \bigcap_{n=1}^{\infty} \bigcup_{m=n}^{\infty} E_m(\varepsilon) \right\} = \bigcup_{\varepsilon > 0} \limsup_{n \to \infty} E_m(\varepsilon),$$

所以

$$X_n \to X \text{ a.s. } n \to \infty \Longleftrightarrow \forall \varepsilon > 0, P\left(\limsup_{n \to \infty} E_m(\varepsilon) \right) = 0.$$

而

$$P\left(\limsup_{n \to \infty} E_m(\varepsilon) \right) = \lim_{n \to \infty} P\left(\bigcup_{m=n}^{\infty} E_m(\varepsilon) \right),$$

于是

$$X_n \to X \text{ a.s.} \Longleftrightarrow \lim_{n \to \infty} P\left(\bigcup_{m=n}^{\infty} \{|X_m - X| \geqslant \varepsilon\} \right) = 0.$$

推论 1.6 若对于任意 $\varepsilon > 0$,有

$$\sum_{n=1}^{\infty} P(|X_n - X| \geqslant \varepsilon) < \infty, \tag{1.28}$$

则有 $X_n \to X$ a.s..

我国著名数理统计学家许宝騄与美国学者 Robbins 于 1947 年引进了完全收敛性的概念:如果对于任意 $\varepsilon > 0$,式 (1.28) 成立,就称随机变量序列 $\{X_n\}$ 完全收敛于 r.v. X,推论 1.6 表明由完全收敛性可以推出 a.s. 的收敛性. 由推论 1.6,可以得到:

推论 1.7 设 $\{X, X_n, n \geq 1\}$ 是 r.v. 列,若

$$\sum_{n=1}^{\infty} E(X_n - X)^2 < \infty, \tag{1.29}$$

则有 $X_n \to X$ a.s..

下面给出定理 1.5 的一个应用.

例 1.8 设 $\{X_n\}$ 是 r.v. 列,且

$$P(X_n = n) = P(X_n = -n) = \frac{1}{2^{n+1}}, \quad P\left\{X_n = \frac{1}{n}\right\} = P\left\{X_n = -\frac{1}{n}\right\} = \frac{1}{2}\left(1 - \frac{1}{2^n}\right).$$

对于给定的 $\varepsilon > 0$,考虑 $n > \dfrac{1}{\varepsilon}$,有

$$P\left(\bigcup_{m=n}^{\infty} \{|X_m| \geq \varepsilon\}\right) \leq \sum_{m=n}^{\infty} \frac{1}{2^m} \to 0, \quad n \to \infty.$$

因此 $X_n \to 0$ a.s..

定义 1.9 设 $\{X, X_n; n \geq 1\}$ 是概率空间 $(\Omega, \mathscr{F}, P)$ 上的随机变量,如果对任意 $\varepsilon > 0$,有

$$\lim_{n \to \infty} P(|X_n - X| \geq \varepsilon) = 0, \tag{1.30}$$

则称 X_n 依概率收敛到 X,简记为 $X_n \xrightarrow{P} X$.

由定义可知,若 X_n 依概率收敛到 X,则极限随机变量 X a.s. 是唯一的;且若 $X_n \to X$ a.s.,则 $X_n \xrightarrow{P} X$,逆命题通常情况下是不成立的,请看下例.

例 1.9 设 $\Omega = [0,1]$,对于任意整数 k,选取整数 m,使得 $2^m \leq k < 2^{m+1}$,显然 k 和 m 同时趋于无穷大,记 $k = 2^m + n (n = 0, 1, 2, \cdots, 2^m - 1)$,在 Ω 上定义 $X_k(\omega) = I_{\left[\frac{n}{2^m}, \frac{n+1}{2^m}\right)}$,则 当 $0 < \omega \leq 1$ 时,$P(|X_k| \geq \varepsilon) = \dfrac{1}{2^m}$,当 $\omega > 1$ 时,$P(|X_k| \geq \varepsilon) = 0$,于是 $X_k \xrightarrow{P} 0$;但 $X_k \nrightarrow 0$ a.s..事实上,对任意 $\omega \in [0,1]$,有无穷多个情形为 $\left[\dfrac{n}{2^m}, \dfrac{n+1}{2^m}\right)$ 的区间包含 ω,将这样的区间记为

$$\left\{\left[\frac{n_m}{2^m}, \frac{n_m+1}{2^m}\right); m = 1, 2, \cdots\right\}.$$

令 $k_m = 2^m + n_m$ 时,$X_{k_m}(\omega) = 1$;当 $k \neq k_m$ 时,$X_{k_m}(\omega) = 0$. 由此可见,$\{X_k\}$ 在 ω 处不收敛,因此,X_k 的 a.s. 收敛的极限是不存在的.

定义 1.10 设 $\{X, X_n; n \geq 1\}$ 是概率空间 $(\Omega, \mathscr{F}, P)$ 上的随机变量,若 $E|X_n|^p (p > 0)$ 存在,且 $\lim_{n \to \infty} E|X_n - X|^p = 0$,则称 X_n p 阶平均收敛到 X,简记为 $X_n \xrightarrow{L_p} X$.特别地,当 $p = 2$ 时,称为均方收敛.

易知对任意 $X \in L_p$ 及任给的 $\varepsilon > 0$,存在简单的 r.v. $Y = \sum_{k=1}^{\infty} a_k I_{A_k} \in L_p$,使得 $E|X - Y|^p < \varepsilon$.也就是说,对于任意 p 次可积的 r.v. X,必有 p 次可积的简单 r.v. 列 $\{Y_n\}$ p 阶平均收敛到 X.

需要注意的是,若 $X_n \xrightarrow{L_p} X$,则 $X_n \xrightarrow{P} X$.但是,$X_n \xrightarrow{L_1} X$ 与 $X_n \to X$ a.s. 收敛是不能 互推的.例如,在例 1.5 中,对于每一个 n,$E|X_n| = \dfrac{n}{2^n} + \dfrac{1}{n}\left(1 - \dfrac{n}{2^n}\right) \to 0$,即 $X_n \xrightarrow{L_1} 0$ 与 X_n

$\to 0$ a.s. 同时成立;而在例 1.9 中,由于 $E|X_k| = \dfrac{1}{2^m} \to 0$,于是,$X_n \xrightarrow{L_1} 0$,但是,$X_n \nrightarrow 0$ a.s..另一方面,在例 1.9 中,若定义 $X_k = kI_{[0,\frac{1}{k})}$,容易证明 $X_n \to 0$ a.s.,但是,$E|X_k| = 1$,即 $X_n \xrightarrow{L_1} 0$.

在测度论中,关于极限符号与积分符号交换的有关结论,有如下三个重要定理:

定理 1.6　(Lebesgue 控制收敛定理)设 $X_n \xrightarrow{P} X$,r.v. $Y \in L_1$,使得 $|X_n| \leqslant Y$ a.s.$(n \geqslant 1)$,则有 $X_n, X \in L_1$,且 $X_n \xrightarrow{L_1} X$,这时有 $EX_n \to EX$.

定理 1.7　(单调收敛定理)设 $X_n \geqslant 0$,且 $X_n \uparrow X$ a.s.,则有 $EX_n \to EX$.因此,如果 $\lim\limits_{n \to \infty} EX_n < \infty$,则有 $X \in L_1$;反之,若 $X \in L_1$,则每一 $X_n \in L_1$,且 $\lim\limits_{n \to \infty} EX_n = EX$.

定理 1.8　(Fatou 定理)设 $X_n \in L_1\,(n \geqslant 1)$ 是非负 r.v.,使得 $\liminf\limits_{n \to \infty} EX_n < \infty$,则 $\liminf\limits_{n \to \infty} X_n \in L_1$,且有 $E(\liminf\limits_{n \to \infty} X_n) \leqslant \liminf\limits_{n \to \infty} EX_n$.

定义 1.11　设 $\{X, X_n; n \geqslant 1\}$ 是概率空间 $(\Omega, \mathscr{F}, P)$ 上的随机变量,其分布函数序列 $F_n(x)$ 满足 $\lim\limits_{n \to \infty} F_n(x) = F(x)$ 在每个 $F(x)$ 的连续点处成立,则称 X_n 依分布收敛到 X,简记为 $X_n \xrightarrow{d} X$.这里 $F(x)$ 为 X 的分布函数.

下面我们给出几种收敛之间的关系:

$$X_n \xrightarrow{\text{a.s.}} X \Rightarrow X_n \xrightarrow{P} X \Rightarrow X_n \xrightarrow{d} X$$

$$\Downarrow$$

$$X_{n_k} \xrightarrow{\text{a.s.}} X \text{ 且 } \sum_{k=1}^{\infty} P\left(|X_{n_k} - X| \geqslant \frac{1}{2^k}\right) < \infty$$

$$\Uparrow$$

$$X_n \xrightarrow{p} X \Rightarrow X_n \xrightarrow{p'} X, \quad 0 < p' < p.$$

1.6　条件数学期望

条件数学期望在概率论、数理统计和随机过程中是十分重要的概念,下面我们介绍相关概念和性质.

定义 1.12　设 X, Y 是离散型随机变量,对一切使 $P(Y = y) > 0$ 的 y,定义给定 $Y = y$ 时,X 的条件概率为

$$P(X = x \mid Y = y) = \frac{P(X = x, Y = y)}{P(Y = y)};$$

X 的条件分布函数为

$$F(x \mid y) = P(X \leqslant x \mid Y = y);$$

X 的条件期望为

$$E(X \mid y) = E(X \mid Y = y) = \int x \,\mathrm{d}F(x \mid y) = \sum_x x P(X = x \mid Y = y). \tag{1.31}$$

定义 1.13　设 X, Y 是连续型随机变量,其联合密度函数为 $f(x, y)$,对一切 $f_Y(y) \geqslant$

0,定义给定 $Y = y$ 时,X 的条件密度函数为

$$f(x \mid y) = \frac{f(x, y)}{f_Y(y)};$$

X 的条件分布函数为

$$F(x \mid y) = P(X \leqslant x \mid Y = y) = \int x f(x \mid y) \mathrm{d}x;$$

X 的条件期望为

$$E(X \mid y) = E(X \mid Y = y) = \int x \mathrm{d}F(x \mid y) = \int x f(x \mid y) \mathrm{d}x. \qquad (1.32)$$

由定义可以看出,条件概率具有无条件概率的所有性质. $E(X \mid Y = y)$ 是 y 的函数,y 是 Y 的一个可能值,若在 Y 已知的条件下,全面考察 X 的均值,需要用 Y 替代 y,$E(X \mid Y = y)$ 是 Y 的函数,显然,它也是随机变量,称为 X 在 Y 条件下的条件期望.

例 1.10 已知二维随机变量 (X, Y) 在 $\{(x, y) \mid 0 \leqslant y \leqslant x \leqslant 1\}$ 上服从均匀分布,求在 $Y = y$ 条件下,随机变量 X 的条件数学期望 $E(X \mid y)$,$E(X \mid Y)$ 及 $Z = E(X \mid Y)$ 的分布函数.

解 首先计算在 $Y = y$ 的条件下,X 的条件概率密度.由于

$$f_Y(y) = \begin{cases} 2(1 - y), & 0 \leqslant y < 1 \\ 0, & \text{其他} \end{cases},$$

故当 $0 \leqslant y < 1$ 时,有

$$f_{X \mid Y}(x \mid y) = \frac{f(x, y)}{f_Y(y)} = \begin{cases} \dfrac{1}{1 - y}, & y < x < 1 \\ 0, & \text{其他} \end{cases}.$$

于是,当 $0 \leqslant y < 1$ 时,有

$$E(X \mid y) = \int_{-\infty}^{+\infty} x f_{X \mid Y}(x \mid y) \mathrm{d}x = \frac{1 + y}{2},$$

从而

$$Z = E(X \mid Y) = \frac{1 + Y}{2}.$$

Z 的分布函数为

$$F_Z(z) = P(Z \leqslant z) = P\left(\frac{1 + Y}{2} \leqslant z\right) = P(Y \leqslant 2z - 1) = \int_{-\infty}^{2z-1} f_Y(y) \mathrm{d}y$$

$$= \begin{cases} 0, & z < 1/2 \\ 8z - 4z^2 - 3, & 1/2 \leqslant z < 1 \\ 1, & z \geqslant 1 \end{cases}.$$

下面我们列举条件期望的相关性质.

设 X, Y, Z 为随机变量,$g(x)$ 在 $\mathbf{R}$ 上连续,且 $EX, EY, EZ, E[g(Y) \cdot Z]$ 都存在.

(1) 当 X 和 Y 相互独立时,$E(X \mid Y) = EX$.

(2) $EX = E[E(X \mid Y)]$.

(3) $E[g(Y) \cdot X \mid Y] = g(Y) E(X \mid Y)$.

(4) $E(C \mid Y) = C$,C 为常数.

(5) $E[(aX + bY) \mid Z] = aE(X \mid Z) + bE(Y \mid Z)$ (a, b 为常数).(线性可加性)

(6) 若 $X \geqslant 0$,则 $E(X \mid Y) \geqslant 0$ a.s..

这里只对(2)和(3)给出证明.

证明 （2）对离散型情况，设(X,Y)的联合分布列为
$$P(X=x_i,Y=y_j)=p_{ij},\quad i,j=1,2,\cdots$$
则
$$E[E(X\mid Y)]=\sum_{y_j}E(X\mid Y=y_j)P(Y=y_j)$$
$$=\sum_{y_j}\Big[\sum_{x_i}x_iP(X=x_i\mid Y=y_j)\Big]P(Y=y_j)$$
$$=\sum_{y_j}\Big[\sum_{x_i}x_iP(X=x_i,Y=y_j)\Big]=\sum_{x_i}P(X=x_i)=EX.$$

由此可见，EX是给定$Y=y_j$时X条件期望的一个加权平均值，每一项$E(X\mid Y=y_j)$所加的权数是作为条件事件的概率，称$EX=\sum_{y_j}E(X\mid Y=y_j)P(Y=y_j)$为全期望公式.

对连续型情形，设(X,Y)的联合密度函数为$f(x,y)$，则
$$E[E(X\mid Y)]=\int_{-\infty}^{+\infty}E(X\mid Y=y)f_Y(y)\mathrm{d}y=\int_{-\infty}^{+\infty}\Big[\int_{-\infty}^{+\infty}xf(x\mid y)\mathrm{d}x\Big]f_Y(y)\mathrm{d}y$$
$$=\int_{-\infty}^{+\infty}\Big[\int_{-\infty}^{+\infty}xf(x,y)\mathrm{d}x\Big]\mathrm{d}y=\int_{-\infty}^{+\infty}\Big[\int_{-\infty}^{+\infty}xf(x,y)\mathrm{d}y\Big]\mathrm{d}x$$
$$=\int_{-\infty}^{+\infty}xf_X(x)\mathrm{d}x=EX.$$

$EX=\int_{-\infty}^{+\infty}E(X\mid Y=y)f_Y(y)\mathrm{d}y$也称为全期望公式.

全期望公式表明：条件期望的期望是无条件期望.

（3）只需证明对任意使$E[g(Y)\cdot X\mid Y=y]$存在的y，都有
$$E[g(y)\cdot X\mid Y=y]=g(y)E(X\mid Y=y).$$
因为$E[X\mid Y=y]=\int_{-\infty}^{+\infty}x\mathrm{d}F(x\mid y)$，因此，当$y$固定时，有
$$E[g(y)\cdot X\mid Y=y]=\int_{-\infty}^{+\infty}g(y)x\mathrm{d}F(x\mid y)=g(y)\int_{-\infty}^{+\infty}x\mathrm{d}F(x\mid y)$$
$$=g(y)E[X\mid Y=y].$$

例1.11 设在某一天走进商店的人数是期望为1000的随机变量，又设这些顾客在该商店所花钱数都是期望为100(元)的相互独立的随机变量，并设一个顾客的花钱数和进入该商店的总人数独立，问在给定的一天内，顾客们在该商店所花钱数的期望是多少元？

解 设N为这天进入该商店的总人数，X_i为第i个顾客所花的钱数，则N个顾客所花的总钱数为$\sum_{i=1}^{N}X_i$. 由于
$$E\Big[\sum_{i=1}^{N}X_i\Big]=E\Big[E\Big(\sum_{i=1}^{N}X_i\mid N\Big)\Big],$$
而
$$E\Big[\sum_{i=1}^{N}X_i\mid N=n\Big]=E\Big[\sum_{i=1}^{n}X_i\mid N=n\Big]=E\Big[\sum_{i=1}^{n}X_i\Big]=nEX_1,$$
因此
$$E\Big[\sum_{i=1}^{N}X_i\mid N\Big]=NEX_1,\quad E\Big[\sum_{i=1}^{N}X_i\Big]=E[N\cdot EX_1]=ENEX_1.$$

由题设有 $EN = 1000, EX_1 = 100$,于是

$$\sum_{i=1}^{N} X_i = 1000 \times 100 = 100000,$$

即该天顾客花费在该商店的钱数的期望为 100000 元.

例 1.12 设随机变量 X 服从 $[0, a]$ 上的均匀分布,随机变量 Y 服从 $[X, a]$ 上的均匀分布,求 $E(Y \mid X = x)(0 < x < a)$ 和 $E(Y)$.

解 由条件知,对于 $x > 0$,有

$$f_{Y|X}(y \mid x) = \begin{cases} 1/(a - x), & x < y < a, \\ 0, & \text{其他} \end{cases},$$

因此,对任意 $0 < x < a$,有

$$E(Y \mid X = x) = \int_0^a \frac{y}{a - x} \mathrm{d}y = \frac{a + x}{2},$$

故

$$E(Y \mid X) = \frac{a + X}{2},$$

从而

$$E(Y) = E[E(Y \mid X)] = E\left[\frac{a + X}{2}\right] = \frac{3a}{4}.$$

例 1.13 设随机变量 Y 的期望存在,且 $Y = \sum_{k=1}^{N} X_k$,其中 X_k 和 N(取值为自然数)都是随机变量,并且相互独立,$E(N)$ 存在,证明:

$$EY = \sum_{k=1}^{\infty} P(N \geqslant k) E(X_k).$$

证明 由离散型全期望公式,有

$$EY = \sum_{k=1}^{\infty} P(N = n) E(Y \mid N = n) = \sum_{k=1}^{\infty} P(N = n) E\left(\sum_{k=1}^{n} X_k \mid N = n\right)$$

$$= \sum_{k=1}^{\infty} E(X_k) \sum_{n=k}^{\infty} P(N = n) = \sum_{k=1}^{\infty} P(N \geqslant k) E(X_k).$$

进一步,若 X_k 具有相同分布,则

$$EY = E(X) \sum_{k=1}^{\infty} P(N \geqslant k) = E(X) \sum_{k=1}^{\infty} k P(N = k) = EX \cdot EN.$$

这个结论在以后会经常用到.

第 2 章　随机过程的概念和基本类型

2.1　随机过程的基本概念

随机过程是随机数学一个十分重要的分支,它研究的是客观世界中随机现象演变过程的统计规律性.随机过程理论不仅广泛应用于自然科学的各个领域(例如物理学、生物学、电子技术等),而且在社会科学的许多领域也日益受到重视.

我们都知道,初等概率论的主要研究对象是随机现象,可以用一个或有限个随机变量来描述随机试验所产生的随机现象.但是,随着科学技术的不断发展,我们必须对一些随机现象的过程进行研究,也就是要考虑无穷多个随机变量,而且解决问题的出发点不是随机变量的独立样本,而是无穷个随机变量的一次具体观测.这时,必须用一簇随机变量才能刻画这种随机现象的全部统计规律,这种随机变量簇就是随机过程.

下面先考察几个例子.

例 2.1　某人不断地掷一颗骰子,设 $X(n)$ 表示第 n 次掷骰子时出现的点数,$n=1,2$,…,在第 n 次掷骰子前不知道试验的结果会出现几点,因此,$X(n)$ 是一个随机变量,这样,随机现象可以用一簇随机变量 $\{X(n),n\geqslant 1\}$ 来描述.

例 2.2　设 $X(t)$ 表示某流水线从开工($t=0$)到时刻 t 为止的累计次品数,在开工前不知道时刻 t 的累计次品数将有多少,因此,$X(t)$ 是一个随机变量,假设流水线不断工作,随机现象可以用一簇随机变量 $\{X(t),t\geqslant 0\}$ 来描述.

例 2.3　在天气预报中,若以 $X(t)$ 表示某地区第 t 次统计所得到的该天最高气温,则 $X(t)$ 是一个随机变量,为了预报未来该地区的气温,我们必须用一簇随机变量 $\{X(t),t\geqslant 0\}$ 来描述它的统计规律性.

例 2.4　英国植物学家 Brown 注意到漂浮在液面上的微小粒子在不断地进行无规则运动,这种运动后来被称为 Brown 运动,它是分子大量碰撞的结果.设 $(X(t),Y(t))$ 表示在时刻 t 某粒子在平面坐标上的位置,为了描述该粒子的位置,我们需要用一簇随机向量 $\{(X(t),Y(t)),t\geqslant 0\}$ 来描述它的统计规律性.

上述例子的共同点是:不是静止地研究某种随机现象,从而研究个别随机变量,而是动态地关心某种随机现象如何随时间变化而发展,也就是说,需要研究许多随机变量组成的一簇随机变量.一般来说,这簇随机变量包含无限多个随机变量.如果这簇随机变量包含有限多个随机变量(如例 2.1),那么,这类问题可用初等概率论中的多维随机变量来解决.一簇随机变量描述了随机现象的变化发展过程.

为了更深入地研究随机过程的相关性质,我们先给出随机过程的一般定义.

定义 2.1　设 $(\Omega,\mathscr{F},P)$ 是一概率空间,T 是给定的参数,若对于任意 $t\in T$,有一个随机

变量 $X(t,\omega)$ 与之对应,则称随机变量簇 $\{X(t,\omega),t\in T\}$ 是 $(\Omega,\mathscr{F},P)$ 上的随机过程 (stochastic processes),简记为随机过程 $\{X(t),t\in T\}$. 在不致引起混淆的情况下,也可记为 $X(t)$. 其中,T 为参数集(或指标集),通常表示时间;t 为参数(或指标).

需要说明的是:定义中的参数集 T 可以是时间集,也可以是长度、重量、速度等物理量的集合,随机过程本来通称随机函数,当参数集 T 是时间集时称为随机过程,但现在将参数集不是时间集的随机函数也称为随机过程,对参数集 T 不再有时间限制.

在例 2.1 中,$T=\{1,2,\cdots\}$,在例 2.2、例 2.3 和例 2.4 中,$T=[0,+\infty)$. 一般地,如果 T 是由有限多个或可列无限多个元素组成的集合,则称 $\{X(t),t\in T\}$ 为离散时间(或离散参数)的随机过程,如例 2.1 就是离散时间的随机过程,当 T 为有限集时,$\{X(t),t\in T\}$ 就是概率论中的多维随机变量;如果 T 是一区间,则称 $\{X(t),t\in T\}$ 为连续时间(或连续参数)的随机过程,例 2.2、例 2.3 和例 2.4 都是连续时间的随机过程.

从数学的角度看,随机过程 $\{X(t),t\in T\}$ 是定义在 $T\times \mathbf{R}$ 上的二元函数,对固定的 t,$X(t,\omega)$ 是 $(\Omega,\mathscr{F},P)$ 上的随机变量,随机变量 $X(t)$ 所取的值称为随机过程在时刻 t 所处的状态(state),随机过程 $\{X(t),t\in T\}$ 所有随机变量的全体称为随机过程的状态空间(state space),记为 I;对固定的 ω,$X(t,\omega)$ 是定义在 T 上的函数,称为随机过程 $\{X(t),t\in T\}$ 的一个样本函数(sample function)或轨道(orbit),样本函数的全体称为样本函数空间.

在例 2.1 中,$I=\{1,2,3,4,5,6\}$;在例 2.2 中,$I=\{0,1,2,\cdots\}$;在例 2.3 中,$I=(-\infty,+\infty)$;在例 2.4 中,$I=\mathbf{R}^2$. 不难看出,在上述例子中,把状态空间做适当扩大,仅仅是为了数学上处理的方便. 如果 I 是由有限个或可列无限个元素组成的集合,则称 $\{X(t),t\in T\}$ 为离散状态的随机过程,例 2.1 和例 2.2 都是离散状态的随机过程;如果 I 是一个区间,则称 $\{X(t),t\in T\}$ 为连续状态的随机过程,例 2.3 和例 2.4 都是连续状态的随机过程.

随机过程的分类如表 2.1 所示.

表 2.1　随机过程的分类

状态空间 参数集	离散	连续
连续	连续参数链	随机过程
离散	离散参数链	随机序列

随机过程的分类,除了按照参数集 T 和状态集 I 是否可列外,还可以进一步根据过程之间的概率关系进行分类,如独立增量过程、Poisson 过程、Markov 过程、平稳过程、鞅过程等.

2.2　随机过程的分布

概率论的基本内容之一是研究随机变量的分布,随机变量的分布刻画了随机变量的统计规律,分布的表现形式是分布函数(或离散型随机变量的概率函数,或连续型随机变量的概率密度). 我们知道,随机过程 $\{X(t),t\in T\}$ 由一簇随机变量组成,当参数集 T 为有限集时,随机过程 $\{X(t),t\in T\}$ 由有限个随机变量组成,它本质上与概率论中的多维随机变量相同,可以用多维随机变量的分布函数(或概率函数,或密度函数)来表示随机过程$\{X(t),t\in T\}$的分布;当 T 为无限集时,也可以借助有限个随机变量的联合分布来刻画随机过程$\{X(t),t\in T\}$的分布.

对于任意一个 $t\in T$,$X(t)$ 是一维随机变量,其分布函数为
$$F(x;t) = P(X(t)\leqslant x),\quad x\in \mathbf{R},$$
称 $F(x;t)$ 为随机过程$\{X(t),t\in T\}$的一维分布函数.显然,对于不同的 t,$X(t)$ 是不同的随机变量,因此 $F(x;t)$ 一般也不同,全体一维分布函数组成的集合$\{F(x;t),x\in\mathbf{R}:t\in T\}$ $\triangle\mathscr{F}_1$ 称为随机过程$\{X(t),t\in T\}$的一维分布函数簇.

对于任意两个 $t_1,t_2\in T$,$(X(t_1),X(t_2))$ 是二维随机变量,其分布函数为
$$F(x_1,x_2;t_1,t_2) \triangle P(X(t_1)\leqslant x_1,X(t_2)\leqslant x_2),\quad (x_1,x_2)\in\mathbf{R}^2,$$
称 $F(x_1,x_2;t_1,t_2)$ 为随机过程$\{X(t),t\in T\}$的二维分布函数.显然,对于不同的 t_1,t_2,$(X(t_1),X(t_2))$ 是不同的随机变量,因此 $F(x_1,x_2;t_1,t_2)$ 一般也不同,全体二维分布函数组成的集合$\{F(x_1,x_2;t_1,t_2),(x_1,x_2)\in\mathbf{R}^2:t_1,t_2\in T\}\triangle\mathscr{F}_2$ 称为随机过程$\{X(t),t\in T\}$的二维分布函数簇.

一般地,对于任意 n 个 $t_1,t_2,\cdots,t_n\in T$,$(X(t_1),X(t_2),\cdots,X(t_n))$ 是 n 维随机变量,其分布函数为
$$F(x_1,x_2,\cdots,x_n;t_1,t_2,\cdots,t_n) \triangle P(X(t_1)\leqslant x_1,\cdots,X(t_n)\leqslant x_n),\quad (x_1,\cdots,x_n)\in\mathbf{R}^n,$$
称 $F(x_1,\cdots,x_n;t_1,\cdots,t_n)$ 为随机过程$\{X(t),t\in T\}$的 n 维分布函数.显然,对于不同的 $t_1,\cdots,t_n$,$(X(t_1),\cdots,X(t_n))$ 是不同的随机变量,$F(x_1,\cdots,x_n;t_1,\cdots,t_n)$ 一般也不同,全体 n 维分布函数组成的集合$\{F(x_1,\cdots,x_n;t_1,\cdots,t_n),(x_1,\cdots,x_n)\in\mathbf{R}^n:t_1,\cdots,t_n\in T\}\triangle$ $\mathscr{F}_n$ 称为随机过程$\{X(t),t\in T\}$的 n 维分布函数簇.

定义 2.2　$\{X(t),t\in T\}$全体一维分布函数簇 $\mathscr{F}_1$、二维分布函数簇 $\mathscr{F}_2\cdots\cdots$的并集
$$\mathscr{F}\triangle\bigcup_{n=1}^{\infty} F_n = \bigcup_{n=1}^{\infty}\{F(x_1,\cdots,x_n;t_1,\cdots,t_n),(x_1,\cdots,x_n)\in\mathbf{R}^n:t_1,\cdots,t_n\in T,n\geqslant 1\},$$
称为随机过程$\{X(t),t\in T\}$的有限维分布函数簇.

如果随机过程$\{X(t),t\in T\}$是一个连续状态的随机过程,对于任意 $t\in T$,$X(t)$ 通常是连续型随机变量,其密度函数为 $f(x;t)$,称 $f(x;t)$ 为随机过程$\{X(t),t\in T\}$的一维密度函数.全体一维密度函数组成的集合称为随机过程$\{X(t),t\in T\}$的一维密度函数簇.一般地,称$(X(t_1),\cdots,X(t_n))$的密度函数 $f(x_1,\cdots,x_n;t_1,\cdots,t_n)$ 为随机过程$\{X(t),t\in T\}$的 n 维密度函数,全体 n 维密度函数组成的集合称为随机过程$\{X(t),t\in T\}$的 n 维密度函数簇.随机过程$\{X(t),t\in T\}$一维密度函数簇、二维密度函数簇$\cdots\cdots$的并集$\{f(x_1,\cdots,x_n;t_1,\cdots,t_n:t_1,\cdots,t_n\in T,n\geqslant 1)\}$称为随机过程$\{X(t),t\in T\}$的有限维密度函数簇.

类似可以得到离散状态随机过程$\{X(t),t\in T\}$的有限维概率函数簇.

随机过程$\{X(t),t\in T\}$的有限维分布函数簇、有限维密度函数簇、有限维概率函数簇统称为随机过程$\{X(t),t\in T\}$的有限维分布簇.

随机过程$\{X(t),t\in T\}$的有限维分布函数簇满足如下两条性质:

(1)(对称性)设 $i_1,i_2,\cdots,i_n$ 为 $1,2,\cdots,n$ 的任意排列,对于任意 $t_1,t_2,\cdots,t_n\in T$,有
$$F(x_1,\cdots,x_n;t_1,\cdots,t_n) = F(x_{i_1},\cdots,x_{i_n};t_{i_1},\cdots,t_{i_n}).$$

(2)(相容性)设 $m<n$,对于任意 $t_1,t_2,\cdots,t_m,t_{m+1},\cdots,t_n\in T$,有
$$F(x_1,\cdots,x_m,\infty,\cdots,\infty;t_1,\cdots,t_n) = F(x_1,\cdots,x_m;t_1,\cdots,t_m).$$

　　反之,对于给定的满足对称性和相容性的分布函数簇,是否存在一个以它作为有限维分布函数簇的随机过程? Kolmogorov 在 1931 年证明了下述定理,肯定地回答了这个问题.

　　定理 2.1　(Kolmogorov 存在定理)设已知参数集 T 满足对称性和相容性的分布函数簇 $\mathscr{F}$,则必存在一概率空间$(\Omega,\mathscr{F},P)$及定义在其上的随机过程$\{X(t),t\in T\}$,它的有限维分布函数簇是 $\mathscr{F}$.

　　下面举例说明如何求随机过程的一维、二维分布.

　　例 2.5　(脉冲位置调制信号)一个通信系统传输的脉冲位置信号记为 $Y_t(\omega)$,系统每隔 T 秒输出一个脉冲宽度为$\frac{T}{6}$、幅度为 A 的脉冲.第 i 个脉冲的开始时刻记为 $X_i(i=1,2,\cdots)$,它们相互独立且服从$\left[0,\frac{5T}{6}\right]$上的均匀分布.求 $Y_t(\omega)$ 的一维概率分布.

　　解　该过程状态空间 $I=[0,A]$,对固定的 $t\in T$,$Y_t(\omega)$是取值 0 或 A 的两点分布的随机变量,故需要对不同的 t 求随机事件$\{Y_t(\omega)=A\}$与$\{Y_t(\omega)=0\}$的概率.

　　随机脉冲 X_i 的概率密度均为

$$f_{X_i}(x)=\begin{cases}\dfrac{6}{5T}, & 0\leqslant x\leqslant\dfrac{5T}{6}\\[2mm]0, & \text{其他}\end{cases}.$$

　　当$0\leqslant t<\dfrac{T}{6}$时,$P(Y_t(\omega)=A)=P(0\leqslant X_i<t)=\dfrac{6t}{5T}$.

　　当$\dfrac{T}{6}\leqslant t<\dfrac{5T}{6}$时,$P(Y_t(\omega)=A)=P\left(t-\dfrac{T}{6}\leqslant X_i<t\right)=\dfrac{1}{5}$.

　　当$\dfrac{5T}{6}\leqslant t<T$ 时,$P\{Y_t(\omega)=A\}=P\left(t-\dfrac{T}{6}\leqslant X_i<\dfrac{5T}{6}\right)=\dfrac{6(T-t)}{5T}$.

　　综上所述,有

$$P\{Y_t(\omega)=A\}=\begin{cases}\dfrac{6t}{5T}, & 0\leqslant t<\dfrac{T}{6}\\[2mm]\dfrac{1}{5}, & \dfrac{T}{6}\leqslant t<\dfrac{5T}{6}\\[2mm]\dfrac{6(T-t)}{5T}, & \dfrac{5T}{6}\leqslant t<T\end{cases}.$$

可得 $P(Y_t(\omega)=0)=1-P(Y_t(\omega)=A)$.

　　例 2.6　设随机过程 $X(t)=tV,t\geqslant0$,V 为随机变量,概率函数为 $P(V=-1)=0.4$,$P(V=1)=0.6$.求随机过程 $X(t)$ 的一维分布函数 $F\left(x;\dfrac{1}{2}\right)$、$F(x;2)$ 及二维分布函数 $F\left(x_1,x_2;\dfrac{1}{2},2\right)$.

　　解　当 $t=\dfrac{1}{2}$ 时,$X\left(\dfrac{1}{2}\right)=\dfrac{V}{2}$是离散型随机变量;当 $t=2$ 时,$X(2)=2V$ 是离散型随机变量,它们的概率函数分别为

$X\left(\dfrac{1}{2}\right)$	$-\dfrac{1}{2}$	$\dfrac{1}{2}$
p	0.4	0.6

$X(2)$	-2	2
p	0.4	0.6

分布函数分别为

$$F\left(x;\frac{1}{2}\right) = \begin{cases} 0, & x < -\frac{1}{2} \\ 0.4, & -\frac{1}{2} \leqslant x < \frac{1}{2} \quad \text{和} \\ 1, & x \geqslant \frac{1}{2} \end{cases} \quad F(x;2) = \begin{cases} 0, & x < -2 \\ 0.4, & -2 \leqslant x < 2. \\ 1, & x \geqslant 2 \end{cases}$$

当 $t_1 = \frac{1}{2}$，$t_2 = 2$ 时，$\left(X\left(\frac{1}{2}\right), X(2)\right) = \left(\frac{V}{2}, 2V\right)$ 是二维离散型随机变量，它的概率函数为

$X(2)$ ＼ $X\left(\frac{1}{2}\right)$	-2	2
$-\frac{1}{2}$	0.4	0
$\frac{1}{2}$	0	0.6

因此，$\left(X\left(\frac{1}{2}\right), X(2)\right)$ 的分布函数为

$$F\left(x_1, x_2; \frac{1}{2}, 2\right) = P\left(X\left(\frac{1}{2}\right) \leqslant x_1, X(2) \leqslant x_2\right)$$

$$= \begin{cases} 0, & x_1 < -\frac{1}{2} \text{ 或 } x_2 < -2 \\ 0.4, & -1/2 \leqslant x_1 < \frac{1}{2} \text{ 且 } x_2 \geqslant -2, x_1 \geqslant -\frac{1}{2} \text{ 且 } -2 \leqslant x_2 < 2. \\ 1, & x_1 \geqslant \frac{1}{2} \text{ 且 } x_2 \geqslant 2 \end{cases}$$

2.3 随机过程的数字特征

定义 2.3 对随机过程 $\{X(t), t \in T\}$，如果对于任意 $t \in T$，$EX(t)$ 存在，称
$$m_X(t) = EX(t), \quad t \in T \tag{2.1}$$
为随机过程 $\{X(t), t \in T\}$ 的均值函数，简记为 $m(t)$.

定义 2.4 对随机过程 $\{X(t), t \in T\}$，如果对于任意 $s, t \in T$，$E[X(s) - m(s)] \cdot [X(t) - m(t)]$ 存在，称
$$C_X(s,t) = \text{Cov}(X(s), X(t)) \triangleq E[X(s) - m(s)][X(t) - m(t)], \quad s, t \in T \tag{2.2}$$
为 $\{X(t), t \in T\}$ 的自协方差函数，简称协方差函数，简记为 $C(s,t)$；称
$$R_X(s,t) \triangleq E[X(s)X(t)], \quad s, t \in T \tag{2.3}$$

为随机过程 $\{X(t),t\in T\}$ 的自相关函数,简称相关函数,简记为 $R(s,t)$.

自协方差函数 $C(s,t)$ 是随机过程 $\{X(t),t\in T\}$ 本身在不同时刻状态之间线性关系程度的一种描述.特别地,当 $s=t$ 时,称为随机过程 $\{X(t),t\in T\}$ 的方差函数.

$$D_X(t) = C_X(t,t) \triangleq E[X(t) - m(t)]^2, \quad t\in T. \tag{2.4}$$

由 Schwarz 不等式知,随机过程 $\{X(t),t\in T\}$ 的协方差函数和相关函数一定存在,且有下面的关系式:$C_X(s,t) = R_X(s,t) - m_X(s)m_X(t)$.特别地,当均值函数 $m_X(t)\equiv 0$ 时,$C_X(s,t) = R_X(s,t)$.

从定义可知,均值函数 $m(t)$ 反映随机过程 $\{X(t),t\in T\}$ 在时刻 t 的平均值,方差函数 $D_X(t)$ 反映随机过程 $\{X(t),t\in T\}$ 在时刻 t 对均值函数 $m(t)$ 的偏离程度,而协方差函数 $C(s,t)$ 和相关函数 $R(s,t)$ 反映的是随机过程 $\{X(t),t\in T\}$ 在时刻 s 和 t 的线性相关程度.

例 2.7 设随机过程 $X(t) = Y\cos(\theta t) + Z\sin(\theta t),t>0$,其中,$Y,Z$ 是相互独立的随机变量,且 $EY = EZ = 0,DY = DZ = \sigma^2$,求 $\{X(t),t>0\}$ 的均值函数 $m(t)$ 和协方差函数 $C(s,t)$.

解 由数学期望的性质,有

$$EX(t) = E[Y\cos(\theta t) + Z\sin(\theta t)] = \cos(\theta t)EY + \sin(\theta t)EZ = 0.$$

又 Y,Z 相互独立,因此有

$$\begin{aligned}
C_X(s,t) &= R_X(s,t) = E[X(s)X(t)] \\
&= E[Y\cos(\theta s) + Z\sin(\theta s)][Y\cos(\theta t) + Z\sin(\theta t)] \\
&= \cos(\theta s)\cos(\theta t)EY^2 + \sin(\theta s)\sin(\theta t)EZ^2 = \sigma^2\cos[(t-s)\theta].
\end{aligned}$$

例 2.8 考虑随机开关系统.一个系统有一个输入系统和两个输出子系统,假设随机开关以概率 0.5 接通子系统 1,以概率 0.5 接通子系统 2.当接通子系统 1 时,输出过程为 $X_t(\omega) = \cos\pi t$;当接通子系统 2 时,输出过程为 $X_t(\omega) = 2t$.求此过程的均值函数、方差函数、自相关函数及协方差函数.

解 过程的均值函数和方差函数为

$$m(t) = E(X_t) = \frac{1}{2}\cos\pi t + t, \quad E(X_t^2) = \frac{1}{2}\cos^2\pi t + 2t^2,$$

$$D(t) = E(X_t^2) - m^2(t) = \left(\frac{1}{2}\cos\pi t - t\right)^2.$$

又 X_s 与 X_t 的联合分布列为

(X_s, X_t)	$(\cos\pi s, \cos\pi t)$	$(2s, 2t)$
p	$\dfrac{1}{2}$	$\dfrac{1}{2}$

自相关函数为

$$R(s,t) = E[X(s)X(t)] = \frac{1}{2}\cos\pi s\cos\pi t + \frac{1}{2}\times 2s\times 2t = \frac{1}{2}\cos\pi s\cos\pi t + 2st,$$

协方差函数为

$$C(s,t) = R(s,t) - m(s)m(t) = \frac{1}{4}\cos\pi s\cos\pi t - \frac{1}{2}t\cos\pi s - \frac{1}{2}s\cos\pi t + ts.$$

类似可以定义两个随机过程的互协方差函数和互相关函数.

定义 2.5　设有随机过程 $\{X(t),t\in T\},\{Y(t),t\in T\}$,称

$$C_{XY}(s,t)\triangleq E[X(s)-m_X(s)][Y(t)-m_Y(t)],\quad s,t\in T \tag{2.5}$$

为 $\{X(t),t\in T\}$ 与 $\{Y(t),t\in T\}$ 的互协方差函数;称

$$R_{XY}(s,t)\triangleq E[X(s)Y(t)],\quad s,t\in T \tag{2.6}$$

为 $\{X(t),t\in T\}$ 与 $\{Y(t),t\in T\}$ 的互相关函数.

如果对任意 $s,t\in T$,有 $C_{XY}(s,t)=0$,则称 $\{X(t),t\in T\}$ 与 $\{Y(t),t\in T\}$ 互不相关. 显然有

$$C_{XY}(s,t)=R_{XY}(s,t)-m_X(s)m_Y(t). \tag{2.7}$$

例 2.9　设 $Z(t)=X+Yt,t\in\mathbf{R}$,若已知二维随机变量 (X,Y) 的协方差矩阵为 $\begin{bmatrix}\sigma_1^2 & \rho \\ \rho & \sigma_2^2\end{bmatrix}$,求 $Z(t)$ 的协方差函数.

解　由数学期望的性质,有

$$
\begin{aligned}
C_Z(t_1,t_2) &= E\{[(X+Yt_1)-(m_X+m_Yt_1)][(X+Yt_2)-(m_X+m_Yt_2)]\} \\
&= E\{[(X-m_X)+(Yt_1-m_Yt_1)][(X-m_X)+(Yt_2-m_Yt_2)]\} \\
&= E[(X-m_X)(X-m_X)]+E[(X-m_X)t_2(Y-m_Y)] \\
&\quad +E[t_1(Y-m_Y)(X-m_X)]+E[t_1t_2(Y-m_Y)(Y-m_Y)] \\
&= C_{XY}+t_2C_{XY}+t_1C_{XX}+t_1t_2C_{YY}=\sigma_1^2+(t_1+t_2)\rho+t_1t_2\sigma_2^2.
\end{aligned}
$$

例 2.10　设有两个随机过程 $X(t)=A\sin(\omega t+\theta)$ 与 $Y(t)=A\sin(\omega t+\theta-\varphi)$,其中, A,B,ω,φ 为常量, φ 为 $[0,2\pi]$ 上的均匀分布的随机变量,求 $R_{XY}(t_1,t_2)$.

解　设 $t_1<t_2$,则有

$$
\begin{aligned}
R_{XY}(t_1,t_2) &= E[X(t_1)Y(t_2)]=\int_0^{2\pi}A\sin(\omega t_1+\theta)B\sin(\omega t_2+\theta-\varphi)\frac{1}{2\pi}\mathrm{d}\theta \\
&= \frac{AB}{2\pi}\int_0^{2\pi}\sin(\omega t_1+\theta)\{\sin(\omega t_1+\theta)\cos[\omega(t_2-t_1)-\varphi] \\
&\quad +\cos(\omega t_1+\theta)\sin[\omega(t_2-t_1)-\varphi]\}\mathrm{d}\theta \\
&= \frac{AB}{2\pi}\Big\{\cos[\omega(t_2-t_1)-\varphi]\int_0^{2\pi}\sin^2(\omega t_1+\theta)\mathrm{d}\theta \\
&\quad +\sin[\omega(t_2-t_1)-\varphi]\int_0^{2\pi}\sin(\omega t_1+\theta)\cos(\omega t_1+\theta)\mathrm{d}\theta\Big\} \\
&= \frac{AB}{2}\cos[\omega(t_2-t_1)-\varphi].
\end{aligned}
$$

例 2.11　设 $X(t)$ 为信号过程, $Y(t)$ 为噪音过程,令 $W(t)=X(t)+Y(t)$,则 $W(t)$ 的均值函数为 $m_w(t)=m_X(t)+m_Y(t)$,其相关函数为

$$
\begin{aligned}
R_w(s,t) &= E[X(s)+Y(s)][X(t)+Y(t)] \\
&= E[X(s)X(t)]+E[X(s)Y(t)]+E[Y(s)X(t)]+E[Y(s)Y(t)] \\
&= R_X(s,t)+R_{XY}(s,t)+R_{YX}(s,t)+R_Y(s,t).
\end{aligned}
$$

上式表明两个随机过程之和的相关函数可以表示为各个随机过程的相关函数之和.特别地,两个随机过程的均值函数恒为 0 且互不相关时,有

$$R_W(s,t)=R_X(s,t)+R_Y(s,t).$$

在工程技术上,常把随机过程表示成复数的形式,这样研究更为方便.例如,许多有关谱函数的运算要用到 Fourier 变换,就需要采用复数形式.

定义 2.6 设$\{X(t),t\in T\}$,$\{Y(t),t\in T\}$是取值实数的两个随机过程,若对于任意 t $\in T$,$Z(t)=X(t)+iY(t)$,其中 $i=\sqrt{-1}$,则称$\{Z(t),t\in T\}$为复随机过程.

类似可以定义复随机过程的均值函数、协方差函数、相关函数、方差函数如下.

均值函数:
$$m_Z(t)=E[Z(t)]=m_X(t)+im_Y(t),\quad t\in T.$$

相关函数:
$$R_Z(t_1,t_2)=E[Z(t_1)\overline{Z(t_2)}],\quad t_1,t_2\in T.$$

协方差函数:
$$C_Z(t_1,t_2)=E\{[Z(t_1)-m_Z(t_1)][\overline{Z(t_2)-m_Z(t_2)}]\}$$
$$=R_Z(t_1,t_2)+m_Z(t_1)\overline{m_Z(t_2)},\quad t_1,t_2\in T.$$

方差函数:
$$D_Z(t)=E[|Z(t)-m_Z(t)|^2]=E[(Z(t)-m_Z(t))\overline{(Z(t)-m_Z(t))}]=C_Z(t,t).$$

对于两个随机过程,可以定义互相关函数和互协相关函数.

互相关函数:
$$R_{Z_1Z_2}(t_1,t_2)=E[Z_1(t_1)Z_2(t_2)].$$

互协相关函数:
$$C_{Z_1Z_2}(t_1,t_2)=\mathrm{Cov}(Z_1(t_1),Z_2(t_2))$$
$$=E\{[Z_1(t_1)-m_{Z_1}(t_1)][\overline{Z_2(t_2)-m_{Z_2}(t_2)}]\}.$$

2.4 随机过程的主要类型

随机过程可以根据状态空间和参数集离散或连续进行分类,现在我们根据随机过程的统计特征进一步将随机过程分类.这些常见的随机过程在以后的章节中将做进一步说明,这里只做简单介绍.

2.4.1 二阶矩过程

定义 2.7 设$\{X(t),t\in T\}$是取值实数(或复值)的随机过程,若对于任意 $t\in T$,都有 $E[|X(t)|^2]<\infty$(二阶矩存在),则称$\{X(t),t\in T\}$是二阶矩过程.

二阶矩过程$\{X(t),t\in T\}$的均值函数 $m_X(t)=EX(t)$一定存在,一般假定 $m_X(t)=0$,这时,协方差函数化为 $C_X(s,t)=E[X(s)\overline{X(t)}]$,$s,t\in T$.

二阶矩过程的协方差函数具有以下性质:

(1) (Hermite 性)$C_X(s,t)=\overline{C_X(t,s)}$,$s,t\in T$.

(2) (非负定性)对任意 $t_i\in T$ 及复数 α_i,$i=1,2,\cdots,n$,有
$$\sum_{i=1}^{n}\sum_{j=1}^{n}C_X(t_i,t_j)\alpha_i\overline{\alpha_j}\geqslant 0.$$

2.4.2 正交增量过程

定义 2.8 设 $\{X(t), t \in T\}$ 是零均值的二阶矩过程，若对于任意 $t_1 < t_2 \leqslant t_3 < t_4 \in T$，有

$$E[[X(t_2) - X(t_1)][\overline{X(t_4) - X(t_3)}]] = 0, \tag{2.8}$$

则称 $\{X(t), t \in T\}$ 为正交增量过程.

从定义可以看出，正交增量过程的协方差函数可由其方差确定，且

$$C_X(s, t) = R_X(s, t) = \sigma_X^2(\min(s, t)). \tag{2.9}$$

事实上，不妨设 $T = [a, b]$ 为有限区间，且规定 $X(a) = 0$，取 $t_1 = 0, t_2 = t_3 = s, t_4 = b$，则当 $a < s < t < b$ 时，有

$$E[X(s)\overline{(X(t) - X(s))}] = E[(X(s) - X(a))\overline{(X(t) - X(s))}] = 0,$$

因此

$$\begin{aligned}
C_X(s, t) &= R_X(s, t) - m_X(s)\overline{m_X(t)} = R_X(s, t) \\
&= E[X(s)\overline{X(t)}] = E[X(s)\overline{(X(t) - X(s) + X(s))}] \\
&= E[X(s)\overline{(X(t) - X(s))}] + E[X(s)\overline{X(s)}] = \sigma_X^2(s).
\end{aligned}$$

同理，当 $b > s > t > a$ 时，有

$$C_X(s, t) = R_X(s, t) = \sigma_X^2(t),$$

于是

$$C_X(s, t) = R_X(s, t) = \sigma_X^2(\min(s, t)).$$

2.4.3 独立平稳增量过程

定义 2.9 给定随机序列 $\{X_n, n \geqslant 1\}$，如果随机变量 $X_1, X_2, \cdots$ 相互独立，那么称随机序列 $\{X_n, n \geqslant 1\}$ 为独立过程（或独立随机序列）.

在例 2.1 中，如果骰子每次出现的点数是相互独立的，那么就可得到一个独立随机过程. 值得注意的是，就物理意义来说，连续参数独立过程是不存在的，因为当 t_1 和 t_2 很接近时，我们完全有理由说 $X(t_1)$ 和 $X(t_2)$ 有一定的依赖关系，因此，连续参数独立过程只是理想化的随机过程.

定义 2.10 设随机过程 $\{X(t), t \in T\}$，若对任意正整数 n 和 $t_1 < t_2 < \cdots < t_n \in T$，随机变量

$$X(t_2) - X(t_1), X(t_3) - X(t_2), \cdots, X(t_n) - X(t_{n-1})$$

相互独立，则称随机过程 $\{X(t), t \in T\}$ 为独立增量过程，也称可加过程.

同独立过程一样，独立增量过程中的参数集 T 可以是离散的，也可以是连续的. 独立增量过程的直观含义是：随机过程 $\{X(t), t \in T\}$ 在各个不相重叠的时间间隔上状态的增量是相互独立的. 在实际应用中，某时间间隔某服务系统的"顾客"数、电话传呼站的"电话"次数等都可用这种过程来描述.

正交增量过程与独立增量过程都是根据不相重叠的时间间隔上增量的统计相依性来定义的，前者增量是不相关的，后者增量是独立的. 显然，正交增量过程不一定是独立增量过程，而独立增量过程只有在二阶矩存在且均值为零的条件下才是正交增量过程.

定理 2.2 设二阶矩过程 $\{X(t),t\in T\}$ 是独立增量过程,若 $T=[a,+\infty),X(a)=0$,则 $\{X(t),t\in T\}$ 的协方差函数为 $C_X(s,t)=\sigma_X^2(\min(s,t)),s,t\geqslant a$.

证明 假设 $s<t$,由 $X(s)=X(s)-X(a),X(t)=X(t)-X(a)$ 的相互独立性,有

$$C_X(s,t)=\mathrm{Cov}(X(s),X(t))=\mathrm{Cov}(X(s),[X(t)-X(s)+X(s)])$$
$$=\mathrm{Cov}(X(s),X(t)-X(s))+\mathrm{Cov}(X(s),X(s))=DX(s)=\sigma_X^2(s).$$

定理 2.3 设二阶矩过程 $\{X(t),t\in T\}$ 是独立增量过程,且 $X(0)=0$(或 $P\{X(0)=0\}=1$),则其有限维分布由一维分布和增量分布确定.

证明 对任意 $n\geqslant 1$ 及任意 $0\leqslant t_1<t_2<\cdots<t_n<\infty$,令

$$Y_1=X(t_1)-X(0),\quad Y_2=X(t_2)-X(t_1),\quad\cdots,\quad Y_n=X(t_n)-X(t_{n-1}).$$

由零初值和增量的独立性知 $Y_1,Y_2,\cdots,Y_n$ 相互独立,且

$$X(t_1)=Y_1,\quad\cdots,\quad X(t_n)=\sum_{i=1}^{n}Y_i.$$

其 n 维随机变量 $(X(t_1),X(t_2),\cdots,X(t_n))$ 的特征函数为

$$g_{t_1,t_2,\cdots,t_n}(u_1,u_2,\cdots,u_n)=E\{\mathrm{e}^{\mathrm{i}[u_1X(t_1)+\cdots+u_nX(t_n)]}\}$$
$$=E\{\mathrm{e}^{\mathrm{i}[u_1Y_1+u_2(Y_1+Y_2)+\cdots+u_n(Y_1+Y_2+\cdots+Y_n)]}\}$$
$$=E\{\mathrm{e}^{\mathrm{i}[(u_1+u_2+\cdots+u_n)Y_1+(u_2+\cdots+u_n)Y_2+\cdots+u_nY_n]}\}$$
$$=E[\mathrm{e}^{\mathrm{i}(u_1+u_2+\cdots+u_n)Y_1}]E[\mathrm{e}^{\mathrm{i}(u_2+\cdots+u_n)Y_2}]\cdots E[\mathrm{e}^{\mathrm{i}u_nY_n}]$$
$$=g_{t_1}(u_1+u_2+\cdots+u_n)g_{t_2-t_1}(u_2+\cdots+u_n)\cdots g_{t_n-t_{n-1}}(u_n),$$

其中,$g_{t_k-t_{k-1}}(u)$ 表示随机变量 $X(t_k)-X(t_{k-1})$ 的特征函数,即

$$g_{t_1,t_2,\cdots,t_n}(u_1,u_2,\cdots,u_n)$$
$$=g_{X(t_1)}(u_1+u_2+\cdots+u_n)g_{X(t_2)-X(t_1)}(u_2+\cdots+u_n)\cdots g_{X(t_n)-X(t_{n-1})}(u_n).$$

根据特征函数与分布函数的唯一性定理知,由独立增量过程的一维分布和增量分布就可以完全确定其有限维分布.

对于独立增量过程 $\{X(t),t\in T\}$,$T=[a,b]$,若 $P\{X(0)=0\}=1$,因对任意 $t\in T$,$X(t)=X(t)-X(a)$,故由增量可完全确定其一维分布,从而根据增量分布可以完全确定其有限维分布.

定义 2.11 设随机过程 $\{X(t),t\in T\}$,对于任意 $s,t\in T,s+\tau,t+\tau\in T$,如增量 $X(s+\tau)-X(s)$ 与 $X(t+\tau)-X(t)$ 服从相同的分布,则称 $\{X(t),t\in T\}$ 为平稳增量过程.

平稳增量过程的直观含义是:随机过程 $\{X(t),t\in T\}$ 在时间间隔 $(t,t+\tau)$ 上状态的增量 $X(t+\tau)-X(t)$ 仅仅依赖终点和起点的时间差 τ,而与时间起点无关.

如果一个独立增量过程同时又是平稳增量过程,则称它为平稳独立增量过程.平稳独立增量过程是一种很重要的随机过程,后面将反复提到.

定理 2.4 设随机序列 $\{X_n,n\geqslant 0\}$,且 $X_0=0$.

(1) $\{X_n,n\geqslant 0\}$ 是独立增量过程的充要条件是 X_n 可以表示为独立随机变量序列的部分和($n\geqslant 1$).

(2) $\{X_n,n\geqslant 0\}$ 是平稳独立增量过程的充要条件是 X_n 可以表示为独立同分布随机变量序列的部分和($n\geqslant 1$).

证明 充分性由定义可以直接得到,下面证明必要性.

令随机变量 $U_n=X_n-X_{n-1},n\geqslant 1$,则 $X_n=\bigcup_{i=1}^{n}U_i,n\geqslant 1$.

（1）$\{X_n, n \geqslant 0\}$ 是独立增量随机过程时，对任意 n，增量 $U_1, U_2, \cdots, U_n$ 相互独立，因此，$U_1, U_2, \cdots$ 是独立随机变量序列.

（2）$\{X_n, n \geqslant 0\}$ 是平稳独立增量过程时，对任意 m, n，增量 U_m, U_n 同分布，因此，$U_1, U_2, \cdots$ 是独立同分布随机变量序列.

2.4.4　正态过程（高斯过程）

在概率论中我们都知道，正态分布是一种十分重要的分布，正态过程在随机过程中的地位类似于正态随机变量在概率论中的地位，尤其在电信技术中，正态过程有着十分广泛的应用. 用有限维分布簇来描述随机过程，正态随机过程的有限维分布函数簇是正态分布函数簇，为研究正态过程，需要先对正态随机向量进行讨论.

定义 2.12　设 $C = (c_{ij})$ 是 n 阶正定对称矩阵，μ 为 n 维实值列向量，随机向量 $(X_1, X_2, \cdots, X_n)^{\mathrm{T}}$ 的联合概率密度为

$$f(x) = \frac{1}{(2\pi)^{n/2} (\det C)^{1/2}} \exp\left\{ -\frac{1}{2} (x - \mu)^{\mathrm{T}} C^{-1} (x - \mu) \right\},$$

其中，$x = (x_1, x_2, \cdots, x_n)^{\mathrm{T}}$ 是实数列向量，$\mu = (\mu_1, \mu_2, \cdots, \mu_n)^{\mathrm{T}} = (EX_1, EX_2, \cdots, EX_n)^{\mathrm{T}}$ 为均值列向量，$C = (c_{ij})$ 为协方差矩阵，$c_{ij} = E[(X_i - \mu_i)(X_j - \mu_j)]$，$i, j = 1, 2, \cdots, n$. 称随机向量 $(X_1, X_2, \cdots, X_n)^{\mathrm{T}}$ 服从 n 维正态分布，记为 $(X_1, X_2, \cdots, X_n)^{\mathrm{T}} \sim N(\mu, C)$.

定理 2.5　n 维正态分布随机向量 $(X_1, X_2, \cdots, X_n)^{\mathrm{T}}$ 的特征函数为

$$g(t) = \exp\{ \mathrm{i}\mu^{\mathrm{T}} t - 1/2 t^{\mathrm{T}} C t \},$$

其中，$t = (t_1, t_2, \cdots, t_n)^{\mathrm{T}}$ 是 n 维实数向量.

正态过程理论在应用中占有极其重要的地位，正态过程就是有限维正态随机向量概念的推广，它的任意有限维分布函数簇是正态分布函数簇.

定义 2.13　设随机过程 $\{X(t), t \in T\}$，对任意正整数 n 和 $t_1, t_2, \cdots, t_n \in T$，$(X(t_1), X(t_2), \cdots, X(t_n))^{\mathrm{T}}$ 是 n 维正态分布，即有密度函数

$$f(x) = \frac{1}{(2\pi)^{n/2} \det(C)^{1/2}} \exp\left\{ -\frac{1}{2} (x - \mu)^{\mathrm{T}} C^{-1} (x - \mu) \right\},$$

其中，$x = (x_1, x_2, \cdots, x_n)^{\mathrm{T}}$，$\mu = (EX(t_1), EX(t_2), \cdots, EX(t_n))^{\mathrm{T}}$，$C = (c_{ij})_{n \times n}$ 为正定矩阵，$c_{ij} = E\{[X(t_i) - EX(t_i)][X(t_j) - EX(t_j)]\}$，$i, j = 1, 2, \cdots, n$. 则称 $\{X(t), t \in T\}$ 为正态过程或 Gauss 过程.

正态过程是二阶矩过程，其 n 维分布由其二阶矩完全确定，n 维特征函数为

$$g_{t_1, t_2, \cdots, t_n}(u) = \exp\{ \mathrm{i}\mu^{\mathrm{T}} u - 1/2 u^{\mathrm{T}} C u \},$$

其中 $u = (u_1, u_2, \cdots, u_n)^{\mathrm{T}}$ 是 n 维实数向量.

例 2.12　设随机变量 $(X, Y) \sim N(\mu, C)$，其中 $\mu = \begin{pmatrix} 1 \\ 2 \end{pmatrix}$，$C = \begin{pmatrix} 2 & 3 \\ 3 & 5 \end{pmatrix}$，求 (X, Y) 的概率密度和特征函数.

解　因 $\det C = 1$，$C^{-1} = \begin{pmatrix} 5 & -3 \\ -3 & 2 \end{pmatrix}$，$(X, Y)$ 的概率密度为

$$f(x, y) = \frac{1}{(2\pi)^{n/2} (\det C)^{1/2}} \exp\left\{ -\frac{1}{2} (x - \mu)^{\mathrm{T}} C^{-1} (x - \mu) \right\}$$

$$= \frac{1}{2\pi}\exp\left\{-\frac{1}{2}(x-1,y-2)\begin{pmatrix}5 & -3\\ -3 & 2\end{pmatrix}\begin{pmatrix}x-1\\ y-2\end{pmatrix}\right\}$$

$$= \frac{1}{2\pi}\exp\left\{-\frac{1}{2}(5x^2-6xy+2y^2+2x-2y+1)\right\},$$

特征函数为

$$g(u,v) = \exp\{\mathrm{i}\mu^{\mathrm{T}}t - 1/2t^{\mathrm{T}}Ct\} = \exp\left\{\mathrm{i}(1,2)\begin{pmatrix}u\\ v\end{pmatrix} - \frac{1}{2}(u,v)\begin{pmatrix}2 & 3\\ 3 & 5\end{pmatrix}\begin{pmatrix}u\\ v\end{pmatrix}\right\}$$

$$= \exp\left\{\mathrm{i}(u+2v) - \frac{1}{2}(2u^2+6uv+5v^2)\right\}.$$

例 2.13 设随机过程 $\{X(t), t\in\mathbf{R}\}$ 和 $\{Y(t), t\in\mathbf{R}\}$ 是相互独立的正态过程,令 $Z(t) = X(t) + Y(t)$,证明:$\{Z(t), t\in\mathbf{R}\}$ 是正态过程.

证明 因 $\{X(t), t\in\mathbf{R}\}$ 和 $\{Y(t), t\in\mathbf{R}\}$ 是相互独立的正态过程,对任意正整数 n 及 $t_1, t_2, \cdots, t_n\in\mathbf{R}$,随机向量 $(X(t_1), X(t_2), \cdots, X(t_n))$ 和 $(Y(t_1), Y(t_2), \cdots, Y(t_n))$ 相互独立,都服从 n 维联合正态分布,其均值向量分别为 μ_X, μ_Y,协方差向量分别为 C_X, C_Y,记 $u = (u_1, u_2, \cdots, u_n)^{\mathrm{T}}$,从而 $(Z(t_1), Z(t_2), \cdots, Z(t_n))$ 的特征函数为

$$g_{t_1, t_2, \cdots, t_n}(u_1, u_2, \cdots, u_n)$$

$$= E\{\exp\{\mathrm{i}[u_1(X(t_1) + Y(t_1)) + \cdots + u_n(X(t_n) + Y(t_n))]\}\}$$

$$= E\{\exp\{\mathrm{i}[u_1 X(t_1) + \cdots + u_n X(t_n)]\}\}\cdot E\{\exp\{\mathrm{i}[u_1 Y(t_1) + \cdots + u_n Y(t_n)]\}\}$$

$$= \exp\{\mathrm{i}\mu_X^{\mathrm{T}}u - 1/2u^{\mathrm{T}}C_X u\}\cdot\exp\{\mathrm{i}\mu_Y^{\mathrm{T}}u - 1/2u^{\mathrm{T}}C_Y u\}$$

$$= \exp\{\mathrm{i}(\mu_X^{\mathrm{T}} + \mu_Y^{\mathrm{T}})u - 1/2u^{\mathrm{T}}(C_X + C_Y)u\}.$$

由特征函数和分布函数的唯一性定理知 $(Z(t_1), Z(t_2), \cdots, Z(t_n))$ 是 n 维正态随机变量,从而 $\{Z(t), t\in\mathbf{R}\}$ 是正态过程,且其均值函数和协方差矩阵满足

$$\mu_Z = \mu_X + \mu_Y, \quad C_Z = C_X + C_Y.$$

例 2.14 设随机过程 $\{X(t), t\in\mathbf{R}\}$ 是正态过程,证明下面的过程仍是正态过程.

(1) 对任意 $\tau\geqslant 0$,$\{X(t+\tau) - X(\tau), t\geqslant 0\}$.

(2) $Y(t) = \begin{cases} tX(1/t), & t>0\\ 0, & t=0\end{cases}$.

(3) 对常数 $\lambda>0$,$\left\{\dfrac{1}{\sqrt{\lambda}}X(\lambda t), t\geqslant 0\right\}$.

(4) 对 $t_0>0$,$Z(s) = \begin{cases} X(t_0+s) - X(s), & s>0\\ 0, & s=0\end{cases}$.

证明 这里仅证明(1)和(2),(3)和(4)可类似证明.

(1) $\{X(t), t\in\mathbf{R}\}$ 是正态过程,对任意正整数 n 及 $t_1, t_2, \cdots, t_n\geqslant 0$,对固定 $\tau\geqslant 0$,随机向量 $(X(t_1+\tau), X(t_2+\tau), \cdots, X(t_n+\tau))$ 服从 n 维正态分布,且 $(X(t_1+\tau), X(t_2+\tau), \cdots, X(t_n+\tau), X(\tau))$ 服从 $n+1$ 维正态分布,有

$$\begin{pmatrix} X(t_1+\tau) - X(\tau)\\ X(t_2+\tau) - X(\tau)\\ \vdots\\ X(t_n+\tau) - X(\tau)\end{pmatrix} = \begin{pmatrix} 1 & 0 & 0 & \cdots & -1\\ 0 & 1 & 0 & \cdots & -1\\ \vdots & \vdots & \vdots & \vdots & \vdots\\ 0 & 0 & \cdots & 1 & -1\end{pmatrix}\begin{pmatrix} X(t_1+\tau)\\ X(t_2+\tau)\\ \vdots\\ X(t_n+\tau)\\ X(\tau)\end{pmatrix}.$$

由正态分布的线性变换不变性知随机向量 $(X(t_1 + \tau) - X(\tau), \cdots, X(t_n + \tau) - X(\tau))^{\mathrm{T}}$ 也服从 n 维正态分布,从而 $\{X(t + \tau) - X(\tau), t \geqslant 0\}$ 是正态过程.

(2) 对任意正整数 n 及 $t_1, t_2, \cdots, t_n > 0$,因 $\frac{1}{t_1}, \frac{1}{t_2}, \cdots, \frac{1}{t_n} > 0$,由正态过程的定义,随机向量 $\left(X\left(\frac{1}{t_1}\right), X\left(\frac{1}{t_2}\right), \cdots, X(\frac{1}{t_n})\right)$ 服从 n 维正态分布,从而

$$
\begin{pmatrix} t_1 X\left(\frac{1}{t_1}\right) \\ t_2 X\left(\frac{1}{t_2}\right) \\ \vdots \\ t_n X\left(\frac{1}{t_n}\right) \end{pmatrix} = \begin{pmatrix} t_1 & 0 & \cdots & 0 \\ 0 & t_2 & \cdots & 0 \\ 0 & \cdots & \cdots & 0 \\ 0 & 0 & \cdots & t_n \end{pmatrix} \begin{pmatrix} X\left(\frac{1}{t_1}\right) \\ X\left(\frac{1}{t_2}\right) \\ \vdots \\ X\left(\frac{1}{t_n}\right) \end{pmatrix}.
$$

随机向量 $\left(t_1 X\left(\frac{1}{t_1}\right), t_2 X\left(\frac{1}{t_2}\right), \cdots, t_n X\left(\frac{1}{t_n}\right)\right)$ 服从 n 维正态分布,因此,$\{Y(t), t \geqslant 0\}$ 是正态过程.

2.4.5 维纳过程

布朗运动是英国植物学家罗伯特·布朗于 1827 年提出的,他观察到浸在水中的微小花粉粒子受到做不规则运动的水分子的随机碰撞而在水面上做不规则的运动.后来,人们试图建立数学模型来精确描述布朗运动规律,但直到 1905 年才由爱因斯坦(Einstein)第一次给出了它的物理解释. 1918 年,控制论创始人维纳(Wiener)首先对这个随机过程进行了严格的数学论证,奠定了研究这类随机过程的基础,这类过程也相应称之为维纳过程(Wiener process).维纳过程是最基本同时又是最重要的随机过程,许多过程可以看成它在某种意义下的推广,现已经广泛应用于物理、经济、通信、生物、管理科学与数理统计中.另外,维纳过程也被成功应用到非平稳的经济过程,如变化激烈的金融商品价格的研究等.

考虑在一条直线上的简单对称的随机游动.设一粒质点(花粉)每隔 Δt 时间,随机地以概率 $p = 1/2$ 向右移动 $\Delta x > 0$,以概率 $q = 1/2$ 向左移动 Δx,而且每次移动相互独立,记 $X_i = 1$(第 i 次向右移动)或 $X_i = -1$(第 i 次向左移动).若以 X_t 表示 t 时刻质点的位置,则有

$$
X_t = \Delta x (X_1 + X_2 + \cdots + X_{[\frac{t}{\Delta t}]}),
$$

式中 $\left[\frac{t}{\Delta t}\right]$ 表示 $\frac{t}{\Delta t}$ 的整数部分.由于 $EX_i = 0, DX_i = EX_i^2 = 1 (i = 1, 2, \cdots)$,因此

$$
EX_t = 0, \quad DX_t = (\Delta x)^2 \left[\frac{t}{\Delta t}\right].
$$

以上只是微小粒子在直线上做不规则运动的近似描述.实际粒子的不规则运动是连续进行的,需要考虑 $\Delta t \to 0$ 的情形.由物理实验可知,Δt 越小时,每次移动的 Δx 越小,通常有 $\Delta t \to 0$ 时,$\Delta x \to 0$.在许多情况下有 $\Delta x = c\sqrt{\Delta t}$($c > 0$ 为常数).

当 $\Delta t \to 0$ 时,有 $EX_t = 0$,而

$$
\lim_{\Delta t \to 0} DX_t = \lim_{\Delta t \to 0} (\Delta x)^2 \left[\frac{t}{\Delta t}\right] = \lim_{\Delta t \to 0} c^2 \Delta t \left[\frac{t}{\Delta t}\right] = c^2 t.
$$

另一方面,对于任意 $t > 0$,$X_t = \Delta x (X_1 + X_2 + \cdots + X_{[\frac{t}{\Delta t}]})$ 可以看成 $\left[\frac{t}{\Delta t}\right]$ 个相互独立同

分布的随机变量之和,而且 $\Delta t \to 0$ 时, $\left[\dfrac{t}{\Delta t}\right] \to \infty$,由中心极限定理,对任意 $x \in \mathbf{R}, t > 0$,有

$$\lim_{\Delta t \to 0} P\left(\frac{X_t}{\sqrt{c^2 t}} \leqslant x\right) = \lim_{\Delta t \to 0} P\left(\frac{\sum_{i=1}^{[t/\Delta t]} \Delta x_i X_i - 0}{\sqrt{c^2 t}} \leqslant x\right) = \Phi(x).$$

也就是说,当 $\Delta t \to 0$ 时,X_t 趋于正态分布 $N(0, c^2 t)$.

由于 X_t 是相互独立同分布的随机变量之和,过程 $\{X_t, t > 0\}$ 是平稳独立增量过程.由上述直线上质点的简单随机游动的极限状态的直观数学描述,我们可以引进维纳过程的定义.

定义 2.14 设随机过程 $\{X(t), t \in T\}$ 满足下列条件:

(1) $X(0) = 0$;

(2) $X(t)$ 是独立增量过程;

(3) 对任意 $0 \leqslant s < t$,增量 $X(t) - X(s) \sim N(0, \sigma^2 \cdot (t - s))$,其中,常数 $\sigma^2 > 0$,

则称随机过程 $\{X(t), t \in T\}$ 为参数为 σ^2 的 Wiener 过程.

从定义可以看出,Wiener 过程的参数集 $T = [0, \infty)$,状态空间 $I = (-\infty, +\infty)$,而且 Wiener 过程也是平稳增量过程,因此,Wiener 过程是平稳独立增量过程.另外,当 $s \geqslant t$ 时,$X(t) - X(s) \sim N(0, \sigma^2 |t - s|)$ 依然成立.特别地,当 $\sigma^2 = 1$ 时,随机过程 $\{X(t), t \in T\}$ 为标准 Wiener 过程.

定理 2.6 设随机过程 $\{X(t), t \in T\}$ 为参数为 σ^2 的 Wiener 过程,则:

(1) Wiener 过程是一个正态过程;

(2) 均值函数与方差函数分别为 $m_X(t) = 0, \sigma_X^2(t) = \sigma^2 t, t > 0$;且有

$$R_X(s, t) = C_X(s, t) = \sigma^2 \cdot \min(s, t), \quad s, t \geqslant 0. \tag{2.10}$$

证明 这里仅证明(2).

$$m_X(t) = EX(t) = E[X(t) - X(0)] = 0.$$

当 $s < t$ 时,有

$$\begin{aligned} R_X(s, t) &= E[X(s)X(t)] = E[X(s) - X(0)][X(t) - X(s) + X(s) - X(0)] \\ &= E[X(s) - X(0)][X(t) - X(s)] + E[X(s) - X(0)]^2 = \sigma^2 s. \end{aligned}$$

当 $s > t$ 时,同样可以得到 $R_X(s, t) = \sigma^2 t$,因此

$$R_X(s, t) = \sigma^2 \cdot \min(s, t).$$

下面的定理给出了判断一个正态过程是否为维纳过程的充分必要条件.

定理 2.7 设随机过程 $\{X(t), t \in T\}$ 是正态过程,若 $X(0) = 0$,对任意 $s, t > 0$,有 $EX(t) = 0, E[X(s)X(t)] = C^2 \cdot \min(s, t), C > 0$,且轨道连续,则 $\{X(t), t \in T\}$ 是维纳过程.反之亦然.

推论 2.1 设 $\{X(t), t \in T\}$ 是参数为 σ^2 的维纳过程.则:

(1) 对任意 $\tau \geqslant 0, \{X(t + \tau) - X(\tau), t \geqslant 0\}$;

(2) $\{tX(1/t), t \geqslant 0\}$,其中 $tX(1/t)\big|_{t=0} \stackrel{\cdot}{=} 0$;

(3) 对常数 $\lambda > 0, \left\{\dfrac{1}{\sqrt{\lambda}} X(\lambda t), t \geqslant 0\right\}$

仍是维纳过程.

证明 (1) 因 $\{X(t), t \in T\}$ 是正态过程,故 $\{X(t + \tau) - X(\tau), t \geqslant 0\}$ 也是正态过程,

且有 $X(0+\tau)-X(\tau)=0$.

由$\{X(t),t\in T\}$的轨道连续性,易知$\{X(t+\tau)-X(\tau),t\geq0\}$也具有轨道连续性.

对任意 $s,t>0$,有

$$E[X(t+\tau)-X(\tau)]=E[X(t+\tau)]-E[X(\tau)]=0,$$

$$E[X(t+\tau)-X(\tau)][X(s+\tau)-X(\tau)]$$

$$=E[X(t+\tau)X(s+\tau)]-E[X(t+\tau)X(\tau)]-E[X(s+\tau)X(\tau)]+E[X^2(\tau)]$$

$$=\sigma^2\cdot[\min(t+\tau,s+\tau)-\min(t+\tau,\tau)-\min(s+\tau,\tau)+\min(\tau,\tau)]$$

$$=\sigma^2\cdot[\min(t+\tau,s+\tau)-\tau-\tau+\tau]$$

$$=\sigma^2\cdot[\min(t,s)+\tau-\tau]=\sigma^2\cdot\min(t,s).$$

故过程$\{X(t+\tau)-X(\tau),t\geq0\}$是一个维纳过程.

(2) $\{tX(1/t),t\geq0\}$是正态过程,且具有轨道连续性,由$\{X(t),t\in T\}$是参数为 σ^2 的维纳过程,对任意 $s,t>0$,有

$$E[tX(1/t)]=tE[X(1/t)]=0,$$

$$E[sX(1/s)tX(1/t)]=stE[X(1/s)X(1/t)]=st\sigma^2\min(1/s,1/t)=\sigma^2\cdot\min(s,t).$$

此外,由假定 $tX(1/t)|_{t=0}\dot{=}0$,得到$\{tX(1/t),t\geq0\}$是维纳过程.

(3) 证明方法类似(2).

维纳过程还有一些重要性质,如维纳过程是一个马尔可夫过程,是具有均方连续、均方不可导、均方可积的二阶矩过程,是非平稳过程,等等.

例 2.15 设随机过程$\{X(t),t\in T\}$是参数为 4 的 Wiener 过程,定义随机过程 $Y(t)=2X(t/3),t>0$,则有 $Y(t)$的均值函数为

$$m_Y(t)=EY(t)=2EX(t/3)=0,$$

$Y(t)$的相关函数为

$$R_Y(t_1,t_2)=EY(t_1)Y(t_2)=4EX(t_1/3)X(t_2/3)$$

$$=4\times4\min(t_1/3,t_2/3)=\frac{16}{3}\min(t_1,t_2).$$

2.4.6 泊松过程

在现实世界中有很多例子,例如,盖格计数器记录的粒子数,电话总机所接听的呼唤次数,交通流中的事故数,某地区地震发生次数等,这类过程有如下两个性质:一是时间和空间上具有均匀性,二是未来的变化与过去的变化没有关系.为了描述这类过程的特性,我们建立泊松过程(Poisson process)的模型.

定义 2.15 给定随机过程$\{N(t),t\geq0\}$,如果 $N(t)$表示时间段$[0,t]$内出现的质点数,状态空间 $I=\{0,1,2,\cdots\}$,且满足:(1) $N(0)=0$;(2) 当 $s<t$ 时,$N(s)\leq N(t)$,则称$\{N(t),t\geq0\}$为计数过程.

计数过程的样本函数是单调不减的右连续函数(阶梯函数),当跳跃度为 1 时,称为简单计数过程.简单计数过程表示同一时刻至多出现一个的计数过程.计数的对象不仅仅可以是电话呼叫次数、来到商店的顾客数,也可表示质点流.计数过程是时间连续状态离散的随机过程.下面我们来讨论一种简单的计数过程.

定义 2.16 设随机过程$\{N(t),t\geq0\}$是计数过程,如果 $N(t)$满足条件:

(1) $N(0) = 0$;

(2) $N(t)$是独立增量过程;

(3) 对任意 $a \geqslant 0, t > 0$,区间$(a, a + t]$($a = 0$时应理解为$[0, t]$)上的增量 $N(a + t) - N(a)$服从参数为 λt 的 Poisson 分布,即

$$P(N(a + t) - N(a) = k) = \mathrm{e}^{-\lambda t} \frac{(\lambda t)^k}{k!}, \quad k = 0, 1, 2, \cdots; \lambda > 0, \quad (2.11)$$

则称$\{N(t), t \geqslant 0\}$为参数为 λ 的泊松过程.

定义 2.16 中的条件(3)表明,$N(a + t) - N(a)$的分布只依赖时间 t 而与时间起点 a 无关,因此,Poisson 过程具有平稳增量性.当 $a = 0$ 时,有

$$P(N(t) = k) = \mathrm{e}^{-\lambda t} \frac{(\lambda t)^k}{k!}, \quad k = 0, 1, 2, \cdots; \lambda > 0.$$

因此,Poisson 过程的均值函数为 $m_N(t) = EN(t) = \lambda t$,它表明在时间段$[0, t]$出现的平均次数为 λt,λ 称为 Poisson 过程的强度.Poisson 过程表明了前后时间的独立性和时间上的均匀性,强度 λ 描述了随机事件发生的频率.

有关 Poisson 过程的更多结果,后面将进一步论述.

2.4.7 马尔可夫过程

定义 2.17 设随机过程$\{X(t), t \in T\}$,如对于任意正整数 n 及 $t_1 < t_2 < \cdots < t_n$, $P\{X(t_1) = x_1, \cdots, X(t_{n-1}) = x_{n-1}\} > 0$,且条件分布

$$P(X(t_n) \leqslant x_n \mid X(t_1) = x_1, \cdots, X(t_{n-1}) = x_{n-1}) = P(X(t_n) \leqslant x_n \mid X(t_{n-1}) = x_{n-1}) > 0,$$

则称$\{X(t), t \in T\}$为马尔可夫过程(Markov process).

定义中给出的性质称为马尔可夫性,或称无后效性,它表明若已知系统"现在"的状态,则系统"未来"所处状态的概率规律性就已确定,而不管系统"过去"的状态如何.也就是说,系统在现在所处状态的条件下,它将来的状态与过去的状态无关.Markov 过程$\{X(t), t \in T\}$的状态空间和参数集可以是连续的,也可以是离散的.有关 Markov 过程的进一步讨论,我们将在第 4 章中进行.

2.5 鞅 过 程

最近几十年才迅速发展起来的现代鞅(过程)论是概率论的一个重要分支,它给随机过程论、随机微分方程等提供了基本工具,在实际问题中诸如金融、保险和医学上得到了广泛的应用.

2.5.1 鞅过程的基本概念

考虑一个赌博者正在进行一系列赌博,每次赌博输赢的概率都是 $\frac{1}{2}$,令$\{Y(n), n \geqslant 1\}$

是一列独立同分布的随机变量,表示每次赌博的结果,有

$$P(Y(n) = 1) = \frac{1}{2} = P(Y(n) = -1).$$

这里 $Y(n) = 1(Y(n) = -1)$ 表示赌博者在第 n 次赌博时赢(输).如果赌博者采用的赌博策略(即下的赌注)依赖于前一次的赌博结果,那么,他的赌博可以用随机变量序列

$$b_n = b_n(Y(1), Y(2), \cdots, Y(n-1)), \quad n \geq 2$$

来描述,其中 $b_n < +\infty$ 是第 n 次的赌注,若赢则获利 b_n,否则输掉 b_n.

设 $X(0)$ 是该赌博者的初始赌资,则

$$X(n) = X(0) + \sum_{i=1}^{n} b_i Y(i) \tag{2.12}$$

是他在第 n 次赌博后的赌资,我们有

$$E(X(n+1) \mid Y(1), Y(2), \cdots, Y(n)) = X(n).$$

事实上,由式(2.12),有 $X(n+1) = X(n) + b_{n+1} Y(n+1)$,因此

$E(X(n+1) \mid Y(1), Y(2), \cdots, Y(n))$

　　$= E(X(n) \mid Y(1), Y(2), \cdots, Y(n)) + E(b_{n+1} Y(n+1) \mid Y(1), Y(2), \cdots, Y(n))$

　　$= X(n) + b_{n+1} E(Y(n+1) \mid Y(1), Y(2), \cdots, Y(n))$

　　　　(因 $X(n)$ 与 b_{n+1} 由 $Y(1), \cdots, Y(n)$ 确定)

　　$= X(n) + b_{n+1} EY(n+1)$　　(因 $\{Y(n)\}$ 是独立的随机变量序列)

　　$= X(n).$　　(因 $EY(n+1) = 0$)

也就是说,如果每次赌博的输赢机会是均等的,并且赌博策略依赖于前面的赌博结果,则赌博是"公平"的.因此,任何赌博者都不可能将公平的赌博通过改变赌博策略使得赌博变成有利于自己的赌博.我们可以抽象出下面一般的定义:

定义 2.18　设参数集 $T = \{0, 1, 2, \cdots\}$,有随机序列 $\{X(n), n \geq 0\}$,对任意 $n \geq 0$,且 $E|X(n)| < \infty$,若

$$E[X(n+1) \mid X(1), X(2), \cdots, X(n)] = X(n), \tag{2.13}$$

则称 $\{X(n), n \geq 0\}$ 为离散参数鞅.

式(2.13)中,如果将"="换成"$\leq$"(或"$\geq$"),则称为离散参数上(或下)鞅.鞅是用条件期望来定义的,关于离散时间鞅,我们可以做下面的直观解释:设 $X(n)$ 表示赌徒在第 n 次赌博时的资本,$X(0)$ 表示最初赌本(这是一个常数),$X(n)(n \geq 1)$ 由于赌博的输和赢是一个随机变量,如果赌博是公平的,那么每次他的资本增益的期望为零,在以后的赌博中,他资本的期望值还是他最近一次赌完的资本数 $X(n)$,用数学模型表示,就是定义中的等式,因此,鞅表示一种"公平"的赌博,上鞅和下鞅表示一方赢利的赌博.

下面我们定义关于 σ 代数的鞅.

设 $(\Omega, \mathscr{F}, P)$ 为完备概率空间,$\{\mathscr{F}_n, n \geq 0\}$ 是 $\mathscr{F}$ 上的一列 σ 子代数并且有 $\mathscr{F}_n \subset \mathscr{F}_{n+1}, n \geq 0$(此时称为 σ 子代数流).

随机过程 $\{X(n), n \geq 0\}$ 称为 $\{\mathscr{F}_n\}$ 适应的,如果对任意 $n \geq 0$,$X(n)$ 是 $\{\mathscr{F}_n\}$ 可测的,即对于任意 $\mathscr{F}_n$,对 $x \in \mathbf{R}$,有 $\{X(n) \leq x\} \in \mathscr{F}_n$.令 $\mathscr{F}_n = \sigma(Y(0), \cdots, Y(n)), n \geq 0$,则 $\{\mathscr{F}_n, n \geq 0\}$ 是一个 σ 代数流.$X(n)$ 是 $Y(0), \cdots, Y(n)$ 的函数的确切含义是 $\{X(n), n \geq 0\}$ 是 $\{\mathscr{F}_n\}$ 适应的.

定义 2.19　设 $\{\mathscr{F}_n, n \geq 0\}$ 是 F 上的上升的 σ 子代数列,随机过程 $\{X(n), n \geq 0\}$ 称为关

于 $\{\mathscr{F}_n, n \geqslant 0\}$ 是鞅,如果 $\{X(n), n \geqslant 0\}$ 是 $\{\mathscr{F}_n\}$ 适应的, $E|X(n)| < +\infty$,并且对于任意 $n \geqslant 0$,有

$$E(X(n+1) \mid \mathscr{F}_n) = X(n). \tag{2.14}$$

若适应列 $\{X(n), \mathscr{F}_n, n \geqslant 0\}$ 称为下鞅,如果对任意 $n \geqslant 0, EX^+(n) < +\infty$,且

$$E(X(n+1) \mid \mathscr{F}_n) \geqslant X(n). \tag{2.15}$$

上鞅有类似的定义.

下面根据定义给出简单的命题.

定理 2.8 (1) 适应列 $\{X(n), \mathscr{F}_n, n \geqslant 0\}$ 为下鞅当且仅当 $\{-X(n), \mathscr{F}_n, n \geqslant 0\}$ 为上鞅.

(2) 如果 $\{X(n), \mathscr{F}_n, n \geqslant 0\}$ 和 $\{Y(n), \mathscr{F}_n, n \geqslant 0\}$ 是两个下鞅, a, b 是两个正常数,则 $\{aX(n) + bY(n), \mathscr{F}_n, n \geqslant 0\}$ 是下鞅.

(3) 如果 $\{X(n), \mathscr{F}_n, n \geqslant 0\}$ 和 $\{Y(n), \mathscr{F}_n, n \geqslant 0\}$ 是两个下鞅(或上鞅),则 $\{\max(X(n), Y(n)), F_n\}$ (或 $\{\min(X(n), Y(n)), \mathscr{F}_n\}$)是下鞅(上鞅).

例 2.16 设 $\{Y(n), n \geqslant 0\}$ 是相互独立的随机变量序列, $Y(0) = 0$,且 $E|Y(n)| < \infty, EY(n) = 0, n \geqslant 0$,令 $X(0) = 0, X(n) = \sum_{i=1}^{n} Y(i), n \geqslant 1$,证明 $\{X(n), n \geqslant 0\}$ 是鞅.

证明 因为 $E|X(n)| = E|\sum_{i=1}^{n} Y(i)| \leqslant \sum_{i=1}^{n} |Y(i)| < \infty$,且

$E[X(n+1) \mid Y(0), Y(1), \cdots, Y(n)]$

$\quad = E[X(n) + Y(n+1) \mid Y(0), Y(1), \cdots, Y(n)]$

$\quad = E[X(n) \mid Y(0), Y(1), \cdots, Y(n)] + E[Y(n+1) \mid Y(0), Y(1), \cdots, Y(n)]$

$\quad = X(n) + E[Y(n+1)] = X(n).$

显然,若 $EY(n) = \mu > 0 (<0)$,则 $\{X(n), n \geqslant 0\}$ 是关于 $\{F_n\}$ 的下鞅(上鞅).

例 2.17 考虑一个公平博弈问题.设 $X(1), X(2), \cdots$ 独立同分布,分布列为

$$P(X(i) = 1) = P(X(i) = -1) = \frac{1}{2}.$$

于是,可以将 $X(i), i = 1, 2, \cdots$ 看作一个投掷硬币游戏的结果,如果出现正面就赢 1 元,出现反面就输 1 元.假设我们按照以下规则来赌博:每次投掷硬币之前的赌注都比上一次翻一倍,直到赢了赌博即停止.令 $W(n)$ 表示第 n 次赌博后所输(或赢)的总钱数, $W(0) = 0$,无论如何,只要赢了就停止赌博,从而 $W(n)$ 从赢以后就不再变化,于是有 $P(W(n+1) = 1 \mid W(n) = 1) = 1$.

假定前 n 次投出的硬币都出现了反面,我们已经输了 $1 + 2 + \cdots + 2^{n-1} = 2^n - 1$ 元,即 $W(n) = -(2^n - 1)$,假如下一次硬币出现的是正面,按照规则, $W(n+1) = 2^n - (2^n - 1) = 1$,由公平的前提知道

$$P(W(n+1) = 1 \mid W(n) = -(2^n - 1)) = \frac{1}{2},$$

$$P(W(n+1) = -2^n - 2^n + 1 \mid W(n) = -(2^n - 1)) = \frac{1}{2},$$

于是 $E(W(n+1) \mid \mathscr{F}_n) = W(n)$,这里 $\mathscr{F}_n = \sigma(X(1), \cdots, X(n))$,从而, $W(n)$ 是关于 $\{\mathscr{F}_n\}$ 的鞅.

再将上面的问题一般化,假定每次赌博所下赌注与前面硬币的投掷结果有关,以 $B(n)$ 为第 n 次所下的赌注(假定 $B(1)$ 为常数),则 $B(n)$ 是 $X(1), X(2), \cdots, X(n-1)$ 的函数,换

句话说，$B(n)$ 是 $\mathscr{F}_{n-1}$ 可测的，则有 $W(n) = \sum_{i=1}^{n} B(i)X(i)$.

假定 $E|B(n)| < +\infty$（保证每次赌博有一定的节制），则 $W(n)$ 是关于 $\{\mathscr{F}_n\}$ 的鞅.

事实上，注意到 $E|W(n)| < +\infty$（由 $EB(n) < +\infty$ 得到），而且 $W(n)$ 是 $\mathscr{F}_n$ 可测的，则有

$$
\begin{aligned}
E(W(n+1) \mid \mathscr{F}_n) &= E\Big(\sum_{i=1}^{n+1} B(i)X(i) \mid \mathscr{F}_n\Big) \\
&= E\Big(\sum_{i=1}^{n} B(i)X(i) \mid \mathscr{F}_n\Big) + E(B(n+1)X(n+1) \mid \mathscr{F}_n) \\
&= \sum_{i=1}^{n} B(i)X(i) + B(n+1)E(X(n+1) \mid \mathscr{F}_n) \\
&= W(n) + B(n+1)E(X(n+1)) = W(n).
\end{aligned}
$$

例 2.18　（Polya 坛子抽样模型）考虑一个装有红、黄两种颜色球的坛子. 假设最初坛子中装有红、黄色球各一个，每次都按照如下规则有放回地随机抽取：如果拿出的是红色的球，则放回的同时再加入一个红色的球，如果拿出的是黄色球也同样操作. 以 $X(n)$ 表示第 n 次抽样后坛子中的红球数. 依题意，$X(0) = 1$，且

$$
P\{X(n+1) = k+1 \mid X(n) = k\} = \frac{k}{n+2},
$$
$$
P\{X(n+1) = k \mid X(n) = k\} = \frac{n+2-k}{n+2}.
$$

令 $M(n)$ 表示第 n 次抽样后红球所占的比例，则 $M(n) = \dfrac{X(n)}{n+2}$，并且 $\{M(n)\}$ 是一个鞅.

事实上，有

$$
E(X(n+1) \mid X(n)) = X(n) + \frac{X(n)}{n+2}.
$$

由于 $\{X(n)\}$ 是一个 Markov 链，则 $\mathscr{F}_n = \sigma(X(1), \cdots, X(n))$ 中对 $X(n+1)$ 有影响的信息都包含在 $X(n)$ 中，所以

$$
\begin{aligned}
E(M(n+1) \mid \mathscr{F}_n) &= E(M(n+1) \mid X(n)) \\
&= E\Big[\frac{X(n+1)}{n+1+2} \mid X(n)\Big] = \frac{1}{n+3}E[X(n+1) \mid X(n)] \\
&= \frac{1}{n+3}E\Big[X(n) + \frac{X(n)}{n+2}\Big] \\
&= \frac{X(n)}{n+2} = M(n).
\end{aligned}
$$

本例研究的模型是 Polya 首次引入的，它适用于描述群体增殖和传染病的传播等现象.

引理 2.1　（条件 Jenson 不等式）设 $\varphi(x)$ 是 $\mathbf{R}$ 上的凸函数，随机变量 M 满足

$$
E|M| < \infty, \quad E[|\varphi(M)|] < \infty,
$$

则有

$$
E[|\varphi(M) \mid \mathscr{F}_n] \geqslant \varphi[E|(M \mid \mathscr{F}_n)], \tag{2.16}
$$

其中 $\{\mathscr{F}_n\}$ 是任意上升的 σ 代数列.

定理 2.9　设 $\{M_n\}$ 是关于 $\{\mathscr{F}_n, n \geqslant 0\}$ 的鞅（下鞅），$\varphi(x)$ 是 $\mathbf{R}$ 上的凸函数，且满足 $E[\varphi(M_n)^+] < \infty, \forall n \geqslant 0$，则 $\{\varphi(M_n), n \geqslant 0\}$ 是关于 $\{\mathscr{F}_n, n \geqslant 0\}$ 的下鞅. 特别地，$\{|M_n|,$

$n \geq 0\}$ 是下鞅,当 $E[M_n^2] < \infty$,$\forall\, n \geq 0$,则 $\{M_n^2, n \geq 0\}$ 也是下鞅.

2.5.2 鞅的停时定理

下面我们讨论关于某个随机变量的鞅,所得到的结论对关于 σ 代数列的鞅也是成立的,为此,先介绍停时的概念.

定义 2.20 (停时)设 $\{X(n), n \geq 0\}$ 是一个随机变量序列,称随机函数 T 是关于 $\{X(n), n \geq 0\}$ 的停时,如果 T 在 $\{0, 1, 2, \cdots, \infty\}$ 中取值,且对每个 $n \geq 0$,有 $\{T = n\} \in \sigma(X(0), X(1), \cdots, X(n))$.

由定义知道事件 $\{T = n\}$ 或 $\{T \neq n\}$ 都应由 n 时刻及其以前的信息完全确定,而不需要也无法借助将来的情况.回到公平赌博的例子:赌博者决定何时停止赌博只能以他已经赌过的结果为依据,而不能说下次要输现在就停止赌博.

值得注意的是,定义中 $\{T = n\} \in \sigma(X(0), X(1), \cdots, X(n))$ 可以换成与之等价的 $\{T \leq n\} \in \sigma(X(0), X(1), \cdots, X(n))$ 或 $\{T > n\} \in \sigma(X(0), X(1), \cdots, X(n))$.

事实上,由 $\{T \leq n\} = \bigcup_{k=0}^{n} \{T = k\}$,$\{T > n\} = \Omega - \{T \leq n\}$ 和 $\{T = n\} = \{T \leq n\} - \{T \leq n-1\}$ 即可证明一个事实:若 S, T 是停时,则 $S + T, \max(S, T)$ 也是停时.特别地,常数 n 是停时,令 $T_n = \min(T, n)$ 对每个 T_n 都是停时,且有 $T_0 \leq T_1 \leq \cdots \leq T_n \leq n$,$\forall\, n$.

在给出停时定理之前先注意以下事实.

定理 2.10 设 $\{M_n, n \geq 0\}$ 是一个关于 $\{X(n), n \geq 0\}$ 的鞅,T 是一个关于 $\{X(n), n \geq 0\}$ 的停时且 $T \leq K$,$\mathscr{F}_n = \sigma(X(0), X(1), \cdots, X(n))$,则

$$E(M_T \mid \mathscr{F}_n) = M_0. \tag{2.17}$$

特别地,有 $E(M_T) = E(M_0)$.

证明 由于 $T \leq K$,即 T 只取有限值,当 $T = j$ 时,有

$$M_T = \sum_{j=0}^{K} M_j I_{\{T=j\}}.$$

注意到,当 $j \leq K-1$ 时,M_j 和 $I_{\{T=j\}}$ 都是 $\mathscr{F}_{K-1}$ 可测的,且当 $T \leq K$ 已知,$\{T = K\}$ 与 $\{T > K-1\}$ 是等价的,而 $\{T > K-1\} \in \sigma(X(0), \cdots, X(K-1))$,两边关于 $\mathscr{F}_{K-1}$ 取条件期望,有

$$E(M_T \mid \mathscr{F}_{K-1}) = E\left(\sum_{j=0}^{K} M_j I_{\{T=j\}} \,\Big|\, \mathscr{F}_{K-1}\right)$$

$$= E\left(\sum_{j=0}^{K-1} M_j I_{\{T=j\}} \,\Big|\, \mathscr{F}_{K-1}\right) + E(M_K I_{\{T=K\}} \mid \mathscr{F}_{K-1})$$

$$= \sum_{j=0}^{K-1} M_j I_{\{T=j\}} + I_{\{T>K-1\}} E(M_K \mid \mathscr{F}_{K-1})$$

$$= \sum_{j=0}^{K-1} M_j I_{\{T=j\}} + I_{\{T>K-1\}} M_{K-1}$$

$$= \sum_{j=0}^{K-2} M_j I_{\{T=j\}} + I_{\{T>K-2\}} M_{K-1}.$$

重复以上运算,关于 $\mathscr{F}_{K-2}$ 取条件期望,我们得到

$$E(M_T \mid \mathscr{F}_{K-2}) = E[E(M_T \mid \mathscr{F}_{K-1}) \mid \mathscr{F}_{K-2}] = \sum_{j=0}^{K-3} M_j I_{\{T=j\}} + I_{\{T>K-3\}} M_{K-2}.$$

继续这样的过程,有 $E(M_T | \mathcal{F}_0) = I_{\{T \geqslant 0\}} M_0 = M_0$.

这个命题是鞅的停时定理的特殊情况,它的条件太强,我们所关心的问题很多都不满足 T 有界这个条件.假设 T 是停时且满足 $P(T < \infty) = 1$,也就是说以概率为 1 可以保证会停止(即 $P(T = \infty) = 0$).回到公平赌博的例子,赌博者并不能确定在某一时刻之前肯定停止赌博,但可以保证这场赌博不会无限期地延续下去.

考虑停时 $T_n = \min\{T, n\}$,注意到事实 $M_T = M_{T_n} + M_T I_{\{T > n\}} - M_n I_{\{T > n\}}$,从而有 $E(M_T) = E(M_{T_n}) + E(M_T I_{\{T > n\}}) - E(M_n I_{\{T > n\}})$.

可以看出,T_n 是一个有界停时$\{T_n \leqslant n\}$,由上面的命题可知 $E(M_T) = E(M_0)$.我们希望当 $n \to \infty$ 时后面两项都趋于 0.对于第二项,由于 $P(T < \infty) = 1$,因此当 $n \to \infty$ 时,$P(T > n) \to 0$,$E(M_T I_{\{T > n\}})$ 相当于 M_T 限制在一个趋于空集的集合上取期望,如果要求 $E(|M_T|) < \infty$,就可以保证 $E(M_T I_{\{T > n\}}) \to 0$.

第三项要复杂一些.考虑例 2.17,事件$\{T > n\}$ 表示前 n 次抛硬币均出现反面,概率为 $\dfrac{1}{2^n}$,如果这个事件发生了,则至少赌博者输掉 $2^n - 1$ 元,即 $M_n = 1 - 2^n$,此时,$E(M_n I_{\{T > n\}}) = 2^{-n}(1 - 2^n) \to -1$,也就是说停时定理不成立,如果限制 $\lim\limits_{n \to \infty} E(|M_n| I_{\{T > n\}}) = 0$ 就可以得出结论 $E(M_T) = E(M_0)$,于是有:

定理 2.11　(鞅的停时定理)设$\{M_n, n \geqslant 0\}$是一个关于$\{\mathcal{F}_n = \sigma(X(0), X(1), \cdots, X(n))\}$的鞅,$T$ 是一个停时且满足:

(1) $P(T < \infty) = 1$;

(2) $E(|M_T|) < \infty$;

(3) $\lim\limits_{n \to \infty} E(|M_n| I_{\{T > n\}}) = 0$,

则有

$$E(M_T) = E(M_0). \tag{2.18}$$

鞅的停时定理的意义是:在公平的赌博中,你不可能赢.设想$\{M_n, n \geqslant 0\}$是一种公平的赌博,M_n 表示局中人第 n 次赌局结束后的赌本,式(2.18)说明他在每次赌局结束时的赌本与他开始时的赌本一样,但是他未必一直赌下去,可以选择任一时刻停止赌博,这一时刻是随机的,容易看出式(2.18)一般情况下是不成立的,需要添加一些附加条件,例如,采用例 2.17中的赌博策略,就可以保证他在赢 1 元后结束.

定理 2.12　设$\{M_n, n \geqslant 0\}$是一个关于 $\{X(n), n \geqslant 0\}$的上鞅,T 是一个关于 $\{X(n), n \geqslant 0\}$的停时,$T_n = \min\{T, n\}$,设存在一非负随机变量 W 满足 $E(W) < \infty$,使得 $M_{T_n} \geqslant -W$,$\forall n \geqslant 0$,则有

$$E(M_0) \geqslant E(M_T | I_{\{T < \infty\}}).$$

特别地,若 $P(T < \infty) = 1$,有 $E(M_0) \geqslant E(M_T)$.

推论 2.2　设$\{M_n, n \geqslant 0\}$是一个关于 $\{X(n), n \geqslant 0\}$的上鞅,T 是一个关于 $\{X(n), n \geqslant 0\}$的停时且 $M_n \geqslant 0$,则

$$E(M_0) \geqslant E(M_T | I_{\{T < \infty\}}).$$

2.5.3　连续参数鞅

定义 2.21　设参数集 $T = [0, \infty)$,如果随机过程$\{X(t), t \in T\}$对任意 $E|X(t)| < \infty$,

$t \in T$,都有

$$E[X(s) \mid X(u), u \leqslant t] = X(t), \quad s > t \text{ a.s.} \tag{2.19}$$

则称$\{X(t), t \in T\}$为连续参数鞅.

类似我们可以定义关于 σ 代数的鞅.设$(\Omega, \mathscr{F}, P)$为完备概率空间,$(\mathscr{F}_t)_{t \geqslant 0}$是一个非降的子 σ 代数流.

定义 2.22 设随机过程$\{X(t), t \geqslant 0\}$是$\{\mathscr{F}_t\}$适应的,称$\{X(t), t \geqslant 0\}$是关于$\{\mathscr{F}_t\}$的鞅,如果对每个 $X(t)$,有 $E|X(t)| < +\infty$,并且对于任意 $0 \leqslant s < t$,有

$$E(X_t \mid \mathscr{F}_s) = X_s. \tag{2.20}$$

若随机过程$\{X(t), t \geqslant 0\}$是鞅,则对 $t > 0$,有

$$E(X_t) = E[E(X_t \mid X_0)] = E(X_0). \tag{2.21}$$

例 2.19 设$\{X(t), t \geqslant 0\}$是 Wiener 过程,证明它是鞅.

证明 对于任意 $0 < s < t$,由独立增量性可得

$$E[X(t) - X(s) \mid X(s)] = E[X(t) - X(s)] = 0.$$

因此,对于任意参数 $t_0, t_1, \cdots, t_n, t (0 = t_0 < t_1 < \cdots < t_n < t)$,有

$$E[X(t) \mid X(t_i), 0 \leqslant i \leqslant n] = E[X(t) - X(t_n) + X(t_n) \mid X(t_i), 0 \leqslant i \leqslant n]$$
$$= E[X(t) - X(t_n)] + X(t_n) = X(t_n).$$

定理 2.12 (连续鞅的停时定理)若 τ 为有界停时,则有

$$E(X_\tau) = E(X_0). \tag{2.22}$$

习 题 2

2.1 设随机变量 Y 具有概率密度 $f(y)$,令 $X(t) = e^{-Yt}$ $(t > 0, Y > 0)$,求随机过程 $X(t)$ 的一维概率密度及 $EX(t), R_X(t_1, t_2)$.

2.2 设随机过程 $X(t) = A\cos(\omega t) + B\sin(\omega t)$,其中,$\omega$ 为常数,A, B 是相互独立且服从正态分布 $N(0, \sigma^2)$ 的随机变量,求随机过程的均值和相关函数.

2.3 随机过程 $X(t)$ 有均值函数 $m_X(t)$ 和协方差函数 $C_X(t_1, t_2)$,$\varphi(t)$ 为普通函数,令 $Y(t) = X(t) + \varphi(t)$,求随机过程 $Y(t)$ 的均值和相关函数.

2.4 设随机过程 $X(t) = X + Yt + Zt^2$,其中 X, Y, Z 是相互独立的随机变量,且均值为 0,方差为 1,求随机过程 $X(t)$ 的协方差函数.

2.5 设 $f(t)$ 是一个周期为 T 的周期函数,随机变量 Y 在 $(0, T)$ 上均匀分布,令 $X(t) = f(t - Y)$,证明:随机过程 $X(t)$ 满足 $E[X(t)X(t + \tau)] = \dfrac{1}{T}\displaystyle\int_0^T f(t)f(t + \tau)\mathrm{d}t$.

2.6 设随机过程 $X(t)$ 和 $Y(t)$ 的互协方差函数为 $C_{XY}(t_1, t_2)$,证明:$|C_{XY}(t_1, t_2)| \leqslant \sigma_X(t_1)\sigma_Y(t_2)$.

2.7 设$\{X(t), t \geqslant 0\}$是实正交增量过程,$X(0) = 0$,V 是标准正态随机变量,对任意的 $t \geqslant 0$,$X(t)$ 与 V 相互独立,令 $Y(t) = X(t) + V$,求随机过程$\{Y(t), t \geqslant 0\}$的协方差函数.

2.8 设 Y, Z 是独立同分布随机变量,$P(Y = 1) = P(Y = -1) = \dfrac{1}{2}$,$X(t) = Y\cos(\theta t)$

$+ Z\sin(\theta t)$, $-\infty < t < +\infty$, 其中, θ 为常数, 证明: 随机过程 $X(t)$ 是广义平稳过程, 但不是严平稳过程.

2.9　令 $X(0), X(1), \cdots$ 表示分支过程各代的个体数, $X(0) = 1$, 任意一个个体生育后代的分布有均值 μ, 证明: $\{M(n) = \mu^{-n} X(n)\}$ 是一个关于 $X(0), X(1), \cdots$ 的鞅.

2.10　考虑状态为整数的随机游动 X_t, 假设转移概率

$$P(k \to k-1) = P(k \to k+1) = P(k \to k) = \frac{1}{3},$$

而 $P(k \to m) = 0$, 如果 $|k - m| > 1$, 证明: $\{X_t\}$ 和 $\{X_t^2 - \frac{2}{3} X_t\}$ 是鞅.

2.11　考虑一个整数上的随机游动, 设向右的概率 $p < \frac{1}{2}$, 向左的概率为 $1 - p$, S_n 表示时刻 n 质点所在的位置, 假定 $S_0 = a (0 < a < N)$. (1) 证明 $\left\{ M_n = \left(\frac{1-p}{p} \right)^{S_n} \right\}$ 是鞅; (2) 令 $T = \min\{n : S_n = 0 \text{ 或 } N\}$, 利用鞅停时定理求 $P(S_T = 0)$.

2.12　考虑 Polya 模型. 令 M_n 表示第 n 次摸球后红球的比例 (最初 1 只红球、1 只黄球), 证明: $P\left(M_n = \frac{k}{n+2} \right) = \frac{1}{n+1}$, $k = 1, 2, \cdots, n+1$.

第3章 泊松过程与更新过程

泊松过程(Poisson process)最早是由法国人 Poisson 于 1937 年提出的. 它是一类较为简单的时间连续状态离散的随机过程, 在物理学、地质学、生物学、医学、天文学、服务系统和可靠性理论等领域都有广泛的应用. 更新过程是 Poisson 过程的推广, 保留过程独立性和同分布性, 但是分布是任意的, 不局限于指数分布. 更新过程最典型的例子是机器零件的更换. 这一章我们讨论 Poisson 过程和更新过程.

3.1 泊松过程的定义和数字特征

在第 2 章中, 我们已经定义了泊松过程. 在实际应用中, 考虑一个来到某"服务点"要求服务的"顾客流", 数字通信中在某时间段内发生的误码次数等. 当抽象的"服务点"和"顾客流"有不同的含义时, 就可形成不同的 Poisson 过程. 下面我们先看几个实例:

考虑某一电话交换台在某时间段接到的呼唤, 令 $N(t)$ 表示电话交换台在 $(0,t]$ 收到呼唤的次数, 则 $\{N(t), t \geqslant 0\}$ 是一个 Poisson 过程.

考虑机器在 $(t, t+h]$ 内发生故障这一事件, 若机器发生故障, 立即进行修理, 在 $(t, t+h]$ 内发生故障而停工的机器数构成一个随机过程, 可以用 Poisson 过程来描述.

定义 3.1 称计数过程 $\{N(t), t \geqslant 0\}$ 是强度为 λ 的 Poisson 过程, 如果满足以下条件:

(1) $N(0) = 0$;

(2) $N(t)$ 是平稳增量与独立增量过程;

(3) $P(N(h) = 1) = \lambda h + o(h)$, $h > 0$;

(4) $P(N(h) \geqslant 2) = o(h)$, $h > 0$.

上述定义中条件(3)表明在充分小的时间间隔 h 内到达一个"顾客"的概率与时间间隔 h 的长度成正比, 条件(4)表明在很小的时间间隔 h 内不可能到达两个或两个以上的"顾客". 在实际应用中, 很多随机现象都近似地满足这两个条件, 因此可用 Poisson 过程来描述.

定理 3.1 定义 2.16 和定义 3.1 是等价的.

证明 一方面, 定义 3.1 ⇒ 定义 2.16.

在定义 3.1 的条件下, 记 $P_n(t) = P(N(t) = n)$, 令 $h > 0$, 则有

$$
\begin{aligned}
P_0(t+h) &= P(N(t+h) = 0) = P(N(t) = 0, N(t+h) - N(t) = 0) \\
&= P(N(t) = 0) \cdot P(N(t+h) - N(t) = 0) \quad (独立增量性) \\
&= P(N(t) = 0) \cdot P(N(h) = 0) \quad (平稳增量性) \\
&= P_0(t)[1 - \lambda h + o(h)], \quad (由定义 3.1 中(3)、(4))
\end{aligned}
$$

因此，$\dfrac{P_0(t+h) - P_0(t)}{h} = -\lambda P_0(t) + \dfrac{o(h)}{h}$. 令 $h \to 0$，取极限，得 $P'_0(t) = -\lambda P_0(t)$，再由初始条件 $P_0(0) = P(N(0) = 0) = 1$，解得 $P_0(t) = \mathrm{e}^{-\lambda t}$.

类似地，对 $n \geqslant 1$，有

$$
\begin{aligned}
P_n(t+h) &= P(N(t+h) = n) \\
&= P(N(t) = n, N(t+h) - N(t) = 0) + \\
&\quad\; P(N(t) = n-1, N(t+h) - N(t) = 1) + \\
&\quad\; \sum_{j=2}^{n} P(N(t) = n-j, N(t+h) - N(t) = j) \\
&= P_n(t) \cdot P_0(h) + P_{n-1}(t)P_1(h) + o(h) \\
&= P_n(t)(1 - \lambda h) + \lambda h P_{n-1}(t) + o(h),
\end{aligned}
$$

由此有 $\dfrac{P_n(t+h) - P_n(t)}{h} = -\lambda P_n(t) + \lambda P_{n-1}(t) + \dfrac{o(h)}{h}$.

令 $h \to 0$，取极限，得微分方程

$$
P'_n(t) = -\lambda P_n(t) + \lambda P_{n-1}(t),
$$

因此

$$
\mathrm{e}^{\lambda t}\big[P'_n(t) + \lambda P_n(t)\big] = \mathrm{e}^{\lambda t}\lambda P_{n-1}(t),
$$

也就是

$$
\frac{\mathrm{d}}{\mathrm{d}t}\big[\mathrm{e}^{\lambda t}P_n(t)\big] = \mathrm{e}^{\lambda t}\lambda P_{n-1}(t).
$$

当 $n = 1$ 时，由 $P_0(t) = \mathrm{e}^{-\lambda t}$ 得到 $\dfrac{\mathrm{d}}{\mathrm{d}t}\big[\mathrm{e}^{\lambda t}P_1(t)\big] = \lambda$，再由 $P_1(0) = 0$，可解得 $P_1(t) = \lambda t \mathrm{e}^{-\lambda t}$.

最后，由数学归纳法，并注意到 $P_n(0) = 0$，得 $P_n(t) = \dfrac{\mathrm{e}^{-\lambda t}(\lambda t)^n}{n!}$.

另一方面，定义 2.16 $\Rightarrow$ 定义 3.1.

由定义 2.16 中的条件（3）可知 $N(t)$ 是平稳增量过程，故只需验证定义 3.1 中的（3）和（4）.

由定义 2.16 的条件（3），对于充分小的 $h > 0$，有

$$
\begin{aligned}
P(N(t+h) - N(t) = 1) &= P(N(h) - N(0) = 1) = P(N(h) = 1) \\
&= \mathrm{e}^{-\lambda h}\frac{\lambda h}{1!} = \lambda h \sum_{n=0}^{\infty} \frac{(-\lambda h)^n}{n!} \\
&= \lambda h[1 - \lambda h + o(h)] = \lambda h + o(h).
\end{aligned}
$$

又有

$$
\begin{aligned}
P(N(t+h) - N(t) \geqslant 2) &= P(N(h) - N(0) \geqslant 2) = P(N(h) \geqslant 2) \\
&= \sum_{n=2}^{\infty} \mathrm{e}^{-\lambda h}\frac{(\lambda h)^n}{n!} = o(h),
\end{aligned}
$$

因此，定义 3.1 中（3）和（4）成立.

下面的定理给出了 Poisson 过程几个常见的数字特征.

定理 3.2　设随机过程 $\{N(t), t \geqslant 0\}$ 是强度为 λ 的 Poisson 过程，则有：

（1）期望函数和方差函数：$m_N(t) = D_N(t) = \lambda t$；

（2）协方差函数：$C_N(s, t) = \lambda \min(s, t)$；

(3) 相关函数：$R_N(s,t) = \lambda^2 st + \lambda \min(s,t)$.

证明 设 $\{N(t), t \geq 0\}$ 是 Poisson 过程，对于任意的 $s, t \in [0, \infty)$，不妨设 $s < t$，则有
$$E[N(t) - N(s)] = D[N(t) - N(s)] = \lambda(t - s).$$
由于 $N(0) = 0$，故
$$m_N(t) = E[N(t)] = E[N(t) - N(0)] = \lambda t,$$
$$D_N(t) = D[N(t)] = D[N(t) - N(0)] = \lambda t,$$
$$\begin{aligned}
R_N(s,t) &= E[N(s)N(t)] = E\{N(s)[N(t) - N(s) + N(s)]\} \\
&= E[N(s) - N(0)][N(t) - N(s)] + E[N(s)]^2 \\
&= E[N(s) - N(0)]E[N(t) - N(s)] + D[N(s)] + \{E[N(s)]\}^2 \\
&= \lambda s \lambda(t - s) + \lambda s + (\lambda s)^2 = \lambda^2 st + \lambda s.
\end{aligned}$$
因此
$$C_N(s,t) = R_N(s,t) - m_N(s)m_N(t) = \lambda s.$$
当 $s > t$ 时，类似可以证明
$$C_N(s,t) = \lambda t.$$
故
$$C_N(s,t) = \lambda \min(s,t), \quad R_N(s,t) = \lambda^2 st + \lambda \min(s,t).$$

例 3.1 设一位交通警察处理的交通事故 $\{N(t), t \geq 0\}$ 是一个 Poisson 过程，且每个工作日需处理 λ 件事故. 求：(1) 某个周末两天需处理 3 件事故的概率 p；(2) 第 3 次事故在星期日内发生的概率 q.

解 交通事故 $\{N(t), t \geq 0\}$ 是一个强度为 λ 的 Poisson 过程，记周六为 $t_1 = 6 = t_0 + 1$，周日为 $t_2 = 7 = t_0 + 2$，依题意，有：

(1) $P(N(t_2) - N(t_0) = 3) = P(N(2) - N(0) = 3) = \dfrac{(2\lambda)^3}{3!} e^{-2\lambda} = \dfrac{4\lambda^3}{3} e^{-2\lambda}$.

(2) $\begin{aligned}
q &= P(N(t_2) - N(t_1) = 3, N(t_1) - N(t_0) = 0) \\
&\quad + P(N(t_2) - N(t_1) = 2, N(t_1) - N(t_0) = 1) \\
&\quad + P(N(t_2) - N(t_1) = 1, N(t_1) - N(t_0) = 2) \\
&= P(N(1) = 3)P(N(1) = 0) + P(N(1) = 2)P(N(1) = 1) \\
&\quad + P(N(1) = 1)P(N(1) = 2) \\
&= \dfrac{\lambda^3}{6} e^{-\lambda} \cdot e^{-\lambda} + 2 \dfrac{\lambda^2}{2} e^{-\lambda} \cdot \lambda e^{-\lambda} = \dfrac{7\lambda^3}{6} e^{-2\lambda}.
\end{aligned}$

例 3.2 设 $N_1(t)$ 和 $N_2(t)$ 分别是强度为 λ_1 和 λ_2 的相互独立的 Poisson 过程，令 $Y(t) = N_1(t) - N_2(t)$，$t \geq 0$，求随机过程 $\{Y(t), t \geq 0\}$ 的均值函数和相关函数，并讨论 $\{Y(t), t \geq 0\}$ 是否为 Poisson 过程.

解 均值函数为
$$m_Y(t) = E[Y(t)] = E[N_1(t) - N_2(t)] = (\lambda_1 - \lambda_2)t,$$
相关函数为
$$\begin{aligned}
R_Y(s,t) &= E\{[N_1(s) - N_2(s)][N_1(t) - N_2(t)]\} \\
&= E[N_1(s)N_1(t)] + E[N_2(s)N_2(t)] - E[N_1(s)N_2(t)] - E[N_2(s)N_1(t)] \\
&= R_{N_1}(s,t) + R_{N_2}(s,t) - E[N_1(s)N_2(t)] - E[N_2(s)N_1(t)] \\
&= \lambda_1 \min(s,t) + \lambda_1^2 st + \lambda_2 \min(s,t) + \lambda_2^2 st - 2\lambda_1\lambda_2 st
\end{aligned}$$

$$= (\lambda_1 + \lambda_2)\min(s,t) + (\lambda_1^2 + \lambda_2^2)st - 2\lambda_1\lambda_2 st.$$

$Y(t) = N_1(t) - N_2(t), t \geqslant 0$ 的特征函数为

$$g_Y(u) = E[e^{iuY(t)}] = E[e^{iu[N_1(t) - N_2(t)]}] = E[e^{iuN_1(t)}]E[e^{-iuN_2(t)}]$$
$$= \exp\{\lambda_1 t e^{iu} + \lambda_2 t e^{-iu} - (\lambda_1 + \lambda_2)t\}.$$

由特征函数的反演公式及唯一性定理知,对任意 $t > 0$,$Y(t)$ 不服从 Poisson 分布,故 $\{Y(t), t \geqslant 0\}$ 不是 Poisson 过程.事实上,过程 $\{Y(t), t \geqslant 0\}$ 可能取负整数值,已不是计数过程,自然不是 Poisson 过程.

值得注意的是,我们有下面的定理:

定理 3.3　设 $\{N_1(t), t \geqslant 0\}$ 和 $\{N_2(t), t \geqslant 0\}$ 是相互独立、强度分别为 λ_1 和 λ_2 的 Poisson 过程,则 $\{N(t) = N_1(t) + N_2(t), t \geqslant 0\}$ 是强度为 $\lambda_1 + \lambda_2$ 的 Poisson 过程.

证明　显然 $\{N_1(t) + N_2(t), t \geqslant 0\}$ 是计数过程,且满足:

(1) 零初值性:$N(0) = N_1(0) + N_2(0)$.

(2) 独立增量性:对任意 $0 < t_1 \leqslant t_2 \leqslant \cdots \leqslant t_n$,有 $N_1(t_k) - N_1(t_{k-1}), k = 1, 2, \cdots, n$ 和 $N_2(t_k) - N_2(t_{k-1}), k = 1, 2, \cdots, n$ 相互独立,从而增量

$$N(t_k) - N(t_{k-1}) = N_1(t_k) - N_1(t_{k-1}) + N_2(t_k) - N_2(t_{k-1}), \quad k = 1, 2, \cdots, n$$

也相互独立.

(3) 增量平稳性:对一切 $0 \leqslant s < t$,因为 $\{N_1(t), t \geqslant 0\}$ 和 $\{N_2(t), t \geqslant 0\}$ 相互独立,故 $N(t)$ 的特征函数为

$$g_{N(t)-N(s)}(u) = E[e^{iu(N(t)-N(s))}] = E[e^{iu(N_1(t)-N_1(s))}]E[e^{iu(N_2(t)-N_2(s))}]$$
$$= \exp\{\lambda_1(t-s)(e^{iu}-1)\} \cdot \exp\{\lambda_2(t-s)(e^{iu}-1)\}$$
$$= \exp\{(\lambda_1 + \lambda_2)(t-s)(e^{iu}-1)\}.$$

过程 $\{N(t), t \geqslant 0\}$ 增量平稳,且服从强度为 $(\lambda_1 + \lambda_2)(t-s)$ 的 Poisson 分布,即有

$$P(N(t) - N(s) = k) = \frac{[(\lambda_1 + \lambda_2)(t-s)]^k}{k!}e^{-(\lambda_1+\lambda_2)(t-s)}, \quad k = 0, 1, \cdots.$$

故过程 $\{N(t) = N_1(t) + N_2(t), t \geqslant 0\}$ 是强度为 $\lambda_1 + \lambda_2$ 的 Poisson 过程.

类似可以证明一般的结论:若 n 个 Poisson 过程相互独立,强度分别为 $\lambda_k, k = 1, 2, \cdots, n$,则其和 $\{N_1(t) + N_2(t) + \cdots + N_n(t), t \geqslant 0\}$ 是强度为 $\lambda_1 + \lambda_2 + \cdots + \lambda_n$ 的 Poisson 过程.

3.2　与泊松过程相关的分布

如果我们用 Poisson 过程描述服务系统接受服务的顾客数,则顾客到来接受服务的时间间隔、顾客排队等待时间等相关的分布都需要进行研究.这节我们将对 Poisson 过程与时间特征相关的分布进行讨论.

3.2.1　到达时间间隔和等待时间的分布

设 $\{N(t), t \geqslant 0\}$ 是强度为 λ 的 Poisson 过程,令 T_1 表示第一个顾客到达的时刻,$T_n(n > 1)$ 表示第 $n-1$ 个顾客 W_{n-1} 与第 n 个顾客 W_n 到达的时间间隔,如图 3.1 所示,称 $\{T_n,$

$n = 1, 2, \cdots\}$ 为到达时间间隔序列. 它们都是随机变量. 有关时间间隔序列的分布, 我们有下面的定理.

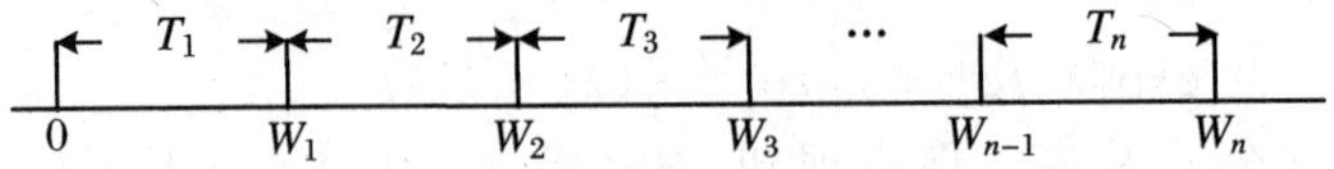

图 3.1 W_n 与 T_n 的关系图

定理 3.4 强度为 λ 的 Poisson 过程到达时间间隔序列 $\{T_n, n = 1, 2, \cdots\}$ 是相互独立的随机变量序列, 并且是具有相同均值 $1/\lambda$ 的指数分布.

证明 首先注意到事件 $\{T_1 > t\}$ 发生当且仅当 Poisson 过程在 $[0, t]$ 内没有顾客到达, 即 $P(T_1 > t) = P(N(t) = 0) = e^{-\lambda t}$, 因此

$$P(T_1 \leqslant t) = \begin{cases} 1 - e^{-\lambda t}, & t \geqslant 0 \\ 0, & t < 0 \end{cases},$$

即 T_1 服从均值为 $1/\lambda$ 的指数分布.

对于 T_2, 求已知 T_1 的条件下 T_2 的条件分布. 由于

$$\begin{aligned} P(T_2 > t \mid T_1 = s) &= P((s, s + t] \text{内无顾客到达} \mid T_1 = s) \\ &= P((s, s + t] \text{内无顾客到达}) \quad \text{(独立增量性)} \\ &= P(N(t) = 0) = e^{-\lambda t}, \quad \text{(增量平稳性)} \end{aligned}$$

因此, T_2 与 T_1 相互独立, 且 T_2 也服从均值为 $1/\lambda$ 的指数分布.

用相同的方法, 我们可以得到 T_n 服从均值为 $1/\lambda$ 的指数分布, 且 $T_1, T_2, \cdots, T_{n-1}$ 相互独立. 定理得到证明.

下面我们给出定理 3.4 的逆定理.

定理 3.5 设 $\{N(t), t \geqslant 0\}$ 表示时间间隔 $(0, t]$ 中到达的顾客数, $\{T_n, n = 1, 2, \cdots\}$ 为顾客到达的时间间隔序列, 且为独立服从均值为 $1/\lambda$ 指数分布的随机序列, 则 $\{N(t), t \geqslant 0\}$ 为强度为 λ 的 Poisson 过程.

定理 3.4 和定理 3.5 给出了 Poisson 过程与指数分布之间的关系. 直观上, 由于 Poisson 过程具有独立增量性, 因此, 各个顾客的到达是独立的, 而 Poisson 过程又具有平稳增量性, 故此时间间隔与上一段时间间隔的分布应该相同, 即有"无记忆性". 具有无记忆性的连续分布只有指数分布.

另一个值得探讨的问题是等待时间 W_n 的分布. 直观上, W_n 可以理解为第 n 个顾客出现的时刻, 故有 $W_n = \sum_{i=1}^{n} T_i (n \geqslant 1)$. 由定理 3.4 可知, W_n 是 n 个相互独立的指数分布随机变量的和, 用特征函数的方法, 我们可以得到:

定理 3.6 等待时间 $W_n (n \geqslant 1)$ 服从参数为 n, λ 的 Γ 分布.

证明 首先注意到第 n 个顾客在时刻 t 或之前来到当且仅当时间 t 已到来的顾客数目至少是 n, 即

$$\{W_n \leqslant t\} = \{N(t) \geqslant n\},$$

因此

$$P(W_n \leqslant t) = P(N(t) \geqslant n) = \sum_{j=n}^{\infty} e^{-\lambda t} \frac{(\lambda t)^j}{j!}.$$

记 W_n 的概率密度为 $f(t)$, 上式两边同时对 t 求导, 有

$$f(t) = -\sum_{j=n}^{\infty} \lambda e^{-\lambda t} \frac{(\lambda t)^j}{j!} + \sum_{j=n}^{\infty} j\lambda e^{-\lambda t} \frac{(\lambda t)^{j-1}}{j!}$$

$$= -\sum_{j=n}^{\infty} \lambda e^{-\lambda t} \frac{(\lambda t)^j}{j!} + \sum_{j=n}^{\infty} \lambda e^{-\lambda t} \frac{(\lambda t)^{j-1}}{(j-1)!} = \lambda e^{-\lambda t} \frac{(\lambda t)^{n-1}}{(n-1)!}, \quad t>0.$$

因此

$$f(t) = \begin{cases} \dfrac{\lambda^n}{\Gamma(n)} t^{n-1} e^{-\lambda t}, & t>0, \\ 0, & t \leqslant 0 \end{cases} \tag{3.1}$$

即等待时间 $W_n(n \geqslant 1)$ 服从参数为 n, λ 的 Γ 分布,也称为爱尔朗(Erlang)分布.

例 3.3　理发师在 $t=0$ 时开门营业,设顾客按强度为 λ 的 Poisson 过程到达,若每个顾客理完发需要 α 分钟,α 为正常数,求第二个顾客到达后不需要等待就马上理发的概率及到达后等待时间 S 的平均值.

解　设第一个顾客的到达时间为 W_1,第二个顾客的到达时间为 W_2,令 $T_2 = W_2 - W_1$,则第二个顾客不需要等待等价于 $T_2 > \alpha$.由定理 3.3 可知

$$P(T_2 > \alpha) = e^{-\lambda \alpha},$$

等待时间为

$$S = \begin{cases} \alpha - T_2, & T_2 < \alpha, \\ 0, & T_2 \geqslant \alpha \end{cases},$$

因此,平均等待时间为

$$ES = \int_0^{\alpha} (\alpha - x)\lambda e^{-\lambda x} dx = \alpha - \frac{1}{\lambda}(1 - e^{\lambda \alpha}).$$

3.2.2　剩余寿命和年龄

下面我们从另一角度来刻画 Poisson 过程的若干重要特性.

设 $\{N(t), t \geqslant 0\}$ 表示 $[0, t]$ 中到达的"顾客数",W_n 表示第 n 个顾客出现的时刻,$W_{N(t)}$ 表示在 t 时刻前最后一个"顾客"到达的时刻,$W_{N(t)+1}$ 表示 t 时刻后首个"顾客"到达的时刻.注意到这里 $W_{N(t)}$ 和 $W_{N(t)+1}$ 的下标 $N(t), N(t)+1$ 都是随机变量.令

$$U(t) = W_{N(t)+1} - t, \tag{3.2}$$

$$V(t) = t - W_{N(t)}, \tag{3.3}$$

则 $U(t)$ 与 $V(t)$ 的关系图如图 3.2 所示.

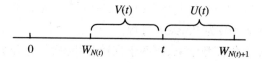

图 3.2　$U(t)$ 与 $V(t)$ 的关系图

为了直观地解释 $U(t)$ 与 $V(t)$ 的具体意义,我们给出几个实际模型:设零件在 $t=0$ 时开始工作,若它失效,立即更换(假定更换所需时间为零)一个新零件重新开始工作,如此重复.记 W_n 为第 n 次更换时刻,则 $T_n = W_n - W_{n-1}$ 表示第 n 个零件的工作寿命,于是 $U(t)$ 表示观察者在时刻 t 所观察的正在工作零件的剩余寿命;$V(t)$ 表示正在工作的零件的工作

时间,称为年龄.再如,若 W_n 表示第 n 辆汽车到站的时刻,某一乘客到达车站的时刻为 t,则 $U(t)$ 表示该乘客等待上车的等待时间.又如,若 W_n 表示第 n 次地震发生的时刻,$W_{N(t)+1}$ 表示时刻 t 以后首次地震的时刻,则 $U(t)$ 表示时刻 t 以后直到首次地震之间的剩余时间,等等.称 $U(t)$ 为剩余寿命或剩余时间,$V(t)$ 为年龄.

由定义可知,$\forall\, t\geqslant 0, U(t)\geqslant 0, 0\leqslant V(t)\leqslant t$,有:

定理 3.7 设 $\{N(t), t\geqslant 0\}$ 是强度为 λ 的 Poisson 过程,则:

(1) $U(t)$ 与 $\{T_n, n=1, 2, \cdots\}$ 同分布,即

$$P(U(t)\leqslant x) = 1 - \mathrm{e}^{-\lambda x}, \quad x\geqslant 0. \tag{3.4}$$

(2) $V(t)$ 是"截尾"的指数分布,即

$$P(V(t)\leqslant x) = \begin{cases} 1 - \mathrm{e}^{-\lambda x}, & 0\leqslant x < t \\ 1, & x\geqslant t \end{cases}. \tag{3.5}$$

证明 由 $\{U(t) > x\} = \{N(t+x) - N(t) = 0\}$ 及

$$\{V(t) > x\} = \begin{cases} \{N(t) - N(t-x) = 0\}, & 0\leqslant x < t \\ \varnothing, & x\geqslant t \end{cases},$$

即可得要证明的结论.

现在我们用 $U(t)$ 与 T_n 的关系来刻画 Poisson 过程,有下面的定理:

定理 3.8 非负随机变量 $\{T_n, n=1, 2, \cdots\}$ 独立同分布,分布函数为 $F(x)$,则 $\forall\, x\geqslant 0, t\geqslant 0$,有

$$P(U(t) > x) = 1 - F(x+t) + \int_0^t P(U(t-u) > x)\mathrm{d}F(u). \tag{3.6}$$

定理 3.9 若 $\{T_n, n=1, 2, \cdots\}$ 独立同分布,$\forall\, t\geqslant 0, U(t)$ 与 T_n 同分布,分布函数为 $F(x)$,且 $F(0) = 0$,则 $\{N(t), t\geqslant 0\}$ 为 Poisson 过程.

证明 令 $G(x) = 1 - F(x) = P(U(t) > x)$,由式(3.6)及 $F(0) = 0$,则 $\forall\, x\geqslant 0, t\geqslant 0$,有

$$G(x+t) = G(x)G(t). \tag{3.7}$$

由于 $F(x)$ 为单调不减且右连续的函数,所以 $G(x)$ 也是单调不减右连续的函数,式(3.7)两边对 x 求导,得

$$G'_x(x+t) = G'_x(x)G(t).$$

又 $G'_x(x+t) = G'_t(x+t)$,因此

$$G'_t(x+t) = G'_x(x)G(t).$$

令 $x = 0$,则 $G'_t(t) = G'_x(0)G(t)$.令 $\lambda = -G'_x(0)$,由于 $G(x)$ 单调不减,有 $\lambda\geqslant 0$;又 $F(x)$ 为分布函数,不可能为常数,$\lambda\neq 0$;再由 $G(0) = 1 - F(0) = 1$,得到 $G(t) = \mathrm{e}^{-\lambda t}$.即有

$$F(x) = P(T_n\leqslant x) = 1 - \mathrm{e}^{-\lambda x}, \quad x\geqslant 0.$$

再由定理 3.5,得 $\{N(t), t\geqslant 0\}$ 为 Poisson 过程.

该定理早在 1972 年由华裔数学家、概率学家钟开莱得到,它表明:$U(t)$ 与 T_n 同为指数分布是 Poisson 过程特有的性质.本定理还可用于检验计数过程是否为 Poisson 过程.

类似地,可以用 $E[U(t)]$ 与 t 无关或 $(U(t), V(t))$ 的联合分布来刻画 Poisson 过程.

3.2.3 到达时间的条件分布

下面我们来讨论在给定 $N(t) = n$ 的条件下,$W_1, W_2, \cdots, W_n$ 的条件分布.

假设在 $[0,t]$ 内顾客恰好来到 1 个,我们要确定这一顾客到达时间的分布. 因为 Poisson 过程具有独立增量性,因此,我们有理由认为在 $[0,t]$ 长度相等的子区间内,该顾客来到的概率相等. 因此有下面的定理:

定理 3.10　设 $\{N(t),t\geqslant 0\}$ 是参数为 λ 的 Poisson 过程,则 $\forall\, 0<s<t$,有

$$P(W_1\leqslant s\mid N(t)=1)=\frac{s}{t}.\tag{3.8}$$

证明　$P(W_1\leqslant s\mid N(t)=1)=\dfrac{P(W_1\leqslant s,N(t)=1)}{P(N(t)=1)}$

$$=\frac{P([0,s]\text{内有 1 个顾客到达},(s,t]\text{内无顾客到达})}{P(N(t)=1)}$$

$$=\frac{P([0,s]\text{内有 1 个顾客到达})\cdot P((s,t]\text{内无顾客到达})}{P(N(t)=1)}$$

$$=\frac{\lambda s\mathrm{e}^{-\lambda s}\cdot\mathrm{e}^{-(t-s)\lambda}}{\lambda t\mathrm{e}^{-\lambda t}}=\frac{s}{t}.$$

因此,有条件分布 $F_{W_1\mid N(t)=1}(s)=\begin{cases}0,&s<0\\ s/t,&0\leqslant s<t,\\ 1,&s\geqslant t\end{cases}$ 从而条件密度函数为

$$f_{W_1\mid N(t)=1}(s)=\begin{cases}1/t,&0\leqslant s<t\\ 0,&\text{其他}\end{cases}.$$

我们将这一结果推广到一般情况,则有如下定理:

定理 3.11　设 $\{N(t),t\geqslant 0\}$ 是一 Poisson 过程,在 $[0,t]$ 内有 n 个顾客到达,则这 n 个顾客到达的时刻 $W_1<W_2<\cdots<W_n$ 与相应于 n 个 $[0,t]$ 上均匀分布的独立随机变量的顺序统计量有相同的分布,即 $W_1,W_2,\cdots,W_n$ 的联合概率分布密度函数为

$$f_{W_1,W_2,\cdots,W_n\mid N(t)=n}=\begin{cases}n!\,t^{-n},&0<t_1<t_2<\cdots<t_n\\ 0,&\text{其他}\end{cases}.\tag{3.9}$$

证明　设 $0<t_1<t_2<\cdots<t_{n+1}=t$,取 h_i 充分小,使得 $t_i+h_i<t_{i+1}$,$i=1,2,\cdots,n$,则在给定 $N(t)=n$ 的条件下,有

$$P(t_i<W_i\leqslant t_i+h_i,i=1,2,\cdots,n\mid N(t)=n)$$

$$=\frac{P((t_i,t_i+h_i)(i=1,2,\cdots,n)\text{中恰有 1 顾客到达},[0,t]\text{中无其他顾客到达})}{P(N(t)=n)}$$

$$=\frac{\lambda h_1\mathrm{e}^{-\lambda h_1}\cdots\lambda h_n\mathrm{e}^{-\lambda h_n}\cdot\mathrm{e}^{-\lambda(t-h_1-\cdots-h_n)}\cdot n!}{\mathrm{e}^{-\lambda t}\cdot(\lambda t)^n}=\frac{n!}{t^n}h_1h_2\cdots h_n,$$

因此

$$\frac{P(t_i<W_i\leqslant t_i+h_i,i=1,2,\cdots,n\mid N(t))}{h_1h_2\cdots h_n}=\frac{n!}{t^n}.$$

令 $h_i\to 0$,我们得到 $W_1,W_2,\cdots,W_n$ 在已知条件 $N(t)=n$ 下的条件概率密度函数如式 (3.9) 所示.

定理 3.12　设 $\{N(t),t\geqslant 0\}$ 为一计数过程,$\{T_n,n=1,2,\cdots\}$ 为到达时间间隔序列,若 $\{T_n,n=1,2,\cdots\}$ 独立同分布,分布函数为 $F(x)$,$F(0)=0$,且 $\forall\, 0\leqslant s\leqslant t$,有

$$P(W_1\leqslant s\mid N(t)=1)=\frac{s}{t},\quad t>0,\tag{3.10}$$

则 $\{N(t),t\geqslant 0\}$ 为 Poisson 过程.

定理 3.13 设 $\{N(t),t\geqslant 0\}$ 为一计数过程，$\{T_n,n=1,2,\cdots\}$ 为到达时间间隔序列，若 $\{T_n,n=1,2,\cdots\}$ 独立同分布，分布函数为 $F(x)$，$ET_n<\infty$，$F(0)=0$，且 $\forall 0\leqslant s\leqslant t,n\geqslant 1$，有

$$P(W_n\leqslant s\mid N(t)=n)=(s/t)^n,\quad t>0,\tag{3.11}$$

则 $\{N(t),t\geqslant 0\}$ 为 Poisson 过程.

利用以上结果，在检验 Poisson 过程时不需要知道参数 λ.

在数理统计中有如下的重要结论.

设总体 X 有概率密度 $f(x)$，$X_1,X_2,\cdots,X_n$ 是 X 的简单随机样本生成的顺序统计量，其概率密度为

$$f(x_1,x_2,\cdots,x_n)=n!f(x_1)f(x_2)\cdots f(x_n),\quad x_1<x_2<\cdots<x_n.$$

特别地，当 $f(x)$ 是 $(0,t)$ 内均匀分布的概率密度时，有

$$f(x_1,x_2,\cdots,x_n)=\frac{n!}{t^n},\quad 0<x_1<x_2<\cdots<x_n<t.$$

根据定理 3.11 可知，$W_1,W_2,\cdots,W_n$ 与 n 个 $[0,t]$ 内均匀分布的相互独立随机变量 $Y_1,Y_2,\cdots,Y_n$ 的顺序统计量同分布，若记 $Y_1,Y_2,\cdots,Y_n$ 的顺序统计量为 $Y_{(1)},Y_{(2)},\cdots,Y_{(n)}$，则有

$$\sum_{k=1}^{n}Y_{(k)}=\sum_{k=1}^{n}Y_k.\tag{3.12}$$

例 3.4 设到达火车站的顾客数服从参数为 λ 的 Poisson 过程，火车 t 时刻离开火车站，求在 $[0,t]$ 到达火车站顾客等待时间总和的期望值.

解 设第 i 个顾客到达火车站的时刻为 W_i，则在 $[0,t]$ 到达车站的顾客等待时间总和为 $W(t)=\sum_{i=1}^{N(t)}(t-W_i)$. 由全期望公式，有

$$E\Big[\sum_{i=1}^{N(t)}(t-W_i)\Big]=E\Big\{E\Big[\sum_{i=1}^{N(t)}(t-W_i)\mid N(t)\Big]\Big\}.$$

对任意 $n\geqslant 1$，有

$$E[W(t)\mid N(t)=n]=E\Big[\sum_{i=1}^{N(t)}(t-W_i)\mid N(t)=n\Big]=E\Big[\sum_{i=1}^{n}(t-W_i)\mid N(t)=n\Big]$$

$$=nt-E\Big[\sum_{i=1}^{n}W_i\mid N(t)=n\Big].$$

记 $\{Y_i,1\leqslant i\leqslant n\}$ 为 $[0,t]$ 上独立同均匀分布的随机变量，$Y_{(1)}\leqslant Y_{(2)}\leqslant\cdots\leqslant Y_{(n)}$ 为相应的顺序统计量. $W_1,W_2,\cdots,W_n$ 与 $Y_{(1)}\leqslant Y_{(2)}\leqslant\cdots\leqslant Y_{(n)}$ 有相同的分布，由式(3.12)，有

$$E\Big[\sum_{i=1}^{n}W_i\mid N(t)=n\Big]=E\Big[\sum_{i=1}^{n}Y_{(i)}\Big]=E\Big[\sum_{i=1}^{n}Y_i\Big]=\sum_{i=1}^{n}E[Y_i]=\frac{nt}{2}.$$

因此

$$E\Big[\sum_{i=1}^{n}(t-W_i)\mid N(t)=n\Big]=\frac{nt}{2},$$

所以

$$E[W(t)]=\sum_{n=0}^{\infty}\Big\{P(N(t)=n)\cdot E\Big[\sum_{i=1}^{N(t)}(t-W_i)\mid N(t)=n\Big]\Big\}$$

$$= \sum_{n=0}^{\infty} P(N(t) = n) \cdot \frac{nt}{2} = \frac{t}{2} \cdot E[N(t)] = \frac{\lambda t^2}{2}.$$

例 3.5　设在 $[0, t]$ 内有 n 个顾客到达,且 $0 < s < t$,对于 $0 < k < n$,求 $P(N(s) = k \mid N(t) = n)$.

解　根据条件概率及 Poisson 分布的有关性质,有

$$P(N(s) = k \mid N(t) = n) = \frac{P(N(s) = k, N(t) = n)}{P(N(t) = n)}$$

$$= \frac{P(N(s) = k, N(t) - N(s) = n - k)}{P(N(t) = n)}$$

$$= \frac{\mathrm{e}^{-\lambda s} \dfrac{(\lambda s)^k}{k!} \mathrm{e}^{-\lambda(t-s)} \dfrac{[\lambda(t-s)]^{n-k}}{(n-k)!}}{\mathrm{e}^{-\lambda t} \dfrac{(\lambda t)^n}{n!}} = C_n^k \left(\frac{s}{t} \right)^k \left(1 - \frac{s}{t} \right)^{n-k}.$$

这是一个参数为 n 和 $\dfrac{s}{t}$ 的二项分布.

例 3.6　某机构从上午 8 时开始有无数多人排队等待服务,设只有一名工作人员,每人接受服务的时间是相互独立且服从均值为 20 分钟的指数分布.到中午 12 时,平均有多少人离去? 有 9 人接受服务的概率是多少?

解　离去人数 $N(t)$ 是强度为 3(小时)的 Poisson 分布,若以 8 时为零时刻,则到 12 时离去的人数平均是 12 名,得

$$P(N(4) - N(0) = n) = \mathrm{e}^{-12} \frac{12^n}{n!},$$

因此,有 9 人接受服务的概率为

$$P(N(4) = 9) = \mathrm{e}^{-12} \frac{12^n}{9!}.$$

例 3.7　设 $\{N_1(t), t \geq 0\}$ 和 $\{N_2(t), t \geq 0\}$ 是两个相互独立的 Poisson 过程,它们在单位时间内平均出现的事件数分别为 λ_1 和 λ_2,记 $W_k^{(1)}$ 为过程 $\{N_1(t), t \geq 0\}$ 第 k 次事件到达的时间,$W_1^{(2)}$ 为过程 $\{N_2(t), t \geq 0\}$ 第 1 次到达的时间,求 $P(W_k^{(1)} < W_1^{(2)})$,即第一个 Poisson 过程的第 k 次事件发生比第二个 Poisson 过程的第 1 次事件发生早的概率.

解　设 $W_k^{(1)}$ 的取值为 x,$W_1^{(2)}$ 的取值为 y,由定理 3.4,有

$$f_{W_k^{(1)}}(x) = \begin{cases} \lambda_1 \mathrm{e}^{-\lambda_1 x} \dfrac{(\lambda_1 x)^{k-1}}{(k-1)!}, & (x \geq 0) \\ 0, & (x < 0) \end{cases},$$

$$f_{W_1^{(2)}}(y) = \begin{cases} \lambda_2 \mathrm{e}^{-\lambda_2 y}, & (y \geq 0) \\ 0, & (y < 0) \end{cases}.$$

则 $P(W_k^{(1)} < W_1^{(2)}) = \iint\limits_D f(x, y) \mathrm{d}x\mathrm{d}y$,其中,$D$ 为由 $y = x$ 和 y 轴所围成的区域,$f(x, y)$ 为 $W_k^{(1)}$ 和 $W_1^{(2)}$ 的联合概率密度. 由于 $N_1(t)$ 和 $N_2(t)$ 相互独立,故有 $f(x, y) = f_{W_k^{(1)}}(x) \cdot f_{W_1^{(2)}}(y)$,因此

$$P(W_k^{(1)} < W_1^{(2)}) = \int_0^{\infty} \int_x^{\infty} \lambda_1 \mathrm{e}^{-\lambda_1 x} \frac{(\lambda_1 x)^{k-1}}{(k-1)!} \cdot \lambda_2 \mathrm{e}^{-\lambda_2 y} \mathrm{d}y\mathrm{d}x = \left(\frac{\lambda_1}{\lambda_1 + \lambda_2} \right)^k.$$

3.3 泊松过程的检验及参数估计

Poisson 过程在排队论、动态可靠性等领域都有广泛的应用. 但是, 对于应用工作者来说, 首先需要考虑的问题是: 所研究的问题是否可视为 Poisson 过程; 经过检验是 Poisson 过程时, 如何利用已知数据估计参数 λ 的值. 本节将对样本序列运用数理统计的思想给出判定方法.

3.3.1 Poisson 过程的检验

按照 Poisson 过程的性质, 要检验计数过程 $\{N(t), t \geqslant 0\}$ 是否为 Poisson 过程, 可以转化为下面的检验问题之一:

(1) 检验 $\{T_n, n \geqslant 1\}$ 是否独立同指数分布.

(2) $\forall t > 0$, 检验 $U(t)$ 与 $T_n, n \geqslant 1$ 是否同分布.

(3) $\forall t > 0$, 检验在 $N(t) = 1$ 的条件下, $W_1 = T_1$ 是否服从 $[0, t]$ 上的均匀分布.

(4) 给定 $T > 0$, 检验在 $N(T) = n$ 的条件下, $W_1, W_2, \cdots, W_n$ 的条件分布是否与 $[0, T]$ 上 n 个独立均匀分布的顺序统计量的分布相同.

这里仅讨论最后一种具体检验方法.

首先提出假设 $H_0 : \{N(t), t \geqslant 0\}$ 是 Poisson 过程. 令 $\sigma_n = \sum_{k=1}^{n} W_k$, 当 H_0 成立时, 由定理 3.11, 得

$$E[\sigma_n \mid N(T) = n] = E\Big[\sum_{i=1}^{n} Y_{(i)}\Big] = E\Big[\sum_{i=1}^{n} Y_i\Big] = \frac{nT}{2},$$

$$D[\sigma_n \mid N(T) = n] = D\Big[\sum_{i=1}^{n} Y_{(i)}\Big] = D\Big[\sum_{i=1}^{n} Y_i\Big] = \frac{nT^2}{12},$$

其中, $\{Y_i, 1 \leqslant i \leqslant n\}$ 为 $[0, t]$ 上独立同均匀分布的随机变量列, $Y_{(1)} \leqslant Y_{(2)} \leqslant \cdots \leqslant Y_{(n)}$ 为相应的顺序统计量. 利用独立同分布的中心极限定理, 有

$$\lim_{n \to \infty} P\left(\frac{\sigma_n - nT/2}{T \sqrt{n/12}} \leqslant x \mid N(T) = n\right) = \lim_{n \to \infty} P\left(\frac{\sum_{i=1}^{n} Y_i - nT/2}{nT^2/12} \leqslant x\right)$$

$$= \Phi(x) = \frac{1}{\sqrt{2\pi}} \int_{-\infty}^{x} e^{-u^2/2} du,$$

即当 n 充分大时, 有 $P\left(\frac{\sigma_n}{T} \leqslant \frac{1}{2}[n + x (n/3)^{1/2}] \mid N(T) = n\right) \approx \Phi(x)$. 给定置信水平 $\alpha = 0.05$, 则当

$$\frac{\sigma_n}{T} \in \frac{1}{2}[n \pm 1.96 (n/3)^{1/2}]$$

时, 接受 H_0, 否则拒绝 H_0. 这种方法的优点在于不要求已知 λ.

3.3.2　参数 λ 的估计

经过上述检验后,如果接受 H_0,则认为 $\{N(t), t \geqslant 0\}$ 是 Poisson 过程,下面的问题是如何估计参数 λ 的值.

1. 极大似然估计

设 $\{N(t), t \geqslant 0\}$ 是 Poisson 过程,给定 $T > 0$,若在 $[0, T]$ 上观察到 $W_1, W_2, \cdots, W_n$ 的取值 $t_1, t_2, \cdots, t_n \leqslant T$,则可取似然函数为

$$L(t_1, t_2, \cdots, t_n; \lambda) = \lambda^n \mathrm{e}^{-\lambda T}.$$

令 $\dfrac{\mathrm{d}L}{\mathrm{d}\lambda} = 0$,得到 λ 的极大似然估计值为

$$\hat{\lambda}_L = \frac{n}{T}.$$

需要说明的是:给定 T 后,则落在 $[0, T]$ 上的个数 n 是随观察结果而定的.

2. 区间估计

仅讨论固定 n 的情形. 若 $\{N(t), t \geqslant 0\}$ 是 Poisson 过程,由定理 3.6,得 $W_n = \sum\limits_{k=1}^{n} T_k$ 的概率密度函数为

$$f_n(t) = \lambda \mathrm{e}^{-\lambda t} \frac{(\lambda t)^{n-1}}{(n-1)!} = \frac{\lambda^n}{\Gamma(n)} t^{n-1} \mathrm{e}^{-\lambda t}, \quad t \geqslant 0,$$

其中,$\Gamma(\alpha) = \displaystyle\int_0^{\infty} x^{\alpha-1} \mathrm{e}^{-x} \mathrm{d}x$ 为 Γ 函数,$\Gamma(n) = (n-1)!$. 因此,$2\lambda W_n$ 的概率密度函数为

$$g_n(t) = \frac{1}{2^{2n/2} \Gamma(2n/2)} t^{\frac{2n}{2}-1} \mathrm{e}^{-t/2}, \quad t \geqslant 0.$$

这与 $\chi^2(2n)$ 的密度函数相同,因此,$2\lambda W_n = \chi^2(2n)$. 取置信度 $1-\alpha$,则

$$P(\chi^2_{\alpha/2}(2n) \leqslant 2\lambda W_n \leqslant \chi^2_{1-\alpha/2}(2n)) = 1 - \alpha.$$

故置信度为 $1-\alpha$ 的 λ 的置信区间为

$$\left[\frac{\chi^2_{\alpha/2}(2n)}{2W_n}, \frac{\chi^2_{1-\alpha/2}(2n)}{2W_n} \right], \tag{3.13}$$

其中,W_n 由数据得到,$\chi^2_{\alpha/2}(2n)$ 及 $\chi^2_{1-\alpha/2}(2n)$ 可查表得到.

3.4　非齐次泊松过程

下面我们推广 Poisson 过程,允许时刻 t 来到的强度是 t 的函数.

定义 3.2　称计数过程 $\{N(t), t \geqslant 0\}$ 为具有跳跃强度函数为 $\lambda(t)$ 的非齐次 Poisson 过程,若它满足下列条件:

(1) $N(0) = 0$;

(2) $N(t)$ 是独立增量过程;

(3) $P(N(t+h) - N(t) = 1) = \lambda(t)h + o(h)$;

(4) $P(N(t+h)-N(t)\geqslant 2)=o(h)$.

显然,非齐次 Poisson 过程与 Poisson 过程的不同点是:强度 λ 不再是常数,而与时间 t 有关,也就是说不具有平稳性.非齐次 Poisson 过程反映了一类其变化与时间有关的过程,如设备的故障率与使用年限有关,放射性物质的衰变速度与衰变时间有关,等等.它的均值函数为 $m_N(t)=\int_0^t \lambda(s)\mathrm{d}s$,其概率分布可以由下面的定理给出.

定理3.14 设 $\{N(t),t\geqslant 0\}$ 是具有均值函数为 $m_N(t)=\int_0^t \lambda(s)\mathrm{d}s$ 的非齐次 Poisson 过程,则有

$$P(N(t+s)-N(t)=n)=\frac{[m_N(t+s)-m_N(t)]^n}{n!}\exp\{-[m_N(t+s)-m_N(t)]\}$$
(3.14)

或

$$P(N(t)=n)=\frac{[m_N(t)]^n}{n!}\exp\{-m_N(t)\},\quad n\geqslant 0.$$

非齐次 Poisson 过程的一维特征函数为

$$g(u)=E[\mathrm{e}^{\mathrm{i}uN(t)}]=\sum_{k=0}^{\infty}\mathrm{e}^{\mathrm{i}uk}P(N(t)=k)$$

$$=\sum_{k=0}^{\infty}\mathrm{e}^{\mathrm{i}uk}\frac{\left[\int_0^t \lambda(t)\mathrm{d}t\right]^k}{k!}\mathrm{e}^{-\int_0^t \lambda(t)\mathrm{d}t}$$

$$=\mathrm{e}^{-\int_0^t \lambda(t)\mathrm{d}t}\sum_{k=0}^{\infty}\frac{\left[\mathrm{e}^{\mathrm{i}u}\int_0^t \lambda(t)\mathrm{d}t\right]^k}{k!}$$

$$=\exp\left\{(\mathrm{e}^{\mathrm{i}u}-1)\int_0^t \lambda(t)\mathrm{d}t\right\}.$$

例3.8 设 $\{N(t),t\geqslant 0\}$ 是具有跳跃强度为 $\lambda(t)=\frac{1}{2}(1+\cos(\omega t))$,$\omega\neq 0$ 的非齐次 Poisson 过程,求 $E[N(t)]$ 和 $D[N(t)]$.

解 $E[N(t)]=D[N(t)]=m_N(t)=\int_0^t \frac{1}{2}(1+\cos(\omega s))\mathrm{d}s=\frac{1}{2}\left(t+\frac{1}{\omega}\sin(\omega t)\right)$.

例3.9 设某公交线路从早晨5时到晚上9时有车发出.乘客流量如下:5时按平均乘客200人/小时计算;5时至8时乘客平均到达率按线性增加,8时到达率为1400人/小时;8时至18时保持平均到达率不变;18时至21时到达率从1400人/小时按线性下降,到达21时为200人/小时.假设乘客数在不相重叠的时间间隔内是相互独立的,求12时至14时有2000人来站乘车的概率,并求这两个小时内来站乘车人数的数学期望.

解 将时间5至21时平移为0至16时,依题意得乘客到达率为

$$\lambda(t)=\begin{cases}200+400t, & 0\leqslant t\leqslant 3\\ 1400, & 3<t\leqslant 13\\ 1400-400(t-13), & 13<t\leqslant 16\end{cases},$$

乘客到达率与时间的关系如图3.3所示.

乘客数的变化可用非齐次泊松过程描述,有 $m_N(9)-m_N(7)=\int_7^9 1400\mathrm{d}s=2800$.因

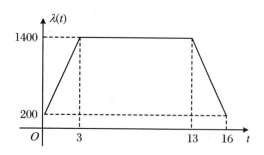

图 3.3　乘客到达率与时间关系图

此,在 12 时至 14 时有 2000 名乘客到达的概率为

$$P(N(9) - N(7) = 2000) = \mathrm{e}^{-2800} \frac{2800^{2000}}{2000!}.$$

12 时至 14 时乘客数的数学期望为

$$m_N(9) - m_N(7) = 2800(\text{人}).$$

3.5　复合泊松过程

　　人们在考虑设备故障所需的维修费用、自然灾害所造成的损失、股票市场的价格变化时,都会碰到这样一些模型:事件的发生依从一个 Poisson 过程,而每次事件都还附带一些随机变量(如费用、损失等),这时,人们感兴趣的不仅仅是事件发生的次数,还需要了解总费用和总损失.这类模型可进一步抽象为如下的复合 Poisson 过程.

　　定义 3.3　设 $\{N(t), t \geqslant 0\}$ 为强度为 λ 的 Poisson 过程,$\{Y_k, k = 1, 2, \cdots\}$ 是一列独立同分布的随机变量,且与 $\{N(t), t \geqslant 0\}$ 独立,令

$$X(t) = \sum_{k=1}^{N(t)} Y_k, \quad t \geqslant 0, \tag{3.15}$$

则称 $\{X(t), t \geqslant 0\}$ 为复合 Poisson 过程.

　　容易看出,复合 Poisson 过程不一定是计数过程,但是当 $Y_k \equiv c (k = 1, 2, \cdots)$,$c$ 为常数时,可以化为 Poisson 过程.

　　例 3.10　设 $N(t)$ 是在时间段 $(0, t]$ 内来到某商店的顾客数,$\{N(t), t \geqslant 0\}$ 是 Poisson 过程.若设 Y_k 是第 k 个顾客在商店所花的钱数,则 $\{Y_k, k = 1, 2, \cdots\}$ 是一列独立同分布的随机变量,且与 $\{N(t), t \geqslant 0\}$ 独立.记 $X(t)$ 为该商店在时间段 $(0, t]$ 内的营业额,则 $X(t) = \sum_{k=1}^{N(t)} Y_k, t \geqslant 0$ 是一个复合 Poisson 过程.

　　例 3.11　假设发生火灾的累计次数为 Poisson 过程 $\{N(t), t \geqslant 0\}$,第 k 次火灾后支付的赔偿金为 Y_k,则到时刻 t 累计的赔偿金总数 $X(t) = \sum_{k=1}^{N(t)} Y_k, t \geqslant 0$ 是一个复合 Poisson 过程.

　　例 3.12　假设在股票交易市场,股票交易次数 $N(t)$ 为强度为 λ 的 Poisson 过程,记第 k 次与第 $k-1$ 次易手前后股票价格的变化为 Y_k,不妨假定它们是独立同分布的随机变量,

且与 $\{N(t),t\geqslant 0\}$ 独立，$X(t)=\sum_{k=1}^{N(t)}Y_k$，$t\geqslant 0$ 代表时刻 t 股票总价格变化，这是投资者计算盈亏决定投资意向的重要指标，则 $X(t),t\geqslant 0$ 是一个复合 Poisson 过程.

定理 3.15 设 $X(t)=\sum_{k=1}^{N(t)}Y_k$，$t\geqslant 0$ 是复合 Poisson 过程，则：

(1) $\{X(t),t\geqslant 0\}$ 是平稳独立增量过程.

(2) $X(t)$ 的特征函数为 $g_{X(t)}(u)=E[\exp\{iuX(t)\}]=\exp\{\lambda t[g_Y(t)-1]\}$，其中 $g_{Y(u)}$ 为随机变量 Y_1 的特征函数.

(3) 若 $EY_1^2<\infty$，则 $E[X(t)]=\lambda tEY_1$，$D[X(t)]=\lambda tEY_1^2$.

证明 设 $0\leqslant t_0<t_1<\cdots<t_m$，则 $X(t_k)-X(t_{k-1})=\sum_{i=N(t_{k-1})+1}^{N(t_k)}Y_i$，$k=1,2,\cdots,m$. 由条件不难验证 $X(t)$ 具有独立增量性.

为证明 $X(t)$ 具有平稳增量性，只需证明对于任意 $0\leqslant s<t$，$X(t)-X(s)$ 的特征函数是关于 $t-s$ 的函数，与 s、t 的取值无关. 事实上，有

$$g_{X(t)-X(s)}(u)=E[e^{iu[X(t)-X(s)]}]=E[E[e^{iu[X(t)-X(s)]}\mid N(t)-N(s)]]$$

$$=\sum_{k=0}^{\infty}E[\exp\{iu[X(t)-X(s)]\}]\mid N(t)-N(s)=k]\cdot P(N(t)-N(s)=k)$$

$$=\sum_{k=0}^{\infty}E[\exp\{iu\sum_{j=1}^{k}Y_j\}]\cdot P(N(t)-N(s)=k)$$

$$=\sum_{k=0}^{\infty}[g_Y(u)]^k\frac{[\lambda(t-s)]^k}{k!}e^{-\lambda(t-s)}=\exp\{\lambda[g_{Y_1}(u)-1](t-s)\},$$

因此，$\{X(t),t\geqslant 0\}$ 具有平稳增量性.

在上式中令 $s=0$，得到 $X(t)$ 的特征函数为

$$g_X(u)=\exp\{\lambda t[g_{Y_1}(u)-1]\}.$$

利用条件期望的性质 $E[X(t)]=E\{E[X(t)\mid N(t)]\}$，得

$$E[X(t)\mid N(t)]=E[\sum_{k=1}^{N(t)}Y_k\mid N(t)=n]=E[\sum_{k=1}^{n}Y_k\mid N(t)=n]$$

$$=E[\sum_{k=1}^{n}Y_k]=nEY,$$

因此

$$E[X(t)]=E\{E[X(t)\mid N(t)]\}=E[N(t)]EY_1=\lambda tEY_1.$$

类似地，有

$$D[X(t)\mid N(t)]=N(t)EY_1,$$

$$D[X(t)]=E[N(t)DY_1]+D[N(t)EY_1]=\lambda tDY_1+\lambda t(EY_1)^2=\lambda tEY_1^2.$$

上述结果也可以利用特征函数与矩的关系得到.

例 3.13 设顾客按每分钟 6 个的 Poisson 过程进入某商场，进入该商场的每个顾客买东西的概率为 2/3. 设 $X(t)$ 为在时间 t 内买东西的顾客数，每个顾客是否买东西互不影响，且与该商场的顾客数独立. 求 $E[X(t)]$、$D[X(t)]$、$g_{X(t)}(u)$ 和 $P(X(t)=0)$.

解 设 $N(t)$ 为时刻 t 内进入该商场的顾客数，由题设知 $\{N(t),t\geqslant 0\}$ 为参数为 6 的 Poisson 过程. 令

$$Y_n = \begin{cases} 1, & \text{进入该商场的第 } n \text{ 个顾客买了东西} \\ 0, & \text{进入该商场的第 } n \text{ 个顾客没买东西} \end{cases},$$

则 Y_n 独立同分布,且与 $\{N(t), t \geq 0\}$ 独立, $P(Y_n = 1) = \dfrac{2}{3}$, $P(Y_n = 0) = \dfrac{1}{3}$. 于是有

$$X(t) = \sum_{n=1}^{N(t)} Y_n, \quad t \geq 0.$$

因此, $X(t)$ 是一个复合 Poisson 过程,由定理 3.15,得

$$EX(t) = \lambda t E(Y_1) = 6t \times \frac{2}{3} = 4t,$$

$$DX(t) = \lambda t E(Y_1^2) = 4t,$$

$$g_{X(t)}(u) = \exp\{\lambda t [g_{Y_1}(t) - 1]\} = \mathrm{e}^{-6t} \exp\{6t[2\mathrm{e}^{iu}/3 + 1/3]\} = \exp\{4t[\mathrm{e}^{iu} - 1]\}.$$

由特征函数知, $X(t) \sim P(4t)$,因此

$$P(X(t) = 0) = \mathrm{e}^{-4t}.$$

把参数推广到正随机变量的情形,可以得到下面的条件 Poisson 过程.

定义 3.4 设 Λ 为一正的随机变量,分布函数为 $G(x)$, $x \geq 0$, $\{N(t), t \geq 0\}$ 是一计数过程,且在给定 $\Lambda = \lambda$ 的条件下, $\{N(t), t \geq 0\}$ 是一 Poisson 过程,即 $\forall s, t \geq 0$, $n \in \mathbf{N}$, $\lambda \geq 0$,有

$$P(N(s+t) - N(t) = n \mid \Lambda = \lambda) = \frac{(\lambda t)^n}{n!} \mathrm{e}^{-\lambda t}, \tag{3.16}$$

则称 $\{N(t), t \geq 0\}$ 是条件 Poisson 过程.

条件 Poisson 过程描述的是一个有着"风险"参数为 λ 的个体发生某一事件的概率. 例如有一个总体,它的个体存在某种差异(如不同人发生事故的倾向性不同),此时,可以把概率(3.16)式解释为给定 λ 时, $N(t)$ 的条件分布 $F_{n|\lambda}(t)$. 在风险理论中常用条件 Poisson 过程作为意外事件出现的模型,其强度参数 λ 未知(用随机变量 Λ 表示),但经过一段时间后,即可用事件发生的概率来表示,就有了确定的参数. 由全概率公式,有

$$P(N(s+t) - N(t) = n) = \int_0^{+\infty} \frac{(\lambda t)^n}{n!} \mathrm{e}^{-\lambda t} \mathrm{d}G(\lambda). \tag{3.17}$$

3.6 　更 新 过 程

我们知道,Poisson 过程的到达时间间隔 T_i 相互独立,而且有相同均值为 $1/\lambda$ 的指数分布,这是 Poisson 过程的重要特征. 如果把时间间隔 T_i 服从的指数分布改为一般的分布,就可以得到所谓的更新过程(renewal process).

定义 3.5 如果 $T_i (i = 1, 2, \cdots)$ 是一列非负随机变量,它们独立同分布,分布函数为 $F(x)$,记 $W_n = \sum_{i=1}^{n} T_i$, W_n 表示第 n 次事件发生的时刻,则称 $N(t) = \sup\{n : W_n \leq t\}$ ($t \geq 0$)为更新过程.

由定义可以知道,Poisson 过程和更新过程都是计数过程,事件发生的时间间隔 T_i 都是独立同分布的,但是 Poisson 过程还要求 $T_i (i = 1, 2, \cdots)$ 必须服从同一指数分布,更新过程

则可以是任一种分布,因此,更新过程可以看成 Poisson 过程的推广.定义中 $N(t)$ 可以表示到时刻 t 事件发生的总数,$W_i(i=1,2,\cdots)$ 常称为更新点,在这些更新点上过程重新开始.在实际应用中,$N(t)$ 一般表示在时间区间 $[0,t)$ 中更新某设备中相同元件的次数,T_i 表示第 i 个元件的寿命,W_i 表示第 i 个元件更换的时刻,如果在 $t=0$ 时安装了一个新的元件,则 $\{N(t),t\geqslant 0\}$ 就是更新过程;如果在 $t=0$ 时,已有一个元件在运行,则 $\{N(t),t\geqslant 0\}$ 就是一般的更新过程.在更新过程中事件发生的平均次数称为更新函数(renewal function),记为 $m(t)=E[N(t)]$.

定理 3.16 更新过程 $N(t)$ 的分布为
$$P(N(t)=n)=F_n(t)-F_{n+1}(t),$$
而更新函数为
$$m(t)=\sum_{n=1}^{\infty}F_n(t), \tag{3.18}$$
其中,$F_n(t)$ 为 $F(t)$ 的 n 重卷积,$F(t)$ 是 T_i 的分布函数.

证明 首先注意到,到时刻 t 更新总数大于或等于 n 与第 n 次更新发生在时刻 t 之前是等价的,即 $\{N(t)\geqslant n\}=\{W_n\leqslant t\}$,于是有
$$P(N(t)=n)=P(N(t)\geqslant n)-P(N(t)\geqslant n+1)$$
$$=P(W_n\leqslant t)-P(W_{n+1}\leqslant t)=F_n(t)-F_{n+1}(t).$$

记 $F_n(t)$ 为 W_n 的分布函数,由 $W_n=\sum_{i=1}^{n}T_i$,得
$$F_1(t)=F(t),$$
$$F_n(t)=\int_0^t F_{n-1}(t-u)\mathrm{d}F(u),\quad n\geqslant 2,$$
即 $F_n(t)$ 为 $F(t)$ 的 n 重卷积(简记为 $F_n=F_{n-1}*F$).

为了求更新函数,引进示性函数:
$$I_n=\begin{cases}1,&\text{若第 }n\text{ 次更新发生在}[0,t]\text{ 中}\\0,&\text{若不然}\end{cases}.$$

显然 $N(t)=\sum_{n=1}^{\infty}I_n$,于是有
$$m(t)=EN(t)=E\Big[\sum_{n=1}^{\infty}I_n\Big]=\sum_{n=1}^{\infty}E[I_n]=\sum_{n=1}^{\infty}P(I_n=1)$$
$$=\sum_{n=1}^{\infty}P(W_n\leqslant t)=\sum_{n=1}^{\infty}F_n(t).$$

注意到 $F_n(t)$ 为 $F(t)$ 的 n 重卷积,通常可以用特征函数法按照下面的步骤求得:

(1) 由更新时间间隔的分布函数 $F(t)$ 求出其特征函数 $g(u)$;

(2) 计算更新时刻 $W_n=\sum_{i=1}^{n}T_i$ 的特征函数 $g_n(u)=[g(u)]^n$;

(3) 由 W_n 的特征函数确定 W_n 的分布函数 $F_n(t)$ 或概率密度 $f_n(t)$,进一步有
$$F_{N(t)}(n)=P(N(t)\leqslant n)=1-P(N(t)\geqslant n+1)$$
$$=1-P(W_{n+1}\leqslant t)=1-F_{n+1}(t). \tag{3.19}$$

下面我们利用这个结果证明定理 3.5.

证明 如果更新过程 $\{N(t),t\geqslant 0\}$ 的更新时间间隔具有指数分布,则 $\{N(t),t\geqslant 0\}$ 是

一个 Poisson 过程.

更新时间间隔 $T_n(n=1,2,\cdots)$ 的概率密度为

$$f(t) = \begin{cases} \lambda \mathrm{e}^{-\lambda t}, & t > 0 \\ 0, & t \leqslant 0 \end{cases},$$

其特征函数为

$$g(u) = \left(1 - \frac{\mathrm{i}u}{\lambda}\right)^{-1}.$$

W_n 的特征函数为

$$g_n(u) = [g(u)]^n = \left(1 - \frac{\mathrm{i}u}{\lambda}\right)^{-n}.$$

由特征函数的反演公式及唯一性定理, W_n 的概率密度为

$$f_n(t) = \begin{cases} \dfrac{\lambda^n}{(n-1)!} t^{n-1} \mathrm{e}^{-\lambda t}, & t > 0 \\ 0, & t \leqslant 0 \end{cases},$$

W_n 的分布密度为

$$F_n(t) = \begin{cases} 1 - \displaystyle\sum_{k=0}^{n-1} \dfrac{(\lambda t)^k}{k!} \mathrm{e}^{-\lambda t}, & t > 0 \\ 0, & t \leqslant 0 \end{cases}.$$

由式(3.19),有

$$P(N(t) = n) = P\Big(\sum_{k=1}^{n} T_k \leqslant t\Big) - P\Big(\sum_{k=1}^{n+1} T_k \leqslant t\Big)$$

$$= F_n(t) - F_{n+1}(t) = \frac{(\lambda t)^n}{n!} \mathrm{e}^{-\lambda t}, \quad n = 0,1,\cdots; \lambda > 0.$$

因此 $N(t) \sim P(\lambda t)$,即随机过程 $\{N(t), t \geqslant 0\}$ 的一维概率分布为 Poisson 分布. 由更新过程的零初值性和平稳独立增量性知, $\{N(t), t \geqslant 0\}$ 是一个 Poisson 过程.

例 3.14 设 $\{N(t), t \geqslant 0\}$ 是更新过程,更新时间间隔 $T_n(n=1,2,\cdots)$ 独立同分布,均值为 $E(T_n) = \mu$,方差 $D(T_n) = \sigma^2(n=1,2,\cdots)$ 存在,根据林德伯格—列维(Lindberg-Levy)中心极限定理,有

$$\lim_{n\to\infty} P\left(\frac{\displaystyle\sum_{k=1}^{n} T_k - n\mu}{\sqrt{n}\sigma} \leqslant x\right) = \lim_{n\to\infty} P\left(\frac{W_n - n\mu}{\sqrt{n}\sigma} \leqslant x\right) = \Phi(x).$$

注意到当更新次数 $n \to \infty$ 时有 $t \to \infty$,故对充分大的 t,由式(3.19),有

$$P(N(t) \leqslant n) = 1 - P(W_n \leqslant t) = 1 - P\left(\frac{W_n - n\mu}{\sqrt{n}\sigma} \leqslant \frac{t - n\mu}{\sqrt{n}\sigma}\right) \approx 1 - \Phi\left(\frac{t - n\mu}{\sqrt{n}\sigma}\right),$$

因此

$$P(N(t) \leqslant n) \approx \Phi\left(\frac{n\mu - t}{\sqrt{n}\sigma}\right). \tag{3.20}$$

例 3.15 设 $T_1, T_2, \cdots, T_n, \cdots$ 是一列独立同分布的非负随机变量,且 $P(T_n = k) = pq^{k-1}, k \geqslant 1$,求 $P(N(t) = n)$ 和更新函数.

解 时间间隔 T_n 服从几何分布, T_n 取值为 k 的概率相当于在 Bernoulli 试验中第 k 次取得首次成功的概率,故 W_n 取值 k 的概率相当于在 Bernoulli 试验中第 k 次试验时才取

得第 n 次成功的概率,即

$$P(W_n = k) = \begin{cases} C_{k-1}^{n-1} p^n q^{k-n}, & k \geqslant n \\ 0, & k < n \end{cases}.$$

所以

$$P(N(t) = n) = F_n(t) - F_{n+1}(t) = P(W_n \leqslant t) - P(W_{n+1} \leqslant t)$$

$$= \sum_{k=n}^{[t]} C_{k-1}^{n-1} p^n q^{k-n} - \sum_{k=n+1}^{[t]} C_{k-1}^n p^{n+1} q^{k-n-1},$$

其中 $q = 1 - p$,$[t]$ 表示不大于 t 的最大正整数.因此更新函数为

$$m(t) = \sum_{n=1}^{\infty} F_n(t) = \sum_{r=0}^{k} r P(N(t) = r).$$

定理 3.17 (更新方程)设 $\{N(t), t \geqslant 0\}$ 是一更新过程,更新时间间隔 T_i 的分布函数为 $F(t)$,则更新函数满足更新方程,即

$$m(t) = F(t) + \int_0^t m(t - s) \mathrm{d}F(s). \tag{3.21}$$

证明 由更新函数的定义可以得到

$$m(t) = \sum_{n=1}^{\infty} F_n(t) = F(t) + \sum_{n=2}^{\infty} F_n(t) = F(t) + \sum_{n=2}^{\infty} F_{n-1}(t) * F(t)$$

$$= F(t) + \sum_{n=1}^{\infty} F_n(t) * F(t) = F(t) + m(t) * F(t).$$

由卷积定义知 $m(t) * F(t) = \int_0^t m(t-s) \mathrm{d}F(s)$,故式(3.21)成立.

这个定理告诉我们:如果知道了更新过程 $\{N(t), t \geqslant 0\}$ 的更新时间间隔的分布函数 $F(t)$,就可以通过解上述积分方程,求得更新函数 $m(t)$.

我们知道,当 $t \to \infty$ 时,$m(t)$ 的性态是更新理论关心的中心问题,这些性态是由更新定理给出的.

定理 3.18 (瓦尔德(Wald)等式)设 $\{T_n, n \geqslant 1\}$ 为独立同分布的随机变量序列,且 $\mu = ET_1 < +\infty$,T 关于 $\{T_n, n \geqslant 1\}$ 是停时,且 $ET < +\infty$,则有

$$E\left[\sum_{n=1}^{T} T_n\right] = ET \cdot ET_1. \tag{3.22}$$

证明 令 $I_n = \begin{cases} 1, & T \geqslant n \\ 0, & T < n \end{cases}$.由停时的定义知,$I_n = 1$ 当且仅当在依次观察了 $T_1, T_2, \cdots, T_{n-1}$ 之后没有停止,因此,I_n 由 $T_1, T_2, \cdots, T_{n-1}$ 确定且与 T_n 相互独立,则有

$$E\left[\sum_{n=1}^{T} T_n\right] = E\left[\sum_{n=1}^{\infty} I_n T_n\right] = \sum_{n=1}^{\infty} E[T_n I_n] = \sum_{n=1}^{\infty} (ET_n \cdot EI_n) = ET_1 \cdot \sum_{n=1}^{\infty} EI_n$$

$$= ET_1 \cdot \sum_{n=1}^{\infty} P(T \geqslant n) = ET_1 \cdot ET.$$

例 3.16 设 $T_1, T_2, \cdots, T_n, \cdots$ 是独立同分布的随机变量序列,且

$$P(T_n = 0) = P(T_n = 1) = 1/2, \quad n = 1, 2, \cdots.$$

令 $T = \min\{n \mid T_1 + T_2 + \cdots + T_n = 10\}$,则 T 关于 $\{T_n, n \geqslant 1\}$ 是停时.若 $T_n = 1$ 表示第 n 次试验成功,则 T 可以看作取得 10 次成功的试验停止时间,由式(3.22)得 $E\left[\sum_{n=1}^{T} T_n\right] =$

$\frac{1}{2}ET$. 由 T 的定义知 $T_1 + T_2 + \cdots + T_n = 10$, 故 $ET = 20$.

例 3.16 设 $T_1, T_2, \cdots, T_n, \cdots$ 是独立同分布的随机变量序列,且
$$P(T_n = 1) = p, \quad P(T_n = -1) = q = 1 - p \geqslant 0, \quad n = 1, 2, \cdots.$$
令 $T = \min\{n \mid T_1 + T_2 + \cdots + T_n = 1\}$, 可以验证 T 关于 $\{T_n, n \geqslant 1\}$ 是停时. 这可以看作是一个赌徒的停时,他在每局赌博中赢一元或输掉一元的概率分别为 p 和 q,且决定一旦赢一元就罢手.

当 $p > q$ 时,可以证明 $ET < \infty$,此时可以应用 Wald 等式,得
$$(p - q)ET = E(T_1 + T_2 + \cdots + T_T) = 1,$$
从而 $ET = (p - q)^{-1}$.

当 $p = q = \frac{1}{2}$ 时,如果应用 Wald 等式,可得 $E(T_1 + T_2 + \cdots + T_T) = ET_1 \cdot ET$. 但是, $ET_1 = 0, T_1 + T_2 + \cdots + T_T \equiv 1$, 从而得出矛盾,所以 $p = q = \frac{1}{2}$ 时, Wald 等式不再成立,这就得到结论: $ET = \infty$.

现在转到更新过程. 如果 $T_1, T_2, \cdots, T_n, \cdots$ 是更新过程 $\{N(t), t \geqslant 0\}$ 的更新时间间隔,设在时刻 t 之后第一次更新时停止,即第 $N(t) + 1$ 次更新时刻停止,那么, $N(t) + 1$ 关于 $T_1, T_2, \cdots, T_n, \cdots$ 是停时. 事实上
$$\{N(t) + 1 = n\} = \{N(t) = n - 1\} = \{W_{n-1} \leqslant t < W_n\}$$
仅仅依赖于 $T_1, T_2, \cdots, T_n$ 且独立于 $T_{n+1}, \cdots$,因此,由 Wald 等式我们可以推出:

推论 3.1 设 $\{N(t), t \geqslant 0\}$ 为更新过程, $T_1, T_2, \cdots, T_n, \cdots$ 是更新时间间隔,若 $\mu = ET_1 < \infty$,则有
$$E[W_{N(t)+1}] = \mu[m(t) + 1]. \tag{3.23}$$

现在我们可以证明以下定理:

定理 3.19 (基本更新定理)设 $\{N(t), t \geqslant 0\}$ 为更新过程, $T_1, T_2, \cdots, T_n, \cdots$ 是更新时间间隔,则
$$\lim_{t \to \infty} \frac{m(t)}{t} = \frac{1}{\mu}, \tag{3.24}$$
其中 $\mu = ET_1$,当 $\mu = +\infty$ 时, $\frac{1}{\mu} = 0$.

证明 首先假设 $\mu < +\infty$. 由 $W_{N(t)+1} > t$,知 $\mu[m(t) + 1] > t$,因此
$$\lim_{t \to \infty} \frac{m(t)}{t} \geqslant \frac{1}{\mu}. \tag{3.25}$$

另一方面,对于固定常数 $M > 0$,定义一个新的更新过程 $\{\bar{N}(t), t \geqslant 0\}$,其更新时间间隔如下:
$$\bar{T}_n = \begin{cases} T_n, & T_n \leqslant M \\ M, & T_n > M \end{cases}, \quad n = 1, 2, \cdots,$$
则 $\{\bar{N}(t), t \geqslant 0\}$ 的更新时间为 $\bar{W}_n = \sum_{i=1}^{n} \bar{T}_i$,更新次数为 $\bar{N}(t) = \sup\{n : n \geqslant 0, \bar{W}_n \leqslant t\}$, $\bar{m}(t) = E[\bar{N}(t)]$. 因为 $\bar{T}_n \leqslant M, n = 1, 2, \cdots$,显然有
$$\mu_M = E\bar{T}_1 \leqslant \mu, \quad \bar{W}_n \leqslant W_n, \quad \bar{N}(t) \geqslant N(t), \quad \bar{m}(t) \geqslant m(t), \quad \bar{W}_{\bar{N}(t)+1} \leqslant t + M,$$

从而由式(3.23)可得

$$\mu_M(1 + m(t)) \leqslant t + M,$$

即

$$\frac{m(t)}{t} \leqslant \frac{1}{\mu_M} + \frac{1}{t}\left(\frac{M}{\mu_M} - 1\right).$$

因此

$$\overline{\lim_{t \to \infty}} \frac{m(t)}{t} \leqslant \frac{1}{\mu_M} \quad (\forall M > 0).$$

又

$$\lim_{M \to \infty} \mu_M = \lim_{M \to \infty} \int_0^M [1 - F(x)]\mathrm{d}x = \int_0^{+\infty} [1 - F(x)]\mathrm{d}x = \mu,$$

故当 $M \to \infty$ 时,有

$$\overline{\lim_{t \to \infty}} \frac{m(t)}{t} \leqslant \frac{1}{\mu}. \tag{3.26}$$

综合式(3.25)和式(3.26)知,当 $\mu < +\infty$ 时,式(3.22)成立.

当 $\mu = +\infty$ 时,由 $\mu_M < +\infty$,对截尾过程应用上述结论,有

$$\overline{\lim_{t \to \infty}} \frac{m(t)}{t} \leqslant \overline{\lim_{t \to \infty}} \frac{\bar{m}(t)}{t} = \frac{1}{\mu_M} \geqslant 0 \quad (\forall M > 0). \tag{3.27}$$

令 $M \to \infty$,得 $\overline{\lim\limits_{t \to \infty}} \dfrac{m(t)}{t} \leqslant \lim\limits_{M \to \infty} \dfrac{1}{\mu_M} = 0$.

结论成立.

例 3.17 强度为 λ 的 Poisson 过程 $\{N(t), t \geqslant 0\}$ 的到达时间间隔独立同指数分布,均值为 $\dfrac{1}{\lambda}$,等待时间 $W_n(n \geqslant 1)$ 的分布函数为 $F_n(t) = P(W_n \leqslant t) = \sum\limits_{j=n}^{\infty} \mathrm{e}^{-\lambda t} \dfrac{(\lambda t)^j}{j!}$,求更新函数.

解 由定理 3.16 知

$$P(N(t) = n) = F_n(t) - F_{n+1}(t) = \sum_{j=n}^{\infty} \mathrm{e}^{-\lambda t} \frac{(\lambda t)^j}{j!} - \sum_{j=n+1}^{\infty} \mathrm{e}^{-\lambda t} \frac{(\lambda t)^j}{j!} = \mathrm{e}^{-\lambda t} \frac{(\lambda t)^n}{n!},$$

而

$$m(t) = \sum_{n=1}^{\infty} F_n(t) = \sum_{n=1}^{\infty} \sum_{j=n}^{\infty} \mathrm{e}^{-\lambda t} \frac{(\lambda t)^j}{j!} = \sum_{j=1}^{\infty} \sum_{n=1}^{j} \mathrm{e}^{-\lambda t} \frac{(\lambda t)^j}{j!}$$

$$= \sum_{j=1}^{\infty} \mathrm{e}^{-\lambda t} \frac{(\lambda t)^j}{(j-1)!} = \lambda t \sum_{k=0}^{\infty} \mathrm{e}^{-\lambda t} \frac{(\lambda t)^k}{k!} = \lambda t.$$

由此可见,Poisson 过程确实是更新过程的特殊情况.

习 题 3

3.1 设到达某商场的顾客组成强度为 λ 的 Poisson 过程,每个顾客购买商品的概率为 p,且与其他顾客是否购买商品相互独立,若 $\{Y_t, t \geqslant 0\}$ 是购买商品的顾客数,证明 $\{Y_t, t \geqslant 0\}$ 是强度为 λp 的 Poisson 过程.

3.2　设电话在$(0,t]$内接到的呼叫数 $N(t)$ 是强度(每分钟)为 λ 的 Poisson 过程,求:
(1) 两分钟内接到 3 次呼叫的概率;(2) "第 2 分钟内接到第 3 次呼叫"的概率.

3.3　设 $\{N(t),t \geq 0\}$ 是参数为 λ 的 Poisson 过程,假定 S 是相邻事件的时间间隔,证明:$P(S>s_1+s_2 | S>s_1)=P(S>s_2)$. 即假定预先知道最近一次到达发生在 s_1 秒,下一次到达至少发生在 s_2 秒的概率等于在将来 s_2 秒出现下一次事件的无条件概率(这一性质称为 Poisson 过程的"无记忆性").

3.4　设到达某路口的绿、黑、灰色汽车的到达概率分别为 $\lambda_1,\lambda_2,\lambda_3$,且均为 Poisson 过程,它们相互独立.若把这些汽车合并成单个输出过程(假定无长度、无延时),求:(1) 相邻绿色汽车之间的不同到达时间间隔的概率密度;(2) 汽车之间的不同到达时刻的时间间隔概率密度.

3.5　设脉冲到达计数器的规律是到达率的 Poisson 过程,记录每个脉冲的概率为 p,记录不同脉冲的概率是相互独立的,令 $N(t)$ 表示已被记录的脉冲数.(1) 求 $P(N(t)=k)$,$k=0,1,2,\cdots$;(2) $N(t)$ 是否为 Poisson 过程.

3.6　某商店每日 8 时开始营业,从 8 时到 11 时平均顾客到达率线性增加,8 时顾客平均到达率为 5 人/小时,11 时到达率达最高峰 20 人/小时;从 11 时到 13 时,平均顾客到达率维持不变,为 20 人/小时;从 13 时到 17 时,顾客到达率线性下降,到 17 时顾客到达率为 12 人/小时.假定在不相重叠的时间间隔内到达商店的顾客数是相互独立的,在 8:30~9:30 间无顾客到达商店的概率是多少? 求这段时间内到达商店顾客数的数学期望.

3.7　设移民到某地区定居的户数是一 Poisson 过程,平均每周有 2 户定居,即 $\lambda=2$,如果每户的人口数是随机变量,1 户 4 人的概率为 $\frac{1}{6}$,1 户 3 人的概率为 $\frac{1}{3}$,1 户 2 人的概率为 $\frac{1}{3}$,1 户 1 人的概率为 $\frac{1}{6}$,并且每户的人口数是相互独立的,求在 5 周内移民到该地区人口的数学期望与方差.

3.8　若更新过程 $\{N(t),t \geq 0\}$ 的更新时间间隔 $T_i(i=1,2,\cdots)$ 的概率密度函数为
$$f(t)=\begin{cases}\lambda^2 te^{-\lambda t}, & t \geq 0 \\ 0, & t<0\end{cases},\text{求更新函数.}$$

第4章 马尔可夫链

随机过程在不同时刻下的状态之间一般具有某种关系,马尔可夫(Markov)过程就是描述一类状态之间具有的某种特殊统计联系的随机过程. Markov 过程在近代物理学、生物学、管理科学、市场预测、信息处理与数字计算方法等领域都有重要的应用. 按其状态和时间参数是连续的或离散的,它可分为三类:(1) 时间、状态都是离散的 Markov 过程,称为 Markov链;(2) 时间连续、状态离散的 Markov 过程,称为连续时间的 Markov 链;(3) 时间、状态都连续的 Markov 过程. 本章主要讨论 Markov 链,有关连续时间的 Markov 链的相关理论将在下章讨论.

4.1 马尔可夫链的概念和例子

独立随机试验模型最直接的推广就是 Markov 链模型,因 1906 年俄国数学家 Markov 对它进行的研究而得名,以后 Kolmogorov、Feller、Doob 等数学家发展了这一理论.

4.1.1 Markov 链的定义

假设 Markov 过程 $\{X_n, n \in T\}$ 的参数集 T 是离散时间集合,即 $T = \{0, 1, 2, \cdots\}$,相应 X_n 可能取值的全体组成的状态空间是离散状态集 $I = \{i_0, i_1, i_2, \cdots\}$.

定义 4.1 设随机过程 $\{X_n, n \in T\}$,若对于任意整数 $n \in T$ 和任意 $i_0, i_1, \cdots, i_{n+1} \in I$,条件概率满足

$$P(X_{n+1} = i_{n+1} \mid X_0 = i_0, X_1 = i_1, \cdots, X_n = i_n) = P(X_{n+1} = i_{n+1} \mid X_n = i_n),$$

则称 $\{X_n, n \in T\}$ 为离散时间的 Markov 链,简称 Markov 链或马氏链.

从定义可以看出:Markov 链具有 Markov 性(即无后效性). 如果把时刻 n 看作现在,那么 $n+1$ 是将来的时刻,而 $0, 1, 2, \cdots, n-1$ 是过去的时刻. Markov 性表示在确切知道系统现在状态的条件下,系统将来的状况与过去的状况无关,而且 Markov 链的统计特征完全由条件概率 $P(X_{n+1} = i_{n+1} \mid X_n = i_n)$ 所决定. 因此,如何确定这个条件概率,是研究 Markov 链理论和应用中十分重要的问题之一.

4.1.2 转移概率

定义 4.2 称条件概率
$$p_{ij}(n) = P(X_{n+1} = j \mid X_n = i), \quad i, j \in I \tag{4.1}$$

为 Markov 链 $\{X_n, n \in T\}$ 在时刻 n 的一步转移概率,简称转移概率.

一般地,转移概率 $p_{ij}(n)$ 不仅仅与状态 i, j 有关,而且与时刻 n 有关.如果 $p_{ij}(n)$ 不依赖时刻 n,则称 Markov 链具有平稳转移概率.

定义 4.3　若对任意 $i, j \in I$,Markov 链 $\{X_n, n \in T\}$ 的转移概率 $p_{ij}(n)$ 与 n 无关,则称 Markov 链是齐次的(或称时齐的),并记 $p_{ij}(n)$ 为 p_{ij}.

这里我们只讨论齐次 Markov 链,并且通常将"齐次"省去.

定义 4.4　设 P 表示一步转移概率 p_{ij} 所组成的矩阵,且状态空间 $I = \{1, 2, \cdots\}$,则把

$$P = \begin{bmatrix} p_{11} & p_{12} & \cdots & p_{1n} & \cdots \\ p_{21} & p_{22} & \cdots & p_{2n} & \cdots \\ \cdots & \cdots & \cdots & \cdots & \cdots \end{bmatrix}$$

称为系统状态的一步转移概率矩阵,它具有下面的性质:

(1) $p_{ij} \geqslant 0, i, j \in I$;

(2) $\sum_{j \in I} p_{ij} = 1, i \in I$.

定义 4.4 中的性质(2)说明一步转移概率矩阵中任一行元素之和为 1.通常称满足性质(1)、(2)的矩阵为随机矩阵.

定义 4.5　称条件概率

$$p_{ij}^{(n)} = P(X_{m+n} = j \mid X_m = i), \quad i, j \in I, m \geqslant 0, n \geqslant 1 \tag{4.2}$$

为 Markov 链 $\{X_n, n \in T\}$ 的 n 步转移概率,并称 $P^{(n)} = (p_{ij}^{(n)})$ 为 Markov 链 $\{X_n, n \in T\}$ 的 n 步转移矩阵,其中 $p_{ij}^{(n)} \geqslant 0, \sum_{j \in I} p_{ij}^{(n)} = 1$,即 $P^{(n)}$ 也是一个随机矩阵.

特别地,当 $n = 1$ 时,$p_{ij}^{(1)} = p_{ij}$,一步转移矩阵 $P^{(1)} = P$.

我们还规定

$$p_{ij}^{(0)} = \begin{cases} 0, & i \neq j \\ 1, & i = j \end{cases}.$$

Markov 链的 n 步转移概率满足重要的 Chapman-Kolmogorov 方程(简称 C-K 方程).

定理 4.1　设 $\{X_n, n \in T\}$ 为 Markov 链,则对于任意整数 $n \geqslant 1, 0 \leqslant l < n$ 和 $i, j \in I$,有

$$p_{ij}^{(n)} = \sum_{k \in I} p_{ik}^{(l)} p_{kj}^{(n-l)}. \tag{4.3}$$

证明　利用全概率公式和 Markov 性,有

$$p_{ij}^{(n)} = P(X_{m+n} = j \mid X_m = i) = \frac{P(X_m = i, X_{m+n} = j)}{P(X_m = i)}$$

$$= \sum_{k \in I} \frac{P(X_m = i, X_{m+l} = k, X_{m+n} = j)}{P(X_m = i, X_{m+l} = k)} \cdot \frac{P(X_m = i, X_{m+l} = k)}{P(X_m = i)}$$

$$= \sum_{k \in I} P(X_{m+n} = j \mid X_{m+l} = k) P(X_{m+l} = k \mid X_m = i)$$

$$= \sum_{k \in I} p_{kj}^{(n-l)}(m+l) p_{ik}^{(l)}(m) = \sum_{k \in I} p_{ik}^{(l)} p_{kj}^{(n-l)}.$$

C-K 方程的直观概率意义在于:要想由状态 i 经过 n 步到达状态 j,需先经过 l 步到达状态 k,再经过 $n - l$ 步由状态 k 转移到状态 j 上去.

C-K 方程可以用矩阵表示为 $P^{(n)} = P^{(l)} P^{(n-l)}$.

由 C-K 方程可以得到 $p_{ij}^{(k+1)} = \sum_{r \in I} p_{ir}^{(k)} p_{rj}$.

由递推法可以得到 $p_{ij}^{(n)} = \sum\limits_{k_1,k_2,\cdots,k_{n-1}\in I} p_{ik_1}p_{k_1k_2}\cdots p_{k_{n-1}j}$.

由数学归纳法,我们得到一个重要结论:齐次 Markov 链的 n 步转移概率矩阵等于一步转移概率矩阵的 n 次方,即

$$P^{(n)} = P^n.$$

4.2.3 初始分布和绝对分布

定义 4.6 Markov 链 $\{X_n,n\in T\}$ 初始时刻取各状态的概率

$$\pi_i(0) = P(X_0 = i), \tag{4.4}$$

称为 $\{X_n,n\in T\}$ 的初始概率分布,简称初始分布.

定义 4.7 Markov 链 $\{X_n,n\in T\}$ 在时刻 n 取各状态的概率

$$\pi_j(n) = P(X_n = j), \tag{4.5}$$

称为 $\{X_n,n\in T\}$ 在时刻 n 的绝对概率分布,简称绝对分布.

显然,当 $n=0$ 时,绝对分布即为初始分布,这里绝对概率是与转移概率相对而言的,$\pi(0)=(\pi_1(0),\pi_2(0),\cdots)$ 为初始概率向量.显然,对任意 $n=0,1,\cdots$,均有 $0\leqslant\pi_i(n)\leqslant1,i\in I$,且 $\sum\limits_{i\in I}\pi_i(n)=1$.

定理 4.2 设 $\{X_n,n\in T\}$ 为 Markov 链,则对于任意 $j\in I$ 和 $n\geqslant1$,绝对概率具有下面的性质:

(1) $\pi_j(n) = \sum\limits_{i\in I}\pi_i(0)p_{ij}^{(n)}$; \hfill (4.6)

(2) $\pi_j(n) = \sum\limits_{i\in I}\pi_i(n-1)p_{ij}$.

证明 (1) $\pi_j(n) = P(X_n=j) = \sum\limits_{i\in I}P(X_0=i,X_n=j)$

$$= \sum\limits_{i\in I}P(X_n=j\mid X_0=i)P(X_0=i) = \sum\limits_{i\in I}\pi_i(0)p_{ij}^{(n)}.$$

(2) $\pi_j(n) = P(X_n=j) = \sum\limits_{i\in I}P(X_n=j,X_{n-1}=i)$

$$= \sum\limits_{i\in I}P(X_n=j\mid X_{n-1}=i)P(X_{n-1}=i) = \sum\limits_{i\in I}\pi_i(n-1)p_{ij}.$$

式(4.6)表明 n 时刻的绝对概率分布完全由初始分布和 n 步转移概率所确定,或者 n 时刻的绝对概率分布完全由 $n-1$ 时刻的绝对概率分布和一步转移概率所确定.式(4.6)可以写成向量形式:

$$\pi(n) = \pi(0)P^n. \tag{4.7}$$

更一般地,Markov 链的有限维分布完全由初始分布和一步转移概率所确定.

定理 4.3 设 $\{X_n,n\in T\}$ 为 Markov 链,则对于任意 $i_1,\cdots,i_n\in I$ 和 $n\geqslant1$,有

$$P(X_1=i_1,\cdots,X_n=i_n) = \sum\limits_{i\in I}\pi_i(0)p_{ii_1}\cdots p_{i_{n-1}i_n}. \tag{4.8}$$

证明 利用全概率公式和 Markov 性,有

$P(X_1=i_1,\cdots,X_n=i_n)$

$$= P(\bigcup\limits_{i\in I}X_0=i,X_1=i_1,\cdots,X_n=i_n) = \sum\limits_{i\in I}P(X_0=i,X_1=i_1,\cdots,X_n=i_n)$$

$$= \sum_{i \in I} P(X_0 = i) P(X_1 = i_1 \mid X_0 = i) \cdots P(X_n = i_n \mid X_0 = i, \cdots, X_{n-1} = i_{n-1})$$

$$= \sum_{i \in I} P(X_0 = i) P(X_1 = i_1 \mid X_0 = i) \cdots P(X_n = i_n \mid X_{n-1} = i_{n-1}) (\text{Markov } 性)$$

$$= \sum_{i \in I} \pi_i(0) p_{i i_1} p_{i_1 i_2} \cdots p_{i_{n-1} i_n}.$$

4.1.4　Markov 链的一些简单例子

例 4.1　（直线上无限制的随机游动）考虑在直线上做随机运动的质点,每次移动一格,向右移动的概率为 p,向左移动的概率为 $q = 1 - p$,这种运动称为无限制随机游动. 以 X_n 表示时刻 n 质点所处的位置,则 $\{X_n, n \in T\}$ 是一个齐次 Markov 链,写出它的一步和 k 步转移概率.

解　$\{X_n, n \in T\}$ 的状态空间 $I = \{0, \pm 1, \pm 2, \cdots\}$,一步转移概率矩阵为

$$P = \begin{bmatrix} \cdots & \cdots & \cdots & \cdots & \cdots & \cdots \\ \cdots & q & 0 & p & 0 & \cdots \\ \cdots & 0 & q & 0 & p & \cdots \\ \cdots & \cdots & \cdots & \cdots & \cdots & \cdots \end{bmatrix}.$$

设在第 k 步转移中向右移动了 x 步,向左移动了 $p + q = 1$ 步,且经过 k 步转移状态从 i 进入 j,则有 $\begin{cases} x + y = k \\ x - y = j - i \end{cases}$,因此

$$x = \frac{k + (j - i)}{2}, \quad y = \frac{k - (j - i)}{2}.$$

由于 x, y 都只能是整数,所以 $k \pm (j - i)$ 必须是偶数,于是有

$$p_{ij}^{(k)} = \begin{cases} C_k^x p^x q^y, & k + (j - i) \text{ 为偶数} \\ 0, & k + (j - i) \text{ 为奇数} \end{cases}.$$

例 4.2　（带有一个吸收壁的随机游动）考虑随机游动,但状态空间为 $I = \{0, 1, 2, \cdots\}$,而且一旦当 $X_n = 0$ 后,X_{n+1} 就停留在 0 这个状态上,这样的状态称为吸收状态,则 $\{X_n, n = 0, 1, 2, \cdots\}$ 也是一个齐次 Markov 链,它的一步转移概率为

$$p_{i, i+1} = p, \quad p_{i, i-1} = q = 1 - p \quad (i \geqslant 1); \quad p_{00} = 1.$$

0 是状态空间的端点(壁),因此,这一随机游动为带有一个吸收壁的随机游动.

例 4.3　（带有两个吸收壁的随机游动——赌徒输光问题）若随机游动取状态空间 $I = \{0, 1, 2, \cdots, N\}$,且 0 和 N 为它的吸收状态,则它也是一个齐次 Markov 链,它的一步转移概率为

$$p_{i, i+1} = p, \quad p_{i, i-1} = q = 1 - p \quad (1 \leqslant i \leqslant a - 1); \quad p_{00} = p_{NN} = 1.$$

例如,$N = 4$ 时,一步转移概率矩阵为 $P = \begin{bmatrix} 1 & 0 & 0 & 0 & 0 \\ q & 0 & p & 0 & 0 \\ 0 & q & 0 & p & 0 \\ 0 & 0 & q & 0 & p \\ 0 & 0 & 0 & 0 & 1 \end{bmatrix}$.

例 4.4　（带有一个反射壁的随机游动）考虑随机游动,其状态空间为 $I = \{0, 1, 2, \cdots\}$,

且在某时刻如质点位于 0,则下一步质点以概率 p 向右移动一格到 1,以概率 $q = 1 - p$ 停留在状态 0,这也是一个齐次 Markov 链,它的一步转移概率为

$$p_{i,i+1} = p, \quad p_{i,i-1} = q = 1 - p \quad (i \geqslant 1); \quad p_{00} = q, \quad p_{01} = p.$$

例 4.5 (带有两个反射壁的随机游动)若随机游动取状态空间 $I = \{0, 1, 2, \cdots, a\}$,且 0 和 a 为它的反射状态,则它也是一个齐次 Markov 链,它的一步转移概率为

$$p_{i,i+1} = p, \; p_{i,i-1} = q = 1 - p \quad (1 \leqslant i \leqslant a - 1);$$
$$p_{00} = q, \quad p_{01} = p, \quad p_{aa} = p, \quad p_{a,a-1} = q.$$

例 4.6 (生灭链)观察某种生物群体,以 X_n 表示在时刻 n 群体的数目,设为 i 个数量单位,如在时刻 $n + 1$ 增生到 $i + 1$ 个数量单位的概率为 b_i,减灭到 $i - 1$ 个数量单位的概率为 a_i,保持不变的概率为 $r_i = 1 - (a_i + b_i)$,则 $\{X_n, n \geqslant 0\}$ 为齐次 Markov 链,状态空间 $I = \{0, 1, 2, \cdots\}$,转移概率 $p_{00} = r_0, p_{01} = b_0, r_0 + b_0 = 1; p_{ii+1} = b_i, p_{ii} = r_i, p_{ii-1} = a_i (i \geqslant 1)$,其中 $a_i, b_i > 0, a_i + r_i + b_i = 1$. 称这种 Markov 链为生灭链.

例 4.7 设 Markov 链 $\{X_n, n \geqslant 0\}$ 的状态空间 $I = \{1, 2, 3\}$,一步转移矩阵为 $P = \begin{pmatrix} 1/4 & 3/4 & 0 \\ 1/3 & 1/3 & 1/3 \\ 0 & 1/4 & 3/4 \end{pmatrix}$,初始分布为 $\pi(0) = (\pi_1, \pi_2, \pi_3) = \left(\frac{1}{4}, \frac{1}{2}, \frac{1}{4}\right)$,计算 $P(X_1 = 2, X_2 = 2 \mid X_0 = 1), P(X_0 = 3, X_1 = 2, X_2 = 1)$,并求出它的绝对分布.

解 $P(X_1 = 2, X_2 = 2 \mid X_0 = 1) = P(X_1 = 2 \mid X_0 = 1) P(X_2 = 2 \mid X_0 = 1, X_1 = 2)$

$$= P(X_1 = 2 \mid X_0 = 1) P(X_2 = 2 \mid X_1 = 2) = p_{12} p_{22} = \frac{3}{4} \times \frac{1}{3} = \frac{1}{4},$$

$$P(X_0 = 3, X_1 = 2, X_2 = 1) = \pi_3 p_{32} p_{21} = \frac{1}{4} \times \frac{1}{4} \times \frac{1}{3} = \frac{1}{48}.$$

X_2 的绝对分布(绝对概率向量)为

$$\pi(2) = \pi(0) P^2 = \left(\frac{1}{4}, \frac{1}{2}, \frac{1}{4}\right) \begin{pmatrix} 5/16 & 7/16 & 4/16 \\ 7/36 & 16/36 & 13/36 \\ 4/48 & 13/48 & 31/48 \end{pmatrix} = \left(\frac{113}{576}, \frac{230}{576}, \frac{233}{576}\right).$$

例 4.8 设有一个一直传输数字 0 和 1 的串联系统. 设每一级的传真率(输出数字与输入数字相同的概率)为 0.9,误码率为 0.1. 假定每隔一个单位时间传输一级,X_0 是第一级的输入,X_1 是第一级的输出,$X_n (n \geqslant 1)$ 是第 n 级的输出,$\{X_n, n \geqslant 0\}$ 是齐次 Markov 链,状态空间 $I = \{0, 1\}$,一步转移概率矩阵为 $P = \begin{pmatrix} 0.9 & 0.1 \\ 0.1 & 0.9 \end{pmatrix}$.

(1) 求系统经 6 级传输后的误码率 $p_{01}(6)$ 与 $p_{10}(6)$.

(2) 假定初始分布 $\pi(0) = (\pi_0(0), \pi_1(0)) = (1/2, 1/2)$,求系统经 n 级传输后输出为 1 而原发出字符也是 1 的概率 $P(X_0 = 1 \mid X_n = 1)$.

解 为了求出 n 步转移概率矩阵 P^n,将 P 对角化. 先求出 P 的特征值 $\lambda_1 = 1, \lambda_2 = 0.8$ 和对应的特征向量 $\xi_1 = \begin{pmatrix} 1 \\ 1 \end{pmatrix}, \xi_2 = \begin{pmatrix} -1 \\ 1 \end{pmatrix}$,将其正交单位化,有 $\eta_1 = \begin{pmatrix} 1/\sqrt{2} \\ 1/\sqrt{2} \end{pmatrix}, \eta_2 = \begin{pmatrix} -1/\sqrt{2} \\ 1/\sqrt{2} \end{pmatrix}$.

构造正交矩阵:

$$B = \begin{pmatrix} 1/\sqrt{2} & -1/\sqrt{2} \\ 1/\sqrt{2} & 1/\sqrt{2} \end{pmatrix}, \quad B^{-1} = \begin{pmatrix} 1/\sqrt{2} & 1/\sqrt{2} \\ -1/\sqrt{2} & 1/\sqrt{2} \end{pmatrix},$$

使得 $B^{-1}PB = \Lambda = \begin{pmatrix} 1 & 0 \\ 0 & 0.8 \end{pmatrix}$，即 $P = B\Lambda B^{-1}$，于是有

$$P^{(n)} = P^n = B\Lambda^n B^{-1} = \begin{pmatrix} 1/\sqrt{2} & -1/\sqrt{2} \\ 1/\sqrt{2} & 1/\sqrt{2} \end{pmatrix} \begin{pmatrix} 1 & 0 \\ 0 & 0.8^n \end{pmatrix} \begin{pmatrix} 1/\sqrt{2} & 1/\sqrt{2} \\ -1/\sqrt{2} & 1/\sqrt{2} \end{pmatrix}$$

$$= \begin{pmatrix} \dfrac{1}{2} + \dfrac{1}{2} \times 0.8^n & \dfrac{1}{2} - \dfrac{1}{2} \times 0.8^n \\ \dfrac{1}{2} - \dfrac{1}{2} \times 0.8^n & \dfrac{1}{2} + \dfrac{1}{2} \times 0.8^n \end{pmatrix}.$$

(1) 由六步转移概率矩阵 $P^{(6)}$ 得到误码率 $p_{01}(6) = p_{10}(6) = \dfrac{1}{2} - \dfrac{1}{2} \times 0.8^6 = 0.369.$ 容易看出，当 $n \to \infty$ 时，误码率 $p_{01}^{(n)} = p_{10}^{(n)} = \dfrac{1}{2} - \dfrac{1}{2} \times 0.8^n \to \dfrac{1}{2}.$ 当 $n = 16$ 时，误码率高达 $47.2\%.$ 这表明，即使只传输数字 0 和 1 的简单信号，经过 16 级传输后效果与不考虑输入信号时相差无几.

(2) 由于事件 $\{X_0 = 0\}$，$\{X_n = 1\}$ 构成样本空间的一个划分，因此，由 Bayes 公式，有

$$P(X_0 = 0 \mid X_n = 1)$$

$$= \frac{P(X_0 = 1, X_n = 1)}{P(X_0 = 0)P(X_n = 1 \mid X_0 = 0) + P(X_0 = 1)P(X_n = 1 \mid X_0 = 1)}$$

$$= \frac{\pi_1(0) p_{11}^{(n)}}{\pi_0(0) p_{01}^{(n)} + \pi_1(0) p_{11}^{(n)}}$$

$$= \frac{\dfrac{1}{2} \times \left(\dfrac{1}{2} + \dfrac{1}{2} \times 0.8^n \right)}{\dfrac{1}{2} \times \left(\dfrac{1}{2} - \dfrac{1}{2} \times 0.8^n \right) + \dfrac{1}{2} \times \left(\dfrac{1}{2} + \dfrac{1}{2} \times 0.8^n \right)} = \dfrac{1}{2} + \dfrac{1}{2} \times 0.8^n.$$

这表明，在串联传输系统中，经多级传输后得到的信号可信度很低.

4.2　马尔可夫链的状态分类

对齐次 Markov 链代表的系统进行研究时通常要讨论两类问题：一是瞬态分析，二是稳态分析. 瞬态分析是讨论在某一固定时刻 n 时系统的概率特性，即求 n 步转移概率或绝对概率；稳态分析是讨论当 $n \to \infty$（或 n 充分大）时系统的概率特性，即 $n \to \infty$ 时，$p_{ij}^{(n)}$ 的极限是否存在，若存在又与状态的关系如何，极限概率是否能构成概率分布等. 要解决这些问题，就需要对状态进行分类. 本节将对齐次 Markov 链进行状态分类，有关状态空间的分解理论将在下节讨论.

4.2.1　常返态与非常返态

假设 $\{X_n, n \geqslant 0\}$ 是齐次 Markov 链，其状态空间 $I = \{0, 1, 2, \cdots\}$，转移概率为 $p_{ij}(i, j \in I)$，初始分布为 $\{\pi_i(0), i \in I\}$. 我们按其概率特性对状态进行分类.

定义 4.8 $\{X_n, n \geqslant 0\}$ 是齐次 Markov 链,如果存在正整数 n,使 $p_{ij}^{(n)} > 0$,则称状态 i 可到达状态 j,记为 $i \rightarrow j$. 反之,对一切正整数 n,如 $p_{ij}^{(n)} = 0$,称状态 i 不能到达状态 j,记为 $i \nrightarrow j$. 如果 $i \rightarrow j, j \rightarrow i$,则称状态 i 和 j 是相通状态,记为 $i \leftrightarrow j$. 相通是一种等价关系,即有:

(1)(自返性)$i \leftrightarrow i$;

(2)(对称性)若 $i \leftrightarrow j$,则 $j \leftrightarrow i$;

(3)(传递性)若 $i \leftrightarrow j$,且 $j \leftrightarrow k$,则 $i \leftrightarrow k$.

定义 4.9 如集合 $\{n : n \geqslant 1, p_{ii}^{(n)} > 0\}$ 非空,则称该集合的最大公约数(the greatest common divisor)

$$d = d(i) = G \cdot C \cdot D \{n : p_{ii}^{(n)} > 0\}$$

为状态 i 的周期. 如果 $d > 1$,就称 i 为周期的,如果 $d = 1$,就称 i 为非周期的.

定理 4.4 如 i 的周期为 d,则存在正整数 M,使对一切 $n \geqslant M$,有 $p_{ii}^{(nd)} > 0$.

定义 4.10 设 $\{X_n, n \geqslant 0\}$ 是齐次 Markov 链,其状态空间 $I = \{0, 1, 2, \cdots\}$,对 $i, j \in I$,令

$$T_{ij} = \min\{n : X_0 = i, X_n = j, n \geqslant 1\}, \tag{4.9}$$

称 T_{ij} 为从状态 i 出发首次到达状态 j 的时刻,或称自 i 到 j 首达时.

显然,T_{ij} 是一个停时,它的取值是系统从状态 i 出发,使 $X_n = j$ 的最小正整数 n,如果这样的 n 不存在,就规定 $T_{ij} = \infty$.

考虑带有两个吸收壁的随机游动(见例 4.3). 设 $X(0) = a$,容易证明 $\{X(n)\}$ 是一个鞅. 令 $T = \min\{j : X(j) = N\}$,则 T 是一个停时. 由于 $X(n)$ 的取值有界,由鞅的停时定理,有 $E(X_T) = E(X(0)) = a$. 由于 X_T 只取两个值 0 和 N,于是有

$$E(X_T) = N \cdot P(X_T = N) + 0 \cdot P(X_T = 0),$$

则有

$$P(X_T = N) = \frac{E(X_T)}{N} = \frac{a}{N},$$

即在被吸收时刻质点处在 N 点的概率为 $\frac{a}{N}$.

进一步,令 $M_n = X^2(n) - n$,则 $\{M_n\}$ 是关于 $\{X(n)\}$ 的鞅. 可以证明,存在 $C < \infty, \rho < 1$,使得 $P(T > n) \leqslant C\rho^n$. 又 $|M_n| \leqslant N^2 + n$,可知 $E(|M_T|) < \infty$,并且 $E(|M_n| I_{\{T > n\}}) \leqslant C\rho^n (N^2 + n) \rightarrow 0$. 由第 2 章中的鞅停时定理,有 $E(M_T) = E(M_0) = a^2$. 注意到

$$\begin{aligned} E(M_T) &= E(X_T^2) - E(T) = N^2 \cdot P(X_T = N) + 0 \cdot P(X_T = 0) - E(T) \\ &= aN - E(T), \end{aligned}$$

即有

$$E(T) = aN - a^2 = a(N - a).$$

这是停止之前需要的平均时间.

定义 4.11 令

$$f_{ij}^{(n)} = P(T_{ij} = n \mid X_0 = i), \quad n = 1, 2, \cdots, \tag{4.10}$$

它表示系统自状态 i 出发,经过 n 步首次到达 j 的(条件)概率.

显然

$$f_{ij}^{(n)} = P(T_{ij} = n \mid X_0 = i) = P(X_n = j, X_k \neq j, k = 1, 2, \cdots, n - 1 \mid X_0 = i)$$

又令 $f_{ij} = \sum_{n=1}^{\infty} f_{ij}^{(n)} = P(T_{ij} < \infty \mid X_0 = i)$,则 f_{ij} 表示系统自状态 i 出发(在有限时

间内)迟早(最终)到达状态 j 的概率. 称 f_{ii} 为状态 i 的最终返回概率. 显然, $0 \leqslant f_{ij}^{(n)} \leqslant f_{ij} \leqslant 1$, $n = 1, 2, \cdots$.

转移概率与首达概率有下面的基本关系定理.

定理 4.5 对于任何状态 i, j, 对 $n \geqslant 1$, 有

$$p_{ij}^{(n)} = \sum_{l=1}^{n} f_{ij}^{(l)} p_{jj}^{(n-l)}. \tag{4.11}$$

证明
$$
\begin{aligned}
p_{ij}^{(n)} &= P(X_n = j \mid X_0 = i) = P(T_{ij} \leqslant n, X_n = j \mid X_0 = i) \\
&= \sum_{l=1}^{n} P(T_{ij} = l, X_n = j \mid X_0 = i) \\
&= \sum_{l=1}^{n} P(T_{ij} = l \mid X_0 = i) \cdot P(X_n = j \mid T_{ij} = l, X_0 = i) \\
&= \sum_{l=1}^{n} f_{ij}^{(l)} P(X_n = j \mid X_0 = i, X_1 \neq j, \cdots, X_{l-1} \neq j, X_l = j) \\
&= \sum_{l=1}^{n} f_{ij}^{(l)} P(X_n = j \mid X_l = j) = \sum_{l=1}^{n} f_{ij}^{(l)} p_{jj}^{(n-l)}.
\end{aligned}
$$

式(4.11)的直观概率意义是: Markov 链从状态 i 出发经过 n 步转移到 j 的概率, 就是从 i 出发经过 $l(l \leqslant n)$ 步转移首次到达 j, 再从 j 出发, 经过 $n-l$ 步转移又回到 j(其中 $l = 1, 2, \cdots, n$)这样一些事件的和事件的概率.

定义 4.12 如果 $f_{jj} = 1$, 则称状态 j 是常返的; 如果 $f_{jj} < 1$, 则称状态 j 是非常返的(或称瞬时的).

定理 4.6 如果状态 j 是常返的, 则从状态 j 出发, Markov 链将以概率 1 无穷次返回到状态 j; 如果状态 j 是非常返的, 则从状态 j 出发, Markov 链无穷次返回到状态 j 的概率为 0, 或者说 Markov 链只能有限次地返回状态 j.

定理 4.7 状态 i 常返的充要条件为 $\sum_{n=0}^{\infty} p_{ii}^{(n)} = \infty$, 状态 i 非常返, 则 $\sum_{n=0}^{\infty} p_{ii}^{(n)} = \dfrac{1}{1 - f_{ii}}$.

证明 规定 $p_{ii}^{(0)} = 1, f_{ii}^{(0)} = 0$. 由定理 4.5 知

$$p_{ii}^{(n)} = \sum_{k=0}^{n} f_{ii}^{(k)} p_{ii}^{(n-k)}, \quad n \geqslant 1.$$

两边乘以 s^n, 并对 $n \geqslant 1$ 求和, 若记 $\{p_{ii}^{(n)}\}$ 和 $\{f_{ii}^{(n)}\}$ 的母函数分别为 $P(s)$ 和 $F(s)$, 则有

$$P(s) - 1 = P(s)F(s).$$

注意到当 $0 \leqslant s < 1$ 时, $F(s) < f_{ii} \leqslant 1$, 因此

$$P(s) = \frac{1}{1 - F(s)}, \quad 0 \leqslant s < 1.$$

显然, 对任意的正整数 N 都有

$$\sum_{n=0}^{N} p_{ii}^{(n)} s^n \leqslant P(s) \leqslant \sum_{n=0}^{\infty} p_{ii}^{(n)}, \quad 0 \leqslant s < 1,$$

且当 $s \uparrow 1$ 时 $P(s)$ 不减. 在上式中先令 $s \uparrow 1$, 再令 $N \to \infty$, 得到

$$\lim_{s \uparrow 1} P(s) = \sum_{n=0}^{\infty} p_{ii}^{(n)}.$$

同理可得

$$\lim_{s \uparrow 1} F(s) = \sum_{n=0}^{\infty} f_{ii}^{(n)} = f_{ii}.$$

定理得证.

4.2.2 正常返与零常返

常返态又可以进一步分为正常返与零常返状态.

设 i 是一个常返状态,则从 i 出发可以经过 n 步($n=1,2,\cdots$)首次返回 i,T_{ii} 在 $X_0=i$ 条件下的分布列为

T_{ii}	1	2	$\cdots$	n	$\cdots$
p	$f_{ii}^{(1)}$	$f_{ii}^{(2)}$	$\cdots$	$f_{ii}^{(n)}$	$\cdots$

由数学期望的定义,有 $\mu_i = ET_{ii} = \sum_{n=1}^{\infty} nf_{ii}^{(n)}$,称 μ_i 为状态 i 的平均返回时间.

定义 4.13 设 i 是一个常返状态,如果 $\mu_i < \infty$,则称状态 i 是正常返态;如果 $\mu_i = \infty$,则称状态 i 是零常返态.

定义 4.14 如果状态 i 非周期且正常返,则称 i 是遍历的.

定理 4.8 设 i 是一个常返状态且有周期 d,则

$$\lim_{n \to \infty} p_{ii}^{(nd)} = \frac{d}{\mu_i}. \tag{4.12}$$

推论 4.1 设 i 是一个常返状态,则有:

(1) i 零常返 $\Leftrightarrow \lim_{n\to\infty} p_{ii}^{(n)} = 0$; $\tag{4.13}$

(2) i 遍历 $\Leftrightarrow \lim_{n\to\infty} p_{ii}^{(n)} = \frac{1}{\mu_i} > 0$. $\tag{4.14}$

下面我们不加证明地总结出关于状态分类的判别法:

(1) i 非常返 $\Leftrightarrow \sum_{n=1}^{\infty} p_{ii}^{(n)} < \infty \Leftrightarrow f_{ii} < 1$; $\tag{4.15}$

(2) i 零常返 $\Leftrightarrow \sum_{n=1}^{\infty} p_{ii}^{(n)} = \infty$,且 $\lim_{n\to\infty} p_{ii}^{(n)} = 0 \Leftrightarrow f_{ii} = 1$ 且 $\mu_i = +\infty$; $\tag{4.16}$

(3) i 正常返 $\Leftrightarrow \sum_{n=1}^{\infty} p_{ii}^{(n)} = \infty$,且 $\overline{\lim}_{n\to\infty} p_{ii}^{(n)} > 0 \Leftrightarrow f_{ii} = 1$ 且 $\mu_i < +\infty$; $\tag{4.17}$

(4) i 遍历 $\Leftrightarrow \sum_{n=1}^{\infty} p_{ii}^{(n)} = \infty$,且 $\lim_{n\to\infty} p_{ii}^{(n)} = \frac{1}{\mu_i} > 0$. $\tag{4.18}$

定理 4.9 如果 $i \leftrightarrow j$,则:

(1) i 和 j 或同为常返态,或同为非常返态;

(2) 在常返的情形下,i 和 j 或同为正常返态,或同为零常返态;

(3) i 和 j 或同为非周期的,或同为周期的且有相同的周期.

证明 (1) 由 $i \leftrightarrow j$,按照可达定义,必存在正整数 l 和 n,使得

$$p_{ij}^{(l)} = \alpha > 0, \quad p_{ji}^{(n)} = \beta > 0.$$

由 C-K 方程,总有

$$p_{ii}^{(l+m+n)} \geq p_{ij}^{(l)} p_{jj}^{(m)} p_{ji}^{(n)} = \alpha\beta p_{jj}^{(m)},$$
$$p_{jj}^{(n+m+l)} \geq p_{ji}^{(n)} p_{ii}^{(m)} p_{ij}^{(l)} = \alpha\beta p_{ii}^{(m)}.$$

将上两式两边对 m 从 1 到 ∞ 求和,得

$$\sum_{m=1}^{\infty} p_{ii}^{(l+m+n)} \geqslant \alpha\beta \sum_{m=1}^{\infty} p_{jj}^{(m)}, \quad \sum_{m=1}^{\infty} p_{jj}^{(n+m+l)} \geqslant \alpha\beta \sum_{m=1}^{\infty} p_{ii}^{(m)}.$$

可见 $\sum_{k=1}^{\infty} p_{ii}^{(k)}$ 和 $\sum_{k=1}^{\infty} p_{jj}^{(k)}$ 相互控制,它们同为无穷或同为有限,因此,i 与 j 同为常返态或同为非常返态.

(2) 由(1)有

$$\lim_{m\to\infty} p_{ii}^{(l+m+n)} \geqslant \alpha\beta \lim_{m\to\infty} p_{jj}^{(m)}, \quad \lim_{m\to\infty} p_{jj}^{(n+m+l)} \geqslant \alpha\beta \lim_{m\to\infty} p_{ii}^{(m)}.$$

可见 $\lim_{k\to\infty} p_{ii}^{(k)}$ 与 $\lim_{k\to\infty} p_{jj}^{(k)}$ 同为 0 或同为正,因此,i 与 j 在常返的情况下同为零常返态或同为正常返态.

(3) 由于 $p_{ii}^{(l+n)} \geqslant p_{ij}^{(l)} p_{ji}^{(n)} = \alpha\beta > 0$,因此,状态 i 的周期 t_i 整除 $l+n$.再设 s 是使得 $p_{jj}^{(s)} > 0$ 的任意正整数,由 C-K 方程得

$$p_{ii}^{(l+s+n)} \geqslant p_{ij}^{(l)} p_{jj}^{(s)} p_{ji}^{(n)} > 0,$$

所以,t_i 整除 $l+s+n$,从而 t_i 整除 s.

由于 s 是使得 $p_{jj}^{(s)} > 0$ 的任意正整数,因此,t_i 是正整数集 $\{n: n\geqslant 1, p_{jj}^{(n)} > 0\}$ 的公约数.

若记状态 j 的周期为 t_j,则有 $t_i \leqslant t_j$.同理,由对称性,有 $t_j \leqslant t_i$.因此,$t_i = t_j$.若 $t_i = t_j > 1$,则 i 与 j 都是周期的,且有相同的周期;若 $t_i = t_j = 1$,则 i 与 j 同为非周期的.

定理 4.9 表明:相通的状态具有相同的状态.

定理 4.10　如果 j 是常返态,且 $j\to i$,则 i 必是常返态,且 $f_{ij} = 1$.

证明　如果 $f_{ij} < 1$,则自状态 i 出发经过任意有限步都不能到达 j 的概率为 $1 - f_{ij} > 0$.又 $j\to i$,因此,自状态 j 出发经过有限步不能返回 j 的概率 $1 - f_{jj}$ 是正的,即 $f_{jj} < 1$,这与 j 是常返态矛盾,因此,$f_{ij} = 1$.

又因为 $f_{ij} = \sum_{l=1}^{\infty} f_{ij}^{(l)}$,则至少存在一个 $n \geqslant 1$,使得 $f_{ij}^{(n)} > 0$,从而

$$p_{ij}^{(n)} = \sum_{l=1}^{n} f_{ij}^{(l)} p_{jj}^{(n-l)} \geqslant f_{ij}^{(n)} p_{jj}^{(0)} = f_{ij}^{(n)} > 0,$$

因此,$i\to j$,故 $i\leftrightarrow j$,且 i 为常返态.

定理 4.10 表明:常返态能到达的状态仍是常返态.

例 4.9　设 Markov 链 $\{X_n, n=0,1,\cdots\}$ 的状态空间 $I = \{0,1,2,\cdots\}$,转移概率为

$$p_{00} = \frac{1}{2}, \quad p_{i,i+1} = \frac{1}{2}, \quad p_{i0} = \frac{1}{2} \quad (i \in I),$$

考察状态的遍历性.

解　先画出状态传递图,如图 4.1 所示.

考察状态 0,有

$$f_{00}^{(1)} = \frac{1}{2}, \quad f_{00}^{(2)} = \frac{1}{4}, \quad f_{00}^{(3)} = \frac{1}{8}, \quad \cdots, \quad f_{00}^{(n)} = \frac{1}{2^n},$$

$$f_{00} = \sum_{n=1}^{\infty} \frac{1}{2^n} = 1, \quad \mu_0 = \sum_{n=1}^{\infty} n \frac{1}{2^n} < \infty.$$

可见 0 为正常返态.又由于 $p_{00}^{(1)} = \frac{1}{2} > 0$,它是非周期的,因此是遍历的.对于其他状态 i,求 $f_{ii}^{(n)}$ 比较麻烦,但是 $i\leftrightarrow 0$,因此都是遍历的.

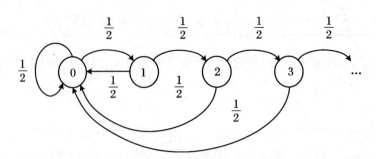

图 4.1　状态传递图

例 4.10　（续例 4.6）设 Markov 链 $\{X_n, n = 0, 1, \cdots\}$ 为生灭链，其中 $X_0 = 0$, $a_i > 0$ (i

$\geqslant 1$)，$p_{jj}^{(n-1)} \to 0$。证明：如果 $\sum_{k=1}^{\infty} \dfrac{a_1 a_2 \cdots a_k}{b_1 b_2 \cdots b_k} = \infty$，则 $\{X_n\}$ 的所有状态都是常返的。

证明　显然，所有状态都是相通的，因此，只需验证状态 0 是常返即可。

定义 $\tau_i = \min\{n : X_n = j\}$。对固定的状态 $p_{ii} = 1$，记

$$u(i) = P_i(\tau_0 < \tau_k) \triangleq P(\tau_0 < \tau_k \mid X_0 = i), \quad 0 < i < k,$$

则由全概率公式，有

$$u(i) = b_i u(i+1) + a_i u(i-1) + r_i u(i), \quad 0 < i < k.$$

因为 $r_i = 1 - a_i - b_i$，因此由上式可得

$$u(i+1) - u(i) = \frac{a_i}{b_i}[u(i) - u(i-1)] = \frac{a_i a_{i-1}}{b_i b_{i-1}}[u(i-1) - u(i-2)]$$

$$= \cdots = \frac{a_i a_{i-1} \cdots a_1}{b_i b_{i-1} \cdots b_1}[u(1) - u(0)].$$

令 $\beta_0 = 1$, $\beta_i = \dfrac{a_1 a_2 \cdots a_i}{b_1 b_2 \cdots b_i}$, $u(0) = 1$，则有

$$u(i) - u(i+1) = \beta_i[1 - u(1)].$$

两边求和（注意到 $u(k) = 0$），得 $1 = [1 - u(1)] \sum_{i=0}^{k-1} \beta_i$，因此

$$u(i) = \sum_{j=i}^{k-1}[u(j) - u(j+1)] = \sum_{j=i}^{k-1}\beta_j \Big/ \sum_{j=0}^{k-1}\beta_j.$$

因为 $(\tau_0 < \tau_k) \uparrow (\tau_0 < \infty)$，由题设及上式，得

$$P_1(\tau_0 < \infty) = \lim_{k \to \infty} P_1(\tau_0 < \tau_k) = \lim_{k \to \infty}\Big\{ \sum_{j=1}^{k-1}\beta_j \Big/ \sum_{j=0}^{k-1}\beta_j \Big\} = \lim_{k \to \infty}\Big\{ 1 - \Big(\sum_{j=0}^{k-1}\beta_j\Big)^{-1} \Big\} = 1.$$

注意到 $P_1(\tau_0 < \infty) = f_{10}$，因此

$$f_{00} = p_{00} + p_{01} f_{10} = r_0 + b_0 = 1.$$

由此知状态 1 是常返的。

综上可知，如生灭链的 $a_i \geqslant b_i > 0$，则它是常返链。由于状态的常返性与初始分布无关，因此，假设 $X_0 = 1$ 不影响结论的一般性。

例 4.11　（续例 4.1）对直线上无限制随机游动，考察状态的常返性。

解　显然所有状态都是相通的。由例 4.1 知，对于状态 0，有

$$p_{00}^{(2n)} = C_{2n}^n (pq)^n = \frac{(2n)!}{n! \, n!}(pq)^n.$$

由 Stirling 公式 $n! \approx \left(\dfrac{n}{e}\right)^n \sqrt{2\pi n}$，可知

$$p_{00}^{(2n)} \approx \frac{\left(\dfrac{2n}{e}\right)^{2n} \cdot \sqrt{2\pi \cdot 2n}\,(pq)^n}{\left(\dfrac{n}{e}\right)^n \sqrt{2\pi n} \cdot \left(\dfrac{n}{e}\right)^n \sqrt{2\pi n}} = \frac{(4pq)^n}{\sqrt{\pi n}}, \qquad p_{00}^{(2n+1)} = 0.$$

由 $p + q = 1$，知 $4pq \leqslant 1$，等号当且仅当 $p = q = \dfrac{1}{2}$ 时成立. 所以当 $p = q = \dfrac{1}{2}$ 时，$\displaystyle\sum_{n=1}^{\infty} p_{00}^{(n)} = \infty$，且 $p_{00}^{(n)} \to 0\,(n \to \infty)$. 由状态分类判别法知，状态 0 是零常返状态，由于所有状态都相通，因此所有状态都是零常返的. 当 $p \neq q$ 时，$4pq < 1$，$\displaystyle\sum_{n=1}^{\infty} p_{00}^{(n)} < \infty$，此时，所有状态都是非常返的. 显然周期 $t = 2$.

4.3　状态空间的分解

上节只对单个状态的类型进行了讨论，现在我们将从整体上来研究 Markov 链的状态空间.

定义 4.15　设 C 是状态空间的一个子集，如果对任意 $i \in C, j \notin C$，总有 $p_{ij} = 0$，则称 C 为一闭集；如果 C 的状态互通，则称 C 为不可约；Markov 链的状态空间不可约，则称 Markov 链不可约.

由 C-K 方程，当 $i \in C, j \notin C$ 时，有

$$p_{ij}^{(2)} = \sum_{k \in I} p_{ik} p_{kj} = \sum_{k \in C} p_{ik} p_{kj} + \sum_{k \notin C} p_{ik} p_{kj} = 0.$$

由归纳法，可证 $p_{ij}^{(n)} = 0, i \in C, j \notin C, n \geqslant 1$.

这说明从闭集内任一状态，无论转移多少步，都不能转移到闭集之外的状态上去，即随着时间的推移，闭集内任一状态只能在闭集内部的状态之间转移.

显然，一个 Markov 链的整个状态空间是一个闭集，且是最大的闭集；如果 $p_{ii} = 1$，则称状态 i 是吸收态，吸收态 i 构成的单点集 $\{i\}$ 是最小的闭集.

定理 4.11　Markov 链的所有常返状态构成的集合是一闭集.

证明　先证如果 i 是常返的，且 $i \to j$，则有 $i \leftrightarrow j$.

用反证法，如果 $j \nrightarrow i$，由于 $i \to j$，于是 i 到达 j 后就不能返回 i，这与 i 是常返态矛盾，从而 $i \leftrightarrow j$.

由定理 4.9 知，如 i 是常返态，且 $i \leftrightarrow j$，则 j 是常返态，因此，自常返态出发所能到达的状态必定是常返态，也就是说，常返态不可能转移到非常返态上去，因此，常返态组成的集合是一闭集.

定理 4.12　(分解定理)任一 Markov 链的状态空间 I 可唯一地分解为有限或可列个互不相交的子集 $D, C_1, C_2, \cdots$ 的和，使得：

(1) 每个 C_n 是常返态组成的不可约闭集；

(2) 每个 C_n 中的状态同类，或全是正常返，或全是零常返，若是周期的，它们有相同的周期，且 $f_{jk} = 1, j, k \in C_n$；

（3）D 由全体非常返状态组成，自 C_n 中的状态不能到达 D 中的状态.

证明　记 C 为全体常返态所组成的集合，$D = I - C$ 为非常返状态全体，将 C 按互通关系进行分解，有

$$I = D \bigcup C_1 \bigcup C_2 \bigcup \cdots,$$

其中每个 C_n 都是由常返态组成的不可约闭集.由定理 4.9 知 C_n 中的状态同类型，显然，C_n 中的状态不能到达 D 中状态.

我们称 C_n 为基本常返闭集.分解定理中集 D 不一定是闭集，但如果 I 是有限集，则 D 一定是非闭集.因此，如果质点最初自某一非常返状态出发，则它可能就一直在 D 中运动，也有可能在某时刻离开 D 转移到某个基本常返闭集 C_n 中，一旦质点进入 C_n 后，它将永远在此 C_n 中运动.

显然，不可约的 Markov 链，或者没有非常返状态，或者没有常返状态，在只有常返状态不可约的 Markov 链中，所有状态是相通的.对于不可约 Markov 链，若它的所有状态是非常返的，则称为不可约非常返链；若它的所有状态是常返的，则称为不可约常返链.

下面我们不加证明地给出不可约常返链的一个判别法.

定理 4.13　不可约链常返的充分必要条件是下列方程组没有非零有界解：

$$Z_i = \sum_{j=1}^{\infty} p_{ij} Z_j, \quad i = 1, 2, \cdots. \tag{4.19}$$

例 4.12　设 Markov 链 $\{X_n, n = 0, 1, \cdots\}$ 的状态空间 $I = \{1, 2, 3, 4, 5\}$，一步转移概率

矩阵 $P = \begin{bmatrix} 1/2 & 0 & 0 & 1/2 & 0 \\ 1/2 & 0 & 1/2 & 0 & 0 \\ 0 & 0 & 1 & 0 & 0 \\ 1 & 0 & 0 & 0 & 0 \\ 0 & 1 & 0 & 0 & 0 \end{bmatrix}$，将状态空间进行分解.

解　先画出状态传递图如图 4.2 所示.

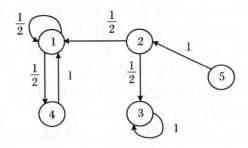

图 4.2　状态传递图

依题意知状态 3 是吸收态，因此，$\{3\}$ 是闭集，$\{1,4\}$，$\{1,4,3\}$，$\{1,2,3,4\}$ 都是闭集，其中，$\{3\}$ 和 $\{1,4\}$ 是不可约的.又 I 含有闭子集，因此，$\{X_n, n = 0, 1, \cdots\}$ 不是不可约链.状态 5、2 是非常返态，因此

$$P = \{2, 5\} \bigcup \{3\} \bigcup \{1, 4\}.$$

例 4.13 设 $I = \{1,2,3,4,5,6\}$，转移矩阵为 $P = \begin{pmatrix} 0 & 0 & 1 & 0 & 0 & 0 \\ 0 & 0 & 0 & 0 & 0 & 1 \\ 0 & 0 & 0 & 0 & 1 & 0 \\ 1/3 & 1/3 & 0 & 1/3 & 0 & 0 \\ 1 & 0 & 0 & 0 & 0 & 0 \\ 0 & 1/2 & 0 & 0 & 0 & 1/2 \end{pmatrix}$，试分

解此链,并指出各状态的常返性和周期性.

解　先画出状态传递图如图 4.3 所示.

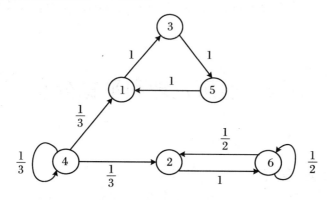

图 4.3　状态传递图

因为 $f_{11}^{(3)} = 1, f_{11}^{(n)} = 0, n \neq 3$，因此 $\mu_1 = \sum_{n=1}^{\infty} n f_{11}^{(n)} = 3$，可见状态 1 是正常返态且周期为

3，含 1 的基本常返闭集为 $C_1 = \{k : 1 \to k\} = \{1,3,5\}$，从而状态 3 和 5 是正常返态且周期

为 3.

同理状态 6 正常返, $p_{66}^{(1)} = \dfrac{1}{2} > 0$，周期为 1，即非周期，含状态 6 的基本常返闭集为 $C_2 =$

$\{k : 6 \to k\} = \{2,6\}$，可见状态 2 和 6 是遍历状态.

由于 $f_{44}^{(1)} = \dfrac{1}{3}, f_{44}^{(n)} = 0 (n \neq 1)$，因此, $f_{44} = \sum_{n=1}^{\infty} f_{44}^{(n)} = \dfrac{1}{3} < 1$，故 4 非常返,非周期.

综上可知,有

$$I = D \bigcup C_1 \bigcup C_2 = \{4\} \bigcup \{1,3,5\} \bigcup \{2,6\}.$$

例 4.14　(续例 4.2)考虑带有一个吸收壁的随机游动,试对其进行分解.

解　状态空间 $I = \{0,1,2,\cdots\}$ 可分解为 $D = \{1,2,\cdots\}, C = \{0\}$.状态 0 是正常返,非周

期的, C 是闭集, C 中状态不能到达 D，因此, I 不是不可约的,状态 1 不是常返的.事实上,

若 1 是常返的,由 $1 \to 0$，就有 $0 \to 1$，这是不可能的,于是 $\{1,2,\cdots\}$ 为非常返集.于是 I 可分

解为

$$I = \{0\} \bigcup \{1,2,\cdots\}.$$

例 4.15　(续例 4.4)考虑带有一个反射壁的随机游动,试对其进行分解.

解　该 Markov 链的状态空间为 $I = \{0,1,2,\cdots\}$，一步转移概率为

$p_{i\,i+1} = p \ (i = 0,1,2,\cdots), \quad p_{i\,i-1} = q = 1 - p \ (i = 1,2,\cdots); \quad p_{00} = q \ (0 < p < 1).$

由于每个状态都可达,故此链不可约.为了确定该 Markov 链是否常返,由定理 4.13,有

$$Z_1 = p_{12} \cdot Z_2 = p \cdot Z_2, \quad Z_i = q Z_{i-1} + p Z_{i+1} \quad (i = 2,3,\cdots)$$

或

$$Z_2 - Z_1 = \frac{q}{p}Z_1, \quad Z_{i+1} - Z_i = \frac{q}{p}(Z_i - Z_{i-1}),$$

由此可得

$$Z_{i+1} - Z_i = (q/p)^i Z_1, \quad i = 1,2,\cdots.$$

各式相加得

$$Z_i = \frac{1 - (q/p)^i}{1 - (q/p)} Z_1, \quad i = 1,2,\cdots.$$

若 $p > q$,则 $\{Z_i\}$ 为非零有界解,此时链非常返;若 $p \leqslant q$, $\{Z_i\}$ 无界,没有非零解,此时链常返.

4.4 遍历定理和平稳分布

4.4.1 遍历定理

实际应用中常常要研究当 n 很大时 $p_{ij}^{(n)}$ 的性质,我们所关心的是两个问题:一是 $\lim_{n\to\infty} p_{ij}^{(n)}$ 是否存在,二是其极限是否与起始状态 i 有关,在 Markov 链的理论中,有关这一问题的定理是遍历定理.

定义 4.16 设 Markov 链 $\{X_n, n = 0,1,\cdots\}$ 的状态空间为 I,若对一切 $i,j \in I$,存在不依赖于 i 的极限 $\lim_{n\to\infty} p_{ij}^{(n)} = \pi_j$,则称 Markov 链具有遍历性.

上述极限式子的直观概率意义是:把具有遍历性的 Markov 链看作一个系统,系统不论从哪一个状态 i 出发,当转移步数 n 充分大后,转移到状态 j 的概率都接近于 π_j;换句话说,经过足够长的时间后,系统达到平稳状态.

定理 4.14 如果状态 j 非常返或零常返,则对一切 i,有

$$\lim_{n\to\infty} p_{ij}^{(n)} = 0. \tag{4.20}$$

证明 若状态 j 非常返,则 $\sum_{n=1}^{\infty} p_{jj}^{(n)} < \infty$,因此,当 $n \to \infty$ 时, $p_{jj}^{(n)} \to 0$. 又由定理 4.5 知 $p_{ij}^{(n)} = \sum_{l=1}^{n} f_{ij}^{(l)} p_{jj}^{(n-l)}$,对 $N < n$,有

$$p_{ij}^{(n)} = \sum_{l=1}^{N} f_{ij}^{(l)} p_{jj}^{(n-l)} + \sum_{l=N+1}^{n} f_{ij}^{(l)} p_{jj}^{(n-l)} \leqslant \sum_{l=1}^{N} f_{ij}^{(l)} p_{jj}^{(n-l)} + \sum_{l=N+1}^{n} f_{ij}^{(l)}.$$

令 $n \to \infty$,上式右端第一项因 $p_{jj}^{(n-l)} \to 0$ 而趋于 0;再令 $N \to \infty$,第二项因 $\sum_{k=1}^{\infty} f_{ij}^{(k)} \leqslant 1$ 也趋于 0,因此 $\lim_{n\to\infty} p_{ij}^{(n)} = 0$.

若 j 为零常返态,也有 $p_{jj}^{(n)} \to 0$,同上所证可得命题的结论.

推论 4.2 如果 Markov 链状态个数有限,则不可能全是非常返状态,也不可能含有零常返状态,从而不可约的有限 Markov 链必是正常返的.

证明　设 $I = \{0,1,2,\cdots,N\}$,如全是非常返态,则对任意 $i,j \in I$,由定理 4.14,有 $\lim\limits_{n\to\infty} p_{ij}^{(n)} = 0$.同时,当 $n\to\infty$ 时,有 $1 = \sum\limits_{j=0}^{N} p_{ij}^{(n)} \to 0$,这就产生矛盾,因此,有限 Markov 链的状态不可能全是非常返的.

其次,如果含有零常返态 i,则 $C = \{j : i \to j\}$ 是不可约集,它是有限集,且所有状态为零常返态,于是,再由定理 4.14,当 $n\to\infty$ 时,有 $1 = \sum\limits_{j \in C} p_{ij}^{(n)} \to 0$,这也导致矛盾,因此,$I$ 中不可能含有零常返态.

因此,不可约有限 Markov 链必是正常返的.

推论 4.3　如果 Markov 链有一个零常返态,则必有无穷多个零常返态.

证明　设 i 为零常返态,则 $C = \{j : i \to j\}$ 是不可约集,其状态全是零常返态,因此,C 不可能是有限集.

定理 4.15　如果 j 为非周期的正常返态(即遍历态),则有

$$\lim_{n\to\infty} p_{ij}^{(n)} = \frac{1}{\mu_j} f_{ij}. \tag{4.21}$$

证明　因为 j 为非周期的正常返态,由状态分类判别法,有

$$\lim_{n\to\infty} p_{jj}^{(n)} = \frac{1}{\mu_j} > 0.$$

又由定理 4.5 知 $p_{ij}^{(n)} = \sum\limits_{l=1}^{n} f_{ij}^{(l)} p_{jj}^{(n-l)}$,取 $1 \leqslant n' \leqslant n$,则有

$$p_{ij}^{(n)} = \sum_{l=1}^{n'} f_{ij}^{(l)} p_{jj}^{(n-l)} + \sum_{l=n'+1}^{n} f_{ij}^{(l)} p_{jj}^{(n-l)},$$

因此

$$0 \leqslant p_{ij}^{(n)} - \sum_{l=1}^{n'} f_{ij}^{(l)} p_{jj}^{(n-l)} = \sum_{l=n'+1}^{n} f_{ij}^{(l)} p_{jj}^{(n-l)} \leqslant \sum_{l=n'+1}^{n} f_{ij}^{(l)}.$$

先令 $n\to\infty$,得

$$0 \leqslant \lim_{n\to\infty} p_{ij}^{(n)} - \sum_{l=1}^{n'} f_{ij}^{(l)} \lim_{n\to\infty} p_{jj}^{(n-l)} \leqslant \sum_{l=n'+1}^{n} f_{ij}^{(l)},$$

即

$$0 \leqslant \lim_{n\to\infty} p_{ij}^{(n)} - \sum_{l=1}^{n'} f_{ij}^{(l)} \frac{1}{\mu_j} \leqslant \sum_{l=n'+1}^{n} f_{ij}^{(l)}.$$

再令 $n'\to\infty$,得

$$0 \leqslant \lim_{n\to\infty} p_{ij}^{(n)} - \sum_{l=1}^{\infty} f_{ij}^{(l)} \frac{1}{\mu_j} \leqslant 0,$$

因此

$$\lim_{n\to\infty} p_{ij}^{(n)} = \sum_{l=1}^{\infty} f_{ij}^{(l)} \frac{1}{\mu_j} = \frac{1}{\mu_j} f_{ij}.$$

推论 4.4　如果 j 为非周期的正常返态,且 $j \to i$,则

$$\lim_{n\to\infty} p_{ij}^{(n)} = \frac{1}{\mu_j}. \tag{4.22}$$

证明　因为 j 常返,且 $j \to i$,由定理 4.10,$f_{ij} = 1$,结论成立.

由定理 4.14 和定理 4.15,若 Markov 链不可约,j 非周期常返,则有

$$\lim_{n \to \infty} p_{ij}^{(n)} = \frac{1}{\mu_j} \geqslant 0.$$

我们称$\{1/\mu_j\}$为极限分布.

4.4.2 平稳分布

定义 4.17 设 Markov 链$\{X_n, n \geqslant 0\}$的转移概率矩阵为$P = (p_{ij})$,如果非负数列$\{\pi_j\}$满足

$$\begin{cases} \sum_{j=0}^{\infty} \pi_j = 1 \\ \pi_j = \sum_{i=0}^{\infty} \pi_i p_{ij}, \quad j = 0, 1, \cdots \end{cases}, \tag{4.23}$$

则称$\{\pi_j, j \in I\}$为 Markov 链$\{X_n, n \geqslant 0\}$的平稳分布.

对于平稳分布$\{\pi_j, j \in I\}$,有

$$\pi_j = \sum_{i=0}^{\infty} \pi_i p_{ij} = \sum_{i=0}^{\infty} \left(\sum_{k=0}^{\infty} \pi_k p_{ki} \right) p_{ij} = \sum_{k=0}^{\infty} \pi_k p_{kj}^{(2)}.$$

一般地,有

$$\pi_j = \sum_{i=0}^{\infty} \pi_i p_{ij}^{(n)}, \quad n = 1, 2, \cdots.$$

如果 Markov 链的初始分布为$P(X_0 = i) = \pi_i(0), i \in I$,且恰好是平稳分布$\{\pi_i, i \in I\}$,则对于任意非负整数$n$,有

$$P(X_n = j) = \sum_{i=0}^{\infty} P(X_0 = i, X_n = j) = \sum_{i=0}^{\infty} P(X_0 = i) P(X_n = j \mid X_0 = i)$$

$$= \sum_{i=0}^{\infty} \pi_i p_{ij}^{(n)} = \pi_j, \quad j = 0, 1, 2, \cdots,$$

即X_n的分布(Markov 链$\{X_n, n \geqslant 0\}$在时刻n的绝对分布)也是平稳分布$\{\pi_j, j \in I\}$,且正好是初始分布$\{\pi_i(0), i \in I\}$.这说明绝对分布不随时间而改变,这正是平稳分布名称中"平稳"二字的由来.

定理 4.16 非周期不可约常返链正常返的充分必要条件是它存在平稳分布,而且这个平稳分布就是极限分布$\{1/\mu_j, j \in I\}$.

证明 充分性.若存在平稳分布$\{\pi_j\}$,即$\pi_j = \sum_{i=0}^{\infty} \pi_i p_{ij}^{(n)}$,由于$\pi_i \geqslant 0, \sum_{i=0}^{\infty} \pi_i = 1$,极限号与和号可以交换,两边令$n \to \infty$,得

$$\pi_j = \lim_{n \to \infty} \sum_{i=0}^{\infty} \pi_i p_{ij}^{(n)} = \sum_{i=0}^{\infty} \pi_i (\lim_{n \to \infty} p_{ij}^{(n)}) = \sum_{i=0}^{\infty} \pi_i (1/\mu_j) = \frac{1}{\mu_j}.$$

因为$\sum_{i=0}^{\infty} \pi_i = 1$,于是至少存在一个$\pi_k > 0$,即$1/\mu_k > 0$,由状态分类的定义知,$k$为正常返,从而整个链是正常返的,而且所有的$\pi_j = \frac{1}{\mu_j} > 0$.

必要性.设链是正常返的,于是$\lim_{n \to \infty} p_{ij}^{(n)} = \frac{1}{\mu_j}$.由 C-K 方程知

$$p_{ij}^{(m+n)} = \sum_{k=0}^{\infty} p_{ik}^{(m)} p_{kj}^{(n)} \geqslant \sum_{k=0}^{N} p_{ik}^{(m)} p_{kj}^{(n)}.$$

令 $m \to \infty$, 得

$$\frac{1}{\mu_j} = \sum_{k=0}^{N} \Big(\frac{1}{\mu_k}\Big) p_{kj}^{(n)}.$$

再令 $N \to \infty$, 得

$$\frac{1}{\mu_j} = \sum_{k=0}^{\infty} \Big(\frac{1}{\mu_k}\Big) p_{kj}^{(n)}.$$

此式只能成为等式. 事实上, 若对某个 j 成立严格不等式, 对 $j = 0, 1, 2, \cdots$ 求和, 得

$$1 \geqslant \sum_{j=0}^{\infty} \frac{1}{\mu_j} > \sum_{j=0}^{\infty} \Big(\sum_{k=0}^{\infty} \frac{1}{\mu_k} p_{kj}^{(n)}\Big) = \sum_{k=0}^{\infty} \frac{1}{\mu_k} \Big(\sum_{j=0}^{\infty} p_{kj}^{(n)}\Big) = \sum_{k=0}^{\infty} \frac{1}{\mu_k},$$

这就导致矛盾. 上式中第一个不等号是由于

$$1 = \sum_{k=0}^{\infty} p_{ik}^{(n)} \geqslant \sum_{k=0}^{N} p_{ik}^{(n)}.$$

先令 $n \to \infty$, 得 $1 \geqslant \sum_{k=0}^{N} (\lim_{n\to\infty} p_{ik}^{(n)}) = \sum_{k=0}^{N} \frac{1}{\mu_k}$; 再令 $N \to \infty$, 得 $1 \geqslant \sum_{k=0}^{\infty} \frac{1}{\mu_k}$. 因为对一切 j 都只能成立等式:

$$\frac{1}{\mu_j} = \sum_{k=0}^{\infty} \frac{1}{\mu_k} p_{kj}^{(n)},$$

令 $n \to \infty$, 得

$$\frac{1}{\mu_j} = \sum_{k=0}^{\infty} \frac{1}{\mu_k} (\lim_{n\to\infty} p_{kj}^{(n)}) = \Big(\sum_{k=0}^{\infty} \frac{1}{\mu_k}\Big) \frac{1}{\mu_j},$$

即 $\sum_{k=0}^{\infty} \frac{1}{\mu_k} = 1$. 因此, 极限分布 $\Big\{\frac{1}{\mu_j}, j \in I\Big\}$ 就是平稳分布.

推论 4.5 有限状态的不可约非周期 Markov 链必存在平稳分布.

证明 由定理 4.14 的推论 4.2, 此 Markov 链只有正常返态, 再由定理 4.16 知必存在平稳分布. 证毕.

推论 4.6 若不可约 Markov 链的所有状态是非常返或零常返的, 则不存在平稳分布.

证明 用反证法. 假设 $\{\pi_j\}$ 是平稳分布, 则有 $\pi_j = \sum_{i=0}^{\infty} \pi_i p_{ij}^{(n)}$. 又由定理 4.14, 有 $\lim_{n\to\infty} p_{ij}^{(n)} = 0$. 显然 $\sum_{j=0}^{\infty} \pi_j = 0$, 与平稳分布 $\sum_{j=0}^{\infty} \pi_j = 1$ 矛盾.

推论 4.7 若 $\{\pi_j, j \in I\}$ 是不可约非周期 Markov 链的平稳分布, 则

$$\lim_{n\to\infty} p_j(n) = \frac{1}{\mu_j} = \pi_j. \tag{4.24}$$

证明 由于 $p_j(n) = \sum_{i\in I} p_i p_{ij}^{(n)}$ 及 $\lim_{n\to\infty} p_{ij}^{(n)} = \frac{1}{\mu_j}$, 得

$$\lim_{n\to\infty} p_j(n) = \lim_{n\to\infty} \sum_{i\in I} p_i p_{ij}^{(n)} = \frac{1}{\mu_j} \sum_{i\in I} p_i = \frac{1}{\mu_j}.$$

再由定理 4.15, 得到 $\frac{1}{\mu_j} = \pi_j$. 证毕.

例 4.16 设 Markov 链的转移概率矩阵为

$$P = \begin{pmatrix} 0.7 & 0.1 & 0.2 \\ 0.1 & 0.8 & 0.1 \\ 0.05 & 0.05 & 0.9 \end{pmatrix},$$

求它的平稳分布及各个状态的平均返回时间.

解 因为此 Markov 链是不可约的非周期有限状态,因此平稳分布存在,由定义得方程组

$$\begin{cases} \pi_1 = 0.7\pi_1 + 0.1\pi_2 + 0.05\pi_3 \\ \pi_2 = 0.1\pi_1 + 0.8\pi_2 + 0.05\pi_3 \\ \pi_3 = 0.2\pi_1 + 0.1\pi_2 + 0.9\pi_3 \\ \pi_1 + \pi_2 + \pi_3 = 1 \end{cases}.$$

解上述方程组得到平稳分布为

$$\pi_1 = 0.1765, \quad \pi_2 = 0.2353, \quad \pi_3 = 0.5882,$$

因此,各状态平均返回时间分别为

$$\mu_1 = \frac{1}{\pi_1} = 5.67, \quad \mu_2 = \frac{1}{\pi_2} = 4.25, \quad \mu_3 = \frac{1}{\pi_3} = 1.70.$$

例 4.17 设 Markov 链的转移概率矩阵为

$$P = \begin{pmatrix} 0.1 & 0.1 & 0.2 & 0.2 & 0.4 & 0 & 0 \\ 0 & 0 & 0.5 & 0.5 & 0 & 0 & 0 \\ 0 & 0 & 0 & 1 & 0 & 0 & 0 \\ 0 & 1 & 0 & 0 & 0 & 0 & 0 \\ 0 & 0 & 0 & 0 & 0.5 & 0.5 & 0 \\ 0 & 0 & 0 & 0 & 0.5 & 0 & 0.5 \\ 0 & 0 & 0 & 0 & 0 & 0.5 & 0.5 \end{pmatrix},$$

求每个不可约闭集的平稳分布.

解 先画出状态传递图,如图 4.4 所示.

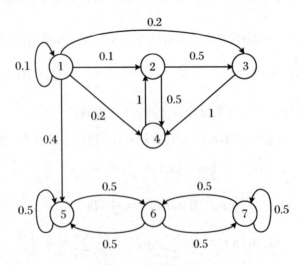

图 4.4 状态传递图

状态空间可分解为两个不可约常返闭集 $C_1 = \{2,3,4\}$, $C_2 = \{5,6,7\}$,一个非常返集 N

= {1}. 求平稳分布可在常返闭集上进行. 在 C_1 上, 对应的转移概率矩阵为

$$P = \begin{pmatrix} 0 & 0.5 & 0.5 \\ 0 & 0 & 1 \\ 1 & 0 & 0 \end{pmatrix},$$

由此可以得到平稳分布满足

$$\pi_2 = \pi_4, \quad \pi_3 = 0.5\pi_2, \quad \pi_4 = 0.5\pi_2 + \pi_3,$$

解得平稳分布为 $\left\{0, \dfrac{2}{5}, \dfrac{1}{5}, \dfrac{2}{5}, 0, 0, 0\right\}$.

类似地, 在 C_2 上可得到平稳分布为 $\left\{0, 0, 0, 0, \dfrac{1}{3}, \dfrac{1}{3}, \dfrac{1}{3}\right\}$.

例 4.18　(续例 4.15)考察带有一个反射壁的随机游动的情形.

解　在例 4.15 中, 我们已经得到: 当 $p \leqslant q$ 时, 该链是常返的. 进一步判断在常返时是正常返还是零常返, 根据定理 4.16, 考察何时具有平稳分布.

由 $\pi_0 = \sum\limits_{i=0}^{\infty} \pi_i p_{i0} = q\pi_0 + q\pi_1, \pi_j = \sum\limits_{i=0}^{\infty} \pi_i p_{ij} = p\pi_{j-1} + q\pi_{j+1}, j = 1, 2, \cdots$, 即

$$\pi_1 = \frac{p}{q}\pi_0, \quad \pi_{j+1} - \pi_j = \frac{p}{q}(\pi_j - \pi_{j-1}) \quad (j = 1, 2, \cdots),$$

解得

$$\pi_j = \left(\frac{p}{q}\right)^j \pi_0, \quad j = 1, 2, \cdots.$$

只要 $\pi_0 \geqslant 0$, 就有 $\pi_j \geqslant 0$, 再由 $\sum\limits_{j=0}^{\infty} \pi_j = 1$, 有

$$\left[1 + p/q + (p/q)^2 + \cdots\right]\pi_0 = 1.$$

如果 $p = q = \dfrac{1}{2}$, 上式括号中级数发散, 于是不存在平稳分布, 此时该链是零常返的.

如果 $p < q$, 则有

$$\pi_0 = \left(\frac{1}{1 - p/q}\right)^{-1} = 1 - \frac{p}{q} > 0, \quad \pi_j = \left(1 - \frac{p}{q}\right)\left(\frac{p}{q}\right)^j \quad (j = 1, 2, \cdots),$$

此时存在平稳分布 $\{\pi_j, j = 0, 1, 2, \cdots\}$, 于是该链是正常返的. 又因为该链是非周期的, 故此时该链是遍历的.

综上所述, 对于带有一个反射壁的随机游动, 有: $p > q \Leftrightarrow$ 该链是非常返的; $p = q \Leftrightarrow$ 该链是零常返的; $p < q \Leftrightarrow$ 该链是正常返的.

例 4.19　(续例 4.6)例 4.6 讨论的生灭链中, 因为每个状态都可到达, 故它是不可约 Markov 链, 若记

$$c_0 = 1, \quad c_j = \frac{b_0 b_1 \cdots b_{j-1}}{a_1 a_2 \cdots a_j} \quad (j \geqslant 1),$$

证明: 此 Markov 链存在平稳分布的充分必要条件是 $\sum\limits_{j=0}^{\infty} c_j < \infty$.

证明　因为

$$\begin{cases} \pi_0 = \pi_0 r_0 + \pi_1 a_1 \\ \pi_j = \pi_{j-1} b_{j-1} + \pi_j r_j + \pi_{j+1} a_{j+1}, \\ a_j + r_j + b_j = 1 \end{cases}$$

其中 $j \geqslant 1$，于是有递推关系：

$$\begin{cases} a_1 \pi_1 - b_0 \pi_0 = 0 \\ a_{j+1} \pi_{j+1} - b_j \pi_j = a_j \pi_j - b_{j-1} \pi_{j-1} \end{cases},$$

解得 $\pi_j = \dfrac{b_{j-1} \pi_{j-1}}{a_j}, j \geqslant 1$. 因此

$$\pi_j = \frac{b_{j-1} \pi_{j-1}}{a_j} = \cdots = \frac{b_0 \cdots b_{j-1}}{a_1 \cdots a_j} \pi_0 = c_j \pi_0.$$

对 j 求和，得

$$1 = \sum_{j=0}^{\infty} \pi_j = \pi_0 \sum_{j=0}^{\infty} c_j.$$

于是平稳分布存在的充分必要条件是 $\displaystyle\sum_{j=0}^{\infty} c_j < \infty$，此时 $\pi_0 = \dfrac{1}{\displaystyle\sum_{j=0}^{\infty} c_j}$，$\pi_j = \dfrac{c_j}{\displaystyle\sum_{j=0}^{\infty} c_j}, j \geqslant 1$.

4.4.3　几个 Markov 链的应用实例

例 4.20　（商品销售情况预测）我国某种商品在国外销售情况共有连续 24 个季度的数据（1 表示畅销，2 表示滞销）：

$$112122111212112221121212111$$

如该商品销售状态满足 Markov 性和齐次性：

(1) 确定销售状态的转移概率矩阵；

(2) 如果现在是畅销，预测这以后第四个季度的销售情况；

(3) 如果影响销售的所有因素不变，预测长期的销售情况.

解　(1) 因 1（畅销）有 15 次，2（滞销）有 9 次，而且 1→1:7 次；1→2:7 次，又最后季节的状态是 1，所以

$$p_{11} = \frac{7}{15-1} = 0.5, \quad p_{12} = \frac{7}{15-1} = 0.5.$$

又 2→1:7 次；2→2:2 次，所以

$$p_{21} = \frac{7}{9}, \quad p_{22} = \frac{2}{9}.$$

于是得到转移矩阵为

$$P = \begin{pmatrix} 0.5 & 0.5 \\ 7/9 & 2/9 \end{pmatrix}.$$

(2) 因为 $P^{(4)} = \begin{pmatrix} 0.611 & 0.389 \\ 0.605 & 0.395 \end{pmatrix}$，因此 $p_{11}(4) = 0.611 > p_{12}(4) = 0.389$，即如果现在是畅销，则以后第四个季度（以概率 0.611）畅销.

(3) 由平稳方程 $(\pi_1, \pi_2) = (\pi_1, \pi_2) P$ 与正规方程 $\displaystyle\sum_{i=1}^{2} \pi_i = 1$，得到 $(\pi_1, \pi_2) = \left(\dfrac{14}{23}, \dfrac{9}{23} \right)$. 由 P 知链是正常返非周期不可约，所以，该链的平稳分布就是最终分布，且 $\pi_1 > \pi_2$，因此，长此下去，该商品将在国外（以概率 0.609）畅销.

例 4.21　（教学质量评估）设 A、B 两个教师教甲、乙两个班的高等数学，A 上学期和本

学期都教甲班高等数学,而 B 本学期才接替另一班乙班高等数学,两班两学期的成绩分别如下所示:

甲班成绩转移情况表

成绩一	98	95	94	83	94	95	68	92	86	85	77	90	88	92	95	87	90	80
成绩二	81	89	82	93	80	75	76	80	85	80	65	74	91	81	86	92	78	78
$i \to j$	12	12	12	21	12	13	43	12	22	22	34	13	21	12	12	21	13	23

成绩一	57	87	73	88	86	84	93	87	93	85	$\bar{X} = 86.61$
成绩二	64	87	72	89	86	87	95	84	93	81	$\bar{X} = 82.29$
$i \to j$	54	22	33	22	22	22	11	22	11	22	

乙班成绩转移情况表

成绩一	76	82	91	95	74	85	98	66	82	90	55	78	88	78	80	77	91	83
成绩二	84	85	80	83	84	82	87	89	88	85	61	69	82	71	80	76	84	70
$i \to j$	32	22	12	12	32	22	12	42	22	12	54	34	22	33	22	33	12	23

成绩一	94	66	70	72	89	88	75	85	72	$\bar{X} = 80.78$
成绩二	88	70	81	86	83	86	80	80	75	$\bar{X} = 80.33$
$i \to j$	12	43	32	32	22	22	32	22	33	

将成绩按 89 以上、80~89、70~79、60~69、60 以下分为 1、2、3、4、5 五个等级,以 n_i 表示第一学期 i 等级的学生数,以 n_{ij} 表示由 i 等级转到 j 等级的人数,$i,j = 1,2,3,4,5.$ 由以上数据知,甲班第二学期平均成绩为 82.29,乙班第二学期平均成绩为 80.33,似乎教师 A 的教学效果好,但是由于两班的基础不一样,因此,不能这样简单下结论. 正确地评价两教师的教学效果应排除基础不同这个因素. 由以上数据得到转移概率矩阵为

$$P_{甲} = \left(\frac{n_{ij}}{n_i}\right) = \begin{pmatrix} 2/12 & 7/12 & 3/12 & 0 & 0 \\ 3/12 & 8/12 & 1/12 & 0 & 0 \\ 0 & 0 & 1/2 & 1/2 & 0 \\ 0 & 0 & 1 & 0 & 0 \\ 0 & 0 & 0 & 1 & 0 \end{pmatrix}, \quad P_{乙} = \left(\frac{n_{ij}}{n_i}\right) = \begin{pmatrix} 0 & 1 & 0 & 0 & 0 \\ 0 & 8/9 & 1/9 & 0 & 0 \\ 0 & 5/9 & 3/9 & 1/9 & 0 \\ 0 & 1/2 & 1/2 & 0 & 0 \\ 0 & 0 & 0 & 1 & 0 \end{pmatrix}.$$

由 $P_{甲}$ 知:$\{1,2\}$ 是非常返非周期互通状态集,$\{5\}$ 为非常返状态集,$\{3,4\}$ 是闭的非周期正常返状态集. 由平稳方程

$$(\pi_3, \pi_4) = (\pi_3, \pi_4)\begin{pmatrix} 1/2 & 1/2 \\ 1 & 0 \end{pmatrix} \quad 及 \quad \pi_3 + \pi_4 = 1,$$

解得 $\pi_3 = \dfrac{2}{3}, \pi_4 = \dfrac{1}{3}$,因此最终分布分别为

$$\lim_{n \to \infty} p_{i1}^{(n)} = \lim_{n \to \infty} p_{i2}^{(n)} = \lim_{n \to \infty} p_{i5}^{(n)} = 0, \quad \lim_{n \to \infty} p_{i3}^{(n)} = \frac{2}{3}, \quad \lim_{n \to \infty} p_{i4}^{(n)} = \frac{1}{3},$$

即有最终分布 $x_{甲} = \left(0, 0, \dfrac{2}{3}, \dfrac{1}{3}, 0\right)$.

由 $P_{乙}$ 知:$\{1\}$ 是非常返状态集,$\{5\}$ 也是非常返状态集,$\{2,3,4\}$ 是闭的正常返非周期互

通状态集,由平稳方程

$$(\pi_2, \pi_3, \pi_4) = (\pi_2, \pi_3, \pi_4) \begin{pmatrix} 8/9 & 1/9 & 0 \\ 5/9 & 3/9 & 1/9 \\ 1/2 & 1/2 & 0 \end{pmatrix} \quad 及 \quad \pi_2 + \pi_3 + \pi_4 = 1,$$

解得 $\pi_2 = 0.8319, \pi_3 = 0.1513, \pi_4 = 0.0168$,从而得到

$$x_乙 = (0, 0.8319, 0.1513, 0.0168, 0).$$

如上所述,如果按照现在的教学情况继续下去,最终教师 B 所教学生为优、良、中、及格、不及格的概率分别为 0、83.19%、15.13%、16.8% 与 0,而教师 A 分别为 0、0、66.67%、33.33% 与 0.如果优、良、中、及格、不及格分别取中值 94.5、84.5、74.5、64.5 与 40,则教师 A、B 所教学生的平均成绩分别为

$$\overline{x_A} = 74.5 \times 0.6667 + 64.5 \times 0.3333 = 71.17,$$

$$\overline{x_B} = 84.5 \times 0.8319 + 74.5 \times 0.1513 + 64.5 \times 0.0168 = 82.65.$$

由上述可知,教师 A 的教学效果属于中等,而教师 B 的教学效果却是良好.当然,学生成绩的好坏除与教师教学有关外,还与其他种种因素有关.如果其他因素都相同,就这两次考试成绩而论,教师 B 的教学效果比教师 A 好.

例 4.22 (Google 搜索网页排序)Google 搜索是人们最常用的搜索引擎之一,输入一个关键词,Google 就会非常迅速(有时 0.01 秒都不到)地在窗口中输出大量的结果.一般情况下,用户所关心的信息大多在前面几条结果中就能获得.在海量的信息中完成搜索,主要是采用适当的方式来刻画网页的重要性,从而将用户最需要的信息迅速返回,Google 用于分辨网页重要性的工具,就是 PageRank(网页级别)技术.

假设 Google 数据库中有 N(N 很大)个网页,为了描述这些网页之间的关系,定义一个 $N \times N$ 矩阵 $G = (g_{ij})$,如果从网页 i 到网页 j 有超链接,则令 $g_{ij} = 1$,否则令 $g_{ij} = 0$,显然 G 是巨大的但非常稀疏的矩阵.记矩阵 G 的列和与行和分别为

$$c_j = \sum_i g_{ij}, \quad r_i = \sum_j g_{ij},$$

显然 c_j 和 r_i 分别表示网页 j 的链入网页数和网页 i 的链出网页数.

把所有网页的集合看成随机过程的状态空间,假定上网者浏览网页并选择下一个网页的过程只依赖于当前浏览的网页而与过去浏览过哪些网页无关,则这一选择过程可以认为是一个有限状态的 Markov 链.定义矩阵 $P = (p_{ij})_{N \times N}$ 如下:

$$p_{ij} = \frac{(1-d)}{N} + d \frac{g_{ij}}{r_i},$$

其中 d($0 \leqslant d \leqslant 1$)为阻尼系数,指的是上网者按照网页的实际链接选择下一张网页的可能性,$1 - d$ 是上网者随机选择下一张网页的可能性,实际运算中,一般取 $d = 0.85$;P 是 Markov 链的转移概率矩阵,p_{ij} 表示从页面 i 到页面 j 的转移概率.显然,如果对于任意 $i, j \in I$,都有 $p_{ij} > 0$,则此 Markov 链为不可约非周期的,且该链存在平稳分布 $\pi = (\pi_1, \pi_2, \cdots, \pi_N)$,使得

$$\pi = \pi P \quad 和 \quad \sum_{i=1}^{N} \pi_i = 1,$$

其中,Markov 链的平稳分布 π 表示转移次数趋于无限时各网页被访问的概率的大小.Google 将马氏链的平稳分布 π 定义为各网页的 PageRank 值,Google 公司就是按照这个值的大小对网页进行重要性排序的.π 的分量满足方程:

$$\pi_j = \sum_{i=1}^{N} \pi_i p_{ij} = \sum_{i=1}^{N} \left(\frac{1-d}{N} + d \frac{g_{ij}}{r_i} \right) \pi_i = \frac{1-d}{N} + d \sum_{g_{ij}=1} \frac{\pi_i}{r_i}.$$

从上式右边可以看出,网页 i 将它的 PageRank 值分成 r_i 份(它链出的页面数),分别"投票"给它链出的页面. π_j 为页面 j 的 PageRank 值,即网络上所有页面"投票"给网页 j 的最终值.从上可见,网页的 PageRank 值本质上就是 Markov 链的平稳分布.

数值模拟:考虑一个只有 6 张网页的网络,它的链接矩阵 G 和转移概率矩阵 P 分别为

$$G = \begin{pmatrix} 0 & 1 & 0 & 0 & 0 & 0 \\ 0 & 0 & 1 & 1 & 0 & 1 \\ 0 & 0 & 0 & 1 & 1 & 1 \\ 1 & 0 & 0 & 0 & 0 & 0 \\ 0 & 0 & 0 & 0 & 0 & 1 \\ 1 & 0 & 0 & 0 & 0 & 0 \end{pmatrix}, \quad P = \begin{pmatrix} 0.025 & 0.025 & 0.025 & 0.45 & 0.025 & 0.45 \\ 0.875 & 0.025 & 0.025 & 0.025 & 0.025 & 0.025 \\ 0.025 & 0.875 & 0.025 & 0.025 & 0.025 & 0.025 \\ 0.025 & 0.45 & 0.45 & 0.025 & 0.025 & 0.025 \\ 0.025 & 0.025 & 0.875 & 0.025 & 0.025 & 0.025 \\ 0.025 & 0.308 & 0.308 & 0.025 & 0.308 & 0.025 \end{pmatrix}.$$

解线性方程组得到平稳分布:

$$\pi = (0.2813, 0.2641, 0.0998, 0.1281, 0.0533, 0.1734).$$

这里平稳分布 π 给出了各网页的 PageRank 值.可以看出,网页的 PageRank 值和得票数不成正比,网页 2 在"选举"中只得了 1 票,但它的 PageRank 值却高于其他几个得票数为 2 或 3 的网页,这是因为它被网页 1 选中,而网页 1 的 PageRank 值很高.被 PageRank 值高的网页选中的网页,其 PageRank 值也高,这样定义网页的重要程度显然是比较合理的.

习 题 4

4.1 设质点在区间 $[0,4]$ 的整数点上做随机游动,到达 0 或 4 后以概率 1 停留在原处,在其他整数点处分别以概率 $1/3$ 向左、向右移动一格或停留在原处.求质点随机游动的一步和二步转移概率矩阵.

4.2 若随机游动的转移概率矩阵为 $P = \begin{pmatrix} 0.5 & 0.5 & 0 \\ 0 & 0.5 & 0.5 \\ 0.5 & 0 & 0.5 \end{pmatrix}$,求三步转移矩阵 $P^{(3)}$ 及当初始分布为 $P(X_0 = 1) = P(X_0 = 2) = 0, P(X_0 = 3) = 1$ 时,经三步转移后处于状态 3 的概率.

4.3 (天气预报问题)设明天是否有雨仅与今天的天气有关,而与过去的天气无关.又设今天下雨而明天也下雨的概率为 α,而今天无雨明天有雨的概率为 β;规定有雨天气为状态 0,无雨天气为状态 1.因此天气预报问题是两个状态的 Markov 链.设 $\alpha = 0.7, \beta = 0.4$,求今天有雨且第四天还有雨的概率.

4.4 设 Markov 链的转移概率矩阵为:(1) $P = \begin{pmatrix} 1/2 & 1/2 \\ 1/3 & 2/3 \end{pmatrix}$;(2) $P = \begin{pmatrix} p_1 & q_1 & 0 \\ 0 & p_2 & q_2 \\ q_3 & 0 & p_3 \end{pmatrix}$,分别计算 $f_{11}^{(n)}, f_{12}^{(n)} (n = 1, 2, 3)$.

4.5 设 Markov 链 $\{X_n, n = 0, 1, \cdots\}$ 的状态空间 $I = \{1, 2, 3, 4\}$,一步转移概率矩阵 P

$$= \begin{pmatrix} 1/4 & 1/4 & 1/4 & 1/4 \\ 0 & 0 & 1 & 0 \\ 0 & 0 & 0 & 1 \\ 1 & 0 & 0 & 0 \end{pmatrix},$$ 讨论状态的遍历性.

4.6 设 Markov 链 $\{X_n\}$ 的状态空间 $I = \{0,1,2,3\}$,转移概率矩阵 $P =$

$$\begin{pmatrix} 1/2 & 1/2 & 0 & 0 \\ 1/2 & 1/2 & 0 & 0 \\ 1/4 & 1/4 & 1/4 & 1/4 \\ 0 & 0 & 0 & 1 \end{pmatrix},$$ 将状态空间进行分解.

4.7 (Erenfest 链)设甲、乙两个容器中共有 $2N$ 个球,每隔单位时间从这 $2N$ 个球中任取一球放入另一容器中,记 X_n 为在时刻 n 甲容器中球的个数,则 $\{X_n, n \geq 0\}$ 是齐次 Markov 链,称为 Erenfest 链,求该链的平稳分布.

4.8 将 2 个红球、4 个白球任意分别放入甲、乙两个盒子中,每个盒子放 3 个.现从每个盒子中各任取出一球,交换后放回盒中(甲盒取出的球放入乙盒中,乙盒取出的球放入甲盒中),以 X_n 表示经过 n 次交换后甲盒中的红球数,则 $\{X_n, n \geq 0\}$ 是齐次 Markov 链.

(1) 求一步转移概率矩阵;

(2) 证明 $\{X_n, n \geq 0\}$ 是遍历的;

(3) 求 $\lim\limits_{n \to \infty} p_{ij}^{(n)}, j = 0,1,2$.

4.9 设河流每天的 BOD(生物耗氧量)浓度为齐次 Markov 链,状态空间 $I = \{1,2,3,4\}$ 是按 BOD 浓度为极低、低、中、高分别表示的,其一步转移概率矩阵(以一天为单位)为

$$P = \begin{pmatrix} 0.5 & 0.4 & 0.1 & 0 \\ 0.2 & 0.5 & 0.2 & 0.1 \\ 0.1 & 0.2 & 0.6 & 0.1 \\ 0 & 0.2 & 0.4 & 0.4 \end{pmatrix}.$$

若 BOD 浓度为高,则称河流为污染状态.

(1) 证明该链是遍历的;

(2) 求该链的平稳分布;

(3) 求河流再次达到污染的平均时间.

4.10 设 Markov 链的状态空间 $I = \{1,2\}$,一步转移概率矩阵为 $P = \begin{pmatrix} 2/3 & 1/3 \\ 1/2 & 1/2 \end{pmatrix}$,初始分布为 $P(X(0)=1) = p, P(X(0)=2) = 1-p, 0 < p < 1$.对任意 $n \geq 1$,(1) 求 $P(X_{n+2} = 2 | X_n = 1)$;(2) 求 $P(X_n = 1)$;(3) 问当 p 取何值时,X_n 的绝对分布与 n 无关,并求出 X_n 的绝对分布;(4) $\{X_n, n \geq 0\}$ 是否具有遍历性?(5) 求 $\{X_n, n \geq 0\}$ 的极限分布.

4.11 设 Markov 链的一步转移概率矩阵为 $P = \begin{pmatrix} 0 & 1 & 0 \\ 1/2 & 0 & 1/2 \\ 0 & 0 & 1 \end{pmatrix}$.(1) 证明此链不具有遍历性;(2) 求此链的平稳分布,并证明其唯一性.

4.12 设 Markov 链的状态空间 $I = \{0,1,2,\cdots\}$,一步转移概率为 $p_{ij} = \begin{cases} e^{-\lambda} \dfrac{\lambda^{j-i}}{(j-i)!}, & j \geq i \\ 0, & j < i \end{cases}$,其中 $\lambda > 0$.(1) 试求 n 步转移概率 $p_{ij}(n)$;(2) 证明此链具有遍历性;

(3) 证明此链极限分布不存在.

4.13 （市场占有率预测）已知某商品在某地区的销售市场被 A、B、C 三个品牌占有,占有率分别为 40%、30%、30%.根据调查,上个月买 A 品牌商品的顾客这个月买 A、B、C 品牌的分别为 40%、30%、30%,上个月买 B 品牌商品的顾客这个月买 B、A、C 品牌的分别为 30%、60%、10%,上个月买 C 品牌商品的顾客这个月买 C、A、B 品牌的分别为 30%、60%、10%.设该商品销售状态满足齐次 Markov 性.

(1) 求 3 个月后 A、B、C 三个品牌的商品在该地的市场占有率;

(2) 如果顾客流动倾向长期如上述不变,则各品牌最终市场占有率怎样?

4.14 一出租汽车流动于三个位置之间,当它到达位置 1 后等可能地去 2 或 3;当它到达 2 时,接着将以概率 1/3 到达 1,而以概率 2/3 到达 3;从 3 总是开往 1.在位置 i 和 j 之间的平均时间是 $t_{12} = 20, t_{13} = 30, t_{23} = 30 (t_{ij} = t_{ji})$.

(1) 求此出租汽车最近停的位置为 i 的（极限）概率（$i = 1, 2, 3$）;

(2) 求此出租汽车朝位置 2 开的（极限）概率;

(3) 有多少比例的时间此出租汽车是从 2 开往 3（此出租汽车一到达一个位置立即就开出）?

第5章 连续时间的马尔可夫链

第4章我们讨论了时间和状态都是离散的 Markov 链,本章我们研究的是时间连续、状态离散的 Markov 过程,即连续时间的 Markov 链.连续时间的 Markov 链可以理解为一个做如下运动的随机过程:它以一个离散时间 Markov 链的方式从一个状态转移到另一状态,在两次转移之间以指数分布在前一状态停留.这个指数分布只与过程现在的状态有关,与过去的状态无关(具有无记忆性),与将来转移到的状态独立.

5.1 连续时间马尔可夫链的基本概念

定义 5.1 设随机过程 $\{X(t),t\geqslant 0\}$,状态空间 $I=\{i_n,n\geqslant 1\}$,若对任意的正整数 $0\leqslant t_1<t_2<\cdots<t_{n+1}$ 及任意的非负整数 $i_1,i_2,\cdots,i_{n+1}\in I$,条件概率满足

$$P(X(t_{n+1})=i_{n+1} \mid X(t_1)=i_1,X(t_2)=i_2,\cdots,X(t_n)=i_n)$$
$$=P(X(t_{n+1})=i_{n+1} \mid X(t_n)=i_n), \tag{5.1}$$

则称 $\{X(t),t\geqslant 0\}$ 为连续时间的 Markov 链.

连续时间的 Markov 链是具有 Markov 性(或称无后效性)的随机过程,它的直观意义是:过程在已知现在时刻 t_n 及一切过去时刻所处状态的条件下,将来时刻 t_{n+1} 的状态只依赖于现在的状态而与过去的状态无关.

记式(5.1)条件概率的一般形式为

$$P(X(s+t)=j \mid X(s)=i)=p_{ij}(s,t), \tag{5.2}$$

它表示系统在 s 时刻处于状态 i,经过时间 t 后在时刻 $s+t$ 转移到状态 j 的转移概率,通常称它为转移概率函数.一般它不仅与 t 有关,还与 s 有关.

定义 5.2 若式(5.2)的转移概率函数与 s 无关,则称连续时间 Markov 链具有平稳的转移概率函数,称该 Markov 链为连续时间的齐次(或时齐)Markov 链.此时转移概率函数简记为 $p_{ij}(s,t)=p_{ij}(t)$.相应地,转移概率矩阵简记为 $P(t)=(p_{ij}(t))(i,j\in I,t\geqslant 0)$.若状态空间 $I=\{0,1,2,\cdots\}$,则有

$$P(t)=(p_{ij}(t))=\begin{pmatrix} p_{00}(t) & p_{01}(t) & p_{02}(t) & \cdots \\ p_{10}(t) & p_{11}(t) & p_{12}(t) & \cdots \\ \cdots & \cdots & \cdots & \cdots \\ p_{n0}(t) & p_{n1}(t) & p_{n2}(t) & \cdots \\ \cdots & \cdots & \cdots & \cdots \end{pmatrix}. \tag{5.3}$$

假设在某时刻,比如说时刻 0,Markov 链进入状态 i,在接下来的 s 个单位时间内过程未离开状态 i(即未发生转移),我们要讨论的问题是在随后的 t 个单位时间中过程仍不离开

状态 i 的概率是多少? 由 Markov 性知,过程在时刻 s 处于状态 i 的条件下,在区间 $[s, s+t]$ 中仍处于状态 i 的概率正是它处在状态 i 至少 t 个单位时间的(无条件)概率,若记 τ_i 为过程在转移到另一状态之前停留在状态 i 的时间,则对一切 $s, t \geqslant 0$,首先注意到

$$\{\tau_i > s\} \Leftrightarrow \{X(u) = i, 0 < u \leqslant s \mid X(0) = i\},$$
$$\{\tau_i > s + t\} \Leftrightarrow \{X(u) = i, 0 < u \leqslant s, X(v) = 1, s < v \leqslant s + t \mid X(0) = i\},$$

则有

$$P(\tau_i > s + t \mid \tau_i > s)$$
$$= P(X(u) = i, 0 < u \leqslant s, X(v) = 1, s < v \leqslant s + t \mid X(u) = i, 0 \leqslant u \leqslant s)$$
$$= P(X(u) = 1, s < v \leqslant s + t \mid X(s) = i)$$
$$= P(X(u) = i, 0 < u \leqslant t \mid X(0) = i)$$
$$= P(\tau_i > t).$$

可见,随机变量 τ_i 具有无记忆性,因此, τ_i 服从指数分布.

我们实际上得到了另外一个构造连续时间的 Markov 链的方法:每当它进入状态 i,是具有如下性质的随机过程:

(1) 在转移到另一个状态之前处在状态 i 的时间服从参数为 ν_i 的指数分布;

(2) 当过程离开状态 i 时,接着以概率 p_{ij} 进入状态 j,且 $\sum_{j \in I} p_{ij} = 1$.

当 $\nu_i = \infty$ 时,称状态 i 是瞬时状态,因为过程一旦进入状态就离开;若 $\nu_i = 0$,称状态为吸收状态,因为过程一旦进入就永远不再离开.尽管瞬时状态在理论上是可能的,但我们以后还是假设对一切 $i, 0 \leqslant i < \infty$. 因此,考虑连续时间 Markov 链,可以按照离散时间的 Markov 链从一个状态转移到另一状态来考虑,但在转移到另一状态之前,它在各个状态停留的时间服从指数分布,而且在状态 i 停留的时间与下一个状态必须是相互独立的随机变量.

定理 5.1　齐次 Markov 链的转移概率函数具有下列性质:

(1) $p_{ij}(t) \geqslant 0$;

(2) $\sum_{j \in I} p_{ij}(t) = 1$;

(3) $p_{ij}(t + s) = \sum_{k \in I} p_{ik}(t) p_{kj}(s)$.

性质(2)表明转移概率矩阵中任一元素行的和为 1;性质(3)称为连续时间齐次 Markov 链的 Chapman-Kolmogorov 方程,简称 C-K 方程.

证明　(1)和(2)由概率定义及 $p_{ij}(t)$ 的定义易知,下面只证明(3).

由全概率公式和 Markov 性可得

$$p_{ij}(t + s) = P(X(t + s) = j \mid X(0) = i)$$
$$= \sum_{k \in I} P(X(t + s) = j, X(t) = k \mid X(0) = i)$$
$$= \sum_{k \in I} P(X(t) = k \mid X(0) = i) P(X(t + s) = j \mid X(t) = k)$$
$$= \sum_{k \in I} P(X(t) = k \mid X(0) = i) P(X(s) = j \mid X(0) = k)$$
$$= \sum_{k \in I} p_{ik}(t) p_{kj}(s).$$

对于转移概率函数,我们约定

$$\lim_{t \to 0} p_{ij}(t) = \delta_{ij} = \begin{cases} 1, & i = j \\ 0 & i \neq j \end{cases}. \tag{5.4}$$

称上式为连续性条件或正则性条件. 连续性条件保证转移概率函数 $p_{ij}(t)$ 在边界点 $t = 0$ 处右连续. 它的直观意义是: 当系统经过很短时间, 其状态几乎不变, 也就是认为系统刚进入一个状态又立刻离开这个状态是不可能的.

定义 5.3 连续时间 Markov 链 $\{X(t), t \geq 0\}$ 在初始时刻 (即零时刻) 取各状态的概率

$$\pi_i(0) = P(X(0) = i), \quad i \in I, \tag{5.5}$$

称为它的初始分布. $\{X(t), t \geq 0\}$ 在 t 时刻取各状态的概率

$$\pi_j(t) = P(X(t) = j), \quad j \in I, t \geq 0,$$

称为它在时刻 t 的绝对 (概率) 分布.

初始分布 $\pi(0) = (\pi_i(0), i \in I)$ 和绝对分布 $\pi(t) = (\pi_j(t), j \in I)$ 都是概率分布, 对于任意 $t \geq 0, \pi_j(t)$ 总满足:

(1) $0 \leq \pi_j(t) \leq 1$;

(2) $\sum_j \pi_j(t) = 1$.

利用全概率公式容易得到

$$\pi_j(t) = \sum_{i \in I} \pi_i(0) p_{ij}(t), \quad j \in I. \tag{5.6}$$

上式表明, 连续时间 Markov 链的绝对概率分布完全由其初始分布和转移概率函数所确定. 下面举一个简单的例子说明转移概率函数的计算方法.

例 5.1 证明 Poisson 过程 $\{N(t), t \geq 0\}$ 是连续时间的齐次 Markov 链.

证明 先证明 Poisson 过程具有 Markov 性.

由 Poisson 过程的独立增量性和 $N(t) = 0$, 对任意 $0 < t_1 < t_2 < \cdots < t_n < t_{n+1}$, 有

$$P(N(t_{n+1}) = i_{n+1} \mid N(t_1) = i_1, \cdots, N(t_n) = i_n)$$
$$= P(N(t_{n+1}) - N(t_n) = i_{n+1} - i_n \mid N(t_1) - N(0) = i_1,$$
$$N(t_2) - N(t_1) = i_2 - i_1, \cdots, N(t_n) - N(t_{n-1}) = i_n - i_{n-1})$$
$$= P(N(t_{n+1}) - N(t_n) = i_{n+1} - i_n).$$

另一方面, 因为

$$P(N(t_{n+1}) = i_{n+1} \mid N(t_n) = i_n)$$
$$= P(N(t_{n+1}) - N(t_n) = i_{n+1} - i_n \mid N(t_n) - N(0) = i_n)$$
$$= P(N(t_{n+1}) - N(t_n) = i_{n+1} - i_n),$$

因此

$$P(N(t_{n+1}) = i_{n+1} \mid N(t_1) = i_1, \cdots, N(t_n) = i_n) = P(N(t_{n+1}) = i_{n+1} \mid N(t_n) = i_n),$$

即 Poisson 过程是连续时间的 Markov 链.

再证齐次性. 当 $j \geq i$ 时, 由 Poisson 过程的定义, 得到

$$p_{ij}(s, s + t) = P(N(s + t) = j \mid N(s) = i) = P(N(s + t) - N(s) = j - i)$$
$$= e^{-\lambda t} \frac{(\lambda t)^{j-i}}{(j - i)!}.$$

当 $j < i$ 时, 由于过程的增量只取非负整数值, 因此 $p_{ij}(s, s + t) = 0$, 故

$$p_{ij}(s, s + t) = p_{ij}(t) = \begin{cases} e^{-\lambda t} \dfrac{(\lambda t)^{j-i}}{(j - i)!}, & j \geq i \\ 0, & j < i \end{cases},$$

即转移概率函数只与 t 有关,因此,Poisson 过程具有齐次性.容易看出,固定 i,j 时,$p_{ij}(t)$ 是关于 t 的连续可微函数.

事实上,我们容易得到更一般的结论:

(1) 独立过程$\{X(t),t\geqslant 0\}$是 Markov 过程.

(2) 若独立增量过程$\{X(t),t\geqslant 0\}$满足 $X(0)=0$,则是 Markov 过程.

5.2　Kolmogorov 微分方程

对于离散时间齐次 Markov 链,如果已知其一步转移概率矩阵 $P=(p_{ij})$,则 k 步转移概率矩阵由一步转移概率矩阵的 k 次方即可求得.但是,对于连续时间齐次 Markov 链,由于"步长"的概念失效,转移概率函数的求法较为复杂,一般通过解微分方程求出转移概率函数.为此,我们首先讨论 $p_{ij}(t)$ 的可微性及所满足的 Kolmogorov 微分方程.

定理 5.2　设齐次 Markov 链满足连续性条件(5.4)式,则对于任意固定的 $i,j\in I$,转移概率函数 $p_{ij}(t)$ 是 t 的一致连续函数.

证明　设 $\Delta t>0$,由 C-K 方程,有

$$p_{ij}(t+\Delta t)-p_{ij}(t)=\sum_{k\in I}p_{ik}(\Delta t)p_{kj}(t)-p_{ij}(t)$$
$$=p_{ii}(\Delta t)p_{ij}(t)-p_{ij}(t)+\sum_{k\neq i}p_{ik}(\Delta t)p_{kj}(t)$$
$$=-[1-p_{ii}(\Delta t)]p_{ij}(t)+\sum_{k\neq i}p_{ik}(\Delta t)p_{kj}(t),$$

由此可知

$$p_{ij}(t+\Delta t)-p_{ij}(t)\geqslant-[1-p_{ii}(\Delta t)]p_{ij}(t)\geqslant-[1-p_{ii}(\Delta t)],$$

以及

$$p_{ij}(t+\Delta t)-p_{ij}(t)\leqslant\sum_{k\neq i}p_{ik}(\Delta t)p_{kj}(t)\leqslant\sum_{k\neq i}p_{ik}(\Delta t)=1-p_{ii}(\Delta t),$$

因此

$$|p_{ij}(t+\Delta t)-p_{ij}(t)|\leqslant 1-p_{ii}(\Delta t).$$

对于 $\Delta t<0$,可得到类似的不等式.因此

$$|p_{ij}(t+\Delta t)-p_{ij}(t)|\leqslant 1-p_{ii}(|\Delta t|)\to 0.$$

由连续性条件,令 $\Delta t\to 0$ 即可得到证明.

定理 5.3　设 $p_{ij}(t)$ 是齐次连续时间 Markov 链的转移概率函数,则有:

(1) $\lim\limits_{\Delta t\to 0}\dfrac{p_{ij}(\Delta t)}{\Delta t}\triangleq q_{ij}<\infty,i\neq j$;　　　　　　　　　　　　　　　(5.7)

(2) $\lim\limits_{\Delta t\to 0}\dfrac{1-p_{ii}(\Delta t)}{\Delta t}\triangleq q_{ii}\leqslant\infty,i\in I$.　　　　　　　　　　　　　(5.8)

定理 5.3 中定义的 q_{ij} 是齐次连续时间 Markov 链从状态 i 到状态 j 的转移概率密度,或称转移速率,也可称为从状态 i 到状态 j 的跳跃强度.转移速率函数刻画了 Markov 链的转移概率函数在零时刻对时间的变化率.定理中极限的概率意义是:在长为 Δt 的时间区间内,过程从状态 i 转移到状态 j 的概率 $p_{ij}(\Delta t)$,等于 $q_{ij}\Delta t$ 加上一个比 Δt 高阶的无穷小

量;从状态 i 转移到另一其他状态的转移概率 $1-p_{ii}(\Delta t)$,等于 $q_{ii}\Delta t$ 加上一个比 Δt 高阶的无穷小量.转移速率函数也可以表示为以下形式:当 Δt 充分小时,

$$P(X(\Delta t)=i \mid X(0)=i)=p_{ii}(\Delta t)=1-q_{ii}\Delta t+o(\Delta t),$$

$$P(X(\Delta t)=j \mid X(0)=i)=p_{ij}(\Delta t)=q_{ij}\Delta t+o(\Delta t), \quad i\neq j.$$

推论 5.1 对有限齐次 Markov 过程,有

$$q_{ii}=\sum_{j\neq i}q_{ij}<\infty. \tag{5.9}$$

证明 由定理 5.1,有 $\sum_{j\in I}p_{ij}(\Delta t)=1$,即 $1-p_{ii}(\Delta t)=\sum_{j\neq i}p_{ij}(\Delta t)$. 由于求和是在有限集上进行的,因此有

$$\lim_{\Delta t\to 0}\frac{1-p_{ii}(\Delta t)}{\Delta t}=\lim_{\Delta t\to 0}\sum_{j\neq i}\frac{p_{ij}(\Delta t)}{\Delta t}=\sum_{j\neq i}q_{ij},$$

即 $q_{ii}=\sum_{j\neq i}q_{ij}<\infty$.证毕.

对于状态是无限的齐次 Markov 过程,一般只有 $q_{ii}\geqslant\sum_{j\neq i}q_{ij}$.为了简单起见,设连续时间齐次 Markov 链具有有限状态空间 $I=\{0,1,2,\cdots,n\}$,则其转移概率速率可构成以下形式的 Q 矩阵:

$$Q=\begin{pmatrix} -q_{00} & q_{01} & \cdots & q_{0n} \\ q_{10} & -q_{11} & \cdots & q_{1n} \\ \vdots & \vdots & & \vdots \\ q_{n0} & q_{n1} & \cdots & -q_{nn} \end{pmatrix}. \tag{5.10}$$

由式(5.10)知,Q 矩阵的每一行元素之和为 0,主对角线元素为负或为 0,其余 $j\neq i$ 时,$q_{ij}\geqslant 0$.

利用 Q 矩阵可以推出任意时间间隔 t 的转移概率函数所满足的方程组,从而可以求出转移概率函数.当矩阵元素 $q_{ii}=\sum_{j\neq i}q_{ij}<+\infty$ 时,称该矩阵是保守的.

下面我们给出转移概率函数 $p_{ij}(t)$ 满足的微分方程.

定理 5.4 (Kolmogorov 向后方程)设 $p_{ij}(t)$ 是满足连续性条件的有限齐次 Markov 链的转移概率函数,则对一切 i,j 及 $t\geqslant 0$,有

$$p'_{ij}(t)=\sum_{k\neq i}q_{ik}p_{kj}(t)-q_{ii}p_{ij}(t), \quad i=0,1,2,\cdots,n. \tag{5.11}$$

证明 由 C-K 方程,有

$$p_{ij}(t+\Delta t)-p_{ij}(t)=\sum_{k=0}^{n}p_{ik}(\Delta t)p_{kj}(t)-p_{ij}(t)$$

$$=\sum_{k\neq i}p_{ik}(\Delta t)p_{kj}(t)+(p_{ii}(\Delta t)p_{ij}(t)-p_{ij}(t))$$

$$=\sum_{k\neq i}p_{ik}(\Delta t)p_{kj}(t)-(1-p_{ii}(\Delta t))p_{ij}(t).$$

于是,由速率函数 q_{ij} 的定义,可得

$$p'_{ij}(t)=\lim_{\Delta t\to 0}\frac{p_{ij}(t+\Delta t)-p_{ij}(t)}{\Delta t}$$

$$=\sum_{k\neq i}\lim_{\Delta t\to 0}\frac{p_{ik}(\Delta t)}{\Delta t}p_{kj}(t)-\lim_{\Delta t\to 0}\frac{1-p_{ii}(\Delta t)}{\Delta t}p_{ij}(t)$$

$$= \sum_{k \neq i} q_{ik} p_{kj}(t) - q_{ii} p_{ij}(t).$$

定理 5.4 中 $p_{ij}(t)$ 满足的微分方程组称为向后方程(或称后退方程),是因为在计算时刻 $t + \Delta t$ 状态的概率分布时,我们对退后时刻 Δt 的状态取条件,即我们从

$$p_{ij}(t + \Delta t) = \sum_{k \in I} P(X(t + \Delta t) = j \mid X(0) = i, X(\Delta t) = k)$$

$$\cdot P(X(\Delta t) = k \mid X(0) = i)$$

$$= \sum_{k \in I} p_{ik}(\Delta t) p_{kj}(t)$$

开始计算.

对于无限状态空间为 $I = \{0, 1, 2, \cdots\}$ 的齐次 Markov 链,当 $q_{ii} < +\infty$ 时,Kolmogorov 向后方程和向前方程依然成立. 我们只需证明其中的极限与求和可以交换即可. 事实上,对于固定的 N,有

$$\liminf_{\Delta t \to 0} \sum_{k \neq i} \frac{p_{ik}(\Delta t)}{\Delta t} p_{kj}(t) \geqslant \liminf_{\Delta t \to 0} \sum_{\substack{k \neq i \\ k < N}} \frac{p_{ik}(\Delta t)}{\Delta t} p_{kj}(t)$$

$$= \sum_{\substack{k \neq i \\ k < N}} \liminf_{\Delta t \to 0} \frac{p_{ik}(\Delta t)}{\Delta t} p_{kj}(t) = \sum_{\substack{k \neq i \\ k < N}} q_{ik} p_{kj}(t),$$

由 N 的任意性,有

$$\liminf_{\Delta t \to 0} \sum_{k \neq i} \frac{p_{ik}(\Delta t)}{\Delta t} p_{kj}(t) \geqslant \sum_{k \neq i} q_{ik} p_{kj}(t).$$

又因为 $\forall k \in I, p_{kj} \leqslant 1$,有

$$\limsup_{\Delta t \to 0} \sum_{k \neq i} \frac{p_{ik}(\Delta t)}{\Delta t} p_{kj}(t) \leqslant \limsup_{\Delta t \to 0} \left[\sum_{\substack{k \neq i \\ k < N}} \frac{p_{ik}(\Delta t)}{\Delta t} p_{kj}(t) + \sum_{k \geqslant N} \frac{p_{ik}(\Delta t)}{\Delta t} \right]$$

$$= \limsup_{\Delta t \to 0} \left[\sum_{\substack{k \neq i \\ k < N}} \frac{p_{ik}(\Delta t)}{\Delta t} p_{kj}(t) + \left(\sum_{k \in I} \frac{p_{ik}(\Delta t)}{\Delta t} - \sum_{k < N} \frac{p_{ik}(\Delta t)}{\Delta t} \right) \right]$$

$$= \limsup_{\Delta t \to 0} \left[\sum_{\substack{k \neq i \\ k < N}} \frac{p_{ik}(\Delta t)}{\Delta t} p_{kj}(t) + \left(\frac{1 - p_{ii}(\Delta t)}{\Delta t} - \sum_{\substack{k < N \\ k \neq i}} \frac{p_{ik}(\Delta t)}{\Delta t} \right) \right]$$

$$= \sum_{\substack{k \neq i \\ k < N}} q_{ik} p_{kj}(t) + q_{ii} - \sum_{\substack{k < N \\ k \neq i}} q_{ik},$$

由 N 的任意性,有

$$\limsup_{\Delta t \to 0} \sum_{k \neq i} \frac{p_{ik}(\Delta t)}{\Delta t} p_{kj}(t) \leqslant \sum_{k \neq i} q_{ik} p_{kj}(t) \quad (因为 \; q_{ii} = \sum_{k \neq i} q_{ik} < +\infty).$$

这就证明了 $\displaystyle\lim_{\Delta t \to 0} \sum_{k \neq i} \frac{p_{ik}(\Delta t)}{\Delta t} p_{kj}(t) = \sum_{k \neq i} q_{ik} p_{kj}(t).$

对于时刻 t 的状态取条件,类似地可以导出另一组方程,称为 Kolmogorov 向前方程或前进方程.

定理 5.5 (Kolmogorov 向前方程)在连续性条件下,有

$$p'_{ij}(t) = \sum_{k \neq j} p_{ik}(t) q_{kj} - p_{ij}(t) q_{jj}, \quad i = 0, 1, 2, \cdots, n. \tag{5.12}$$

利用 Kolmogorov 向后方程和向前方程及初始条件 $\begin{cases} p_{ii}(0) = 1 \\ p_{ij}(0) = 0, i \neq j \end{cases}$,可以求出 $p_{ij}(t)$.

Kolmogorov 向后方程和向前方程虽然形式上不同,但可以证明它们所求得的解 $p_{ij}(t)$ 是相同的.在实际应用中,当固定最后所处状态 j,研究 $p_{ij}(t)(i=0,1,\cdots)$ 时,采用向后方程较为方便;当固定状态 i,研究 $p_{ij}(t)(j=0,1,\cdots)$ 时,采用向前方程则较方便.

向后方程和向前方程可以写成矩阵形式:

$$P'(t) = QP(t), \tag{5.13}$$

$$P'(t) = P(t)Q. \tag{5.14}$$

此时 Q 矩阵为

$$Q = \begin{pmatrix} -q_{00} & q_{01} & q_{02} & \cdots \\ q_{10} & -q_{11} & q_{12} & \cdots \\ q_{20} & q_{21} & -q_{22} & \cdots \\ \cdots & \cdots & \cdots & \cdots \end{pmatrix}, \tag{5.15}$$

其中矩阵 $P'(t)$ 的元素为矩阵 $P(t)$ 各元素的导数,而

$$P(t) = \begin{pmatrix} p_{00}(t) & p_{01}(t) & p_{02}(t) & \cdots \\ p_{10}(t) & p_{11}(t) & p_{12}(t) & \cdots \\ p_{20}(t) & p_{21}(t) & p_{22}(t) & \cdots \\ \cdots & \cdots & \cdots & \cdots \end{pmatrix}. \tag{5.16}$$

由此,连续时间 Markov 链转移概率函数的求解问题就转化为矩阵微分方程的求解问题,其转移概率函数由其转移速率矩阵 Q 决定.

特别地,若 Q 矩阵是一个有限维矩阵,则式(5.13)、式(5.14)的解为

$$P(t) = \mathrm{e}^{Qt} = \sum_{j=0}^{\infty} \frac{(Qt)^j}{j!}. \tag{5.17}$$

有关齐次 Markov 链在时刻 t 处在状态 $j \in I$ 的绝对分布 $\{\pi_j(t), j \in I\}$,我们有下面的定理.

定理 5.6 (Fokker-Planck 方程) 齐次 Markov 链在时刻 t 处在状态 $j \in I$ 的绝对分布 $\pi_j(t)$ 满足下列方程:

$$\pi'_j(t) = -\pi_j(t)q_{jj} + \sum_{k \neq j}\pi_k(t)q_{kj}. \tag{5.18}$$

证明 由于 $\pi_j(t) = \sum_{i \in I}\pi_i(0)p_{ij}(t)$,将向前方程两边分别乘以 $\pi_i(0)$,并对 i 求和,得

$$\sum_{i \in I}\pi_i(0)p'_{ij}(t) = \sum_{i \in I}(-\pi_i(0)p_{ij}(t)q_{jj}) + \sum_{i \in I}\sum_{k \neq j}\pi_i(0)p_{ik}(t)q_{kj},$$

因此

$$\pi'_j(t) = -\pi_j(t)q_{jj} + \sum_{k \neq j}\pi_k q_{kj}.$$

由式(5.18)可得到任意时刻 t 时 Markov 链的一维分布.

同离散 Markov 链类似,$p_{ij}(t)$ 在 $t \to 0$ 时的性质,如连续性、可微性,这些性质称为 $p_{ij}(t)$ 的无穷小性质.下面我们进一步讨论 $p_{ij}(t)$ 当 $t \to \infty$ 时的性质(即遍历性).

定义 5.4 设 $p_{ij}(t)$ 为连续时间 Markov 链的转移概率,若存在时刻 t_1 和 t_2,使得

$$p_{ij}(t_1) > 0, \quad p_{ji}(t_2) > 0, \tag{5.19}$$

则称状态 i,j 是互通的;若所有的状态都是互通的,则称此 Markov 链是不可约的.

定义 5.5 设 $p_{ij}(t)$ 为连续时间 Markov 链的转移概率函数,$\{\pi_j, j=0,1,2,\cdots\}$ 为一概

率分布,如果对于一切 $t>0$,有

$$\pi_j = \sum_{i=0}^{\infty} \pi_i p_{ij}(t), \tag{5.20}$$

则称概率分布 $\{\pi_j, j=0,1,2,\cdots\}$ 为 Markov 链的平稳分布.

我们知道,所谓平稳分布就是不因转移而变化的分布,与无条件概率

$$\pi_j(t) = \sum_{i \in I} \pi_i(0) p_{ij}(t)$$

相比较,当无条件概率 $\pi_j(t) = P(X(t) = j) = \pi_j$ 是与 j 有关的常数时,该 Markov 链存在平稳分布.

如果连续时间的 Markov 链存在平稳分布,记

$$\pi_j(t) = \pi_j(\text{常数}), \quad j = 0,1,2,\cdots, \tag{5.21}$$

则用 $\pi_i(0)$ 乘以向前方程的两边,再对 i 相加,可得

$$\sum_{k \neq j} \pi_k q_{kj} = \pi_j q_{jj}. \tag{5.22}$$

式(5.22)给出了平稳分布所必须满足的方程.

定理 5.7 设连续时间 Markov 链是不可约的,则有下面的性质:

(1) 若它是正常返的,则极限 $\lim\limits_{t \to \infty} p_{ij}(t)$ 存在且等于 $\pi_j > 0, j \in I$,这里 π_j 是方程组

$$\begin{cases} \pi_j q_{jj} = \sum\limits_{k \neq j} \pi_k q_{kj} \\ \sum\limits_{j \in I} \pi_j = 1 \end{cases} \tag{5.23}$$

的唯一非负解,此时,称 $\{\pi_j, j \in I\}$ 是该过程的平稳分布,且 $\lim\limits_{t \to \infty} p_{ij}(t) = \pi_j$.

(2) 若它是零常返的或非常返的,则有

$$\lim_{t \to \infty} p_{ij}(t) = \lim_{t \to \infty} \pi_j(t) = 0, \quad i, j \in I. \tag{5.24}$$

在实际应用中,有些问题可以直接用 Kolmogorov 向前或向后方程求解,但也有一些问题不能直接求解,此时我们可用式(5.23)来求解.

例 5.2 设 Markov 链 $\{X(t), t \geq 0\}$ 的状态空间为 $I = \{1,2,\cdots,m\}$,当 $i \neq j$ 时,$q_{ij} = 1, i,j = 1,2,\cdots,m$;当 $i = 1,2,\cdots,m$ 时,$q_{ii} = m - 1$.求 $p_{ij}(t)$.

解 根据 Kolmogorov 向前方程(5.12)式,有

$$\frac{\mathrm{d}p_{ij}(t)}{\mathrm{d}t} = -(m-1)p_{ij}(t) + \sum_{k \neq j} p_{ik}(t).$$

由于 $\sum\limits_{k \in I} p_{ik}(t) = 1$,因此 $\sum\limits_{k \neq j} p_{ik}(t) = 1 - p_{ij}(t)$,所以

$$\frac{\mathrm{d}p_{ij}(t)}{\mathrm{d}t} = -(m-1)p_{ij}(t) + (1 - p_{ij}(t)) = -mp_{ij}(t) + 1, \quad i,j = 1,2,\cdots,m,$$

解得

$$p_{ij}(t) = Ce^{-mt} + \frac{1}{m}, \quad i,j = 1,2,\cdots,m.$$

利用初始条件

$$p_{ii}(0) = 1, \quad p_{ij}(0) = 0 \quad (i \neq j),$$

则当 $i = j$ 时,$C = 1 - \dfrac{1}{m}$,而当 $i \neq j$ 时,$C = -\dfrac{1}{m}$.于是

$$p_{ii}(t) = (1 - \frac{1}{m})e^{-mt} + \frac{1}{m}, \quad i = 1,2,\cdots,m,$$

$$p_{ij}(t) = \frac{1}{m}(1 - e^{-mt}), \quad i \neq j; i,j = 1,2,\cdots,m.$$

例 5.3 （随机信号）设信号仅取两个可能值"0"和"1"，$X(t)$ 表示 t 时刻接收到的信号．$\{X(t), t \geq 0\}$ 是状态空间为 $I = \{0,1\}$ 的齐次 Markov 链．设在转移到状态 1 之前在状态 0 停留的时间是参数为 λ 的指数变量，而在回到状态 0 之前它停留在状态 1 的时间是参数为 μ 的指数变量，即转移概率函数为

$$p_{01}(\Delta t) = \lambda \cdot \Delta t + o(\Delta t), \quad \lambda > 0,$$
$$p_{10}(\Delta t) = \mu \cdot \Delta t + o(\Delta t), \quad \mu > 0.$$

由此并利用定理 5.3，有

$$q_{00} = \lim_{\Delta t \to 0} \frac{1 - p_{00}(\Delta t)}{\Delta t} = \lim_{\Delta t \to 0} \frac{p_{01}(\Delta t)}{\Delta t} = \frac{\mathrm{d}}{\mathrm{d}\Delta t}p_{01}(\Delta t)\big|_{\Delta t = 0} = \lambda = q_{01},$$

$$q_{11} = \lim_{\Delta t \to 0} \frac{1 - p_{11}(\Delta t)}{\Delta t} = \lim_{\Delta t \to 0} \frac{p_{10}(\Delta t)}{\Delta t} = \frac{\mathrm{d}}{\mathrm{d}\Delta t}p_{10}(\Delta t)\big|_{\Delta t = 0} = \mu = q_{10}.$$

故得 Q 矩阵为

$$Q = \begin{pmatrix} -\lambda & \lambda \\ \mu & -\mu \end{pmatrix}.$$

相应的 Kolmogorov 向前方程为

$$p'_{00}(t) = -\lambda p_{00}(t) + \mu p_{01}(t), \quad p'_{01}(t) = \lambda p_{00}(t) - \mu p_{01}(t),$$
$$p'_{10}(t) = -\lambda p_{10}(t) + \mu p_{11}(t), \quad p'_{11}(t) = \lambda p_{10}(t) - \mu p_{11}(t).$$

初始条件为

$$p_{00}(0) = p_{11}(0) = 1, \quad p_{01}(0) = p_{10}(0) = 0,$$

化为一阶线性微分方程可解得

$$p_{00}(t) = \frac{\lambda}{\lambda + \mu}e^{-(\lambda+\mu)t} + \frac{\mu}{\lambda + \mu}, \quad p_{11}(t) = \frac{\lambda}{\lambda + \mu} + \frac{\mu}{\lambda + \mu}e^{-(\lambda+\mu)t}.$$

记 $\lambda_0 = \frac{\lambda}{\lambda + \mu}, \mu_0 = \frac{\mu}{\lambda + \mu}$，则有

$$p_{00}(t) = \lambda_0 e^{-(\lambda+\mu)t} + \mu_0, \quad p_{11}(t) = \mu_0 e^{-(\lambda+\mu)t} + \lambda_0.$$

而有

$$p_{01}(t) = 1 - p_{00}(t) = \lambda_0 - \lambda_0 e^{-(\lambda+\mu)t}, \quad p_{10}(t) = 1 - p_{11}(t) = \mu_0 - \mu_0 e^{-(\lambda+\mu)t},$$

令 $t \to \infty$，可得

$$\lim_{t\to\infty}p_{00}(t) = \mu_0 = \lim_{t\to\infty}p_{10}(t), \quad \lim_{t\to\infty}p_{11}(t) = \lambda_0 = \lim_{t\to\infty}p_{01}(t).$$

由此可见，当 $t \to \infty$ 时，$\lim_{t\to\infty}p_{ij}(t)$ 存在且与 i 无关，由定理 5.7，平稳分布为

$$\pi_0 = \mu_0, \quad \pi_1 = \lambda_0.$$

若取初始分布为平稳分布，即

$$\pi_0(0) = P(X(0) = 0) = \mu_0, \quad \pi_1(0) = P(X(0) = 1) = \lambda_0,$$

则在时刻 t 的绝对概率分布为

$$\pi_0(t) = \pi_0(0)p_{00}(t) + \pi_1(0)p_{10}(t)$$
$$= \mu_0[\lambda_0 e^{-(\lambda+\mu)t} + \mu_0] + \lambda_0[\mu_0 - \mu_0 e^{-(\lambda+\mu)t}] = \mu_0^2 + \lambda_0\mu_0 = \mu_0,$$

$$\pi_1(t) = \pi_0(0)p_{01}(t) + \pi_1(0)p_{11}(t) = \mu_0[\lambda_0 - \lambda_0 e^{-(\lambda+\mu)t}] + \lambda_0[\lambda_0 + \mu_0 e^{-(\lambda+\mu)t}] = \lambda_0.$$

在平稳状态时,此 Markov 链的均值函数和协方差函数分别为

$$m(t) = EX(t) = 0 \cdot \pi_0(t) + 1 \cdot \pi_1(t) = \lambda_0,$$

$$\begin{aligned}
C(s,t) &= E\{[X(s) - m(s)][X(t) - m(t)]\} \\
&= E[X(s)X(t)] - m^2(t) = P(X(s) = 1, X(t) = 1) - m^2(t) \\
&= P(X(t) = 1 \mid X(s) = 1) \cdot P(X(s) = 1) - m^2(t) \\
&= \pi_1(s) \cdot p_{11}(t - s) - m^2(t) = \lambda_0[\lambda_0 + \mu_0 e^{-(\lambda+\mu)(t-s)}] - \lambda_0^2 \\
&= \lambda_0 \mu_0 e^{-(\lambda+\mu)(t-s)}, \quad t > s.
\end{aligned}$$

例 5.4　(机器维修问题)设在例 5.3 中,状态 0 代表某机器正常工作,状态 1 代表机器出现故障.状态转移概率与例 5.3 中相同,即在 Δt 时间内,机器从正常工作变为出故障的概率为 $p_{01}(\Delta t) = \lambda \cdot \Delta t + o(\Delta t)$;在 Δt 时间内,机器从有故障变为修复后正常工作的概率为 $p_{10}(\Delta t) = \mu \cdot \Delta t + o(\Delta t)$,求在 $t = 0$ 时正常工作的机器,在 $t = 5$ 时正常工作的概率.

解　由例 5.3,要求机器最后所处的状态为正常工作,只需计算 $p_{00}(t)$ 即可.由于

$$p_{00}(t) = \lambda_0 e^{-(\lambda+\mu)t} + \mu_0,$$

且

$$\pi_0(0) = P(X(0) = 0) = 1,$$

因此

$$\pi_0(5) = P(X(5) = 0) = \pi_0(0) p_{00}(5) = \mu_0 + \lambda_0 e^{-5(\lambda+\mu)}.$$

例 5.5　(排队问题)设有一随机服务系统,到达服务台的顾客数是强度为 λ 的 Poisson 过程 $\{N(t), t \geqslant 0\}$.服务台只有一个服务员,对顾客的服务时间 T 是服从参数为 μ 的指数分布的随机变量.假定顾客接受服务的时间与顾客到达服务台的人数情况相互独立.如果顾客到达时服务员空闲,则顾客立刻获得服务;如果顾客到达时服务员正在为另一顾客服务,则他必须排队等待;如果一顾客到达时发现已经有两个人在等待,则他就离开不再回来.设 $\{X(t), t \geqslant 0\}$ 是 t 时刻服务台里的顾客数(包括正在被服务的顾客和排队等待的顾客),这是一个连续时间的 Markov 链,其状态空间为 $I = \{0, 1, 2, 3\}$,假设在 0 时刻系统处在零状态,求在 t 时刻系统处在 j 状态的概率 $\pi_j(t)$.($\pi_j(t) = P(X(t) = j)$ 所满足的微分方程.)

解　考虑建立 Fokker-Planck 方程,为此,先求 Markov 链的 Q 矩阵.

若 $X(t) = 0$,当有一顾客来到服务台时,则状态由 0 转移到 1,因到达服务台的顾客数是强度为 λ 的 Poisson 过程,因此,在 $(t, t + \Delta t]$ 内有一顾客到达服务台的概率为

$$p_{01}(\Delta t) = P(N(t) = 1) = \lambda \Delta t + o(\Delta t),$$

因此有

$$q_{01} = \lim_{\Delta t \to 0} \frac{p_{01}(\Delta t)}{\Delta t} = \lim_{\Delta t \to 0} \frac{\lambda \Delta t + o(\Delta t)}{\Delta t} = \lambda.$$

在 $(t, t + \Delta t]$ 有两个或两个以上顾客到达的概率为 $o(\Delta t)$,故有 $q_{02} = q_{03} = 0$.又利用 Q 矩阵的性质,得到 $q_{00} = -\lambda$.

若 $X(t) = 1$,表示在 t 时刻有一顾客正在被服务,由于对顾客服务的时间是服从参数为 μ 的指数分布的随机变量,则在 $(t, t + \Delta t]$ 内完成服务的概率为 $1 - e^{-\mu\Delta t} = \mu\Delta t + o(\Delta t)$.因此,在 $(t, t + \Delta t]$ 内系统由状态 1 转移到状态 0 的概率,也就是在这段时间内没有顾客到来,且完成对那个顾客的服务的概率为

$$p_{10}(\Delta t) = [\mu\Delta t + o(\Delta t)][1 - \lambda\Delta t + o(\Delta t)] = \mu\Delta t + o(\Delta t),$$

因此

$$q_{10} = \lim_{\Delta t \to 0} \frac{p_{10}(\Delta t)}{\Delta t} = \lim_{\Delta t \to 0} \frac{\mu \Delta t + o(\Delta t)}{\Delta t} = \mu.$$

同理可得

$$p_{12}(\Delta t) = [\lambda \Delta t + o(\Delta t)][1 - \mu \Delta t + o(\Delta t)] = \lambda \Delta t + o(\Delta t).$$

从而得到 $q_{12} = \lambda$. 同理可得 $q_{13} = 0$, $q_{11} = -(q_{10} + q_{12} + q_{13}) = -(\mu + \lambda)$.

仿照上面的做法,得到

$$q_{20} = 0, \quad q_{21} = \mu, \quad q_{23} = \lambda, \quad q_{22} = -(\lambda + \mu).$$

若 $X(t) = 3$,则这时系统不能接受新顾客,状态 3 只能转移到状态 2 或仍保持在状态 3,在此情况下,在 $(t, t + \Delta t]$ 内对顾客服务结束的概率为 $1 - e^{-\mu \Delta t} = \mu \Delta t + o(\Delta t)$,从而,$p_{32}(\Delta t) = \mu \Delta t + o(\Delta t)$,由此得到 $q_{32} = \mu$,$q_{30} = q_{31} = 0$,$q_{33} = -\mu$.

所求的 Q 矩阵为

$$Q = \begin{bmatrix} -\lambda & \lambda & 0 & 0 \\ \mu & -(\lambda + \mu) & \lambda & 0 \\ 0 & \mu & -(\lambda + \mu) & \lambda \\ 0 & 0 & \mu & -\mu \end{bmatrix}.$$

根据 Fokker-Planck 方程得

$$\pi'_0(t) = -\lambda \pi_0(t) + \mu \pi_1(t),$$
$$\pi'_1(t) = \lambda \pi_0(t) - (\lambda + \mu) \pi_1(t) + \mu \pi_2(t),$$
$$\pi'_2(t) = \lambda \pi_1(t) - (\lambda + \mu) \pi_2(t) + \mu \pi_3(t),$$
$$\pi'_3(t) = \lambda \pi_2(t) - \mu \pi_3(t).$$

初始分布为 $\pi_0(0) = 1$, $\pi_i(0) = 0$ $(i = 1, 2, 3)$.

5.3 生 灭 过 程

5.3.1 生灭过程的基本概念

连续时间的 Markov 链的一类重要的特殊情况是生灭过程,它的特征是在很短时间内,系统的状态只能从状态 i 转移到状态 $i-1$ 或 $i+1$ 或保持不变,而且生灭过程的所有状态都是互通的.确切的定义如下:

定义 5.6 设连续时间的齐次 Markov 链 $\{X(t), t \geqslant 0\}$ 的状态空间为 $I = \{0, 1, 2, \cdots\}$,转移概率函数为 $p_{ij}(t)$,如果

$$\begin{cases} p_{i,i+1}(\Delta t) = \lambda_i \Delta t + o(\Delta t), \quad \lambda_i > 0 \\ p_{i,i-1}(\Delta t) = \mu_i \Delta t + o(\Delta t), \quad \mu_i > 0, \mu_0 = 0 \\ p_{ii} = 1 - (\lambda_i + \mu_i) \Delta t + o(\Delta t) \\ p_{ij}(\Delta t) = o(\Delta t), \quad |i - j| \geqslant 2 \end{cases}, \tag{5.25}$$

则称 $\{X(t), t \geqslant 0\}$ 为生灭过程,λ_i 为出生率,μ_i 为死亡率.若 $\lambda_i = i\lambda$,$\mu_i = i\mu$(λ, μ 为正常数),则称 $\{X(t), t \geqslant 0\}$ 为线性生灭过程;若 $\mu_i \equiv 0$,则称 $\{X(t), t \geqslant 0\}$ 为纯生过程;若 $\lambda_i \equiv$

0,则称$\{X(t),t\geqslant 0\}$为纯灭过程.

从定义可以看出,如果不计高阶无穷小 $o(\Delta t)$,则生灭过程的变化状态只有 3 种情形:或由 i 变到 $i+1$,即增加 1(如果 $X(t)$ 是群体个数,则表明"生"了一个个体),其概率为 $\lambda_i\Delta t$;或由 i 变到 $i-1$,即减少 1(表明群体"死"了一个个体),其概率为 $\mu_i\Delta t$;或群体个数没有变化,其概率为 $1-(\lambda_i+\mu_i)\Delta t$.因此,生灭过程所有状态是相通的,但在很短的时间内,只能在相邻的状态内变化:或状态无变化,或"生"一个,或"灭"一个,故有生灭过程之称.

由定理 5.3,得

$$q_{ii}=-\frac{\mathrm{d}}{\mathrm{d}\Delta t}p_{ii}(\Delta t)\mid_{\Delta t=0}=\lambda_i+\mu_i,\quad i\geqslant 0,$$

$$q_{ij}=\frac{\mathrm{d}}{\mathrm{d}\Delta t}p_{ij}(\Delta t)\mid_{\Delta t=0}=\begin{cases}\lambda_i,&j=i+1,i\geqslant 0\\\mu_i,&j=i-1,i\geqslant 1\end{cases},$$

$$q_{ij}=0,\quad \mid i-j\mid\geqslant 2.$$

由此我们得到生灭过程的 Q 矩阵为

$$Q=\begin{bmatrix}-\lambda_0&\lambda_0&0&0&0&\cdots\\\mu_1&-(\lambda_1+\mu_1)&\lambda_1&0&0&\cdots\\0&\mu_2&-(\lambda_2+\mu_2)&\lambda_2&0&\cdots\\0&0&\mu_3&-(\lambda_3+\mu_3)&\lambda_3&\cdots\\\cdots&\cdots&\cdots&\cdots&\cdots&\cdots\end{bmatrix}.\tag{5.26}$$

相应地,Kolmogorov 向后方程为

$$p_{ij}'(t)=-(\lambda_i+\mu_i)p_{ij}(t)+\lambda_i p_{i+1,j}(t)+\mu_i p_{i-1,j}(t),\tag{5.27}$$

Kolmogorov 向前方程为

$$p_{ij}'(t)=-(\lambda_j+\mu_j)p_{ij}(t)+\lambda_{j-1}p_{i,j-1}(t)+\mu_{j+1}p_{i,j+1}(t).\tag{5.28}$$

上述方程组的求解比较困难,同离散时间的 Markov 链的情形一样,我们通过引进遍历性、极限分布来讨论其平稳分布.由定理 5.7,有

$$\begin{cases}\lambda_0\pi_0=\mu_1\pi_1\\(\lambda_j+\mu_j)\pi_j=\lambda_{j-1}\pi_{j-1}+\mu_{j+1}\pi_{j+1},\quad j\geqslant 1\end{cases}.\tag{5.29}$$

用递推法得

$$\pi_1=\frac{\lambda_0}{\mu_1}\pi_0,\quad \pi_2=\frac{\lambda_1}{\mu_2}\pi_1=\frac{\lambda_0\lambda_1}{\mu_1\mu_2}\pi_0,\quad\cdots,$$

$$\pi_j=\frac{\lambda_{j-1}}{\mu_j}\pi_{j-1}=\frac{\lambda_0\lambda_1\cdots\lambda_{j-1}}{\mu_1\mu_2\cdots\mu_j}\pi_0,\quad\cdots.$$

利用 $\sum_{j=1}^{\infty}\pi_j=1$,得到平稳分布

$$\pi_0=\left(1+\sum_{j=1}^{\infty}\frac{\lambda_0\lambda_1\cdots\lambda_{j-1}}{\mu_1\mu_2\cdots\mu_j}\right)^{-1},$$

$$\pi_j=\frac{\lambda_0\lambda_1\cdots\lambda_{j-1}}{\mu_1\mu_2\cdots\mu_j}\left(1+\sum_{j=1}^{\infty}\frac{\lambda_0\lambda_1\cdots\lambda_{j-1}}{\mu_1\mu_2\cdots\mu_j}\right)^{-1},\quad j\geqslant 1.\tag{5.30}$$

上式也指出生灭过程平稳分布存在的充要条件是

$$\sum_{j=1}^{\infty}\frac{\lambda_0\lambda_1\cdots\lambda_{j-1}}{\mu_1\mu_2\cdots\mu_j}<\infty.\tag{5.31}$$

生灭过程在计算机(通信网络)、系统更换(维修)、生态学等问题中有广泛的应用,下面

给出几个实例.

5.3.2 生灭过程的几个应用实例

例 5.6 (*M/M/s* 排队系统)(续例 5.5)假设顾客按照参数为 λ 的 Poisson 过程来到一个有 s 个服务员的服务站,即相继来到之间的时间是均值为 $1/\lambda$ 的独立指数随机变量,每个顾客一来到,如果有服务员空闲,则直接进行服务,否则此顾客要加入排队行列(即在队中等待).当一个服务员结束对一个顾客的服务时,顾客就离开服务系统,排队中的下一位顾客(若有顾客等待)进入服务.假定相继服务时间是相互独立的指数随机变量,均值为 $1/\mu$. 如果记 $X(t)$ 为时刻 t 系统中的人数,则 $\{X(t), t \geqslant 0\}$ 是生灭过程.

$$\mu_n = \begin{cases} n\mu, & 1 \leqslant n \leqslant s \\ s\mu, & n > s \end{cases}, \quad \lambda_n = \lambda, \quad n \geqslant 0. \tag{5.32}$$

$M/M/s$ 排队系统中 M 表示 Markov 过程,s 代表 s 个服务员.特别地,在 $M/M/1$ 排队系统中,$\lambda_n = \lambda$,$\mu_n = \mu$,于是若 $\dfrac{\lambda}{\mu} < 1$,则由式(5.25)可得

$$\pi_n = \frac{(\lambda/\mu)^n}{1 + \sum_{n=1}^{\infty} (\lambda/\mu)^n} = (\lambda/\mu)^n (1 - \lambda/\mu), \quad n \geqslant 0.$$

要求平稳分布(即极限分布)存在,λ 必须小于 μ 是直观的.顾客按速率 λ 到来且以速率 μ 受到服务,因此,当 $\lambda > \mu$ 时,他们到来的速率高于他们接受服务的速率,排队的长度趋于无穷;$\lambda = \mu$ 的情况类似于对称的随机游动,它是零常返的,因此没有极限概率.

例 5.7 (电话问题的爱尔朗(Erlang)公式)两个电话分局,假定它们之间有 s 条线路,两电话局用户之间通话要占用这些中继线,每个电话局都有许多用户,其数量比 s 大得多,因此,不管通话的用户占有几条中继线,不在通话的用户几乎总是不变的.因此,可以假定在 $(t, t + \Delta t]$ 中又有一用户要求通话的概率为 $\lambda \Delta t + o(\Delta t)$,而与正在通话的用户无关,如此时有空着的中继线,则上述用户就可以占用空着的中继线路而进行通话,否则该用户的要求因线路占满而取消.再假定每一个时刻 t 占用中继线通话的用户,在 $(t, t + \Delta t]$ 内将结束通话,从而空出一条中继线的概率为 $\mu \Delta t + o(\Delta t)$,并且各用户之间是相互独立的.在上述假定下,用 $X(t)$ 表示时刻 t 正在使用的中继线路的条数,则 $\{X(t), t \geqslant 0\}$ 是一个齐次的有限 Markov 链,记其转移概率为 $p_{ij}(t)$,则有

$$p_{i,i+1}(\Delta t) = \lambda \Delta t + o(\Delta t), \quad i = 0, 1, 2, \cdots, s-1,$$
$$p_{i,i-1}(\Delta t) = i\mu \Delta t + o(\Delta t), \quad i = 0, 1, 2, \cdots, s,$$
$$p_{ii}(\Delta t) = 1 - (\lambda + i\mu)\Delta t + o(\Delta t), \quad i = 0, 1, 2, \cdots, s-1,$$
$$p_{ss}(\Delta t) = 1 - s\mu \Delta t + o(\Delta t),$$
$$p_{ij}(\Delta t) = 0, \quad |i - j| > 1.$$

这是一个生灭过程,相应地有

$$\lambda_i = \lambda, \quad i = 0, 1, \cdots, s-1; \quad \mu_i = i\mu, \quad i = 1, 2, \cdots, s.$$

由式(5.30)知它的平稳分布为

$$\pi_k = \frac{\lambda_0 \lambda_1 \cdots \lambda_{k-1}}{\mu_1 \mu_2 \cdots \mu_k} \pi_0 = \frac{1}{k!} (\lambda/\mu)^k \pi_0, \quad k = 1, 2, \cdots, s,$$

$$\pi_0 = \left[1 + \sum_{k=1}^{s} \frac{1}{k!} (\lambda/\mu)^k \right]^{-1} = \left[\sum_{k=0}^{s} \frac{1}{k!} (\lambda/\mu)^k \right]^{-1},$$

于是

$$\pi_k = \frac{\dfrac{1}{k!} (\lambda/\mu)^k}{\displaystyle\sum_{l=0}^{s} \frac{1}{l!} (\lambda/\mu)^l}, \quad k = 0,1,\cdots,s. \tag{5.33}$$

这就是著名的 Erlang 公式.

例 5.8　(机床维修)设有 m 台机床, s 个维修工人($s \leqslant m$),机床或者工作,或者等待维修.机床损坏后,如有维修工人空着,则空着的工人立即来维修,否则等待,直到有一个工人修好手中的一台机床后再来维修,机床按先坏先修的原则排队.如果进一步假定:

(1) 在时刻 t 正在工作的一台机床在 $(t, t + \Delta t]$ 中损坏的概率为 $\lambda \Delta t + o(\Delta t)$;

(2) 在时刻 t 正在修理的一台机床在 $(t, t + \Delta t]$ 中被修好的概率为 $\mu \Delta t + o(\Delta t)$;

(3) 各机床之间的状态(指工作或损坏)是相互独立的.

在上述假定下,如用 $X(t)$ 表示在时刻 t 损坏了的(包括正在维修和等待维修的,即不在工作的)机床台数,则 $\{X(t), t \geqslant 0\}$ 是一个齐次的有限 Markov 链, $I = \{0,1,2,\cdots,m\}$,用 $p_{ij}(t)$ 表示该 Markov 链的转移概率,根据上述假设,有

$$p_{k,k+1}(\Delta t) = (m - k)\lambda \Delta t + o(\Delta t), \quad k = 0,1,2,\cdots,m-1.$$

事实上, $p_{k,k+1}(\Delta t) = P(X(t + \Delta t) = k + 1 \mid X(t) = k)$,表明在时刻 t 有 k 台机床损坏的条件下,在 $(t, t + h]$ 中又有一台机床损坏且 $\min\{k,s\}$ 台正在修理的机床在该段时间内都未修好的概率为

$$C_{m-k}^{1} \left[\lambda \Delta t + o(\Delta t) \right]^1 \left[1 - \lambda \Delta t - o(\Delta t) \right]^{m-k-1} \cdot \left[1 - \mu \Delta t - o(\Delta t) \right]^{\min\{k,s\}}$$
$$= (m - k)\lambda \Delta t + o(\Delta t),$$

即

$$p_{k,k+1}(\Delta t) = (m - k)\lambda \Delta t + o(\Delta t), \quad k = 0,1,2,\cdots,m-1.$$

类似地,有

$$p_{k,k-1}(\Delta t) = \begin{cases} k\mu \Delta t + o(\Delta t), & 1 \leqslant k \leqslant s \\ s\mu \Delta t + o(\Delta t), & s < k \leqslant m \end{cases},$$

$$p_{kk}(\Delta t) = \begin{cases} 1 - \left[(m - k)\lambda + k\mu \right]\Delta t + o(\Delta t), & 1 \leqslant k \leqslant s \\ 1 - \left[(m - k)\lambda + s\mu \right]\Delta t + o(\Delta t), & s < k \leqslant m \end{cases},$$

$$p_{kj}(\Delta t) = o(\Delta t), \quad |k - j| \geqslant 2.$$

可见这是一个纯生过程,相应地有

$$\lambda_k = (m - k)\lambda, \quad k = 0,1,\cdots,m-1,$$

$$\mu_k = \begin{cases} k\mu, & 1 \leqslant k \leqslant s \\ s\mu, & s < k \leqslant m \end{cases}.$$

因此,可以得到它的平稳分布如下:

(1) 当 $1 \leqslant k \leqslant s$ 时,有

$$\pi_k = \frac{\lambda_0 \lambda_1 \cdots \lambda_{k-1}}{\mu_1 \mu_2 \cdots \mu_k} \pi_0 = \frac{m(m-1)\cdots(m-k+1)}{1 \cdot 2 \cdot \cdots k \cdot \mu^k} \pi_0 = C_m^k \left(\frac{\lambda}{\mu} \right)^k \pi_0.$$

(2) 当 $s < k \leqslant m$ 时,有

$$\pi_k = \frac{\lambda_0 \lambda_1 \cdots \lambda_{s-1} \lambda_s \cdots \lambda_{k-1}}{\mu_1 \mu_2 \cdots \mu_s \mu_{s+1} \cdots \mu_k} \pi_0$$

$$= \frac{m(m-1)\cdots(m-s+1)(m-s)\cdots(m-k+1)\lambda^k}{1 \cdot 2 \cdots s \cdot s^{k-s} \cdots \mu^k} \pi_0$$

$$= C_m^k \frac{(s+1)(s+2)\cdots k}{s^{k-s}} (\lambda/\mu)^k \pi_0.$$

而

$$\pi_0 = \left[1 + \sum_{k=1}^m \frac{\lambda_0 \lambda_1 \cdots \lambda_{k-1}}{\mu_1 \mu_2 \cdots \mu_k} \right]^{-1}$$

$$= \left[1 + \sum_{k=1}^s C_m^k (\lambda/\mu)^k + \sum_{k=s+1}^m C_m^k \frac{(s+1)(s+2)\cdots k}{s^{k-s}} (\lambda/\mu)^k \right]^{-1}.$$

由此可见,在给定 m,λ,μ 之后,对于不同的 s 可用上述公式求出相应的$\{\pi_k\}$,进而求出相应的均值 $\sum_{k=1}^m k\pi_k$(即安排 s 个维修工人时,平均不工作的机床台数)等,根据这些数据就可确定合适的工人数.

例 5.9 (尤尔(Yule)过程) 设群体中各个个体的繁殖是相互独立、强度为 λ 的 Poisson 过程.若假设没有任何成员死亡,以 $X(t)$ 记时刻 t 群体的总数量,则 $X(t)$ 是一个纯生过程,其 $\lambda_n = n\lambda$, $n>0$.称此纯生过程为尤尔过程.计算:(1) 从一个个体开始,在时刻 t 群体总量的分布;(2) 从一个个体开始,在时刻 t 群体诸成员年龄之和的均值.

解 (1) 记 $T_i (i \geqslant 1)$ 为第 i 个与第 $i+1$ 个成员出生之前的时间,即 $T_i (i \geqslant 1)$ 是群体总数从 i 变化到 $i+1$ 所花的时间.由尤尔过程的定义知道,$T_i (i \geqslant 1)$ 是独立的具有参数为 $i\lambda$ 的指数分布,因此

$$P(T_1 \leqslant t) = 1 - e^{-\lambda t},$$

$$P(T_1 + T_2 \leqslant t) = \int_0^t P(T_1 + T_2 \leqslant t \mid T_1 = x_1) \lambda e^{-\lambda x} dx$$

$$= \int_0^t (1 - e^{-2\lambda(t-x)}) \lambda e^{-\lambda x} dx = (1 - e^{-\lambda t})^2,$$

$$P(T_1 + T_2 + T_3 \leqslant t) = \int_0^t P(T_1 + T_2 + T_3 \leqslant t \mid T_1 + T_2 = x) dF_{T_1 + T_2}(x)$$

$$= \int_0^t (1 - e^{-3\lambda(t-x)})(1 - e^{-\lambda t}) 2\lambda e^{-\lambda x}(x) dx = (1 - e^{-\lambda t})^3.$$

由归纳法可以证明

$$P(T_1 + T_2 + \cdots + T_j \leqslant t) = (1 - e^{-\lambda t})^j.$$

由于

$$P(T_1 + T_2 + \cdots + T_j \leqslant t) = P(X(t) \geqslant j+1 \mid X(0) = 1),$$

因此

$$p_{1j}(t) = (1 - e^{-\lambda t})^{j-1} - (1 - e^{-\lambda t})^j = e^{-\lambda t}(1 - e^{-\lambda t})^{j-1}, \quad j \geqslant 1.$$

由此可见,从一个个体开始,在时刻 t 群体的总量具有几何分布,其均值为 $e^{\lambda t}$.一般地,如果群体从 i 个个体开始,在时刻 t 群体总量是 i 个独立同几何分布随机变量之和,具有负二项分布,即

$$p_{ij}(t) = \binom{j-1}{i-1} e^{-i\lambda t}(1 - e^{-\lambda t})^{j-i}, \quad j \geqslant i \geqslant 1.$$

（2）记 $A(t)$ 为群体在时刻 t 诸成员年龄之和，则可以证明

$$A(t) = a_0 + \int_0^t X(s)\mathrm{d}s,$$

其中，a_0 是最初个体在 $t=0$ 的年龄. 取期望得

$$EA(t) = a_0 + E\Big[\int_0^t X(s)\mathrm{d}s\Big] = a_0 + \int_0^t E[X(s)\mathrm{d}s] = a_0 + \int_0^t \mathrm{e}^{\lambda s}\mathrm{d}s = a_0 + \frac{\mathrm{e}^{\lambda s} - 1}{\lambda}.$$

例 5.10　（传染模型）有 m 个个体的群体，在时刻 0 由一个已感染的个体与 $m-1$ 个未受到感染但可能被感染的个体组成. 个体一旦受到感染将永远地处于此状态. 假定在任意长为 h 的时间区间内任意一个已感染的个体将以概率为 $a\Delta t + o(\Delta t)$ 引起任一指定的未感染个体成为感染者. 我们以 $X(t)$ 记时刻 t 群体中已受到感染的个体数，则 $\{X(t), t\geqslant 0\}$ 是一个纯生过程.

$$\lambda_n = \begin{cases} (m-n)na, & n = 1,2,\cdots,m-1 \\ 0, & \text{其他} \end{cases}.$$

这是因为当有 n 个已受到感染的个体时，则 $m-n$ 个未受到感染者的每一个将以速率 na 变成感染者.

记 T 为直到整个群体被感染的时间，T_i 为从第 i 个已感染者到第 $i+1$ 个已感染者的时间，则有

$$T = \sum_{i=1}^{m-1} T_i.$$

由于 T_i 是相互独立的指数随机变量，其参数分别为 $\lambda_i = (m-i)ia, i = 1,2,\cdots,m-1$，因此

$$ET = \sum_{i=1}^{m-1} ET_i = \frac{1}{a}\sum_{i=1}^{m-1}\frac{1}{i(m-i)},$$

$$DT = \sum_{i=1}^{m-1} DT_i = \frac{1}{a^2}\sum_{i=1}^{m-1}\Big(\frac{1}{i(m-i)}\Big)^2.$$

对规模合理的群体，ET 渐近地为

$$ET = \frac{1}{ma}\sum_{i=1}^{m-1}\Big(\frac{1}{m-i} + \frac{1}{i}\Big) \approx \frac{1}{ma}\int_1^{m-1}\Big(\frac{1}{m-t} + \frac{1}{t}\Big)\mathrm{d}t = \frac{2\ln(m-1)}{ma}.$$

习　题　5

5.1　一质点在 $1,2,3$ 点上做随机游动. 若在时刻 t 质点位于这三点之一，则在 $[t, t+\Delta t)$ 内，它以概率 $\frac{1}{2}\Delta t + o(\Delta t)$ 分别转移到其他两点之一. 试求质点随机游动的 Kolmogorov 方程、转移概率函数 $p_{ij}(t)$ 及平稳分布.

5.2　设某车间有 M 台机床，由于各种原因机床时而工作，时而停止. 假设时刻 t，一台正在工作的机床，在时刻 $t+\Delta t$ 停止工作的概率为 $\mu\Delta t + o(\Delta t)$，而时刻 t 不工作的机床，在时刻 $t+\Delta t$ 工作的概率为 $\lambda\Delta t + o(\Delta t)$，且各机床工作情况是相互独立的. 以 $N(t)$ 表示时刻 t 正在工作的机床数，求：（1）齐次 Markov 过程 $\{N(t), t\geqslant 0\}$ 的平稳分布；（2）若 $M =$

$10, \lambda = 60, \mu = 30$, 系统处于平稳状态时有一半以上机床在工作的概率.

5.3 一条电路供 m 个焊工用电, 每个焊工均是间断用电. 现做如下假设:(1) 一焊工在 t 时用电, 而在 $(t, t + \Delta t)$ 内停止用电的概率为 $\mu \Delta t + o(\Delta t)$;(2) 一焊工在 t 时没有用电, 而在 $(t, t + \Delta t)$ 内用电的概率为 $\lambda \Delta t + o(\Delta t)$;(3) 每个焊工的工作情况是相互独立的. 设 $X(t)$ 表示在 t 时刻正在用电的焊工数.

(1) 求该过程的状态空间和 Q 矩阵;

(2) 设 $X(0) = 0$, 求绝对概率 $\pi_j(t)$ 所满足的微分方程;

(3) 当 $t \to \infty$ 时, 求极限分布 π_j.

5.4 设 $[0, t]$ 内到达的顾客服从 Poisson 分布, 参数为 λt, 设有单个服务员, 服务时间为指数分布的排队系统 $(M/M/1)$, 平均服务时间为 $\frac{1}{\mu}$, 试证明:

(1) 在服务员的服务时间内到达顾客的平均数为 $\frac{\lambda}{\mu}$;

(2) 在服务员的服务时间内无顾客到达的概率为 $\frac{\mu}{\lambda + \mu}$.

第6章　平稳随机过程

在自然科学与工程技术研究中遇到的随机过程有很多并不具有 Markov 性,这就是说从随机过程本身随时间的变化和互相关联来看,不仅它当前的状况,而且它过去的状况都对未来的状况有着不可忽略的影响,并且其统计特征不随时间推移而变化,这类随机过程称为平稳过程.例如,恒温条件下热噪声电压 $N(t)$ 是由于电路中电子的热扰动引起的,这种热扰动不随时间推移而改变;又如,通信中的高斯白噪声、随机相位正弦波、随机电报信号、飞机受空气湍流产生的波动、船舶受海浪冲击产生的波动等都是平稳过程的典型实例.

平稳过程是一种特殊的二阶矩过程,其表现在过程的统计特性不随时间的推移而改变.用概率论语言来描述:相隔时间 h 的两个时刻 t 与 $t+h$ 处随机过程所处的状态 $N(t)$ 与 $R_{XY}(-\tau) = E[X(t-\tau)\overline{Y(t)}]$ 具有相同的概率分布.一般地,两个 n 维随机向量 $(X(t_1),$ $X(t_2),\cdots,X(t_n))$ 与 $(X(t_1+h),X(t_2+h),\cdots,X(t_n+h))$ 具有相同的概率分布.这一思想抓住了没有固定时间(空间)起点的物理系统中最自然现象的本质,因而平稳过程在通信理论、天文学、生物学、生态学、经济学等领域中有着十分广泛的应用.

6.1　随机微积分

在高等数学的微积分中,连续、导数和积分等概念都是建立在极限概念的基础上的.对于随机过程的研究,也需要建立在随机过程的连续性、可导性和可积性等概念的基础上,这些内容形式上与高等数学极为相似,但实质不同,高等数学研究的对象是函数,随机微积分研究的对象是随机函数(即随机过程),有关这部分的内容统称为随机分析(stochastic analysis).

在随机分析中,随机序列极限的定义有多种,下面我们简单介绍常用的定义.由于我们主要研究广义平稳过程(具体的定义将在 6.2 节介绍),因此,以下的随机过程都假定为二阶矩过程.为了讨论的方便,这里我们约定:后面如不加说明,二阶矩过程 $\{X(t), t \in T\}$ 的均值函数 $m_X(t) = EX(t) = 0$,自协方差函数 $C_X(s,t) = E[X(s)\overline{X(t)}]$.

6.1.1　均方收敛

定义 6.1　称二阶矩随机序列 $\{X_n(\omega)\}$ 以概率为 1 收敛于二阶矩随机变量 $X(\omega)$,若使 $\lim\limits_{n \to \infty} X_n(\omega) = X(\omega)$ 成立集合的概率为 1,即

$$P(\omega : \lim_{n \to \infty} X_n(\omega) = X(\omega)) = 1.$$

或称$\{X_n(\omega)\}$几乎处处(almost everywhere)收敛于$X(\omega)$,记作$X_n \xrightarrow[\text{a.e.}]{} X$.

定义 6.2 称二阶矩随机序列$\{X_n(\omega)\}$以概率收敛于二阶矩随机变量$X(\omega)$,若对于任意给定的$X(t)$,有

$$\lim_{n \to \infty} P(\mid X_n(\omega) - X(\omega) \mid \geqslant \varepsilon) = 0,$$

记作$X_n \xrightarrow{\text{p}} X$.

定义 6.3 若二阶矩随机序列$\{X_n(\omega)\}$和二阶矩随机变量$X(\omega)$满足

$$\lim_{n \to \infty} E[\mid X_n - X \mid^2] = 0, \tag{6.1}$$

则称X_n均方收敛于X,记作$X_n \xrightarrow{\text{m.s.}} X$.

式(6.1)的极限常常写成$\underset{n \to \infty}{l \cdot i \cdot m} X_n = X$或$l \cdot i \cdot m X_n = X$($l \cdot i \cdot m$是英文 limit in mean 的缩写).

定义 6.4 称二阶矩随机序列$\{X_n(\omega)\}$依分布收敛于二阶矩随机变量$X(\omega)$,若$\{X_n(\omega)\}$相应的分布函数列$\{F_n(x)\}$,在X的分布函数每一个连续点处,有

$$\lim_{n \to \infty} F_n(x) = F(x),$$

记作$X_n \xrightarrow{\text{d}} X$.

对以上四种收敛的定义进行分析,有下列关系:

(1) 若$X_n \xrightarrow{\text{m.s.}} X$,则$X_n \xrightarrow{\text{p}} X$;

(2) 若$X_n \xrightarrow{\text{a.e.}} X$,则$X_n \xrightarrow{\text{p}} X$;

(3) 若$X_n \xrightarrow{\text{p}} X$,则$X_n \xrightarrow{\text{d}} X$.

值得注意的是,在四种收敛定义中,均方收敛是最简单的收敛形式,它只涉及单独一个序列.下面我们讨论随机序列的收敛性,都是指均方收敛.

定理 6.1 二阶矩随机序列$\{X_n\}$收敛于二阶矩随机变量X的充要条件是

$$\lim_{n, m \to \infty} E[\mid X_n - X_m \mid^2] = 0.$$

定理 6.2 设$\{X_n\}$,$\{Y_n\}$,$\{Z_n\}$都是二阶矩随机序列,U为二阶矩随机变量,$\{c_n\}$为常数序列,a, b, c为常数.令$\underset{n \to \infty}{l \cdot i \cdot m} X_n = X$,$\underset{n \to \infty}{l \cdot i \cdot m} Y_n = Y$,$\underset{n \to \infty}{l \cdot i \cdot m} Z_n = Z$,$\underset{n \to \infty}{\lim} c_n = c$,则有:

(1) $\underset{n \to \infty}{l \cdot i \cdot m} c_n = \underset{n \to \infty}{\lim} c_n = c$;

(2) $\underset{n \to \infty}{l \cdot i \cdot m} U = U$;

(3) $\underset{n \to \infty}{l \cdot i \cdot m} (c_n U) = cU$;

(4) $\underset{n \to \infty}{l \cdot i \cdot m} (aX_n + bY_n) = aX + bY$;

(5) $\underset{n \to \infty}{l \cdot i \cdot m} EX_n = EX = E[\underset{n \to \infty}{l \cdot i \cdot m} X_n]$;

(6) $\underset{n, m \to \infty}{l \cdot i \cdot m} E[X_n \overline{Y_m}] = E\bar{X}Y = E[(\underset{n \to \infty}{l \cdot i \cdot m} X_n) \cdot (\underset{m \to \infty}{l \cdot i \cdot m} \overline{Y_m})]$.

特别地,有

$$\underset{n \to \infty}{l \cdot i \cdot m} E[\mid X_n \mid^2] = E\mid X \mid^2 = E[\mid \underset{n \to \infty}{l \cdot i \cdot m} X_n \mid^2].$$

证明 (1)、(2)、(3)、(4)由均方收敛的定义可以得证,这里只证(5)、(6).

(5) 由 Schwartz 不等式$E\mid XY \mid \leqslant \sqrt{E\mid X \mid^2} \cdot \sqrt{E\mid Y \mid^2}$,将$X$取为$X_n - X$,$Y$取为1,

则有

$$0 \leqslant |EX_n - EX|^2 = |E[X_n - X]|^2 \leqslant E|X_n - X|^2 \to 0 \quad (n \to \infty),$$

因此

$$\mathop{l \cdot i \cdot m}_{n \to \infty} EX_n = EX = E[\mathop{l \cdot i \cdot m}_{n \to \infty} X_n].$$

（6）由 Schwartz 不等式,有

$$|E[X_n \overline{Y_m}] - E[X\overline{Y}]| = |E[X_n \overline{Y_m} - X\overline{Y}]|$$

$$= |E[(X_n - X)(\overline{Y_m} - \overline{Y}) + X_n \overline{Y} + X\overline{Y_m} - 2X\overline{Y}]|$$

$$= |E[(X_n - X)(\overline{Y_m - Y})] + E[(X_n - X)\overline{Y}] + E[(\overline{Y_m} - \overline{Y})X]|$$

$$\leqslant |E[(X_n - X)(\overline{Y_m - Y})]| + |E[[(X_n - X)\overline{Y}]]| + |E[(\overline{Y_m} - \overline{Y})X]|$$

$$\leqslant \sqrt{E|X_n - X|^2 E|Y_m - Y|^2} + \sqrt{E|X_n - X|^2 E|Y|^2}$$

$$+ \sqrt{E|Y_m - Y|^2 E|X|^2} \to 0,$$

因此

$$\mathop{l \cdot i \cdot m}_{n, m \to \infty} E[X_n \overline{Y_m}] = E[X\overline{Y}].$$

（5）和（6）表明:极限运算和求数学期望运算可以交换顺序.

定理 6.3 二阶矩随机序列$\{X_n\}$均方收敛的充要条件是

$$\lim_{n, m \to \infty} E[X_n \overline{X_m}] = c \quad (c \text{ 为常数}).$$

证明 必要性由定理 6.2 之性质（6）易知,下证充分性.

设 $\lim\limits_{n, m \to \infty} E[X_n \overline{X_m}] = E|X|^2 = c$,由

$$R_X(t_1, t_2) = e^{2\lambda(t_2 - t_1)} = e^{2\lambda\tau}$$

$$= E|X_n|^2 - E[X_n \overline{X_m}] - E[\overline{X_n} X_m] + E|X_m|^2,$$

有

$$\lim_{n, m \to \infty} E|X_n - X_m|^2 = c - 2c + c = 0.$$

定理 6.3 给出了判定二阶矩随机序列$\{X_n\}$均方收敛的方法,该条件称为洛弗（Loeve）准则.

6.1.2 均方连续

定义 6.5 设$\{X(t), t \in T\}$是二阶矩过程,若对 $t_0 \in T$,有$\mathop{l \cdot i \cdot m}\limits_{t \to t_0} X(t) = X(t_0)$,即

$$\lim_{t \to t_0} E[|X(t) - X(t_0)|^2] = 0,$$

则称$\{X(t), t \in T\}$在 t_0 点均方连续. 如果$\{X(t), t \in T\}$在 $t \in T$ 每点都均方连续,则称$\{X(t)\}$在 T 上均方连续.

定理 6.4 （均方连续准则）二阶矩过程$\{X(t), t \in T\}$在 t 点均方连续的充要条件是自相关函数$R_X(t_1, t_2)$在点(t, t)处连续.

证明 必要性.若$\mathop{l \cdot i \cdot m}\limits_{h \to 0} X(t + h) = X(t)$,由定理 6.2 中的性质（6）,可得

$$\lim_{\substack{t_1 \to t \\ t_2 \to t}} R_X(t_1, t_2) = \lim_{\substack{t_1 \to t \\ t_2 \to t}} E[X(t_1)\overline{X(t_2)}] = E[X(t)\overline{X(t)}] = R_X(t, t).$$

充分性. 若 $R_X(t_1, t_2)$ 在点 (t, t) 处连续, 考虑到

$$E\big[\,|\,X(t+h) - X(t)\,|^2\,\big]$$
$$= R_X(t+h, t+h) - R_X(t, t+h) - R_X(t+h, t) + R_X(t, t),$$

令 $h \to 0$ 取极限可得所证.

推论 6.4.1 若自相关函数 $R_X(t_1, t_2)$ 在 $\{(t, t), t \in T\}$ 上连续, 则它在 $T \times T$ 上连续.

证明 若 $R_X(t_1, t_2)$ 在 $\{(t, t), t \in T\}$ 上连续, 由定理 6.4 知 $X(t)$ 在其上均方连续, 因此有

$$\text{l·i·m} \limits_{s \to t_1} X(s) = X(t_1), \quad \text{l·i·m} \limits_{s \to t_2} X(s) = X(t_2).$$

再由定理 6.2 中性质 (6), 可得

$$\lim_{\substack{s \to t_1 \\ t \to t_2}} R_X(t_1, t_2) = \lim_{\substack{s \to t_1 \\ t \to t_2}} E\big[X(s)\overline{X(t)}\big] = E\big[X(t_1)\overline{X(t_2)}\big] = R_X(t_1, t_2),$$

故知 $R_X(t_1, t_2)$ 在 $T \times T$ 上连续.

推论 6.4.2 如果 $\{X(t), t \in T\}$ 是平稳过程, 则 $X(t)$ 在 T 上均方连续的充分必要条件是 $X(t)$ 的自相关函数 $R_X(\tau)$ 在 $\tau = 0$ 处连续, 并且此时 $R_X(\tau)$ 是连续函数.

证明 由于平稳过程的自相关函数 $R_X(\tau)$ 本质上是 $R_X(t, t+\tau)$, 所证结论很显然.

定理 6.4 表明: 对于一般二阶矩过程, 在 T 上的均方连续性与它的自相关函数 (作为二元函数) 在 $T \times T$ 的上连续性等价, 而自相关函数在 $T \times T$ 上的连续性又等价于它在第一、三象限平分线 $\{(t, t), t \in T\}$ 上的连续性; 对于平稳随机过程, 均方连续等价于自相关函数 (作为一元函数) 在原点的连续性.

6.1.3 均方导数

定义 6.6 设 $\{X(t), t \in T\}$ 是二阶矩过程, 若存在另一随机过程 $X'(t)$, 满足

$$\lim_{h \to 0} E\left|\frac{X(t+h) - X(t)}{h} - X'(t)\right|^2 = 0,$$

则称 $X(t)$ 在 t 点均方可微, 记作

$$X'(t) = \frac{\mathrm{d}X(t)}{\mathrm{d}t} = \text{l·i·m} \limits_{h \to 0} \frac{X(t+h) - X(t)}{h}.$$

称 $X'(t)$ 为 $X(t)$ 在 t 点的均方导数. 若 $X(t)$ 在每点 t 都均方可微, 则称它在 T 上均方可微.

类似地, 若随机过程 $\{X'(t), t \in T\}$ 在 t 点均方可微, 则称 $X(t)$ 在 t 点二次均方可微, 记为 $X''(t)$ 或 $\dfrac{\mathrm{d}^2 X}{\mathrm{d}t^2}$, 称它为二阶矩过程 $X(t)$ 的二阶均方导数. 同理可定义高阶均方导数.

定理 6.5 (均方可导准则) 二阶矩过程 $\{X(t), t \in T\}$ 在 t 点均方可微的充要条件是自相关函数 $R_X(t_1, t_2)$ 在点 (t, t) 处广义二阶导数存在.

证明 由定理 6.3 知, $X(t)$ 在 t 点均方可微的充要条件为

$$\lim_{\substack{h_1 \to 0 \\ h_2 \to 0}} E\left[\frac{X(t+h_1) - X(t)}{h_1}\right]\left[\overline{\frac{X(t+h_2) - X(t)}{h_2}}\right]$$

存在, 将其展开得

$$\lim_{\substack{h_1 \to 0 \\ h_2 \to 0}} \left[\frac{R_X(t+h_1, t+h_2) - R_X(t+h_1, t) - R_X(t, t+h_2) + R_X(t, t)}{h_1 h_2} \right].$$

上式极限存在的充要条件是自相关函数 $R_X(t_1, t_2)$ 在点 (t, t) 处广义二阶导数存在.

6.1.4 均方积分

设 $\{X(t), t \in T\}$ 是二阶矩过程, $f(t)$ 为普通函数, 其中 $T = [a, b]$, 用一组分点将 T 划分如下: $a = t_0 < t_1 < \cdots < t_n = b$, 记 $\max\limits_{1 \leqslant i \leqslant n} \{t_i - t_{i-1}\} = \Delta_n$, 作和式

$$S_n = \sum_{i=1}^{n} f(t_i') X(t_i')(t_i - t_{i-1}),$$

其中, $t_{i-1} \leqslant t_i' \leqslant t_i (i = 1, 2, \cdots, n)$.

定义 6.7 如果 $\Delta_n \to 0$ 时, S_n 均方收敛于 S, 即

$$\lim_{\Delta_n \to 0} E |S_n - S|^2 = 0,$$

则称 $f(t)X(t)$ 在区间 $[a, b]$ 上均方可积, 并记

$$S = \int_a^b f(t)X(t)\mathrm{d}t = \mathrm{l \cdot i \cdot m}_{\Delta_n \to 0} \sum_{i=1}^{n} f(t_i')X(t_i')(t_i - t_{i-1}). \tag{6.2}$$

称式 (6.2) 为 $f(t)X(t)$ 在区间 $[a, b]$ 上的 (Riemann) 均方积分.

需要说明的是: 均方积分 $\int_a^b f(t)X(t)\mathrm{d}t$ 是一个随机变量, 而不是一个随机过程. 当 $f(t) = 1$ 时, $\int_a^b X(t)\mathrm{d}t = \mathrm{l \cdot i \cdot m}_{\Delta_n \to 0} \sum_{i=1}^{n} X(t_i')(t_i - t_{i-1})$.

定理 6.6 (均方可积准则) $f(t)X(t)$ 在区间 $[a, b]$ 上均方可积的充要条件是

$$\int_a^b \int_a^b f(t_1) \overline{f(t_2)} R_X(t_1, t_2) \mathrm{d}t_1 \mathrm{d}t_2$$

存在. 特别地, 二阶矩过程 $X(t)$ 在区间 $[a, b]$ 上均方可积的充要条件是 $R_X(t_1, t_2)$ 在 $[a, b] \times [a, b]$ 上可积.

定理 6.7 (数学期望与积分交换次序) $f(t)X(t)$ 在区间 $[a, b]$ 上均方可积, 则有:

(1) $E \left[\int_a^b f(t)X(t)\mathrm{d}t \right] = \int_a^b f(t)E[X(t)]\mathrm{d}t$.

特别地, 有 $E \left[\int_a^b X(t)\mathrm{d}t \right] = \int_a^b E[X(t)]\mathrm{d}t$.

(2) $E \left[\int_a^b f(t_1)X(t_1)\mathrm{d}t_1 \overline{\int_a^b f(t_2)X(t_2)\mathrm{d}t_2} \right] = \int_a^b \int_a^b f(t_1) \overline{f(t_2)} R_X(t_1, t_2) \mathrm{d}t_1 \mathrm{d}t_2$.

特别地, 有 $E \left| \int_a^b X(t)\mathrm{d}t \right|^2 = \int_a^b \int_a^b R_X(t_1, t_2)\mathrm{d}t_1 \mathrm{d}t_2$.

证明 由定理 6.2 中的性质 (5), 有

$$E \left[\int_a^b f(t)X(t)\mathrm{d}t \right] = E \left[\mathrm{l \cdot i \cdot m}_{\Delta_n \to 0} \sum_{i=1}^{n} f(t_i')X(t_i')(t_i - t_{i-1}) \right]$$

$$= \lim_{\Delta_n \to 0} E \left[\sum_{i=1}^{n} f(t_i')X(t_i')(t_i - t_{i-1}) \right]$$

$$= \lim_{\Delta_n \to 0} \sum_{i=1}^{n} f(t_i')E[X(t_i')(t_i - t_{i-1})] = \int_a^b f(t)E[X(t)]\mathrm{d}t.$$

类似可证明定理 6.7 中的性质(2).

均方积分有类似于普通函数积分的许多性质,如 $X(t)$ 均方连续,则它均方可积;均方积分唯一性;对于 $a < c < b$,有 $\int_a^b f(t)X(t)\mathrm{d}t = \int_a^c f(t)X(t)\mathrm{d}t + \int_c^b f(t)X(t)\mathrm{d}t$;若 $X(t)$,$Y(t)$ 在区间 $[a,b]$ 上均方连续,则

$$\int_a^b [\alpha X(t) + \beta Y(t)]\mathrm{d}t = \alpha \int_a^b X(t)\mathrm{d}t + \beta \int_a^b Y(t)\mathrm{d}t,$$

其中 α,β 为常数,等等.

定理 6.8 二阶矩过程 $\{X(t), t \in T\}$ 在区间 $[a,b]$ 上均方连续,则

$$Y(t) = \int_a^t X(\tau)\mathrm{d}\tau, \quad a \leqslant t \leqslant b$$

在均方意义下存在,且随机过程 $\{Y(t), t \in T\}$ 在 $[a,b]$ 上均方可微,并有 $Y'(t) = X(t)$.

推论 设 $X(t)$ 均方可微,且 $X'(t)$ 均方连续,则

$$X(t) - X(a) = \int_a^t X'(t)\mathrm{d}t. \tag{6.3}$$

特别地,$X(b) - X(a) = \int_a^b X'(t)\mathrm{d}t$.

上式相当于普通积分中的 Newton-Leibniz 公式.

最后,对本节的内容做一些说明:

(1) 均方积分可以把区间 $[a,b]$ 推广到无穷区间上,得到广义均方积分.

(2) 均方连续、均方导数、均方可积对复随机过程依然适应,但要把前面的绝对值理解为复数的模.

(3) 均方连续、均方可导、均方可积都取决于自相关函数的性质.

(4) 在计算均方导数与均方积分时,可以把随机过程当成普通的函数来处理.

(5) 均方导数是随机过程,均方极限与均方积分都是随机变量.

6.2 平稳过程及其自相关函数

平稳过程作为特殊的二阶矩过程在工程技术中有着广泛的应用.

定义 6.8 设 $\{X(t), t \in T\}$ 是随机过程,如果对任意常数 τ 和正整数 n,$t_1, t_2, \cdots, t_n \in T$,$t_1 + \tau, t_2 + \tau, \cdots, t_n + \tau \in T$,

$$(X(t_1), X(t_2), \cdots, X(t_n)) \text{ 与 } (X(t_1 + \tau), X(t_2 + \tau), \cdots, X(t_n + \tau))$$

有相同的联合分布,则称 $\{X(t), t \in T\}$ 为严平稳过程,也称狭义平稳过程.

定义 6.9 设 $\{X(t), t \in T\}$ 是随机过程,如果:

(1) $\{X(t), t \in T\}$ 是二阶矩过程;

(2) 对任意 $t \in T$,$m_X(t) = EX(t) = $ 常数;

(3) 对任意 $s, t \in T$,$R_X(s,t) = E[X(s)X(t)] = R_X(s - t)$,

则称 $\{X(t), t \in T\}$ 为广义平稳过程,也称平稳过程.

若 T 为离散集,则称平稳过程 $\{X(t), t \in T\}$ 为平稳序列.

比较两种定义:广义平稳过程对时间推移的不变性表现在统计平均的一阶矩、二阶矩上,而严平稳过程对时间推移的不变性表现在概率分布上.两者的要求是不一样的,一般来说,严平稳过程要求的条件比广义平稳过程要求的条件要严格得多.显然,广义平稳过程不一定是严平稳过程;反之,严平稳过程只有当二阶矩存在时才为广义平稳过程.值得注意的是对于正态过程来说,二者是一样的.

例 6.1　设随机过程 $X(t) = Y\cos(\theta t) + Z\sin(\theta t), t > 0$,其中,$Y, Z$ 是相互独立的随机变量,且 $EY = EZ = 0, DY = DZ = \sigma^2$,则

$$EX(t) = EY\cos(\theta t) + EZ\sin(\theta t) = 0,$$

$$\begin{aligned} R_X(s, t) &= E[X(s)X(t)] = E[Y\cos(\theta s) + Z\sin(\theta s)][Y\cos(\theta t) + Z\sin(\theta t)] \\ &= \cos(\theta s)\cos(\theta t)EY^2 + \sin(\theta s)\sin(\theta t)EZ^2, \end{aligned}$$

$$m_Y = EY(t) = E[X(t)\overline{X(t - \tau)}] = R_X(\tau),$$

因此,$\{X(t), t > 0\}$ 为广义平稳过程.

例 6.2　(随机电报信号过程)设随机过程 $\{N(t), t \geqslant 0\}$ 是具有参数为 λ 的 Poisson 过程,随机过程 $\{X(t), t \geqslant 0\}$ 定义为:若随机点在 $[0, t]$ 内出现偶数次,则 $X(t) = 1$;若出现奇数次,则 $X(t) = -1$.(1) 讨论随机过程 $X(t)$ 的平稳性.(2) 设随机过程 V 具有概率分布

$$P(V = 1) = P(V = -1) = 1/2,$$

且 V 与 $X(t)$ 独立,令 $Y(t) = VX(t)$,试讨论随机过程 $Y(t)$ 的平稳性.

解　(1) 由于随机点 $N(t)$ 是具有参数为 λ 的 Poisson 过程,因此,在 $[0, t]$ 内随机点出现 k 次的概率

$$P_k(t) = e^{-\lambda t}\frac{(\lambda t)^k}{k!}, \quad k = 0, 1, 2, \cdots,$$

因此

$$\begin{aligned} P(X(t) = 1) &= P_0(t) + P_2(t) + P_4(t) + \cdots \\ &= e^{-\lambda t}\left[1 + \frac{(\lambda t)^2}{2!} + \frac{(\lambda t)^4}{4!} + \cdots\right] = e^{-\lambda t}\mathrm{ch}(\lambda t), \end{aligned}$$

$$\begin{aligned} P(X(t) = -1) &= P_1(t) + P_3(t) + P_5(t) + \cdots \\ &= e^{-\lambda t}\left[\lambda t + \frac{(\lambda t)^3}{3!} + \frac{(\lambda t)^5}{5!} + \cdots\right] = e^{-\lambda t}\mathrm{sh}(\lambda t). \end{aligned}$$

于是

$$\begin{aligned} m_X(t) = EX(t) &= 1 \cdot e^{-\lambda t}\mathrm{ch}(\lambda t) - 1 \cdot e^{-\lambda t}\mathrm{sh}(\lambda t) \\ &= e^{-\lambda t}[\mathrm{ch}(\lambda t) - \mathrm{sh}(\lambda t)] = e^{-\lambda t} \cdot e^{-\lambda t} = e^{-2\lambda t}. \end{aligned}$$

为了求 $X(t)$ 的自相关函数,先求 $X(t_1)$、$X(t_2)$ 的联合分布:

$$P(X(t_1) = x_1, X(t_2) = x_2) = P(X(t_2) = x_2 \mid X(t_1) = x_1)P(X(t_1) = x_1),$$

其中 $x_i = -1$ 或 $1(i = 1, 2)$.

设 $t_2 > t_1$,令 $\tau = t_2 - t_1$,因为事件 $(0, 2\pi)$ 等价于事件 $\{X(t_1) = 1,$ 且在 $(t_1, t_2]$ 内随机点出现偶数次$\}$,由假设知,在 $X(t_1) = 1$ 的条件下,在区间 $(t_1, t_2]$ 内随机点出现偶数次的概率与在区间 $(0, \tau)$ 内随机出现偶数次的概率相等,故

$$P(X(t_2) = 1 \mid X(t_1) = 1) = e^{-\lambda\tau}\mathrm{ch}(\lambda\tau).$$

由于

$$P(X(t_1) = 1) = e^{-\lambda t_1}\mathrm{ch}(\lambda t_1),$$

所以

$$P(X(t_1) = 1, X(t_2) = 1) = e^{-\lambda t_1}\mathrm{ch}(\lambda t_1)e^{-\lambda \tau}\mathrm{ch}(\lambda \tau).$$

类似可得

$$P(X(t_1) = -1, X(t_2) = -1) = e^{-\lambda t_1}\mathrm{sh}(\lambda t_1)e^{-\lambda \tau}\mathrm{ch}(\lambda \tau),$$
$$P(X(t_1) = -1, X(t_2) = 1) = e^{-\lambda t_1}\mathrm{sh}(\lambda t_1)e^{-\lambda \tau}\mathrm{sh}(\lambda \tau),$$
$$P(X(t_1) = 1, X(t_2) = -1) = e^{-\lambda t_1}\mathrm{ch}(\lambda t_1)e^{-\lambda \tau}\mathrm{sh}(\lambda \tau).$$

因此

$$\begin{aligned}
R_X(t_1, t_2) &= E[X(t_1)X(t_2)]\\
&= 1 \cdot 1 \cdot e^{-\lambda t_1}\mathrm{ch}(\lambda t_1)e^{-\lambda \tau}\mathrm{ch}(\lambda \tau) + (-1) \cdot (-1) \cdot e^{-\lambda t_1}\mathrm{sh}(\lambda t_1)e^{-\lambda \tau}\mathrm{ch}(\lambda \tau)\\
&\quad + (-1) \cdot 1 \cdot e^{-\lambda t_1}\mathrm{sh}(\lambda t_1)e^{-\lambda \tau}\mathrm{sh}(\lambda \tau) + 1 \cdot (-1) \cdot e^{-\lambda t_1}\mathrm{ch}(\lambda t_1)e^{-\lambda \tau}\mathrm{sh}(\lambda \tau)\\
&= e^{-\lambda(t_1+\tau)}[\mathrm{ch}\lambda(\tau - t_1) - \mathrm{sh}\lambda(\tau - t_1)]\\
&= e^{-\lambda(t_1+\tau)}e^{-\lambda(\tau-t_1)} = e^{-2\lambda\tau} = e^{-2\lambda(t_2-t_1)}.
\end{aligned}$$

当 $t_2 < t_1$ 时，同理可得

$$R_X(t_1, t_2) = e^{2\lambda(t_2-t_1)} = e^{2\lambda\tau}.$$

因此，对于任意 t_1、t_2，有

$$R_X(t_1, t_2) = e^{-2\lambda|t_2-t_1|} = e^{-2\lambda|\tau|}.$$

由于 $m_X(t) = e^{-2\lambda t}$ 与时间 t 有关，故 $X(t)$ 不是平稳随机过程．值得注意的是非平稳过程自相关函数也可以与时间起点无关．

(2) 由于 $EV = 0, EV^2 = 1$，由 V 与 $X(t)$ 独立知

$$EY(t) = EVEX(t) = 0,$$
$$R_Y(t, t-\tau) = EV^2 E[X(t)X(t-\tau)] = e^{-2\lambda|\tau|} = R_Y(\tau),$$

所以，$Y(t)$ 是平稳过程．

例 6.3 设 $X(t) = Xf(t)$ 为复随机过程，其中 X 是均值为 0 的实随机变量，$f(t)$ 是确定函数．证明 $X(t)$ 是平稳过程的充要条件是 $f(t) = ce^{i(\omega t+\theta)}$，其中 $i = \sqrt{-1}, c, \omega, \theta$ 为常数．

证明 充分性．若 $f(t) = ce^{i(\omega t+\theta)}$，记 $DX = \sigma^2$，则有

$$m_X(t) = EX(t) = E[Xf(t)] = 0,$$
$$R_X(t, t-\tau) = E[X(t)\overline{X(t-\tau)}] = EX^2 c^2 e^{i(\omega t+\theta)}e^{-i[\omega(t-\tau)+\theta]} = c^2\sigma^2 e^{i\omega\tau},$$

所以，$X(t)$ 是平稳过程．

必要性．若 $X(t)$ 是平稳过程，则有

$$R_X(t, t-\tau) = E[X(t)\overline{X(t-\tau)}] = EX^2 f(t)\overline{f(t-\tau)}.$$

上式必须与 t 无关，取 $\tau = 0$，有

$$|f(t)|^2 = c^2 \quad (c \text{ 为常数}).$$

因此，$f(t) = ce^{i\varphi(t)}$，其中 $\varphi(t)$ 为实函数，于是

$$f(t)\overline{f(t-\tau)} = c^2\exp\{i[\varphi(t) - \varphi(t-\tau)]\}.$$

上式应与 t 无关，因此有

$$\frac{\mathrm{d}}{\mathrm{d}t}[\varphi(t) - \varphi(t-\tau)] = 0,$$

即 $\dfrac{\mathrm{d}\varphi(t)}{\mathrm{d}t} = \dfrac{\mathrm{d}\varphi(t-\tau)}{\mathrm{d}t}$ 对一切 τ 成立．于是有 $\varphi(t) = \omega t + \theta$，故

$$f(t) = ce^{i(\omega t+\theta)}.$$

　　例 6.3 显示了自相关函数在平稳过程中的重要性,平稳过程的统计特性往往通过自相关函数来表现.

　　例 6.4　(随机相位周期过程)给定随机相位周期过程 $X(t) = \varphi(\tau + \Theta)$,其中 $\varphi(t)$ 是周期为 l 的函数,Θ 是服从 $(0, l)$ 上均匀分布的随机变量,试讨论其平稳性.

　　解　$m_X(t) = EX(t) = E\varphi(t + \Theta) = \displaystyle\int_0^l \varphi(t + \theta) \cdot \frac{1}{l} \mathrm{d}\theta = \frac{1}{l} \int_t^{t+l} \varphi(s)\mathrm{d}s = \frac{1}{l}\int_0^l \varphi(s)\mathrm{d}s$,与 t 无关;

$$R_X(t, t + \tau) = EX(t)X(t + \tau) = E\varphi(t + \Theta)\varphi(t + \tau + \Theta)$$
$$= \int_0^l \varphi(t + \theta)\varphi(t + \tau + \theta) \cdot \frac{1}{l}\mathrm{d}\theta$$
$$= \frac{1}{l}\int_t^{l+t} \varphi(s)\varphi(s + \tau)\mathrm{d}s = \frac{1}{l}\int_0^l \varphi(s)\varphi(s + \tau)\mathrm{d}s,$$

与 t 无关.因此,随机相位周期过程是平稳过程.

　　下面我们来讨论联合平稳过程及互相关函数的性质.

　　定义 6.10　设 $\{X(t), t \in T\}$ 和 $\{Y(t), t \in T\}$ 是两个平稳随机过程,若它们的互相关函数 $E[X(t)\overline{Y(t - \tau)}]$ 及 $E[Y(t)\overline{X(t - \tau)}]$ 仅与 τ 有关,而与 t 无关,则称 $X(t)$ 和 $Y(t)$ 是联合平稳随机过程.

　　由定义有
$$R_{XY}(t, t - \tau) = E[X(t)\overline{Y(t - \tau)}] = R_{XY}(\tau),$$
$$R_{YX}(t, t - \tau) = E[Y(t)\overline{X(t - \tau)}] = R_{YX}(\tau).$$

　　当两个平稳过程 $X(t)$ 和 $Y(t)$ 是联合平稳随机过程时,则它们的和 $W(t)$ 是平稳过程,此时有
$$E[W(t)\overline{W(t - \tau)}] = R_X(\tau) + R_Y(\tau) + R_{XY}(\tau) + R_{YX}(\tau) = R_W(\tau).$$

　　定理 6.9　(自相关函数的性质) 设 $\{X(t), t \in T\}$ 是平稳过程,则其自相关函数 $R_X(\tau)$ 具有下列性质:

　　(1) $R_X(0) \geqslant 0$;

　　(2) $R_X(\tau) = \overline{R_X(-\tau)}$;

　　(3) $|R_X(\tau)| \leqslant R_X(0)$;

　　(4)(非负定性)对于任意实数 $t_1, t_2, \cdots, t_n$ 及复数 $\alpha_1, \alpha_2, \cdots, \alpha_n$,有
$$\sum_{i,j=1}^n R_X(t_i, t_j)\alpha_i \overline{\alpha_j} \geqslant 0;$$

　　(5) 若 $X(t)$ 是周期为 T 的周期函数,即 $X(t) = X(t + T)$,则
$$R_X(\tau) = R_X(\tau + T);$$

　　(6) 若 $X(t)$ 是不含周期分量的非周期过程,当 $|\tau| \to \infty$ 时,$X(t)$ 与 $X(t + \tau)$ 相互独立,则
$$\lim_{|\tau| \to \infty} R_X(\tau) = m_X \overline{m_X}.$$

　　证明　由平稳过程自相关函数的定义,得:

　　(1) $R_X(0) = E[X(t)\overline{X(t)}] = E|X(t)|^2 \geqslant 0$.

　　(2) $R_X(\tau) = E[X(t)\overline{X(t - \tau)}] = E\overline{[X(t - \tau)\overline{X(t)}]} = \overline{R_X(-\tau)}$.

对于实平稳过程,由于 $R_X(\tau)$ 为实数,因此,$R_X(-\tau) = R_X(\tau)$,即实平稳过程的自相关函数为偶函数.

(3) 由 Schwartz 不等式,有

$$|E[X(t)\overline{X(t-\tau)}]|^2 \leqslant [E|X(t)\overline{X(t-\tau)}|]^2 \leqslant E|X(t)|^2 E|\overline{X(t-\tau)}|^2,$$

即 $|R_X(\tau)|^2 \leqslant [R_X(0)]^2$,因此 $|R_X(\tau)| \leqslant R_X(0)$.

(4) 显然成立.

(5) $R_X(\tau + T) = E[X(t)\overline{X(t-\tau-T)}] = E[X(t)\overline{X(t-\tau)}] = R_X(\tau).$

(6) $\lim\limits_{|\tau| \to \infty} R_X(\tau) = \lim\limits_{|\tau| \to \infty} E[X(t)\overline{X(t-\tau)}] = \lim\limits_{|\tau| \to \infty} EX(t)E\overline{X(t-\tau)} = m_X \overline{m_X}.$

类似地,联合平稳过程 $X(t)$ 和 $Y(t)$ 的互相关函数具有下列性质:

(1) $|R_{XY}(\tau)|^2 \leqslant R_X(0)R_Y(0)$,$|R_{YX}(\tau)|^2 \leqslant R_X(0)R_Y(0)$;

(2) $R_{XY}(-\tau) = \overline{R_{YX}(\tau)}$.

证明 (1) 由 Schwartz 不等式,有

$$|R_{XY}(\tau)|^2 = |E[X(t)Y(t-\tau)]|^2 \leqslant [E|X(t)Y(t-\tau)|]^2$$
$$\leqslant E|X(t)|^2 E|Y(t-\tau)|^2 = R_X(0)R_Y(0).$$

(2) $R_{XY}(-\tau) = E[X(t-\tau)\overline{Y(t)}] = \overline{E[Y(t)\overline{X(t-\tau)}]} = \overline{R_{YX}(\tau)}.$

当 $X(t)$ 和 $Y(t)$ 是实联合平稳过程时,(2) 变成 $R_{XY}(-\tau) = R_{YX}(\tau)$.这表明 $R_{XY}(\tau)$ 与 $R_{YX}(\tau)$ 在一般情况下是不相等的,且它们不是 τ 的偶函数.

例 6.5 设 $X(t) = A\sin(\omega t + \Theta)$,$Y(t) = B\sin(\omega t + \Theta - \varphi)$ 是两个平稳过程,其中 A, B, φ 为常数,Θ 在 $(0, 2\pi)$ 上服从均匀分布,求 $R_{XY}(\tau)$ 和 $R_{YX}(\tau)$.

解 $R_{XY}(\tau) = E[X(t)Y(t-\tau)] = E[A\sin(\omega t + \Theta)B\sin(\omega t - \omega\tau + \Theta - \varphi)]$

$$= \int_0^{2\pi} AB\sin(\omega t + \theta)\sin(\omega t - \omega\tau + \theta - \varphi)\frac{1}{2\pi}d\theta$$

$$= \frac{AB}{2\pi}\int_0^{2\pi}\sin(\omega t + \theta)[\sin(\omega t + \theta)\cos(\omega\tau + \varphi)$$

$$- \cos(\omega t + \theta)\sin(\omega\tau + \varphi)]d\theta$$

$$= \frac{1}{2}AB\cos(\omega\tau + \varphi).$$

同理可得

$$R_{YX}(\tau) = \frac{1}{2}AB\cos(\omega\tau - \varphi).$$

6.3 平稳过程的各态历经性

平稳随机过程的统计特征完全由前二阶矩函数确定,为了研究平稳过程的相关理论,必须先明确均值函数与相关函数.但在实际应用中,随机过程的均值函数与相关函数一般是未知的,需要先通过大量的观察试验获得样本函数,然后用数理统计的点估计理论做出估计,其要求是很高的.为了提高估计的精度,需要多次试验,以获得许多样本函数.限于人力和财力,更限于试验周期等原因,这是不现实的.然而,对于平稳过程,它的均值函数是常数,相关

函数只与时间间隔有关,它们都与起始时刻无关,也就是说,平稳过程的统计特性不随时间推移而改变,这就提供了一个在较宽的条件下,用样本函数估计平稳过程均值与相关函数的方法,它需要平稳过程具有各态历经性,即遍历性.

各态历经性的理论依据是大数定律.大数定律表明:随时间 n 的无限增大,随机过程的样本函数按时间平均以越来越大的概率近似于过程的统计平均.也就是说,时间平均与状态平均殊途同归,它的直观含义是:只要观测的时间足够长,随机过程的每一个样本函数都能够“遍历”各个可能状态.遍历性定理即研究平稳过程能用时间平均估计统计平均所应具备的条件,遍历性在平稳过程的理论研究和实际应用中都占有重要地位.

定义 6.11　设 $\{X(t), -\infty < t < \infty\}$ 为均方连续的平稳过程,称

$$\langle X(t) \rangle \triangleq \underset{T \to \infty}{\mathrm{l \cdot i \cdot m}} \frac{1}{2T} \int_{-T}^{T} X(t) \mathrm{d}t \tag{6.4}$$

为该过程的时间均值;称

$$\langle X(t) \overline{X(t-\tau)} \rangle \triangleq \underset{T \to \infty}{\mathrm{l \cdot i \cdot m}} \frac{1}{2T} \int_{-T}^{T} X(t) \overline{X(t-\tau)} \mathrm{d}t \tag{6.5}$$

为时间自相关函数.

定义 6.12　设 $\{X(t), -\infty < t < +\infty\}$ 为均方连续的平稳过程,若 $\langle X(t) \rangle = EX(t)$ a. s.,即

$$\underset{T \to \infty}{\mathrm{l \cdot i \cdot m}} \frac{1}{2T} \int_{-T}^{T} X(t) \mathrm{d}t = m_X \tag{6.6}$$

以概率为 1 成立,则称该平稳过程的均值具有各态历经性.

若 $\langle X(t) \overline{X(t-\tau)} \rangle = E[X(t) \overline{X(t-\tau)}]$,即

$$\underset{T \to \infty}{\mathrm{l \cdot i \cdot m}} \frac{1}{2T} \int_{-T}^{T} X(t) \overline{X(t-\tau)} \mathrm{d}t = R_X(\tau), \tag{6.7}$$

则称该平稳过程的自相关函数具有各态历经性.

如果均方连续平稳过程的均值和相关函数都具有各态历经性,则称该平稳过程具有各态历经性或遍历性,或称 $X(t)$ 是各态历经过程.

由上述的讨论知,如果 $X(t)$ 是各态历经过程,则 $\langle X(t) \rangle$ 和 $\langle X(t) \overline{X(t-\tau)} \rangle$ 不再依赖 ω,而是以概率为 1 分别等于 $EX(t)$ 和 $E[X(t) \overline{X(t-\tau)}]$,这一方面表明各态历经过程各样本函数的时间平均实际上可以认为是相同的,于是,对随机过程的时间平均可以用样本函数的时间平均来表示,且可以用任一个样本函数的时间平均代替随机过程的统计平均;另一方面也表明 $EX(t)$ 和 $E[X(t) \overline{X(t-\tau)}]$ 必定与时间 t 无关,即各态历经过程必定是平稳过程.但是平稳过程只有在一定的条件下才是各态历经过程.

例 6.6　随机相位正弦波 $X(t) = a\cos(\omega t + \Theta), -\infty < t < +\infty$ 具有各态历经性,其中 Θ 是 $(0, 2\pi)$ 上均匀分布随机变量.

容易求得 $m_X = 0, R_X(\tau) = \dfrac{a^2}{2}\cos(\omega\tau)$,于是 $X(t)$ 的时间平均为

$$\langle X(t) \rangle = \underset{T \to \infty}{\mathrm{l \cdot i \cdot m}} \frac{1}{2T} \int_{-T}^{T} a\cos(\omega t + \Theta) \mathrm{d}t$$

$$= \underset{T \to \infty}{\mathrm{l \cdot i \cdot m}} \frac{a}{2T} \int_{-T}^{T} (\cos(\omega t)\cos\Theta - \sin(\omega t)\sin\Theta) \mathrm{d}t$$

$$= \underset{T \to \infty}{\mathrm{l \cdot i \cdot m}} \frac{a}{2T}\cos\Theta \int_{-T}^{T} \cos(\omega t) \mathrm{d}t = \underset{T \to \infty}{\mathrm{l \cdot i \cdot m}} \frac{a\cos\Theta\sin(\omega T)}{\omega T} = 0.$$

$X(t)$的时间自相关函数为

$$\langle X(t) \overline{X(t-\tau)} \rangle = 1 \cdot i \cdot m_{T \to \infty} \frac{1}{2T} \int_{-T}^{T} a^2 \cos(\omega t + \Theta) \cos(\omega(t-\tau) + \Theta) dt$$

$$= 1 \cdot i \cdot m_{T \to \infty} \frac{a^2}{4T} \int_{-T}^{T} (-\cos(2\omega t - \omega\tau + 2\Theta) + \cos(\omega\tau)) dt = \frac{a^2}{2} \cos(\omega\tau).$$

上述结果表明：随机相位正弦波 $X(t)$ 的均值与自相关函数都具有各态历经性，从而 $X(t)$ 具有各态历经性.

下面我们讨论平稳过程具有遍历性的条件.

定理 6.10 设 $\{X(t), -\infty < t < +\infty\}$ 为均方连续的平稳过程，则它的均值具有各态历经性的充要条件是

$$\lim_{T \to \infty} \frac{1}{2T} \int_{-2T}^{2T} \left(1 - \frac{|\tau|}{2T}\right) [R_X(\tau) - |m_X|^2] d\tau = 0. \tag{6.8}$$

证明 因 $\langle X(t) \rangle$ 是随机变量，先求它的期望与方差：

$$E\langle X(t) \rangle = E\left[1 \cdot i \cdot m_{T \to \infty} \frac{1}{2T} \int_{-T}^{T} X(t) dt\right] = \lim_{T \to \infty} \frac{1}{2T} \int_{-T}^{T} E[X(t)] dt = m_X.$$

因此，随机变量 $\langle X(t) \rangle$ 的均值函数为常数 $EX(t) = m_X$. 由方差的性质可知，若能证明 $D\langle X(t) \rangle = 0$，则 $\langle X(t) \rangle$ 以概率 1 等于 $EX(t)$. 因此，要证明 $X(t)$ 的均值具有各态历经性，等价于证明 $D\langle X(t) \rangle = 0$. 由于

$$D\langle X(t) \rangle = E|\langle X(t) \rangle|^2 - |m_X|^2, \tag{6.9}$$

而

$$E|\langle X(t) \rangle|^2 = E\left|1 \cdot i \cdot m_{T \to \infty} \frac{1}{2T} \int_{-T}^{T} X(t) dt\right|^2$$

$$= \lim_{T \to \infty} E\left[\frac{1}{4T^2} \int_{-T}^{T} X(t_2) dt_2 \int_{-T}^{T} \overline{X(t_1)} dt_1\right]$$

$$= \lim_{T \to \infty} \frac{1}{4T^2} \int_{-T}^{T} \int_{-T}^{T} E[X(t_2) \overline{X(t_1)}] dt_1 dt_2$$

$$= \lim_{T \to \infty} \frac{1}{4T^2} \int_{-T}^{T} \int_{-T}^{T} R_X(t_2 - t_1) dt_1 dt_2.$$

做变换 $\tau_1 = t_1 + t_2, \tau_2 = t_2 - t_1$，变换的 Jacobian 行列工为 $\left|\frac{\partial(t_1, t_2)}{\partial(\tau_1, \tau_2)}\right| = \frac{1}{2}$，于是

$$E|\langle X(t) \rangle|^2 = \lim_{T \to \infty} \frac{1}{4T^2} \int_{-2T}^{2T} \int_{-2T+|\tau_2|}^{2T-|\tau_2|} \frac{1}{2} R_X(\tau_2) d\tau_1 d\tau_2$$

$$= \lim_{T \to \infty} \frac{1}{2T} \int_{-2T}^{2T} R_X(\tau_2) \left(1 - \frac{|\tau_2|}{2T}\right) d\tau_2. \tag{6.10}$$

又因为

$$\frac{1}{2T} \int_{-2T}^{2T} \left(1 - \frac{|\tau_2|}{2T}\right) d\tau_2 = 1,$$

故

$$|m_X|^2 = \frac{1}{2T} \int_{-2T}^{2T} |m_X|^2 \left(1 - \frac{|\tau_2|}{2T}\right) d\tau_2. \tag{6.11}$$

将式(6.10)和式(6.11)代入式(6.9)，得

$$D\langle X(t) \rangle = \lim_{T \to \infty} \frac{1}{2T} \int_{-2T}^{2T} \left(1 - \frac{|\tau|}{2T}\right) (R_X(\tau) - |m_X|^2) d\tau. \tag{6.12}$$

式(6.12)等于 0 就是 $\langle X(t)\rangle$ 以概率 1 等于 $EX(t) = m_X$ 的充要条件,证毕.

当 $X(t)$ 是实均方连续平稳过程时,$R_X(\tau)$ 为偶函数,过程 $X(t)$ 的均值各态历经性的充要条件可以写成

$$\lim_{T \to \infty} \frac{1}{T} \int_0^{2T} \left(1 - \frac{\tau}{2T}\right) \left[R_X(\tau) - m_X^2\right] \mathrm{d}\tau = 0. \tag{6.13}$$

由于 $C_X(\tau) = R_X(\tau) - |m_X|^2$,因此,式(6.8)等价于

$$\lim_{T \to \infty} \frac{1}{2T} \int_{-2T}^{2T} \left(1 - \frac{|\tau|}{2T}\right) C_X(\tau) \mathrm{d}\tau = 0. \tag{6.14}$$

相应地,式(6.13)等价于

$$\lim_{T \to \infty} \frac{1}{T} \int_0^{2T} \left(1 - \frac{\tau}{2T}\right) C_X(\tau) \mathrm{d}\tau = 0. \tag{6.15}$$

定理 6.11　设 $\{X(t), -\infty < t < +\infty\}$ 为均方连续的平稳过程,则它的自相关函数具有各态历经性的充要条件是

$$\lim_{T \to \infty} \frac{1}{2T} \int_{-2T}^{2T} \left(1 - \frac{|\tau_1|}{2T}\right) \left[C(\tau_1) - |R_X(\tau_1)|^2\right] \mathrm{d}\tau_1 = 0, \tag{6.16}$$

其中 $C_X(\tau_1) = E\left[X(t)\overline{X(t-\tau)}\,X(t-\tau_1)\overline{X(t-\tau-\tau_1)}\right]$. $\tag{6.17}$

证明　对于固定的 τ,记 $Y(t) = X(t)\overline{X(t-\tau)}$,则 $Y(t)$ 为均方连续的平稳过程,且

$$m_Y = EY(t) = E\left[X(t)\overline{X(t-\tau)}\right] = R_X(\tau),$$

因此,$R_X(\tau)$ 的各态历经性相当于 $EY(t)$ 的各态历经性.由于

$$R_Y(\tau_1) = E\left[Y(t)\overline{Y(t-\tau_1)}\right] = E\left[X(t)\overline{X(t-\tau)}\,X(t-\tau_1)\overline{X(t-\tau-\tau_1)}\right]$$
$$= C(\tau_1),$$

由定理 6.10 得定理 6.11 成立.

定理 6.12　对于均方连续平稳过程 $\{X(t), 0 \leqslant t < +\infty\}$,等式

$$\mathrm{l \cdot i \cdot m}_{T \to \infty} \frac{1}{T} \int_0^T X(t) \mathrm{d}t = m_X \tag{6.18}$$

以概率 1 成立的充要条件为

$$\lim_{T \to \infty} \frac{1}{2T} \int_{-T}^T \left(1 - \frac{|\tau|}{T}\right) C_X(\tau) \mathrm{d}\tau = 0. \tag{6.19}$$

若 $X(t)$ 为实随机过程,则上式变为 $\displaystyle\lim_{T \to \infty} \frac{1}{T} \int_0^T \left(1 - \frac{\tau}{T}\right) C_X(\tau) \mathrm{d}\tau = 0$.

定理 6.13　对于均方连续平稳过程 $\{X(t), 0 \leqslant t < +\infty\}$,等式

$$\mathrm{l \cdot i \cdot m}_{T \to \infty} \frac{1}{T} \int_0^T X(t)\overline{X(t-\tau)} \mathrm{d}\tau = R_X(\tau) \tag{6.20}$$

以概率 1 成立的充要条件为

$$\lim_{T \to \infty} \frac{1}{T} \int_{-T}^T \left(1 - \frac{|\tau_1|}{T}\right) \left[C(\tau_1) - |R_X(\tau)|^2\right] \mathrm{d}\tau_1 = 0. \tag{6.21}$$

若 $X(t)$ 为实随机过程,则上式变为 $\displaystyle\lim_{T \to \infty} \frac{1}{T} \int_0^T \left(1 - \frac{\tau_1}{T}\right) \left[C(\tau_1) - R_X^2(\tau)\right] \mathrm{d}\tau_1 = 0$.

例 6.7　(续例 6.2)考虑例 6.2 中随机电报信号过程 $Y(t)$ 均值的各态历经性.

解　因为它是实平稳过程,且 $EY(t) = 0, R_Y(\tau) = \mathrm{e}^{-2\lambda|\tau|}$,因此

$$\lim_{T \to \infty} \frac{1}{T} \int_0^{2T} \left(1 - \frac{\tau}{2T}\right) \left[\mathrm{e}^{-2\lambda|\tau|} - 0\right] \mathrm{d}\tau = 0.$$

由式(6.13)知,$Y(t)$ 是均值具有各态历经性的平稳过程.

例 6.8 讨论随机过程 $X(t) = Y$ 的各态历经性,其中 Y 是方差不为 0 的随机变量.

解 容易知道 $X(t) = Y$ 是平稳过程,事实上,$EX(t) = EY = m_X$(常数),$R_X(t, t - \tau)$ $= EY^2 = DY + m_X^2$(与 t 无关),但此过程不具有各态历经性,因为

$$\langle X(t) \rangle = 1 \cdot \mathrm{i} \cdot \mathop{\mathrm{m}}_{T \to \infty} \frac{1}{2T} \int_{-T}^{T} Y \mathrm{d}t = Y.$$

Y 不是常数,不等于 $EX(t)$,因此,$X(t) = Y$ 的均值不具有各态历经性.类似地可证明自相关函数也不具有各态历经性.

实际应用中,要严格验证平稳过程是否满足各态历经性条件是比较困难的,但各态历经性定理的条件较宽,工程中所遇到的平稳过程大多数都能满足.因此,通常的处理方法是:先假设平稳过程是各态历经过程,然后由此假定出发,对各种数据进行分析处理,在实践中考察是否会产生较大的偏差,如果偏差较大,便认为该平稳过程不具有各态历经性.

各态历经性定理的重要意义在于它从理论上给出了如下的结论:一个实平稳过程,如果它是各态历经的,则可用任意一条样本函数来推断该过程的整体统计特征.下面利用一条样本函数来估计均值函数和相关函数的近似估计式的思想和方法.

若 $X(t)$ 的均值均方遍历,则有

$$m_X = 1 \cdot \mathrm{i} \cdot \mathop{\mathrm{m}}_{T \to \infty} \frac{1}{T} \int_0^T X(t) \mathrm{d}t$$

以概率 1 成立.由于均方积分 $\int_0^T X(t) \mathrm{d}t$ 存在,将积分区间 $[0, T]$ 进行 N 等分,在每个长为 $\Delta t = \dfrac{T}{N}$ 的小区间上,在时刻 $t_k = k \Delta t (k = 1, 2, \cdots, N)$ 对 $X(t)$ 取样,得到样本函数的 N 个函数值,有

$$\int_0^T X(t) \mathrm{d}t = 1 \cdot \mathrm{i} \cdot \mathop{\mathrm{m}}_{N \to \infty} \sum_{k=1}^{N} X(t_k) \Delta t_k,$$

其中 $\Delta t_k = t_k - t_{k-1} = \dfrac{T}{N}, t_k = k \Delta t = \dfrac{kT}{N}$.从而

$$\int_0^{+\infty} X(t) \mathrm{d}t = 1 \cdot \mathrm{i} \cdot \mathop{\mathrm{m}}_{T \to \infty} 1 \cdot \mathrm{i} \cdot \mathop{\mathrm{m}}_{N \to \infty} \sum_{k=1}^{N} X(t_k) \Delta t_k = 1 \cdot \mathrm{i} \cdot \mathop{\mathrm{m}}_{T \to \infty} 1 \cdot \mathrm{i} \cdot \mathop{\mathrm{m}}_{N \to \infty} \frac{1}{N} \sum_{k=1}^{N} X \left(\frac{kT}{N} \right).$$

因均方收敛必依概率收敛,故对任意 $\varepsilon > 0$,有

$$\lim_{T \to \infty} \lim_{N \to \infty} P \left(\left| \frac{1}{N} \sum_{k=1}^{N} X \left(\frac{kT}{N} \right) - m_X \right| < \varepsilon \right) = 1,$$

即统计量 $\dfrac{1}{N} \sum_{k=1}^{N} X \left(\dfrac{kT}{N} \right)$ 是均值 m_X 的相合估计量.

据此,对一次抽样得到的样本函数 $x(t), t \geqslant 0$,取足够大的 T 和 N,使 $\dfrac{T}{N}$ 足够小,即可得到 m_X 的估计值:

$$m_X \approx \hat{m}_X = \frac{1}{N} \sum_{k=1}^{N} x \left(k \cdot \frac{T}{N} \right). \tag{6.22}$$

类似地,可以得到 $R_X(t)$ 的近似估计值为

$$\hat{R}_X(r\Delta) = \frac{1}{N - r} \sum_{k=1}^{N-r} x(k\Delta) x[(k + r)\Delta], \quad \Delta = \frac{T}{N}. \tag{6.23}$$

习　题　6

6.1　设 $X_1, X_2, \cdots$ 是独立同分布随机变量,证明:随机序列 $\{X_n, n \geqslant 1\}$ 是严平稳时间序列.

6.2　设随机过程 $X(t) = U\cos t + V\sin t$, $-\infty < t < +\infty$,其中 U 与 V 相互独立,且都服从 $N(0,1)$.问:

(1) $X(t)$ 是平稳过程吗? 为什么?

(2) $X(t)$ 是严平稳过程吗? 为什么?

6.3　设随机过程 $X(t) = A\cos(\omega t + \Theta)$, $-\infty < t < +\infty$,其中,ω 为正常数,随机变量 A 与 Θ 相互独立,且 A 的密度函数为 $f(a) = \begin{cases} \dfrac{a}{\sigma^2}\exp\left\{-\dfrac{a^2}{2\sigma^2}\right\}, & a > 0 \\ 0, & \text{其他} \end{cases}$,$\Theta$ 服从区间 $[0, 2\pi]$ 上的均匀分布,求 $X(t)$ 的均值函数与自相关函数,并由此证明 $X(t)$ 是平稳过程.

6.4　设随机过程 $X(t) = \sin Ut$, $t \in T$,其中 U 服从区间 $[0, 2\pi]$ 上的均匀分布.

(1) 如果 $T = \{0, 1, 2, \cdots\}$,试求 $X(t)$ 的均值函数与自相关函数,并由此证明 $X(t)$ 是平稳时间序列.

(2) 如果 $T = [0, +\infty)$,试求 $X(t)$ 的均值函数,并由此证明 $X(t)$ 不是平稳过程.

6.5　在习题6.2中,试求 $\langle X(t) \rangle$ 与 $\langle X(t)X(t+\tau) \rangle$,并由此证明平稳过程 $X(t)$ 的均值具有各态历经性,但自相关函数不具有各态历经性.

6.6　在习题6.3中,试求 $\langle X(t) \rangle$ 与 $\langle X(t)X(t+\tau) \rangle$,并由此证明平稳过程 $X(t)$ 的均值具有各态历经性,但自相关函数不具有各态历经性.

6.7　证明相位周期过程 $X(t) = \varphi(t + \Theta)$ 是各态历经过程,其中,φ 是有界函数.(提示:利用高等数学中周期函数的积分性质计算 $\langle X(t) \rangle$ 与 $\langle X(t)X(t+\tau) \rangle$.)

6.8　设平稳过程 $\{X(t), -\infty < t < +\infty\}$ 的均值具有各态历经性,记随机过程 $Y(t) = X(t) + U$,其中,U 是与 $X(t)$ 不相关的随机变量,且 $EU = c$, $DU = 1$.

(1) 试求 $Y(t)$ 函数与协方差函数,并由此证明 $Y(t)$ 是平稳过程.

(2) $Y(t)$ 函数是否具有各态历经性? 为什么?

6.9　设有随机过程 $X(t)$ 和 $Y(t)$ 都不是平稳过程,且 $X(t) = A(t)\cos t$, $Y(t) = B(t)\sin t$,其中 $A(t)$ 和 $B(t)$ 是均值为 0 的相互独立的平稳过程,它们有相同的自相关函数,求证:$Z(t) = X(t) + Y(t)$ 是平稳过程.

6.10　设 $X_1(t)$、$X_2(t)$、$Y_1(t)$、$Y_2(t)$ 都是均值为 0 的实随机过程,定义复随机过程
$$Z_1(t) = X_1(t) + iY_1(t), \quad Z_2(t) = X_2(t) + iY_2(t),$$
求在下列情况下 $Z_1(t)$ 和 $Z_2(t)$ 的互相关函数.

(1) 所有实随机过程是相关的.

(2) 所有实随机过程互不相关.

6.11　设 $X(t)$ 是具有自相关函数为 $R_X(\tau)$ 的平稳过程,令 $Y = \int_a^{a+T} X(t)\mathrm{d}t$,其中 T

$> 0, a$ 为实数,证明:$E \mid Y \mid^2 = \int_{-T}^{T} (T - \mid \tau \mid) R_X(\tau) \mathrm{d}\tau.$

6.12   设有随机过程 $X(t) = A \sin(\lambda t) + B \cos(\lambda t)$,其中 A、B 是均值为 0、方差为 σ^2 的相互独立的正态随机变量.问:

(1) $X(t)$ 的均值是否具有各态历经性?

(2) $X(t)$ 的均方值是否具有各态历经性?

(3) 若 $A = -\sqrt{2}\sigma\sin\Phi, B = \sqrt{2}\sigma\cos\Phi, \Phi$ 是 $(0, 2\pi)$ 上均匀分布的随机变量,此时 $E[X(t)]^2$ 是否具有各态历经性?

第 7 章　平稳过程的谱分析

　　一个由不同角频率、随机振幅互不相关的随机简谐运动的叠加构成的随机序列是平稳过程,那么,一个平稳过程是否都能分解为角频率互不相同、相应的随机振幅互不相关的随机简谐运动的线性叠加呢? 答案是肯定的. Fourier 分析理论表明:任一时间函数 $x(t)$（周期或非周期的)都可以看成有限个或无限个简谐振动的叠加. 平稳过程的相关函数可以看成一时间函数,在时域上描述了随机过程的统计特征,因此,对于平稳过程的相关函数,利用 Fourier 分析的方法进行研究,便可在频域上描述平稳过程的统计特征,进而得到平稳过程谱密度这一重要概念. 谱密度在平稳过程的理论和应用中扮演着十分重要的角色,它与相关函数存在一一对应关系,从数学上看,谱密度是相关函数的 Fourier 变换,在物理上可以视它为功率谱密度.

7.1　平稳过程的谱密度

　　首先我们简要介绍一下 Fourier 变换的基本概念.

　　当 $f(t)$ 是以 T 为周期的周期函数,且在 $\left(-\dfrac{\pi}{2}, \dfrac{\pi}{2}\right)$ 内满足 Dirichlet 条件（即 $f(t)$ 连续或只有有限个第一类间断点,且有有限个极值点)时,则 $f(t)$ 在 $\left(-\dfrac{\pi}{2}, \dfrac{\pi}{2}\right)$ 内可以展开为 Fourier 级数,在 $f(t)$ 的连续点处,级数有三角形式:

$$f(t) = \frac{a_0}{2} + \sum_{n=1}^{\infty} \left(a_n \cos \frac{2n\pi}{T} t + b_n \sin \frac{2n\pi}{T} t \right), \tag{7.1}$$

其中

$$a_n = \frac{2}{T} \int_{-T/2}^{T/2} f(t) \cos \frac{2n\pi}{T} t \, \mathrm{d}t, \quad n = 0, 1, 2, \cdots,$$

$$b_n = \frac{2}{T} \int_{-T/2}^{T/2} f(t) \sin \frac{2n\pi}{T} t \, \mathrm{d}t, \quad n = 1, 2, \cdots.$$

由欧拉（Euler)公式 $\cos\theta = \dfrac{\mathrm{e}^{\mathrm{i}\theta} + \mathrm{e}^{-\mathrm{i}\theta}}{2}$, $\sin\theta = \dfrac{\mathrm{e}^{\mathrm{i}\theta} - \mathrm{e}^{-\mathrm{i}\theta}}{2\mathrm{i}}$,上式可以化为

$$f(t) = \frac{a_0}{2} + \sum_{n=1}^{\infty} \left(a_n \frac{\mathrm{e}^{\mathrm{i}n\omega t} + \mathrm{e}^{-\mathrm{i}n\omega t}}{2} + b_n \frac{\mathrm{e}^{\mathrm{i}n\omega t} - \mathrm{e}^{-\mathrm{i}n\omega t}}{2i} \right)$$

$$= \frac{a_0}{2} + \sum_{n=1}^{\infty} \left(\frac{a_n - \mathrm{i}b_n}{2} \mathrm{e}^{\mathrm{i}n\omega t} + \frac{a_n + \mathrm{i}b_n}{2} \mathrm{e}^{-\mathrm{i}n\omega t} \right),$$

其中 $\omega = \dfrac{2\pi}{T}$. 令 $\dfrac{a_0}{2} = c_0$, $\dfrac{a_n - \mathrm{i}b_n}{2} = c_n$, $\dfrac{a_n + \mathrm{i}b_n}{2} = c_{-n}$,上式即为

$$f(t) = c_0 + \sum_{i=1}^{n} (c_n \mathrm{e}^{\mathrm{i}n\omega t} + c_{-n} \mathrm{e}^{-\mathrm{i}n\omega t}) = \sum_{n=-\infty}^{+\infty} c_n \mathrm{e}^{\mathrm{i}n\omega t},$$

其中

$$c_n = \frac{1}{T} \left[\int_{-T/2}^{T/2} f(t) \cos n\omega t \, \mathrm{d}t - \mathrm{i} \int_{-T/2}^{T/2} f(t) \sin n\omega t \, \mathrm{d}t \right]$$

$$= \frac{1}{T} \int_{-T/2}^{T/2} f(t) \mathrm{e}^{-\mathrm{i}n\omega t} \, \mathrm{d}t, \quad n = 0, 1, 2, \cdots,$$

$$c_{-n} = \frac{1}{T} \int_{-T/2}^{T/2} f(t) \mathrm{e}^{\mathrm{i}n\omega t} \, \mathrm{d}t, \quad n = 1, 2, \cdots.$$

写成一个式子为

$$c_n = \frac{1}{T} \int_{-T/2}^{T/2} f(t) \mathrm{e}^{-\mathrm{i}n\omega t} \, \mathrm{d}t, \quad n = 0, \pm 1, \pm 2, \cdots.$$

这就是 Fourier 级数的复数形式,写为

$$f(t) = \sum_{n=-\infty}^{+\infty} \left[\frac{1}{T} \int_{-T/2}^{T/2} f(\tau) \mathrm{e}^{-\mathrm{i}n\omega t} \, \mathrm{d}\tau \right] \mathrm{e}^{\mathrm{i}n\omega t}. \tag{7.2}$$

若 $f(t)$ 是定义在 $(-\infty, +\infty)$ 上的非周期函数,可以把 $f(t)$ 看成是周期为 T 的函数当 $T \to +\infty$ 时的极限形式,即 $f(t) = \lim\limits_{T \to \infty} f_T(t)$. 利用定积分的定义,可以得到非周期函数的 Fourier 积分公式:

$$f(t) = \frac{1}{2\pi} \int_{-\infty}^{+\infty} \left[\int_{-\infty}^{+\infty} f(\tau) \mathrm{e}^{-\mathrm{i}\omega\tau} \, \mathrm{d}\tau \right] \mathrm{e}^{\mathrm{i}\omega t} \, \mathrm{d}\omega. \tag{7.3}$$

在式(7.3)中,设 $F(\omega) = \int_{-\infty}^{+\infty} f(\tau) \mathrm{e}^{-\mathrm{i}\omega\tau} \, \mathrm{d}\tau, \omega \in (-\infty, +\infty)$,则有

$$f(t) = \frac{1}{2\pi} \int_{-\infty}^{+\infty} F(\omega) \mathrm{e}^{\mathrm{i}\omega t} \, \mathrm{d}\omega. \tag{7.4}$$

式(7.3)称为 $f(t)$ 的 Fourier 变换(简称傅氏变换),记作 $F(\omega) = \mathscr{F}[f(t)]$,$F(\omega)$ 称为 $f(t)$ 的傅氏像函数;式(7.4)称为 $F(\omega)$ 的 Fourier 逆变换(简称傅氏逆变换),记作 $f(t) = \mathscr{F}^{-1}[F(\omega)]$,$f(t)$ 称为 $F(\omega)$ 的傅氏像原函数.

在频谱分析中,$F(\omega)$ 又称为 $f(t)$ 的频谱函数,频谱函数的模 $|F(\omega)|$ 称为 $f(t)$ 的振幅频谱(简称频谱). 下面我们对随机过程进行频谱分析.

首先对一确定信号 $x(t)$ 做频谱分析. 先假定 $x(t)$ 表示在时刻 t 加在 1 欧姆电阻上的电压,则 $x^2(t)$ 表示时刻 t 的功率. 当 $x(t)$ 满足 Dirichlet 条件时,则 $x(t)$ 的 Fourier 变换存在,或者说 $x(t)$ 具有频谱

$$F_x(\omega) = \mathscr{F}[x(t)] = \int_{-\infty}^{+\infty} x(t) \mathrm{e}^{-\mathrm{i}\omega t} \, \mathrm{d}t. \tag{7.5}$$

$F_x(\omega)$ 的 Fourier 逆变换为

$$x(t) = \mathscr{F}^{-1}[F_x(\omega)] = \frac{1}{2\pi} \int_{-\infty}^{+\infty} F_x(\omega) \mathrm{e}^{\mathrm{i}\omega t} \, \mathrm{d}\omega. \tag{7.6}$$

式(7.6)表明信号 $x(t)$ 可以表示成谐分量 $\left[\dfrac{1}{2\pi} F_x(\omega) \mathrm{d}\omega \right] \mathrm{e}^{\mathrm{i}\omega t}$ 的无限叠加,其中,ω 为圆频率,$F_x(\omega)$ 为信号 $x(t)$ 的频谱,圆频率 ω 谐分量的振幅为 $\dfrac{1}{2\pi} |F_x(\omega) \mathrm{d}\omega|$,信号 $x(t)$ 在 $(-\infty, +\infty)$ 上的总能量为

$$\int_{-\infty}^{+\infty} x^2(t) \, \mathrm{d}t = \int_{-\infty}^{+\infty} x(t) \frac{1}{2\pi} \int_{-\infty}^{+\infty} F_x(\omega) \mathrm{e}^{\mathrm{i}\omega t} \, \mathrm{d}\omega \mathrm{d}t$$

$$= \frac{1}{2\pi} \int_{-\infty}^{+\infty} F_x(\omega) \int_{-\infty}^{+\infty} x(t) \mathrm{e}^{\mathrm{i}\omega t} \mathrm{d}t \mathrm{d}\omega = \frac{1}{2\pi} \int_{-\infty}^{+\infty} F_x(\omega) \overline{F_x(\omega)} \mathrm{d}\omega,$$

故

$$\int_{-\infty}^{+\infty} x^2(t) \mathrm{d}t = \frac{1}{2\pi} \int_{-\infty}^{+\infty} |F_x(\omega)|^2 \mathrm{d}\omega, \tag{7.7}$$

其中 $\int_{-\infty}^{+\infty} x^2(t)\mathrm{d}t$ 是从时域上得到的总能量. 当积分值取有限值时, 式(7.7) 称为巴塞伐 (Parseval) 等式, 右边的被积函数 $|F_x(\omega)|^2$ 称为能谱密度. 它表明: 对能量的计算既可以在时间域上进行, 也可以在相应的频率域上进行, 两者完全等价, 有时也称它为能量积分和瑞利(Rayleigh)定理.

在实际应用中, 大多数信号 $x(t)$ 的总能量都是无限的, 例如, $x(t) = \cos t$ 不满足 Fourier 变换的条件, 为此, 我们考虑平均功率及功率密度.

做一截尾函数

$$x_T(t) = \begin{cases} x(t), & |t| \leqslant T \\ 0, & |t| > T \end{cases},$$

由于 $x_T(t)$ 有限, 其 Fourier 变换存在, 于是有

$$F_x(\omega, T) = \mathscr{F}[x_T(t)] = \int_{-\infty}^{+\infty} x_T(t) \mathrm{e}^{-\mathrm{i}\omega t} \mathrm{d}t = \int_{-T}^{T} x_T(t) \mathrm{e}^{-\mathrm{i}\omega t} \mathrm{d}t.$$

$F_x(\omega, T)$ 的 Fourier 逆变换为

$$x_T(t) = \mathscr{F}^{-1}[F_x(\omega, T)] = \frac{1}{2\pi} \int_{-\infty}^{+\infty} F_x(\omega, T) \mathrm{e}^{\mathrm{i}\omega t} \mathrm{d}\omega.$$

根据式(7.7), 有

$$\int_{-\infty}^{+\infty} x_T^2(t) \mathrm{d}t = \int_{-T}^{T} x^2(t) \mathrm{d}t = \frac{1}{2\pi} \int_{-\infty}^{+\infty} |F_x(\omega, T)|^2 \mathrm{d}\omega,$$

因此

$$\lim_{T \to \infty} \frac{1}{2T} \int_{-T}^{T} x^2(t) \mathrm{d}t = \lim_{T \to \infty} \frac{1}{4\pi T} \int_{-\infty}^{+\infty} |F_x(\omega, T)|^2 \mathrm{d}\omega$$

$$= \frac{1}{2\pi} \int_{-\infty}^{+\infty} \lim_{T \to \infty} \frac{1}{2T} |F_x(\omega, T)|^2 \mathrm{d}\omega.$$

显然, 上式左边可以看成是 $x(t)$ 消耗在 $1\,\Omega$ 电阻上的平均功率, 相应地, 称右边积分的被积函数

$$s_x(\omega) = \lim_{T \to \infty} \frac{1}{2T} |F_x(\omega, T)|^2$$

为信号 $x(t)$ 在 ω 处的功率谱密度.

下面我们对随机过程 $\{X(t), -\infty < t < +\infty\}$ 做频谱分析.

设 $X(t)$ 是均方连续的随机过程, 做截尾随机过程

$$X_T(t) = \begin{cases} X(t), & |t| \leqslant T \\ 0, & |t| > T \end{cases}.$$

$X_T(t)$ 均方可积, 存在 Fourier 变换:

$$F_X(\omega, T) = \mathscr{F}[X_T(t)] = \int_{-\infty}^{+\infty} X_T(t) \mathrm{e}^{-\mathrm{i}\omega t} \mathrm{d}t = \int_{-T}^{T} X_T(t) \mathrm{e}^{-\mathrm{i}\omega t} \mathrm{d}t.$$

利用 Parseval 公式和 Fourier 逆变换, 可得

$$\int_{-\infty}^{+\infty} X_T^2 \mathrm{d}t = \int_{-T}^{T} X^2(t)\mathrm{d}t = \frac{1}{2\pi}\int_{-\infty}^{+\infty} |F_X(\omega,T)|^2 \mathrm{d}\omega.$$

上式两边都是随机变量,要求取平均值,这时不仅是对时间区间$[-T,T]$取平均,还要求在概率意义下的统计平均,因此有

$$\lim_{T\to\infty} E\left[\frac{1}{2T}\int_{-T}^{T}|X(t)|^2\mathrm{d}t\right] = \lim_{T\to\infty}\frac{1}{2\pi}\int_{-\infty}^{+\infty} E\left[\frac{1}{2T}|F_X(\omega,T)|^2\right]\mathrm{d}\omega$$

$$= \frac{1}{2\pi}\int_{-\infty}^{+\infty}\lim_{T\to\infty}\frac{1}{2T}E[|F_X(\omega,T)|^2]\mathrm{d}\omega.$$

上式就是随机过程 $X(t)$ 的平均功率和功率谱密度之间关系的表达式.

定义 7.1 设$\{X(t),-\infty<t<+\infty\}$为均方连续的随机过程,称

$$\psi^2 = \lim_{T\to\infty} E\left[\frac{1}{2T}\int_{-T}^{T}|X(t)|^2\mathrm{d}t\right] \tag{7.8}$$

为 $X(t)$ 的平均功率;称

$$s_X(\omega) = \lim_{T\to\infty}\frac{1}{2T}E[|F_X(\omega,T)|^2] \tag{7.9}$$

为 $X(t)$ 的功率谱密度,简称谱密度.

当 $X(t)$ 是均方连续的平稳过程时,由于 $EX^2(t)$ 是与 t 无关的常数,因此,式(7.8)可化为

$$\psi^2 = \lim_{T\to\infty} E\left[\frac{1}{2T}\int_{-T}^{T}|X(t)|^2\mathrm{d}t\right] = \lim_{T\to\infty}\frac{1}{2T}\int_{-T}^{T}E[|X(t)|^2]\mathrm{d}t = E|X(t)|^2 = R_X(0).$$

$$\tag{7.10}$$

由式(7.10)可以看出,平稳过程的平均功率等于该过程的均方值,或等于它的谱密度在频域上的积分,即

$$\psi^2 = R_X(0) = \frac{1}{2\pi}\int_{-\infty}^{+\infty} s_X(\omega)\mathrm{d}\omega.$$

这就是平稳过程 $X(t)$ 平均功率的频谱展开式.

综上可以看出:自相关函数与谱密度分别在时间域与频率域上描述了平稳过程的统计特征.这就给实际应用提供了方便,我们可以根据需要选择时间域方法或等价的频率域方法. $s_X(\omega)$ 描述了各种频率成分所具有的能量大小.谱密度的物理意义是:它是 $X(t)$ 的平均功率关于圆频率的分布密度函数,在任意特定的频率范围$[\omega_1,\omega_2]$内,谱密度对平均功率的贡献为 $\frac{1}{2\pi}\int_{\omega_1}^{\omega_2} s_X(\omega)\mathrm{d}\omega$.

例 7.1 设有随机过程 $X(t) = a\cos(\omega_0 t + \Theta)$,$a,\omega_0$ 为常数,在下列情况下,求 $X(t)$ 的平均功率.

(1) Θ 是在$(0,2\pi)$上服从均匀分布的随机变量;

(2) Θ 是在$(0,\pi/2)$上服从均匀分布的随机变量.

解 (1) 容易求得 $X(t)$ 是平稳过程,且相关函数 $R_X(\tau) = \frac{a^2}{2}\cos(\omega_0\tau)$. 于是由式

(7.8),$X(t)$ 的平均功率为 $\psi^2 = R_X(0) = \frac{a^2}{2}$.

(2) $EX^2(t) = E[a^2\cos^2(\omega_0 t + \Theta)] = E\left[\frac{a^2}{2} + \frac{a^2}{2}\cos(2\omega_0 t + 2\Theta)\right]$

$$= \frac{a^2}{2} + \frac{a^2}{2} \int_0^{\frac{\pi}{2}} \cos(2\omega_0 t + 2\theta) \frac{2}{\pi} \mathrm{d}\theta = \frac{a^2}{2} - \frac{a^2}{\pi} \sin(2\omega_0 t).$$

因此,此时 $X(t)$ 不是平稳过程,由式(7.6)得 $X(t)$ 的平均功率为

$$\psi^2 = \lim_{T \to \infty} E\Big[\frac{1}{2T}\int_{-T}^{T} X^2(t)\mathrm{d}t\Big] = \lim_{T \to \infty} \frac{1}{2T}\int_{-T}^{T}\Big[\frac{a^2}{2} - \frac{a^2}{\pi}\sin(2\omega_0 t)\Big]\mathrm{d}t = \frac{a^2}{2}.$$

以上我们讨论了平稳过程的谱密度,对于平稳序列的谱分析,类似地有下列结果.

设 $\{X_n, n = 0, \pm 1, \pm 2, \cdots\}$ 为平稳随机序列,均值为 0,若 τ 只取离散值,且相关函数 $R_X(\tau)$ 满足 $\sum\limits_{n=-\infty}^{+\infty} |R_X(n)| < \infty$,当 ω 在 $[-\pi, \pi]$ 上取值时,若

$$s_X(\omega) = \sum_{n=-\infty}^{+\infty} R_X(n)\mathrm{e}^{-in\omega} \tag{7.11}$$

绝对且一致收敛,则 $s_X(\omega)$ 在 $[-\pi, \pi]$ 上是连续函数,且对上式取绝对值再积分,可得

$$\int_{-\pi}^{\pi} |s_X(\omega)| \mathrm{d}\omega \leqslant \sum_{n=-\infty}^{+\infty} |R_X(n)| \int_{-\pi}^{\pi} |\mathrm{e}^{-in\omega}| \mathrm{d}\omega < \infty,$$

因此,$\int_{-\pi}^{\pi} s_X(\omega)\mathrm{e}^{in\omega}\mathrm{d}\omega$ 存在,于是式(7.11) 是以

$$R_X(n) = \frac{1}{2\pi}\int_{-\pi}^{\pi} s_X(\omega)\mathrm{e}^{in\omega}\mathrm{d}\omega, \quad n = 0, \pm 1, \pm 2, \cdots$$

为 Fourier 系数的 $s_X(\omega)$ 的 Fourier 级数.

定义 7.2　设 $\{X_n, n = 0, \pm 1, \pm 2, \cdots\}$ 为平稳随机序列,若相关函数满足 $\sum\limits_{n=-\infty}^{+\infty} |R_X(n)| < \infty$,则称

$$s_X(\omega) = \sum_{n=-\infty}^{+\infty} R_X(n)\mathrm{e}^{-in\omega}, \quad -\pi \leqslant \omega \leqslant \pi$$

为 $\{X_n, n = 0, \pm 1, \pm 2, \cdots\}$ 的谱密度.

7.2　谱密度的性质

对于平稳过程 $X(t)$ 的统计规律描述,自相关函数 $R_X(\tau)$ 和谱密度 $s_X(\omega)$ 分别从时间域与频率域上进行了讨论.它们都是平稳过程的特征,因而一定存在某种关系,下面我们来讨论它们之间的关系.

定理 7.1　设 $\{X(t), -\infty < t < +\infty\}$ 为均方连续的随机过程,$R_X(\tau)$ 为它的自相关函数,$s_X(\omega)$ 为它的功率谱密度,则有:

(1) 若 $\int_{-\infty}^{+\infty} |R_X(\tau)| \mathrm{d}\tau < \infty$,则 $s_X(\omega)$ 是 $R_X(\tau)$ 的 Fourier 变换,即

$$s_X(\omega) = \mathscr{F}[R_X(\tau)] = \int_{-\infty}^{+\infty} R_X(\tau)\mathrm{e}^{-i\omega\tau}\mathrm{d}\tau. \tag{7.12}$$

证明　由式(7.9),有

$$s_X(\omega) = \lim_{T \to \infty} \frac{1}{2T} E\Big[\Big|\int_{-T}^{T} X(t)\mathrm{e}^{-i\omega t}\mathrm{d}t\Big|^2\Big]. \tag{7.13}$$

由于

$$\frac{1}{2T}E\left|\int_{-T}^{T}X(t)\mathrm{e}^{-\mathrm{i}\omega t}\,\mathrm{d}t\right|^{2} = \frac{1}{2T}E\left[\int_{-T}^{T}X(t)\mathrm{e}^{-\mathrm{i}\omega t}\,\mathrm{d}t\overline{\int_{-T}^{T}X(s)\mathrm{e}^{-\mathrm{i}\omega s}\,\mathrm{d}s}\right]$$

$$= \frac{1}{2T}E\left[\int_{-T}^{T}\int_{-T}^{T}X(t)\overline{X(s)}\mathrm{e}^{-\mathrm{i}\omega(t-s)}\,\mathrm{d}t\,\mathrm{d}s\right]$$

$$= \frac{1}{2T}\int_{-T}^{T}\int_{-T}^{T}E[X(t)\overline{X(s)}]\mathrm{e}^{-\mathrm{i}\omega(t-s)}\,\mathrm{d}t\,\mathrm{d}s$$

$$= \frac{1}{2T}\int_{-T}^{T}\int_{-T}^{T}R_X(t-s)\mathrm{e}^{-\mathrm{i}\omega(t-s)}\,\mathrm{d}t\,\mathrm{d}s,$$

仿定理 6.10 的证明步骤,可得

$$\frac{1}{2T}E\left|\int_{-T}^{T}X(t)\mathrm{e}^{-\mathrm{i}\omega t}\,\mathrm{d}t\right|^{2} = \int_{-2T}^{2T}\left(1-\frac{|\tau|}{2T}\right)R_X(\tau)\mathrm{e}^{-\mathrm{i}\omega\tau}\,\mathrm{d}\tau,$$

于是有

$$s_X(\omega) = \lim_{T\to\infty}\int_{-2T}^{2T}\left(1-\frac{|\tau|}{2T}\right)R_X(\tau)\mathrm{e}^{-\mathrm{i}\omega\tau}\,\mathrm{d}\tau.$$

令

$$R_X(\tau,T) = \begin{cases}\left(1-\dfrac{|\tau|}{2T}\right)R_X(\tau), & |\tau|\leqslant 2T,\\[2mm] 0, & |\tau|>2T\end{cases}$$

显然 $\lim\limits_{T\to\infty}R_X(\tau,T)=R_X(\tau)$,因此有

$$s_X(\omega) = \lim_{T\to\infty}\int_{-2T}^{2T}\left(1-\frac{|\tau|}{2T}\right)R_X(\tau)\mathrm{e}^{-\mathrm{i}\omega\tau}\,\mathrm{d}\tau$$

$$= \lim_{T\to\infty}\int_{-\infty}^{+\infty}R_X(\tau,T)\mathrm{e}^{-\mathrm{i}\omega\tau}\,\mathrm{d}\tau = \int_{-\infty}^{+\infty}\lim_{T\to\infty}R_X(\tau,T)\mathrm{e}^{-\mathrm{i}\omega\tau}\,\mathrm{d}\tau$$

$$= \int_{-\infty}^{+\infty}R_X(\tau)\mathrm{e}^{-\mathrm{i}\omega\tau}\,\mathrm{d}\tau.$$

证毕.

对式(7.12)做 Fourier 逆变换,得到

$$R_X(\tau) = \mathscr{F}^{-1}[s_X(\omega)] = \frac{1}{2\pi}\int_{-\infty}^{+\infty}s_X(\omega)\mathrm{e}^{\mathrm{i}\omega\tau}\,\mathrm{d}\omega. \tag{7.14}$$

式(7.12)和式(7.14)就是著名的 Wiener-Khinichine(维纳—辛钦)公式.它们表明了平稳过程的自相关函数与谱密度之间构成了一对 Fourier 变换.在式(7.14)中令 $\tau=0$,得平均功率 $\dfrac{1}{2\pi}\int_{-\infty}^{+\infty}s_X(\omega)\mathrm{d}\omega = R_X(0)$,它的直观意义是:功率谱密度曲线下的总面积(平均功率)等于平稳过程的均方值.在式(7.12)中令 $\omega=0$,得到 $s_X(0)=\int_{-\infty}^{+\infty}R_X(\tau)\mathrm{d}\tau$,它的直观意义是:功率谱密度的零频率分量等于相关函数曲线下的总面积.

当 $X(t)$ 是实平稳过程时,则有

$$s_X(\omega) = 2\int_{0}^{+\infty}R_X(\tau)\cos(\omega\tau)\mathrm{d}\tau, \quad R_X(\tau) = \frac{1}{\pi}\int_{0}^{+\infty}s_X(\omega)\cos(\omega\tau)\mathrm{d}\omega.$$

事实上,因 $R_X(\tau)$ 是偶函数,有

$$s_X(\omega) = \int_{-\infty}^{+\infty}R_X(\tau)\mathrm{e}^{-\mathrm{i}\omega\tau}\,\mathrm{d}\tau = \int_{-\infty}^{+\infty}R_X(\tau)[\cos(\omega\tau)-\mathrm{i}\sin(\omega\tau)]\mathrm{d}\tau$$

$$= 2 \int_0^{+\infty} R_X(\tau) \cos(\omega\tau) \mathrm{d}\tau.$$

同理,因 $s_X(\omega)$ 是 ω 的偶函数,因此有

$$R_X(\tau) = \frac{1}{\pi} \int_0^{+\infty} s_X(\omega) \cos(\omega\tau) \mathrm{d}\omega.$$

(2) $s_X(\omega)$ 是 ω 的实的、非负偶函数.

证明 因为 $\left| \int_{-T}^{T} X(t) \mathrm{e}^{-\mathrm{i}\omega t} \mathrm{d}t \right|^2$ 是 ω 的实的、非负偶函数,因此,其平均值当 $T \to \infty$ 时的极限,也必然是 ω 的实的、非负偶函数,由式(7.13)知结论成立.

(3) $s_X(\omega)$ 是 ω 的有理函数时,其形式必为

$$s_X(\omega) = \frac{a_{2n}\omega^{2n} + a_{2n-2}\omega^{2n-2} + \cdots + a_0}{\omega^{2m} + b_{2m-2}\omega^{2m-2} + \cdots + b_0},$$

其中 $a_{2n-i}, b_{2m-j}(i = 0, 2, \cdots, 2n; j = 2, 4, \cdots, 2m)$ 为常数,且 $a_{2n} > 0, m > n$,分母无实根.

证明 根据(2)及平均功率有限即可证明.

平稳过程 $\{X(t), t \in R\}$ 的谱密度 $s_X(\omega)$ 和相关函数 $R_X(\tau)$ 是一对 Fourier 变换,利用变换的性质,可以得到平稳过程的谱密度和相关函数的如下关系:

性质 7.1 (线性性质)如果 $s_{X_1}(\omega) = \mathscr{F}(R_{X_1}(\tau))$, $s_{X_2}(\omega) = \mathscr{F}(R_{X_2}(\tau))$,则

$$\mathscr{F}(a_1 R_{X_1}(\tau) + a_2 R_{X_2}(\tau)) = a_1 s_{X_1}(\omega) + a_2 s_{X_2}(\omega),$$

$$\mathscr{F}^{-1}(a_1 s_{X_2}(\omega) + a_2 s_{X_2}(\omega)) = a_1 R_{X_1}(\tau) + a_2 R_{X_2}(\tau).$$

性质 7.2 (相似性)如果 $s_X(\omega) = \mathscr{F}(R_X(\tau))$,则

$$\mathscr{F}[R_X(a\tau)] = \frac{1}{|a|} s_X\left(\frac{\omega}{a}\right).$$

对于 $a > 0$ 的情形,上式表明,若将相关函数 $R_X(\tau)$ 的图像沿横轴方向压缩 a 倍,则其谱密度 $s_X(\omega)$ 的图像将沿横轴方向展宽 a 倍,同时高度变为原来的 $1/a$.

性质 7.3 (时间及频率的位移性质)如果 $s_X(\omega) = \mathscr{F}[R_X(\tau)]$,则

$$\mathscr{F}[R_X(\tau \pm \tau_0)] = \mathrm{e}^{\pm \mathrm{i}\omega\tau_0} s_X(\omega), \quad \mathscr{F}[R_X(\omega)\mathrm{e}^{\pm \mathrm{i}\omega_0\tau}] = s_X(\omega \mp \omega_0).$$

性质 7.4 (微分性质)若平稳过程 $\{X(t), t \in \mathbf{R}\}$ 均方可导,其导数过程 $\{X'(t), t \in \mathbf{R}\}$ 的相关函数和谱密度分别为

$$R_X'(\tau) = -R''_X(\tau), \quad s_X'(\omega) = \omega^2 s_X(\omega).$$

性质 7.5 (卷积性质)如果 $s_{X_1}(\omega) = \mathscr{F}(R_{X_1}(\tau))$, $s_{X_2}(\omega) = \mathscr{F}(R_{X_2}(\tau))$,则

$$\mathscr{F}[R_{X_1}(\tau) * R_{X_2}(\tau)] = s_{X_1}(\omega) \cdot s_{X_2}(\omega),$$

$$\mathscr{F}^{-1}[s_{X_1}(\omega) * s_{X_2}(\omega)] = 2\pi R_{X_1}(\tau) \cdot R_{X_2}(\tau),$$

其中卷积 $R_{X_1}(\tau) * R_{X_2}(\tau) = \int_{-\infty}^{+\infty} R_{X_1}(t) R_{X_2}(\tau - t) \mathrm{d}t$.

有理谱密度是常用的一类功率谱.在工程中,由于只在正的频谱范围内进行测量,根据平稳过程谱密度 $s_X(\omega)$ 是偶函数的性质,可将负频率范围内的值折算到正频率范围内,得到所谓"单边功率谱".单边功率谱 $G_X(\omega)$ 定义为

$$G_X(\omega) = \begin{cases} 2 \lim_{T \to \infty} \frac{1}{T} E\left[\left| \int_0^T X(t) \mathrm{e}^{-\mathrm{i}\omega t} \mathrm{d}t \right|^2 \right], & \omega \geqslant 0 \\ 0, & \omega < 0 \end{cases},$$

它和 $s_X(\omega)$ 有如下的关系:

$$G_X(\omega) = \begin{cases} 2s_X(\omega), & \omega \geqslant 0 \\ 0, & \omega < 0 \end{cases}.$$

相应地，$s_X(\omega)$可称为"双边谱". 如图 7.1 所示.

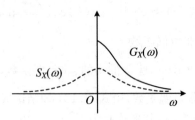

图 7.1　单边功率谱

例 7.2　若平稳过程的相关函数为 $R_X(\tau) = \mathrm{e}^{-a|\tau|}\cos(\omega_0\tau)$，其中 $a>0$，ω_0 为常数，求谱密度 $s_X(\omega)$.

解　$s_X(\omega) = 2\displaystyle\int_0^\infty \mathrm{e}^{-a\tau}\cos(\omega_0\tau)\cos(\omega\tau)\mathrm{d}\tau$

$\qquad = \displaystyle\int_0^\infty \mathrm{e}^{-a\tau}\big[\cos(\omega_0+\omega)\tau + \cos(\omega_0-\omega)\tau\big]\mathrm{d}\tau$

$\qquad = \dfrac{a}{a^2+(\omega_0+\omega)^2} + \dfrac{a}{a^2+(\omega-\omega_0)^2}.$

例 7.3　若平稳过程谱密度 $s_X(\omega) = \dfrac{2Aa^3}{\pi^2(\omega^2+a^2)^2}$，求相关函数 $R_X(\tau)$ 及平均功率 ψ^2.

解　$R_X(\tau) = \dfrac{Aa^3}{\pi^2}\displaystyle\int_{-\infty}^{+\infty} \dfrac{\mathrm{e}^{\mathrm{i}\omega\tau}}{(\omega^2+a^2)^2}\mathrm{d}\omega$

$\qquad = \dfrac{Aa^3}{\pi^2}2\pi\mathrm{i}\left\{\dfrac{\mathrm{e}^{\mathrm{i}|\tau|z}}{(z^2+a^2)^2}\text{在 } z=\pm a\mathrm{i} \text{ 处的留数}\right\} = \dfrac{A(1+a|\tau|)}{2\pi}\mathrm{e}^{-a|\tau|},$

平均功率 $\psi^2 = R_X(0) = \dfrac{A}{2\pi}.$

例 7.4　若$\{X_n, n=0, \pm1, \pm2, \cdots\}$是具有零均值的平稳随机序列，且

$$R_X(n) = \begin{cases} \sigma^2, & n=0 \\ 0, & n\neq 0 \end{cases},$$

因为$\displaystyle\sum_{n=-\infty}^{+\infty}|R_X(n)| < \infty$，故由式(7.11)，可得

$$s_X(\omega) = \sum_{n=-\infty}^{+\infty} R_X(n)\mathrm{e}^{-\mathrm{i}n\omega} = \sigma^2, \quad -\pi \leqslant \omega \leqslant \pi.$$

例 7.5　若平稳随机序列谱密度为 $s_X(\omega) = \dfrac{\sigma^2}{|1-\varphi\mathrm{e}^{-\mathrm{i}\omega}|^2}$，$|\varphi|<1$，求相关函数 $R_X(n)$.

解　$R_X(n) = \dfrac{1}{2\pi}\displaystyle\int_{-\pi}^{\pi} s_X(\omega)\mathrm{e}^{\mathrm{i}n\omega}\mathrm{d}\omega = \dfrac{1}{2\pi}\int_{-\pi}^{\pi} \dfrac{\sigma^2}{|1-\varphi\mathrm{e}^{-\mathrm{i}\omega}|^2}\mathrm{e}^{\mathrm{i}n\omega}\mathrm{d}\omega$

$\qquad = \dfrac{\sigma^2}{2\pi}\displaystyle\int_{-\pi}^{\pi} \dfrac{\cos(n\omega)}{1-2\varphi\cos\omega+\varphi^2}\mathrm{d}\omega = \dfrac{\sigma^2\varphi^n}{1-\varphi^2}, \quad n=0,1,2,\cdots.$

平稳过程谱密度的计算，包括由相关函数计算谱密度和由谱密度计算相关函数两方面

的内容,这实际上是计算 Fourier 变换和 Fourier 逆变换的问题.实际计算时有两种方法,一是直接计算,另一种是利用 Fourier 变换的性质及最常用的相关函数和谱密度的变换结果进行计算.为了方便,下面列出几种常见平稳过程相关函数 $R_X(\tau)$ 及相应的谱密度,如表 7.1 所示.

表 7.1　常见相关函数 $R_X(\tau)$ 和谱密度 $s_X(\omega)$ 的变换

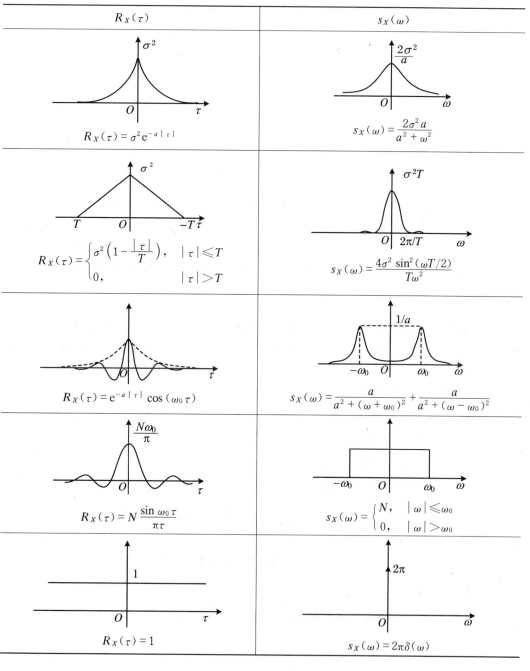

$R_X(\tau)$	$s_X(\omega)$
$R_X(\tau) = \sigma^2 e^{-a|\tau|}$	$s_X(\omega) = \dfrac{2\sigma^2 a}{a^2 + \omega^2}$
$R_X(\tau) = \begin{cases} \sigma^2\left(1 - \dfrac{|\tau|}{T}\right), & |\tau| \leqslant T \\ 0, & |\tau| > T \end{cases}$	$s_X(\omega) = \dfrac{4\sigma^2 \sin^2(\omega T/2)}{T\omega^2}$
$R_X(\tau) = e^{-a|\tau|}\cos(\omega_0 \tau)$	$s_X(\omega) = \dfrac{a}{a^2 + (\omega + \omega_0)^2} + \dfrac{a}{a^2 + (\omega - \omega_0)^2}$
$R_X(\tau) = N\dfrac{\sin \omega_0 \tau}{\pi \tau}$	$s_X(\omega) = \begin{cases} N, & |\omega| \leqslant \omega_0 \\ 0, & |\omega| > \omega_0 \end{cases}$
$R_X(\tau) = 1$	$s_X(\omega) = 2\pi\delta(\omega)$

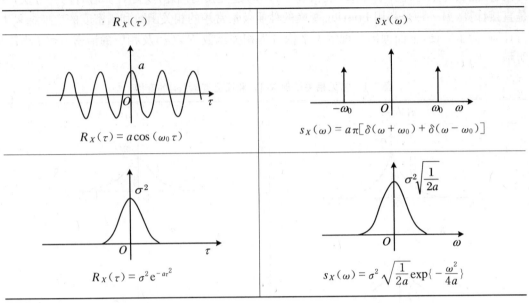

$R_X(\tau)$	$s_X(\omega)$
$R_X(\tau) = a\cos(\omega_0\tau)$	$s_X(\omega) = a\pi[\delta(\omega+\omega_0)+\delta(\omega-\omega_0)]$
$R_X(\tau) = \sigma^2 e^{-a\tau^2}$	$s_X(\omega) = \sigma^2\sqrt{\dfrac{1}{2a}}\exp\{-\dfrac{\omega^2}{4a}\}$

7.3　窄带过程及白噪声过程的功率谱密度

一般地,信号的频谱是可以分布在整个频率轴上的,即 $-\infty < \omega < +\infty$,但在实际应用中,人们关心的是这样一些信号:它们的频率谱主要成分集中在频率的某个范围之内,而在此范围之外的信号频率分量很小,可以忽略不计.当一个随机过程谱密度限制在很窄的一段频率范围内,则称该过程为窄带随机过程.

例 7.6 窄带平稳过程谱密度 $s_X(\omega)$ 如图 7.2 所示,求该过程的均方值及相关函数.

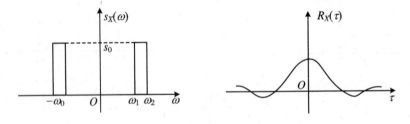

图 7.2　窄带平稳过程谱密度

解 均方值为

$$EX^2(t) = R_X(0) = \frac{1}{2\pi}\int_{-\infty}^{+\infty} s_X(\omega)\mathrm{d}\omega$$
$$= \frac{1}{\pi}\int_{\omega_1}^{\omega_2} s_0\mathrm{d}\omega = \frac{1}{\pi}s_0(\omega_2 - \omega_1).$$

相关函数为

$$R_X(\tau) = \frac{1}{\pi}\int_0^{\infty} s_X(\omega)\cos(\omega\tau)\mathrm{d}\omega = \frac{1}{\pi}\int_{\omega_1}^{\omega_2} s_0\cos(\omega\tau)\mathrm{d}\omega$$

$$= \frac{s_0}{\pi \tau} (\sin (\omega_2 \tau) - \sin (\omega_1 \tau))$$

$$= \frac{2 s_0}{\pi \tau} \cos \left(\frac{\omega_1 + \omega_2}{2} \right) \tau \sin \left(\frac{\omega_2 - \omega_1}{2} \right) \tau.$$

如果一个随机过程谱密度的值不变,且其频带延伸到整个频率轴上,则称该频谱为白噪声频谱.相应的白噪声过程定义如下:

定义 7.3　设 $\{X(t), -\infty < t < +\infty\}$ 为实值平稳过程,若它的均值为 0,且谱密度在所有频谱范围内为非零常数,即 $s_X(\omega) = N_0 (-\infty < \omega < +\infty)$,则称 $X(t)$ 为白噪声过程.

由于白噪声过程有类似于白光的性质,其能量谱在各种频率上均匀分布,故有"白"噪声之称;又由于它的主要统计特征不随时间推移而改变,故它是平稳过程.但是它的相关函数在通常意义下的 Fourier 逆变换不存在,例如相位正弦波 $R_X(\tau) = \frac{a^2}{2} \cos \omega_0 \tau$.为了对白噪声过程进行频谱分析,我们引进工程上应用极为广泛的 δ 函数,并利用它的 Fourier 变换,可以圆满地解决相关问题.

具有下列性质的函数称为 δ 函数:

(1) $\delta(x) = \begin{cases} 0, & x \neq 0 \\ \infty, & x = 0 \end{cases}$;

(2) $\int_{-\infty}^{+\infty} \delta(x) \mathrm{d}x = 1$.

δ 函数也称单位脉冲函数.它不是通常意义下的普通函数,但有许多应用,例如,人们经常要考虑质量和能量在空间或时间上高度集中的各种现象,即所谓的脉冲现象.在数学上,δ 函数可以看成矩形波 $f_a(x)$ 的极限,其中 $f_a(x) = \begin{cases} \dfrac{1}{2a}, & |x| \leqslant a \\ 0, & |x| > a \end{cases}$ $(a > 0), \delta(x) = \lim\limits_{a \to 0} f_a(x)$.

通常情况下,$\delta(x)$ 用长度为 1 的有向线段表示. δ 函数的一般形式是 $\delta(x - x_0)$,它是 $\delta(x)$ 的复合函数.对于任意一个连续函数 $f(x)$($f(x)$ 可以取复值,但实部和虚部函数均连续),δ 函数有一个非常重要的运算性质:

$$\int_{-\infty}^{+\infty} f(x) \delta(x) \mathrm{d}x = f(0) \tag{7.15}$$

或

$$\int_{-\infty}^{+\infty} f(x) \delta(x - x_0) \mathrm{d}x = f(x_0).$$

下面对这一公式做直观解释:设 $x_0 = 0$,由积分中值定理可得

$$\int_{-\infty}^{+\infty} f(x) \delta(x) \mathrm{d}x = \int_{-\infty}^{+\infty} f(x) (\lim_{a \to 0} f_a(x)) \mathrm{d}x = \lim_{a \to 0} \int_{-\infty}^{+\infty} f(x) f_a(x) \mathrm{d}x$$

$$= \lim_{a \to 0} \int_{-a}^{a} f(x) \frac{1}{2a} \mathrm{d}x = \lim_{a \to 0} 2a \cdot f(\xi) \frac{1}{2a} = \lim_{a \to 0} f(\xi) = f(0),$$

其中 $-a \leqslant \xi \leqslant a$.

由式(7.15)知,δ 函数的 Fourier 变换为

$$\mathscr{F}(\delta(\tau)) = \int_{-\infty}^{+\infty} \delta(\tau) \mathrm{e}^{-\mathrm{i}\omega\tau} \mathrm{d}\tau = \mathrm{e}^{-\mathrm{i}\omega\tau} \mid_{\tau = 0} = 1. \tag{7.16}$$

因此,由 Fourier 逆变换,可以得到 δ 函数的傅氏积分表达式为

$$\delta(\tau) = \mathscr{F}^{-1}(1) = \frac{1}{2\pi} \int_{-\infty}^{+\infty} 1 \cdot \mathrm{e}^{\mathrm{i}\omega\tau} \mathrm{d}\omega \tag{7.17}$$

或

$$\int_{-\infty}^{+\infty} 1 \cdot \mathrm{e}^{\mathrm{i}\omega\tau} \mathrm{d}\omega = 2\pi\delta(\tau). \tag{7.18}$$

式(7.17)和式(7.18)说明:$\delta(\tau)$函数和 1 构成一对 Fourier 变换,也就是说,若谱密度为 $s_X(\omega) = 1$,则相关函数 $R_X(\tau) = \delta(\tau)$.

同理,由式(7.15)可得

$$\frac{1}{2\pi} \int_{-\infty}^{+\infty} \delta(\omega) \mathrm{e}^{\mathrm{i}\omega\tau} \mathrm{d}\omega = \frac{1}{2\pi}$$

或

$$\mathscr{F}^{-1}[2\pi\delta(\omega)] = \frac{1}{2\pi} \int_{-\infty}^{+\infty} 2\pi\delta(\omega) \mathrm{e}^{\mathrm{i}\omega\tau} \mathrm{d}\omega = 1. \tag{7.19}$$

相应地有

$$\mathscr{F}(1) = \int_{-\infty}^{+\infty} 1 \cdot \mathrm{e}^{-\mathrm{i}\omega\tau} \mathrm{d}\omega = 2\pi\delta(\tau). \tag{7.20}$$

式(7.19)和式(7.20)说明:1 和 $2\pi\delta(\omega)$ 构成一对 Fourier 变换,也就是说,若相关函数 $R_X(\tau) = 1$,则它的谱密度为 $s_X(\omega) = 2\pi\delta(\omega)$. 它们的图形见表 7.1.

例 7.7 若白噪声过程的谱密度为 $s_X(\omega) = N_0$(常数)$(-\infty < \omega < +\infty)$,求它的相关函数 $R_X(\tau)$.

解 由式(7.18)可得

$$R_X(\tau) = \frac{1}{2\pi} \int_{-\infty}^{+\infty} s_X(\omega) \mathrm{e}^{\mathrm{i}\omega\tau} \mathrm{d}\omega = \frac{N_0}{2\pi} \int_{-\infty}^{+\infty} \mathrm{e}^{\mathrm{i}\omega\tau} \mathrm{d}\omega = N_0 \delta(\tau).$$

由本例可以看出,白噪声过程也可以定义为均值为 0、相关函数为 $N_0 \delta(\tau)$ 的平稳过程,它表明:在任何两个时刻 t_1 和 t_2,$X(t_1)$ 和 $X(t_2)$ 不相关,即白噪声过程随时间变化的起伏极快,而过程的功率谱极宽,对不同输入频率的信号都能产生干扰.

例 7.8 若相关函数 $R_X(\tau) = a\cos(\omega_0\tau)$,其中 ω_0,a 为常数,求谱密度 $s_X(\omega)$.

解 由式(7.20)可得

$$s_X(\omega) = \int_{-\infty}^{+\infty} R_X(\tau) \mathrm{e}^{-\mathrm{i}\omega\tau} \mathrm{d}\tau = \int_{-\infty}^{+\infty} a\cos(\omega_0\tau) \mathrm{e}^{-\mathrm{i}\omega\tau} \mathrm{d}\tau = \frac{a}{2} \int_{-\infty}^{+\infty} [\mathrm{e}^{\mathrm{i}\omega_0\tau} + \mathrm{e}^{-\mathrm{i}\omega_0\tau}] \mathrm{e}^{-\mathrm{i}\omega\tau} \mathrm{d}\tau$$

$$= \frac{a}{2} \left[\int_{-\infty}^{+\infty} \mathrm{e}^{-\mathrm{i}(\omega-\omega_0)\tau} \mathrm{d}\tau + \int_{-\infty}^{+\infty} \mathrm{e}^{-\mathrm{i}(\omega+\omega_0)\tau} \mathrm{d}\tau \right] = a\pi[\delta(\omega-\omega_0) + \delta(\omega+\omega_0)].$$

$R_X(\tau)$ 和 $s_X(\omega)$ 的图形见表 7.1.

正如 δ 函数是象征性函数一样,白噪声过程也是一种理想化的数学模型,实际上并不存在. 因为在连续参数的情况下,根据白噪声过程的定义,它的平均功率 $R_X(0)$ 是无限的,而实际的随机信号过程只有有限功率,并且在非常接近的两个时刻,随机过程的取值总是相关的,其相关函数也不是 δ 函数的表达式. 但是,实际应用中,由于白噪声过程来源于白光,可以分解为各种频率的光谱,功率大致是均匀的,具有数学处理简单、方便等优点,故常用于很多现象的模拟. 例如,在信号分析中所遇到的各种随机干扰,只要这种干扰的谱密度在比信号频带宽得多的频率范围内存在,且分布近似均匀,为了使问题简化,就把这种干扰当成白噪声处理.

以上讨论白噪声过程的谱密度结构时,并没有涉及它的概率分布,因此,它可以具有不同分布的白噪声,例如正态白噪声、具有瑞利分布的白噪声等.

7.4 联合平稳过程的互谱密度

这一节我们将讨论两个平稳过程之间的互谱密度.

定义 7.4 设 $X(t)$ 和 $Y(t)$ 是两个平稳过程,且它们是联合平稳的(平稳相关的),若它们的互相关函数 $R_{XY}(\tau)$ 满足 $\int_{-\infty}^{+\infty} |R_{XY}(\tau)| \,\mathrm{d}\tau < \infty$,则称 $R_{XY}(\tau)$ 的 Fourier 变换

$$s_{XY}(\omega) = \mathscr{F}[R_{XY}(\tau)] = \int_{-\infty}^{+\infty} R_{XY}(\tau) \mathrm{e}^{-\mathrm{i}\omega\tau} \mathrm{d}\tau \tag{7.21}$$

为 $X(t)$ 与 $Y(t)$ 的互功率谱密度,简称互谱密度.

由 Fourier 逆变换得

$$R_{XY}(\tau) = \mathscr{F}[s_{XY}(\omega)] = \frac{1}{2\pi} \int_{-\infty}^{+\infty} s_{XY}(\omega) \mathrm{e}^{\mathrm{i}\omega\tau} \mathrm{d}\omega. \tag{7.22}$$

因此,互谱密度 $s_{XY}(\omega)$ 和互相关函数 $R_{XY}(\tau)$ 的关系如下:

$$s_{YX}(\omega) = \int_{-\infty}^{+\infty} R_{YX}(\tau) \mathrm{e}^{-\mathrm{i}\omega\tau} \mathrm{d}\tau,$$

$$R_{YX}(\tau) = \frac{1}{2\pi} \int_{-\infty}^{+\infty} s_{YX}(\omega) \mathrm{e}^{\mathrm{i}\omega\tau} \mathrm{d}\omega.$$

从定义可以看出,互谱密度一般是复值的,没有谱密度 $s_X(\omega)$ 所具有的实的、非负偶函数的性质.

令式(7.22)中的 $\tau = 0$,则有

$$R_{XY}(0) = E[X(t)\overline{Y(t)}] = \frac{1}{2\pi} \int_{-\infty}^{+\infty} s_{XY}(\omega) \mathrm{d}\omega. \tag{7.23}$$

若将 $X(t)$ 看作是通过某系统的电压,$Y(t)$ 是所产生的电流,且 $X(t)$ 和 $Y(t)$ 是各态历经过程,则式(7.23)的左边表示输到该系统的功率,因此,右边的被积函数 $s_{XY}(\omega)$ 就是相应的互谱密度.

互谱密度具有下列性质:

(1) $s_{XY}(\omega) = \overline{s_{YX}(\omega)}$,即 $s_{XY}(\omega)$ 和 $s_{YX}(\omega)$ 互为共轭.

(2) $\mathrm{Re}[s_{XY}(\omega)]$ 和 $\mathrm{Re}[s_{YX}(\omega)]$ 是 ω 的偶函数,而 $\mathrm{Im}[s_{XY}(\omega)]$ 和 $\mathrm{Im}[s_{YX}(\omega)]$ 是 ω 的奇函数.

(3) $s_{XY}(\omega)$ 与 $s_X(\omega)$、$s_Y(\omega)$ 满足下列关系式:

$$|s_{XY}(\omega)|^2 \leqslant |s_X(\omega)| |s_Y(\omega)|.$$

(4) 若 $X(t)$ 和 $Y(t)$ 相互正交,则 $s_{XY}(\omega) = s_{YX}(\omega) = 0$.

证明 (1) 利用互相关函数的性质,得

$$s_{XY}(\omega) = \int_{-\infty}^{+\infty} R_{XY}(\tau) \mathrm{e}^{-\mathrm{i}\omega\tau} \mathrm{d}\tau = \int_{-\infty}^{+\infty} \overline{R_{YX}(-\tau)} \mathrm{e}^{-\mathrm{i}\omega\tau} \mathrm{d}\tau$$

$$= \int_{-\infty}^{+\infty} \overline{R_{YX}(\tau_1)} \mathrm{e}^{\mathrm{i}\omega\tau_1} \mathrm{d}\tau_1 = \overline{\int_{-\infty}^{+\infty} R_{YX}(\tau_1) \mathrm{e}^{-\mathrm{i}\omega\tau_1} \mathrm{d}\tau_1} = \overline{s_{YX}(\omega)}.$$

(2) 由于

$$s_{XY}(\omega) = \int_{-\infty}^{+\infty} R_{XY}(\tau)\cos(\omega\tau)\mathrm{d}\tau - \mathrm{i}\int_{-\infty}^{+\infty} R_{XY}(\tau)\sin(\omega\tau)\mathrm{d}\tau,$$

因此,其实部是 ω 的偶函数,虚部是 ω 的奇函数.

(3) 利用式(7.21)和 Schwartz 不等式可得.

(4) 由正交定义有 $R_{XY}(\omega)=0$,再由式(7.21)和性质(1)得证.

互谱密度没有谱密度那么明显的物理意义,引进这个概念主要是为了能在频率域上描述两个平稳过程的相关性.在实际应用中,常常利用测定线性系统输入、输出的互谱密度来确定该系统的统计特征.

例7.9 设 $X(t)$ 和 $Y(t)$ 为平稳过程,且它们是平稳相关的,则过程 $W(t)=X(t)+Y(t)$ 的相关函数为

$$R_W(\tau) = R_X(\tau) + R_Y(\tau) + R_{XY}(\tau) + R_{YX}(\tau),$$

谱密度为

$$s_W(\omega) = s_X(\omega) + s_Y(\omega) + s_{XY}(\omega) + s_{YX}(\omega) = s_X(\omega) + s_Y(\omega) + 2\mathrm{Re}[s_{XY}(\omega)],$$

显然,$s_W(\omega)$ 是实数.

若 $X(t)$ 和 $Y(t)$ 互不相关,且均值为 0,则 $R_{XY}(\tau) = R_{YX}(\tau) = 0, R_W(\tau) = R_X(\tau) + R_Y(\tau), s_W(\omega) = s_X(\omega) + s_Y(\omega)$.

例7.10 设 $X(t)$ 表示雷达发射信号,其遇到目标后返回接收器的微弱信号(即回波信号)为 $aX(t-\tau_0)$,其中 a 是近于 0 的正数,τ_0 表示信号返回所需时间.由于回波信号必定伴有噪声,记噪声为 $N(t)$,于是,接收器收到的全信号为 $Y(t) = aX(t-\tau_0) + N(t)$.假定雷达发射信号 $X(t)$ 和 $N(t)$ 平稳相关.

(1) $Y(t)$ 是平稳过程,因为 $Y(t)$ 的均值函数

$$EY(t) = aEX(t-\tau_0) + EN(t) = am_X + m_N$$

是常数,且相关函数

$$\begin{aligned} R_Y(t, t+\tau) &= EY(t)Y(t+\tau) \\ &= E[aX(t-\tau_0) + N(t)][aX(t+\tau-\tau_0) + N(t+\tau)] \\ &= a^2 R_X(\tau) + aR_{XN}(\tau+\tau_0) + aR_{NX}(\tau-\tau_0) + R_N(\tau) \end{aligned}$$

与 t 无关.

(2) 平稳过程 $X(t)$ 与 $Y(t)$ 平稳相关,因为互相关函数

$$\begin{aligned} R_{XY}(t, t+\tau) &= E[X(t)Y(t+\tau)] = EX(t)[aX(t+\tau-\tau_0) + N(t+\tau)] \\ &= aR_X(\tau-\tau_0) + R_{XN}(\tau) \end{aligned}$$

与 t 无关.

(3) 如果噪声 $N(t)$ 的均值 $m_N = 0$,且 $N(t)$ 与雷达发射信号 $X(t)$ 相互独立,那么,由

$$R_{XN}(\tau) = E[X(t)N(t+\tau)] = EX(t)EN(t+\tau) = m_X m_N = 0,$$

可得到 $X(t)$ 与 $Y(t)$ 的互相关函数为 $R_{XY}(\tau) = aR_X(\tau-\tau_0)$.这就是利用互相关函数从全信号中检测小信号的相关接收法.

(4) 考虑谱密度和互谱密度. $Y(t)$ 的谱密度为

$$\begin{aligned} s_Y(\omega) &= \int_{-\infty}^{+\infty} R_Y(\tau)\mathrm{e}^{-\mathrm{i}\omega\tau}\mathrm{d}\tau = a^2 \int_{-\infty}^{+\infty} R_X(\tau)\mathrm{e}^{-\mathrm{i}\omega\tau}\mathrm{d}\tau + a\int_{-\infty}^{+\infty} R_{XN}(\tau+\tau_0)\mathrm{e}^{-\mathrm{i}\omega(\tau+\tau_0)}\mathrm{d}\tau \\ &\quad + a\int_{-\infty}^{+\infty} R_{NX}(\tau-\tau_0)\mathrm{e}^{-\mathrm{i}\omega(\tau-\tau_0)}\mathrm{d}\tau + \int_{-\infty}^{+\infty} R_N(\tau)\mathrm{e}^{-\mathrm{i}\omega\tau}\mathrm{d}\tau \\ &= a^2 s_X(\omega) + s_N(\omega) + a[\mathrm{e}^{\mathrm{i}\omega\tau_0}s_{XN}(\omega) + \mathrm{e}^{-\mathrm{i}\omega\tau_0}\overline{s_{XN}(\omega)}] \end{aligned}$$

$$= a^2 s_X(\omega) + s_N(\omega) + 2a \mathrm{Re}\big[\mathrm{e}^{i\omega\tau_0} s_{XN}(\omega)\big],$$

$X(t)$ 与 $Y(t)$ 的互谱密度为

$$s_{XY}(\omega) = \int_{-\infty}^{+\infty} R_{XY}(\tau)\mathrm{e}^{-i\omega\tau}\mathrm{d}\tau = a\int_{-\infty}^{+\infty} R_X(\tau - \tau_0)\mathrm{e}^{-i\omega(\tau-\tau_0)}\mathrm{d}\tau + \int_{-\infty}^{+\infty} R_{XN}(\tau)\mathrm{e}^{-i\omega\tau}\mathrm{d}\tau$$

$$= a\mathrm{e}^{-i\omega\tau_0} s_X(\omega) + s_{XN}(\omega).$$

当 $m_N = 0$，且 $X(t)$ 与 $N(t)$ 相互独立时，$s_{XN}(\omega) = 0$，此时，$X(t)$ 与 $Y(t)$ 的互谱密度为

$$s_{XY}(\omega) = a\mathrm{e}^{-i\omega\tau_0} s_X(\omega),$$

顺便可得到

$$s_{YX}(\omega) = \overline{s_{XY}(\omega)} = a\mathrm{e}^{i\omega\tau_0} s_X(\omega).$$

例 7.11　若平稳过程 $X(t)$ 与 $Y(t)$ 的互谱密度为 $s_{XY}(\omega) = \begin{cases} (a + ib\omega)\omega_0^{-1}, & |\omega| < \omega_0, \\ 0, & |\omega| \geqslant \omega_0, \end{cases}$
其中 a, b, ω_0 为实常数，求互相关函数 $R_{XY}(\tau)$.

解　$R_{XY}(\tau) = \dfrac{1}{2\pi}\displaystyle\int_{-\infty}^{+\infty} s_{XY}(\omega)\mathrm{e}^{i\omega\tau}\mathrm{d}\omega = \dfrac{1}{2\pi}\int_{-\omega_0}^{\omega_0} \dfrac{a + ib\omega}{\omega_0}\mathrm{e}^{i\omega\tau}\mathrm{d}\omega$

$$= \frac{1}{\pi\omega_0\tau^2}\big[(a\omega_0\tau - b)\sin(\omega_0\tau) + b\omega_0\tau\cos(\omega_0\tau)\big].$$

7.5　线性系统中的平稳过程

平稳过程的一个重要应用就是分析线性系统对随机输入的响应. 在自动控制、无线电技术、机械振动等方面，经常会遇到与某一"系统"有关的问题. 所谓"系统"是指对各种"输入"（激励），按一定的规则 L 产生"输出"（响应）的装置，如图 7.3 所示. 如放大器、滤波器、无源网络等都是系统. 又如在通信技术中，需要研究一个通信系统输入随机信号的统计特性与该系统输出随机信号统计特性之间的关系，如果输入的是一随机过程，则输出的也是随机过程. 我们自然会提出如下问题：若输入的是平稳过程，其输出的是否是平稳过程？ 若已知输入的统计特性，如何求出输出的统计特性？ 输入与输出的统计特性关系如何？ 等等. 这节我们来系统讨论这些问题.

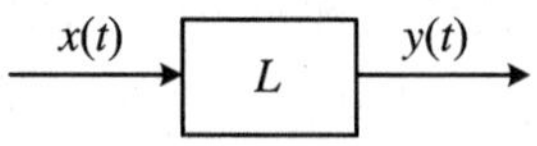

图 7.3　系统 L 对输入 $x(t)$ 的响应 $y(t)$

7.5.1　线性时不变系统

实际应用中遇到的各种系统，较简单而又重要的是线性时不变系统. 下面给出线性时不变系统的定义.

定义 7.5　设有一系统 L，如果 $y_1(t) = L[x_1(t)]$，$y_2(t) = L[x_2(t)]$，且对任意常数 α, β，都有

$$L[\alpha x_1(t) + \beta x_2(t)] = \alpha L[x_1(t)] + \beta L[x_2(t)],$$

则称系统 L 为线性系统;如果 $L[x(t)] = y(t)$,且对任意的 τ 都有
$$L[x(t + \tau)] = y(t + \tau),$$
则称系统 L 为时不变的.同时满足两个条件的称为线性时不变系统.

例 7.12　微分算子 $y(t) = L[x(t)] = x'(t)$ 为线性时不变系统,因为
$$L[\alpha x_1(t) + \beta x_2(t)] = [\alpha x_1(t) + \beta x_2(t)]' = \alpha x_1'(t) + \beta x_2'(t)$$
$$= \alpha L[x_1(t)] + \beta L[x_2(t)],$$
$$L[x(t + \tau)] = x'(t + \tau) = y(t + \tau),$$
由定义知 L 为线性时不变系统.

例 7.13　积分算子 $y(t) = L[x(t)] = \int_{-\infty}^{t} x(u)\mathrm{d}u$ 为线性时不变系统,因为
$$L[\alpha x_1(t) + \beta x_2(t)] = \int_{-\infty}^{t} [\alpha x_1(u) + \beta x_2(u)]\mathrm{d}u = \alpha \int_{-\infty}^{t} x_1(u)\mathrm{d}u + \beta \int_{-\infty}^{t} x_2(u)\mathrm{d}u$$
$$= \alpha L[x_1(t)] + \beta L[x_2(t)],$$
$$y(t) = \int_{-\infty}^{+\infty} h(t - \tau)x(\tau)\mathrm{d}\tau = \int_{-\infty}^{+\infty} h(\tau)x(t - \tau)\mathrm{d}\tau$$
$$= \int_{-\infty}^{t} x(u + \tau)\mathrm{d}(u + \tau) = \int_{-\infty}^{t+\tau} x(v)\mathrm{d}v = y(t + \tau),$$
由定义知 L 为线性时不变系统.

定义 7.6　设有一系统 L,$y_n(t) = L[x_n(t)]$,$n = 1, 2, \cdots$,如果 L 满足
$$L\left[\lim_{n \to \infty} x_n(t)\right] = \lim_{n \to \infty} L[x_n(t)],$$
则称 L 具有连续性.这一条件在实际应用中一般总能满足.

7.5.2　频率响应函数与脉冲响应函数

现在我们分别从时域和频域角度讨论线性时不变系统输入与输出之间的关系.

当系统输入端输入一个激励信号时,输出端出现一个对应的响应信号,激励信号与响应信号之间的对应关系 L,称为响应特性.

定理 7.2　设 L 是线性时不变系统,若输入为简谐波信号 $x(t) = \mathrm{e}^{\mathrm{i}\omega t}$,则输出为
$$y(t) = L[\mathrm{e}^{\mathrm{i}\omega t}] = H(\omega)\mathrm{e}^{\mathrm{i}\omega t},$$
其中 $H(\omega) = L[\mathrm{e}^{\mathrm{i}\omega t}]|_{t=0}$.

证明　令 $y(t) = L[\mathrm{e}^{\mathrm{i}\omega t}]$,由系统的线性时不变性,对固定 τ 和任意 t,有
$$y(t + \tau) = L[\mathrm{e}^{\mathrm{i}\omega(t+\tau)}] = \mathrm{e}^{\mathrm{i}\omega\tau}L[\mathrm{e}^{\mathrm{i}\omega t}].$$
令 $t = 0$,得
$$y(\tau) = \mathrm{e}^{\mathrm{i}\omega\tau}L[\mathrm{e}^{\mathrm{i}\omega t}]|_{t=0} = H(\omega)\mathrm{e}^{\mathrm{i}\omega\tau}.$$

定理 7.2 表明:若 L 是线性时不变系统,输入为 $\mathrm{e}^{\mathrm{i}\omega t}$,则输出还是同一频率的函数,但振幅与相位有一修正.式中 $H(\omega)$ 称为频率响应函数,一般它是复值函数,可以表示为
$$H(\omega) = A(\omega)\mathrm{e}^{\mathrm{i}\theta(\omega)},$$
其中 $A(\omega) = |H(\omega)|$ 称为 L 的振幅特性,$\theta(\omega)$ 称为相位特性.因此,线性时不变系统对复正弦波输入 $\mathrm{e}^{\mathrm{i}\omega t}$,其输出的振幅衰减了一个因子 $A(\omega)$,相位相差了 $\theta(\omega)$.

下面讨论系统的时域分析和频域分析.

首先,对系统进行时域分析.根据 δ 函数的性质 $x(t) = \int_{-\infty}^{+\infty} x(\tau)\delta(t - \tau)\mathrm{d}\tau$,注意到 L

只对时间函数进行运算,因此有

$$y(t) = L[x(t)] = L\Big[\int_{-\infty}^{+\infty} x(\tau)\delta(t-\tau)\mathrm{d}\tau\Big]$$

$$= \int_{-\infty}^{+\infty} x(\tau)L[\delta(t-\tau)]\mathrm{d}\tau = \int_{-\infty}^{+\infty} x(\tau)h(t-\tau)\mathrm{d}\tau, \tag{7.24}$$

其中 $h(t-\tau) = L[\delta(t-\tau)]$.

若输入 $x(t)$ 为表示脉冲的 δ 函数,则式(7.24)变为

$$y(t) = \int_{-\infty}^{+\infty} h(t-\tau)\delta(\tau)\mathrm{d}\tau = h(t), \tag{7.25}$$

表明 $h(t)$ 是输入为脉冲 $\delta(t)$ 时的输出,故称它为系统的脉冲响应.

例如,设 $y(t) = \int_{-\infty}^{+\infty} x(u)\mathrm{e}^{-a^2(t-u)}\mathrm{d}u$,则系统的脉冲响应为

$$h(t) = \int_{-\infty}^{+\infty} \delta(u)\mathrm{e}^{-a^2(t-u)}\mathrm{d}u = \mathrm{e}^{-a^2 t}\int_{-\infty}^{+\infty} \delta(u)\mathrm{e}^{-a^2 u}\mathrm{d}u = \begin{cases} \mathrm{e}^{-a^2 t}, & t > 0 \\ 0, & t < 0 \end{cases}.$$

通过变量代换,式(7.24)也可以写成

$$y(t) = \int_{-\infty}^{+\infty} x(t-\tau)h(\tau)\mathrm{d}\tau.$$

它是从时域的角度研究输入 $x(t)$ 和输出 $y(t)$ 关系的公式,表明线性时不变系统的输出 $y(t)$ 等于输入 $x(t)$ 与脉冲响应 $h(t)$ 的卷积,即

$$y(t) = h(t) * x(t). \tag{7.26}$$

其次对系统进行频域分析. 工程上经常遇到的系统 L,其输入 $x(t)$ 与响应 $y(t) = L[x(t)]$ 之间的关系可以用常系数微分方程来描述,即 $x(t)$ 与 $y(t)$ 满足

$$b_n\frac{\mathrm{d}^n y(t)}{\mathrm{d}t^n} + b_{n-1}\frac{\mathrm{d}^{n-1} y(t)}{\mathrm{d}t^{n-1}} + \cdots + b_1\frac{\mathrm{d}y(t)}{\mathrm{d}t} + b_0 y(t)$$

$$= a_m\frac{\mathrm{d}^m x(t)}{\mathrm{d}t^m} + a_{m-1}\frac{\mathrm{d}^{m-1} x(t)}{\mathrm{d}t^{m-1}} + \cdots + a_1\frac{\mathrm{d}x(t)}{\mathrm{d}t} + a_0 x(t).$$

两边取傅氏变换,得

$$[b_n (\mathrm{i}\omega)^n + b_{n-1} (\mathrm{i}\omega)^{n-1} + \cdots + b_1\mathrm{i}\omega + b_0]Y(\omega)$$

$$= [a_m (\mathrm{i}\omega)^m + a_{m-1} (\mathrm{i}\omega)^{m-1} + \cdots + a_1\mathrm{i}\omega + a_0]X(\omega),$$

其中

$$Y(\omega) = \mathscr{F}[y(t)] = \int_{-\infty}^{+\infty} y(t)\mathrm{e}^{-\mathrm{i}\omega t}\mathrm{d}t,$$

$$X(\omega) = \mathscr{F}[x(t)] = \int_{-\infty}^{+\infty} x(t)\mathrm{e}^{-\mathrm{i}\omega t}\mathrm{d}t.$$

则有

$$Y(\omega) = H(\omega)X(\omega), \tag{7.27}$$

其中

$$H(\omega) = \frac{a_m (\mathrm{i}\omega)^m + a_{m-1} (\mathrm{i}\omega)^{m-1} + \cdots + a_1(\mathrm{i}\omega) + a_0}{b_n (\mathrm{i}\omega)^n + b_{n-1} (\mathrm{i}\omega)^{n-1} + \cdots + b_1(\mathrm{i}\omega) + b_0}.$$

式(7.27)从频域的角度讨论了线性时不变系统的特性. 它表明 L 的频率特性 $H(\omega)$ 就完全确定了系统的输入和输出之间的关系,也就是说,线性时不变系统 L 输出的频谱等于输入的频谱与频率响应函数的乘积.这种从频率特性出发来研究系统种种特性的方法,称为

系统的频域分析.

最后需要指出的是:系统的频率响应 $H(\omega)$ 和脉冲响应 $h(t)$ 构成一对 Fourier 变换,而且系统的频率响应 $H(\omega)$ 和脉冲响应 $h(t)$ 能完全确定系统 L 输入和输出之间的依赖关系. 事实上,一方面 $h(t)$ 是输入为脉冲 $\delta(t)$ 时的输出,即

$$h(t) = L[\delta(t)] = L\left[\frac{1}{2\pi}\int_{-\infty}^{+\infty} e^{i\omega t}d\omega\right] = \frac{1}{2\pi}\int_{-\infty}^{+\infty} L[e^{i\omega t}]d\omega,$$

上式成立是因为 $\delta(t)$ 和 1 是一对 Fourier 变换,即 $\dfrac{1}{2\pi}\displaystyle\int_{-\infty}^{+\infty} e^{i\omega t}d\omega = \delta(t)$. 另一方面

$$L[e^{i\omega t}] = H(\omega)e^{i\omega t},$$

即

$$h(t) = \mathscr{F}^{-1}[H(\omega)] = \frac{1}{2\pi}\int_{-\infty}^{+\infty} H(\omega)e^{i\omega t}d\omega.$$

在实际应用中,我们可依据问题的条件和不同要求分别采用式(7.26)在时间域中做时域分析,或采用式(7.27)在频率域中做频域分析.

工程中的滤波器在物理上能够实现,必须要求系统只对过去的输入产生响应. 也就是说,物理上可以实现的系统必是输入出现以前不能有输出,这就意味着脉冲响应函数应满足 $h(t) = 0(t < 0)$. 故对物理上可以实现的系统而言,有

$$y(t) = \int_{0}^{+\infty} x(t-\tau)h(\tau)d\tau = \int_{-\infty}^{t} x(\tau)h(t-\tau)d\tau,$$

$$H(\omega) = \int_{0}^{+\infty} h(t)e^{-i\omega t}dt.$$

另一方面,稳定系统对每个有界输入必然产生一个有界的输出,若物理上可实现的线性时不变系统的脉冲响应函数满足 $\displaystyle\int_{-\infty}^{+\infty} |h(t)|dt < +\infty$,则称系统是稳定的. 下面讨论的系统都假定是物理上可以实现的、稳定的线性时不变系统.

7.5.3 线性系统输出的均值和相关函数

由前面的讨论知道,对线性时不变系统,可通过频率响应 $H(\omega)$ 和脉冲响应 $h(t)$ 来研究系统的输入为确定性函数的响应. 现在我们来讨论当系统输入是平稳过程的情况下,该系统输出是否仍是平稳过程,如果是平稳过程,其相关函数和谱密度如何确定等问题.

一个线性时不变系统,如果输入的是平稳过程,那么系统的连续性概念相应地改为均方意义下的连续性.

设 $X(t)$ 为均方连续平稳过程,由卷积公式(7.27)式知,对于过程 $X(t)$ 的任一样本函数 $x(t)$,有

$$y(t) = \int_{-\infty}^{+\infty} h(t-\tau)x(\tau)d\tau = \int_{-\infty}^{+\infty} h(\tau)x(t-\tau)d\tau.$$

根据均方积分的性质,若系统输入过程 $X(t)$ 时,其输出

$$Y(t) = \int_{-\infty}^{+\infty} h(t-\tau)X(\tau)d\tau = \int_{-\infty}^{+\infty} h(\tau)X(t-\tau)d\tau$$

也是平稳过程.

下面的定理给出了输入过程 $X(t)$ 均值和相关函数与输出均值和相关函数之间的关系.

定理 7.3　设输入过程 $X(t)$ 的均值为 m_X，相关函数为 $R_X(\tau)$，则输出过程

$$Y(t) = \int_{-\infty}^{+\infty} h(t - \tau) X(\tau) \mathrm{d}\tau$$

的均值和相关函数分别为

$$m_Y(t) = m_X(t) \int_{-\infty}^{+\infty} h(u) \mathrm{d}u = 常数,$$

$$R_Y(t_1, t_2) = \int_{-\infty}^{+\infty} \int_{-\infty}^{+\infty} h(u) \overline{h(v)} R_X(\tau - u + v) \mathrm{d}u \mathrm{d}v$$

$$= R_Y(\tau), \quad \tau = t_1 - t_2 \tag{7.28}$$

证明　$m_Y(t) = EY(t) = E\left[\int_{-\infty}^{+\infty} h(u) X(t - u) \mathrm{d}u\right] = \int_{-\infty}^{+\infty} h(u) E[X(t - u)] \mathrm{d}u$

$$= m_X(t) \int_{-\infty}^{+\infty} h(u) \mathrm{d}u = 常数.$$

关于相关函数式 (7.28) 的证明，我们采用先求 $Y(t)$ 和 $X(t)$ 的互相关函数，利用它再求 $Y(t)$ 的相关函数的方法.

(1) 求 $R_{YX}(t_1, t_2)$.

$$R_{YX}(t_1, t_2) = E[Y(t_1) \overline{X(t_2)}] = E\left[\int_{-\infty}^{+\infty} h(t_1 - \omega) X(\omega) \overline{X(t_2)} \mathrm{d}\omega\right]$$

$$= \int_{-\infty}^{+\infty} h(t_1 - \omega) E[X(\omega) \overline{X(t_2)}] \mathrm{d}\omega = \int_{-\infty}^{+\infty} h(t_1 - \omega) R_X(\omega - t_2) \mathrm{d}\omega$$

$$= \int_{-\infty}^{+\infty} h(u) R_X(t_1 - t_2 - u) \mathrm{d}u = \int_{-\infty}^{+\infty} h(u) R_X(\tau - u) \mathrm{d}u = R_{YX}(\tau),$$

即

$$R_{YX}(\tau) = R_X(\tau) * h(\tau), \quad \tau = t_1 - t_2. \tag{7.29}$$

(2) 求 $R_Y(t_1, t_2)$，利用 (1) 的结果及式 (7.25)，有

$$R_Y(t_1, t_2) = E[Y(t_1) \overline{Y(t_2)}] = E\left[Y(t_1) \int_{-\infty}^{+\infty} \overline{h(t_2 - s) X(s)} \mathrm{d}s\right]$$

$$= \int_{-\infty}^{+\infty} \overline{h(t_2 - s)} E[Y(t_1) \overline{X(s)}] \mathrm{d}s = \int_{-\infty}^{+\infty} \overline{h(t_2 - s)} R_{YX}(t_1 - s) \mathrm{d}s$$

$$= \int_{-\infty}^{+\infty} \overline{h(t_2 - s)} \int_{-\infty}^{+\infty} h(t_1 - \omega) R_X(\omega - s) \mathrm{d}\omega \mathrm{d}s.$$

令 $t_2 - s = v, t_1 - \omega = u$，得

$$R_Y(t_1, t_2) = \int_{-\infty}^{+\infty} \overline{h(v)} \int_{-\infty}^{+\infty} h(u) R_X(t_1 - t_2 - u + v) \mathrm{d}u \mathrm{d}v$$

$$= \int_{-\infty}^{+\infty} \int_{-\infty}^{+\infty} h(u) \overline{h(v)} R_X(\tau - u + v) \mathrm{d}u \mathrm{d}v = R_Y(\tau).$$

从定理 7.3 可看出，当输入平稳过程 $X(t)$ 时，输出过程的均值 $EY(t)$ 为常数，相关函数 $R_Y(t_1, t_2) = R_Y(\tau)$ 只是时间差 $t_1 - t_2 = \tau$ 的函数，因此，输出过程是平稳过程，从式 (7.29) 可看出，输入过程 $X(t)$ 和输出过程 $Y(t)$ 之间还是联合平稳的.

在式 (7.28) 中，令 $v = -t$，利用 (1) 可得

$$R_Y(\tau) = \int_{-\infty}^{+\infty} \int_{-\infty}^{+\infty} h(u) \overline{h(-t)} R_X(\tau - u - t) \mathrm{d}u \mathrm{d}t = \int_{-\infty}^{+\infty} \overline{h(-t)} R_{YX}(\tau - t) \mathrm{d}t,$$

即

$$R_Y(\tau) = R_{YX}(\tau) * \overline{h(-\tau)}. \tag{7.30}$$

将式(7.29)代入得

$$R_Y(\tau) = R_X(\tau) * h(\tau) * \overline{h(-\tau)}. \tag{7.31}$$

式(7.31)说明:输出相关函数可以通过两次卷积产生,第一次是输入相关函数与脉冲响应函数的卷积,其结果是 $Y(t)$ 与 $X(t)$ 的互相关函数;第二次是 $R_{YX}(\tau)$ 与 $\overline{h(-\tau)}$ 的卷积,其结果是 $R_Y(\tau)$. 或者说,以 $R_X(\tau)$ 作为具有脉冲响应 $h(\tau)$ 的系统输入,得输出 $R_{YX}(\tau)$,再以 $R_{YX}(\tau)$ 作为具有脉冲响应 $\overline{h(-\tau)}$ 的系统输入,可以得到输出为 $R_Y(\tau)$. 它们的关系如图 7.4 所示.

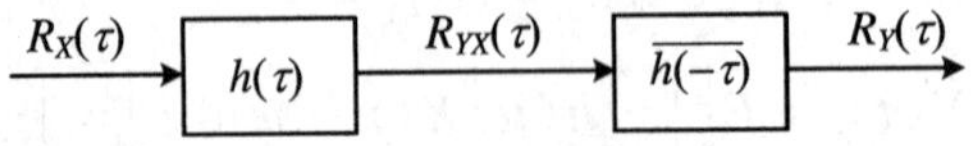

$$R_X(\tau) \longrightarrow \boxed{h(\tau)} \xrightarrow{R_{YX}(\tau)} \boxed{\overline{h(-\tau)}} \xrightarrow{R_Y(\tau)}$$

图 7.4   输入相关函数与输出相关函数关系图

例 7.14   设线性系统输入一个白噪声过程 $X(t)$,即 $R_X(\tau) = N_0\delta(\tau)$,将它代入式(7.29),得到

$$R_{YX}(\tau) = \int_{-\infty}^{+\infty} N_0\delta(\tau - u)h(u)\mathrm{d}u = N_0 h(\tau),$$

故

$$h(\tau) = \frac{1}{N_0} R_{YX}(\tau).$$

利用上式,从实测的互相关函数资料可以估计线性系统未知的脉冲响应.

对于物理上可以实现的系统,当 $t<0$ 时,$h(t)=0$,故

$$R_{YX}(\tau) = N_0 h(\tau) = 0, \quad \tau < 0.$$

当 $\tau>0$ 时,假定过程 $X(t)$ 和 $Y(t)$ 还是各态历经的,则对充分大的 T,有

$$h(\tau) = \frac{1}{N_0} R_{YX}(\tau) \approx \frac{1}{N_0 T} \int_0^T y(t)x(t + \tau)\mathrm{d}t,$$

其中 $x(t)$ 和 $y(t)$ 分别为输入过程 $X(t)$ 和输出过程 $Y(t)$ 的一个样本函数.

7.5.4   线性系统的谱密度

下面我们讨论具有频率响应 $H(\omega)$ 的线性系统,其输出的谱密度 $s_Y(\omega)$ 与输入的谱密度 $s_X(\omega)$ 之间的关系.

定理 7.4   设输入平稳过程 $X(t)$ 具有谱密度 $s_X(\omega)$,则输出过程 $Y(t)$ 的谱密度为

$$s_Y(\omega) = |H(\omega)|^2 s_X(\omega), \tag{7.32}$$

其中 $H(\omega)$ 为系统的频率响应函数,称 $|H(\omega)|^2$ 为系统的频率增益因子或频率传输函数.

证明   由式(7.28),可得

$$s_Y(\omega) = \int_{-\infty}^{+\infty} R_Y(\tau)\mathrm{e}^{-\mathrm{i}\omega\tau}\mathrm{d}\tau$$

$$= \int_{-\infty}^{+\infty}\left[\int_{-\infty}^{+\infty}\int_{-\infty}^{+\infty} h(u)\overline{h(v)}R_X(\tau - u + v)\mathrm{d}u\mathrm{d}v\right]\mathrm{e}^{-\mathrm{i}\omega\tau}\mathrm{d}\tau.$$

令 $\tau - u + v = s$,则有

$$s_Y(\omega) = \int_{-\infty}^{+\infty}\int_{-\infty}^{+\infty}\int_{-\infty}^{+\infty} h(u)\overline{h(v)}R_X(s)\mathrm{e}^{-\mathrm{i}\omega(s+u-v)}\mathrm{d}u\mathrm{d}v\mathrm{d}s$$

$$= \int_{-\infty}^{+\infty} h(u) \mathrm{e}^{-\mathrm{i}\omega u} \mathrm{d}u \int_{-\infty}^{+\infty} \overline{h(v)} \mathrm{e}^{\mathrm{i}\omega v} \mathrm{d}v \int_{-\infty}^{+\infty} R_X(s) \mathrm{e}^{-\mathrm{i}\omega s} \mathrm{d}s$$

$$= H(\omega) \overline{H(\omega)} s_X(\omega) = \mid H(\omega) \mid^2 s_X(\omega).$$

式(7.32)是一个很重要的公式,它表明线性系统的输出谱密度等于输入谱密度乘以增益因子.对于从频域上研究输入与输出谱密度关系,它是很方便的.在实际研究中,由平稳过程的相关函数 $R_X(\tau)$ 求 $R_{YX}(\tau)$ 和 $R_Y(\tau)$,往往会遇到较复杂的计算.可以通过式(7.32)求出 $s_Y(\omega)$,再通过 Fourier 逆变换得到输出相关函数

$$R_Y(\tau) = \frac{1}{2\pi} \int_{-\infty}^{+\infty} s_Y(\omega) \mathrm{e}^{\mathrm{i}\omega\tau} \mathrm{d}\omega = \frac{1}{2\pi} \int_{-\infty}^{+\infty} s_X(\omega) \mid H(\omega) \mid^2 \mathrm{e}^{\mathrm{i}\omega\tau} \mathrm{d}\omega \qquad (7.33)$$

及输出的平均功率(均方值)

$$R_Y(0) = \frac{1}{2\pi} \int_{-\infty}^{+\infty} s_X(\omega) \mid H(\omega) \mid^2 \mathrm{d}\omega.$$

由上面的讨论,在计算相关函数时,有两种方法.一是时间域方法,即使用式(7.28)直接计算;一种是频率域方法,即先求谱密度,然后借助于 Fourier 逆变换(有表可查)来计算相关函数.后一种方法比较方便,也是工程技术上常用的方法.系统输出相关函数计算流程图如图 7.5 所示.

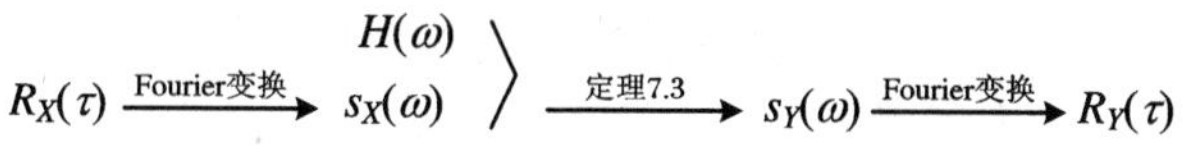

$$R_X(\tau) \xrightarrow{\text{Fourier变换}} s_X(\omega) \quad \begin{array}{c} H(\omega) \\ \rangle \end{array} \xrightarrow{\text{定理7.3}} s_Y(\omega) \xrightarrow{\text{Fourier变换}} R_Y(\tau)$$

图 7.5　系统输出相关函数计算流程图

例 7.15　如图 7.6 所示的 RC 电路,若输入白噪声电压 $X(t)$,相关函数为 $R_X(\tau) = N_0 \delta(\tau)$,求输出电压的相关函数和平均功率.

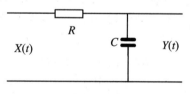

图 7.6　RC 电路

解　输入样本函数 $x(t)$ 与输出样本函数 $y(t)$ 满足微分方程:

$$RC \frac{\mathrm{d}y(t)}{\mathrm{d}t} + y(t) = x(t).$$

这是一个常系数线性微分方程,系统是一个线性时不变系统.取 $x(t) = \mathrm{e}^{\mathrm{i}\omega t}$,根据定理 7.2,有 $y(t) = H(\omega)\mathrm{e}^{\mathrm{i}\omega t}$,代入上式,得

$$RC \frac{\mathrm{d}\left[H(\omega)\mathrm{e}^{\mathrm{i}\omega t}\right]}{\mathrm{d}t} + H(\omega)\mathrm{e}^{\mathrm{i}\omega t} = \mathrm{e}^{\mathrm{i}\omega t},$$

故 RC 电路系统的频率响应函数为

$$H(\omega) = \frac{1}{\mathrm{i}\omega RC + 1} = \frac{\alpha}{\mathrm{i}\omega + \alpha},$$

其中 $\alpha = \frac{1}{RC}$.因此

$$h(t) = \frac{1}{2\pi} \int_{-\infty}^{+\infty} \frac{\alpha}{\mathrm{i}\omega + \alpha} \mathrm{e}^{\mathrm{i}\omega t} \mathrm{d}\omega = \frac{1}{2\pi} \int_{-\infty}^{+\infty} \frac{\alpha \mathrm{e}^{\mathrm{i}\omega t}}{\mathrm{i}(\omega - \mathrm{i}\alpha)} \mathrm{d}\omega.$$

因为 $\dfrac{\alpha}{\mathrm{i}(\omega-\mathrm{i}\alpha)}$ 在上半平面有一个极点,因此,当 $t>0$ 时,有

$$h(t) = \frac{1}{2\pi}R_{es}(\mathrm{i}\alpha) = \alpha\mathrm{e}^{-\alpha t},$$

因此

$$h(t) = \begin{cases} \alpha\mathrm{e}^{-\alpha t}, & t>0 \\ 0, & t<0 \end{cases}.$$

由式(7.28),有

$$R_Y(\tau) = \int_{-\infty}^{+\infty}\int_{-\infty}^{+\infty} h(u)\overline{h(v)}N_0\delta(\tau-u+v)\mathrm{d}u\mathrm{d}v$$

$$= N_0\int_{-\infty}^{+\infty} h(u)\mathrm{d}u\int_{-\infty}^{+\infty}\overline{h(v)}\delta(\tau-u+v)\mathrm{d}v$$

$$= N_0\int_{-\infty}^{+\infty} h(u)\mathrm{d}u\int_{-\infty}^{+\infty}\overline{h(u-\tau)}\mathrm{d}u = \begin{cases} N_0\int_{\tau}^{+\infty}\alpha^2\mathrm{e}^{-\alpha u}\mathrm{e}^{-\alpha(u-\tau)}\mathrm{d}u, & \tau\geqslant 0 \\ N_0\int_{0}^{+\infty}\alpha^2\mathrm{e}^{-\alpha u}\mathrm{e}^{-\alpha(u-\tau)}\mathrm{d}u, & \tau<0 \end{cases}$$

$$= \begin{cases} \dfrac{\alpha N_0}{2}\mathrm{e}^{-\alpha\tau}, & \tau\geqslant 0 \\ \dfrac{\alpha N_0}{2}\mathrm{e}^{\alpha\tau}, & \tau<0 \end{cases} = \frac{\alpha N_0}{2}\mathrm{e}^{-\alpha|\tau|}.$$

令 $\tau=0$,得输出平均功率为 $R_Y(0) = \dfrac{\alpha N_0}{2}$.

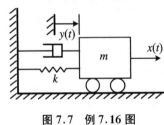

图 7.7 例 7.16 图

例 7.16 如图 7.7 所示为给定的一力学系统. 假设输入在滑车上的力为 $x(t)$,滑车的质量为 m;相应的输出是滑车的位移 $y(t)$,k 为弹性系数,r 是阻尼系数,又设谱密度 $s_X(\omega) = s_0$,求输出位移 $y(t)$ 的谱密度和平均功率.

解 滑车运动位移 $y(t)$ 满足微分方程:

$$m\frac{\mathrm{d}^2 y(t)}{\mathrm{d}t^2} + r\frac{\mathrm{d}y(t)}{\mathrm{d}t} + ky(t) = x(t).$$

令 $x(t) = \mathrm{e}^{\mathrm{i}\omega t}$,则 $y(t) = H(\omega)\mathrm{e}^{\mathrm{i}\omega t}$,代入上式,得$(-m\omega^2+\mathrm{i}r\omega+k)H(\omega)=1$,因此

$$H(\omega) = \frac{1}{-m\omega^2+\mathrm{i}r\omega+k},$$

$$|H(\omega)|^2 = \frac{1}{(k-m\omega^2)^2+r^2\omega^2}.$$

所以位移输出谱密度为

$$s_Y(\omega) = |H(\omega)|^2 s_X(\omega) = \frac{s_0}{(k-m\omega^2)^2+r^2\omega^2},$$

输出平均功率为

$$R_Y(0) = E[Y(t)]^2 = \frac{1}{2\pi}\int_{-\infty}^{+\infty}|H(\omega)|^2 s_X(\omega)\mathrm{d}\omega$$

$$= \frac{s_0}{2\pi}\int_{-\infty}^{+\infty}\left|\frac{1}{-m\omega^2+\mathrm{i}r\omega+k}\right|^2\mathrm{d}\omega = \frac{s_0}{2kr}.$$

例 7.17 如图 7.8 所示的两个线性时不变系统,它们的频率响应函数分别为 $H_1(\omega)$ 和 $H_2(\omega)$,若两个系统输入同一均值为零的平稳过程 $X(t)$,它们的输出分别为 $Y_1(t)$ 和

$Y_2(t)$. 问如何设计 $H_1(\omega)$ 和 $H_2(\omega)$ 才能使 $Y_1(t)$ 和 $Y_2(t)$ 互不相关.

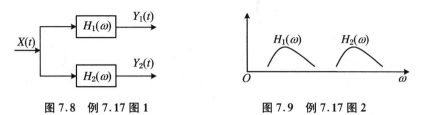

图 7.8　例 7.17 图 1　　　　　　　　图 7.9　例 7.17 图 2

解　根据题意,即要求它们的协方差为零.

由式(7.25),有

$$EY_1(t) = \int_{-\infty}^{+\infty} h_1(t-u)EX(t)\mathrm{d}u = 0,$$

$$EY_2(t) = \int_{-\infty}^{+\infty} h_2(t-v)EX(t)\mathrm{d}v = 0,$$

$$E\left[Y_1(t_1)\overline{Y_2(t_2)}\right] = E\left[\int_{-\infty}^{+\infty}\int_{-\infty}^{+\infty} h_1(u)\overline{h_2(v)}X(t_1-u)\overline{X(t_2-v)}\mathrm{d}u\mathrm{d}v\right]$$

$$= \int_{-\infty}^{+\infty}\int_{-\infty}^{+\infty} h_1(u)\overline{h_2(v)}E\left[X(t_1-u)\overline{X(t_2-v)}\right]\mathrm{d}u\mathrm{d}v$$

$$= \int_{-\infty}^{+\infty}\int_{-\infty}^{+\infty} h_1(u)\overline{h_2(v)}R_X(\tau-u+v)\mathrm{d}u\mathrm{d}v = R_{Y_1Y_2}(\tau),$$

其中 $\tau = t_1 - t_2$. 上式表明 $Y_1(t)$ 和 $Y_2(t)$ 的互相关函数只是时间差 τ 的函数,有

$$s_{Y_1Y_2}(\omega) = \int_{-\infty}^{+\infty} R_{Y_1Y_2}(\tau)\mathrm{e}^{-\mathrm{i}\omega\tau}\mathrm{d}\tau$$

$$= \int_{-\infty}^{+\infty}\left[\int_{-\infty}^{+\infty}\int_{-\infty}^{+\infty} h_1(u)\overline{h_2(v)}R_X(\tau-u+v)\mathrm{d}u\mathrm{d}v\right]\mathrm{e}^{-\mathrm{i}\omega\tau}\mathrm{d}\tau$$

$$= \int_{-\infty}^{+\infty} h_1(u)\mathrm{e}^{-\mathrm{i}\omega u}\mathrm{d}u\int_{-\infty}^{+\infty}\overline{h_2(v)}\mathrm{e}^{\mathrm{i}\omega v}\mathrm{d}v\int_{-\infty}^{+\infty} R_X(s)\mathrm{e}^{\mathrm{i}\omega s}\mathrm{d}s$$

$$= H_1(\omega)\overline{H_2(\omega)}s_X(\omega).$$

因此,当设计的两个系统的频率响应函数的振幅频率特性没有重叠时,如图 7.9 所示,即有 $s_{Y_1Y_2}(\omega) = 0$,从而 $R_{Y_1Y_2}(\tau) = 0 = C_{Y_1Y_2}(\tau)$,即 $Y_1(t)$ 和 $Y_2(t)$ 互不相关.

习　题　7

7.1　下列函数哪些是谱密度的正确表达式?

(1) $s(\omega) = \dfrac{\omega^2+9}{(\omega^2+4)(\omega^2+1)^2}$;　　　　(2) $s(\omega) = \dfrac{\omega^2+1}{\omega^4+5\omega^2+6}$;

(3) $s(\omega) = \dfrac{\mathrm{e}^{-\mathrm{i}\omega^2}}{\omega^2+2}$;　　　　　　　　　(4) $s(\omega) = 1-\omega^2$.

7.2　已知下列平稳过程 $X(t)$ 的相关函数,分别求出 $X(t)$ 的谱密度.

(1) $R_X(\tau) = 2\mathrm{e}^{-|\tau|}\cos\pi\tau + \cos 3\pi\tau$;　　(2) $R_X(\tau) = 5\mathrm{e}^{-|\tau|} + \mathrm{e}^{-3|\tau|}$;

(3) $R_X(\tau) = 1 + \mathrm{e}^{-|\tau|}\cos\tau$;　　　　　(4) $R_X(\tau) = 3\delta(\tau) + \cos 2\tau$.

7.3 已知下列平稳过程 $X(t)$ 的谱密度,分别求出 $X(t)$ 的相关函数.

(1) $s_X(\omega) = \dfrac{\omega^2 + 1}{\omega^4 + 5\omega^2 + 6}$; (2) $s_X(\omega) = \sum\limits_{k=1}^{n} \dfrac{1}{k^2 + \omega^2}$;

(3) $s_X(\omega) = \begin{cases} 8\delta(\omega) + 20\left(1 - \dfrac{|\omega|}{10}\right), & |\omega| \leqslant 10 \\ 0, & |\omega| > 10 \end{cases}$; (4) $s_X(\omega) = \begin{cases} \dfrac{1}{2}, & \omega = 0 \\ \dfrac{1 - \cos\omega}{\omega^2}, & \omega \neq 0 \end{cases}$.

7.4 设有平稳过程 $X(t) = a\cos(\Theta t + \varphi)$,其中 a 为常数,φ 是 $(0, 2\pi)$ 上服从均匀分布的随机变量,Θ 是分布密度函数满足 $f(\omega) = f(-\omega)$ 的随机变量,且 φ 与 Θ 相互独立.求证 $X(t)$ 的谱密度为 $s_X(\omega) = a^2 \pi f(\omega)$.

7.5 设 $X(t)$ 为平稳过程,令 $Y(t) = X(t + a) - X(t - a)$,$a$ 为常数,证明:
$$s_Y(\omega) = 4s_X(\omega)\sin^2(a\omega),$$
$$R_Y(\tau) = 2R_X(\tau) - R_X(\tau + 2a) - R_X(\tau - 2a).$$

7.6 设 $X(t)$ 和 $Y(t)$ 为两个相互独立的平稳过程,且均值 m_X 和 m_Y 都不为零.令 $Z(t) = X(t) + Y(t)$,求 $s_{XY}(\omega)$ 和 $s_{XZ}(\omega)$.

7.7 设线性时不变系统输入一个均值为零的实平稳过程 $\{X(t), t \geqslant 0\}$,其相关函数为 $R_X(\tau) = \delta(\tau)$.若系统的脉冲响应为 $h(t) = \begin{cases} 1, & 0 < t < T \\ 0, & \text{其他} \end{cases}$,求系统输出过程的相关函数、谱密度及 $X(t)$ 和 $Y(t)$ 的互谱密度.

7.8 设系统 L 对输入 $x(t)$ 的响应为 $y(t) = \int_{-\infty}^{+\infty} h(t - u)x(u)\mathrm{d}u$,验证系统 L 是线性时不变系统.

7.9 设有一线性系统由微分方程 $\dfrac{\mathrm{d}y(t)}{\mathrm{d}t} + by(t) = ax(t)$ 给出,其中 a、b 是常数,$x(t)$、$y(t)$ 分别为输入平稳过程 $X(t)$ 和输出平稳过程 $Y(t)$ 的样本函数,且输入过程均值为 0,初始条件为 0,$R_X(\tau) = \sigma^2\mathrm{e}^{-\beta|\tau|}$,求输出的谱密度 $s_Y(\omega)$ 和相关函数 $R_Y(\tau)$.

7.10 给定两个线性时不变系统 L_1 和 L_2,频率响应函数分别为 $H_1(\omega)$ 和 $H_2(\omega)$,脉冲函数分别为 $h_1(\omega)$ 和 $h_2(\omega)$.设 $X(t)$ 是平稳过程,相关函数为 $R_X(\tau)$,谱密度为 $s_X(\omega)$,$X(t)$ 同时输入两个系统 L_1 和 L_2,相应的输出为 $Y_1(t)$ 和 $Y_2(t)$.

(1) 求出 $Y_1(t)$ 与 $Y_2(t)$ 的互相关函数,并由此证明 $Y_1(t)$ 与 $Y_2(t)$ 平稳相关.

(2) 求出 $Y_1(t)$ 与 $Y_2(t)$ 的互谱密度.

7.11 设有如图 7.10 所示的电路,输入零均值的平稳过程 $X(t)$,相关函数 $R_X(\tau) = \sigma^2\mathrm{e}^{-\beta|\tau|}$,求 $Y_1(t)$、$Y_2(t)$ 的谱密度及两者之间的互谱密度.

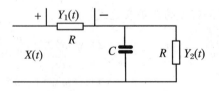

图 7.10 习题 7.11 电路

第8章 平稳时间序列

在客观世界与工程实际中,经常可以观察到各种系统的随时间变化又相互关联的一串数据,这一串数据就是时间序列,而时间序列分析就是利用观测或试验所得到的一串动态数据之间相互依赖所包含的信息,用概率统计方法定量地建立一个合适的数学模型,并根据这个模型相应序列所反映的过程或系统做出预报或控制.时间序列最重要和有用的统计特征是承认观察值之间的依赖关系或相关性.平稳时间序列分析是时间序列分析中较为成熟的部分,它不仅构成了时间序列分析的理论基础,并且有些非平稳的时间序列也可以通过变换(如差分变换)化为平稳时间序列,因此,平稳时间序列分析被广泛地应用.

本章主要介绍一类具体的,在自然科学、工程技术及社会、经济学等建模分析中起着非常重要作用的平稳时间序列模型——自回归滑动平均模型,简称 ARMA 模型.本章只讨论 ARMA 模型的定义及线性性质,在时间域上就是平稳时间序列的自相关函数的性质,在频率域上就是平稳时间序列的功率谱特性.有关平稳时间序列的统计分析,如平稳性检验、模型的建立、参数估计和预报等将在第 9 章进行系统的阐述.

8.1　平稳时间序列的线性模型

若以 n 表示时间,则随机序列 $\{X_n, n = 0, \pm 1, \pm 2, \cdots\}$ 称为时间序列.时间序列分析在自然现象的研究中有着广泛的应用,例如,对未来太阳黑子数的长期、中期以至短期的预报,对地极运动变化规律的研究,某地区降雨量预报,某河流流量预报,地震预报等;时间序列分析在经济上也有广泛的应用,例如,全国月商品零售总额就构成一个时间序列,分析和预报其走势对于国家制定金融政策极为重要,也可用于分析市场预报、价格预报、产量预报、股票价格走势等;时间序列分析在医药、生物学、生态学等领域也有极其重要的应用,随着计算机技术的迅速发展,脑电图、心电图、CT 等数字化医疗诊断技术的出现,医学研究进入了一个新的时代,用时间序列分析进行疫情预报,可以掌握传染病发病率变化的情况,还可以预报生物群体的总数、预报鱼汛等.

这一节我们首先建立平稳时间序列的线性模型.

定义 8.1　称随机序列 $\{X_t, t = 0, \pm 1, \pm 2, \cdots\}$ 为平稳时间序列,若它满足以下条件:

(1) $EX_t = \mu$(常数), $t = 0, \pm 1, \pm 2, \cdots$;

(2) $EX_t X_{t+k}$ 与 t 无关, $k = 0, \pm 1, \pm 2, \cdots$.

记 $\{X_t, t = 0, \pm 1, \pm 2, \cdots\}$ 的(自)协方差函数为

$$\nu_k = E(X_t - \mu)(X_{t+k} - \mu), \quad k = 0, \pm 1, \pm 2, \cdots;$$

(自)相关函数为

$$\rho_k = E\left(\frac{X_t - \mu}{\sigma_X} \cdot \frac{X_{t+k} - \mu}{\sigma_X}\right), \quad k = 0, \pm 1, \pm 2, \cdots,$$

其中 $\sigma_X = \sqrt{D(X_t)}$. 由于 $\sigma_X = \sqrt{D(X_t)} = \sqrt{\nu_0}$, 因此

$$\rho_k = \frac{\nu_k}{\nu_0}, \quad k = 0, \pm 1, \pm 2, \cdots.$$

由平稳随机过程的数字特征容易知道: 平稳时间序列 $\{X_t, t = 0, \pm 1, \pm 2, \cdots\}$ 的(自)协方差函数 ν_k 与(自)相关函数 ρ_k 具有下列性质:

(1) 对称性. $\nu_k = \nu_{-k}, \rho_k = \rho_{-k}$.

(2) 非负定性. 对于任意正整数 k, 矩阵

$$\Gamma_k = \begin{pmatrix} \nu_0 & \nu_1 & \nu_2 & \cdots & \nu_{k-1} \\ \nu_1 & \nu_0 & \nu_1 & \cdots & \nu_{k-2} \\ \nu_2 & \nu_1 & \nu_0 & \cdots & \nu_{k-3} \\ \cdots & \cdots & \cdots & \cdots & \cdots \\ \nu_{k-1} & \nu_{k-2} & \nu_{k-3} & \cdots & \nu_0 \end{pmatrix}, \quad R_k = \begin{pmatrix} 1 & \rho_1 & \rho_2 & \cdots & \rho_{k-1} \\ \rho_1 & 1 & \rho_1 & \cdots & \rho_{k-2} \\ \rho_2 & \rho_1 & 1 & \cdots & \rho_{k-3} \\ \cdots & \cdots & \cdots & \cdots & \cdots \\ \rho_{k-1} & \rho_{k-2} & \rho_{k-3} & \cdots & 1 \end{pmatrix}$$

都是非负定对称方阵.

(3) $|\nu_k| \leqslant \nu_0$, $|\rho_k| \leqslant 1$.

例 8.1 设时间序列 $\{\varepsilon_t, t = 0, \pm 1, \pm 2, \cdots\}$ 满足下列条件:

(1) $E\varepsilon_t = 0$;

(2) $E\varepsilon_t\varepsilon_s = \sigma^2\delta_{t,s}$, 其中 $\delta_{t,s} = \begin{cases} 1, & t = s \\ 0, & t \neq s \end{cases}$.

易知 $E\varepsilon_t\varepsilon_{t+k} = \begin{cases} \sigma^2, & k = 0 \\ 0, & k \neq 0 \end{cases} = \sigma^2\delta_{k,0}$, 因此, $\{\varepsilon_t, t = 0, \pm 1, \pm 2, \cdots\}$ 为平稳时间序列, 称此序列为白噪声序列, 或称离散白噪声.

例 8.2 设 $\{X_t, t = 0, \pm 1, \pm 2, \cdots\}$ 和 $\{Y_t, t = 0, \pm 1, \pm 2, \cdots\}$ 为两个平稳时间序列, 且 $\{X_t\}$ 和 $\{Y_t\}$ 联合平稳, 即 EX_tY_{t+k} 与 t 无关. 记 $EX_t = \mu_X$, $EY_t = \mu_Y$, $EX_tX_{t+k} = R_X(k)$, $EY_YY_{t+k} = R_Y(k)$, $EX_tY_{t+k} = R_{XY}(k)$, 得到时间序列 $\{Z_t = aX_t + bY_t, t = 0, \pm 1, \pm 2, \cdots\}$($a, b$ 为实数) 的均值函数与(自)相关函数分别为

$$EZ_t = \mu_X + \mu_Y,$$
$$EZ_tZ_{t+k} = E(aX_t + bY_t)(aX_{t+k} + bY_{t+k})$$
$$= a^2R_X(k) + abR_{XY}(k) + abR_{XY}(-k) + b^2R_Y(k),$$

因此, $Z_t = aX_t + bY_t$ 为平稳时间序列.

例 8.3 设 $\{X_t, t = 0, \pm 1, \pm 2, \cdots\}$ 为平稳时间序列, d 为一正整数, 定义 $Y_t = X_{t-d}$($t = 0, \pm 1, \pm 2, \cdots$), 则称 $\{Y_t\}$ 为 $\{X_t\}$ 的 d 步延迟算子, 易知

$$EY_t = EX_{t-d} = \mu \quad (\mu \text{ 为常数}),$$
$$EY_tY_{t+k} = EX_{t-d}X_{t+k-d} \text{ 与 } t \text{ 无关}.$$

因此, $\{Y_t, t = 0, \pm 1, \pm 2, \cdots\}$ 也是平稳时间序列.

由上面的例子, 我们可以引进延迟算子的概念.

定义 8.2 设 $\{X_t, t = 0, \pm 1, \pm 2, \cdots\}$ 为随机序列, 算子 B 满足

$$BX_t = X_{t-1}, \quad t = 0, \pm 1, \pm 2, \cdots,$$

即算子 B 作用在 X_t 上得到 X_{t-1}, 那么称算子 B 为一步延迟算子(或一步后移算子).

我们定义 $B^k = \underbrace{BB \cdots B}_{k}$,有

$$B^k X_t = \underbrace{BB \cdots B}_{k} X_t = \underbrace{BB \cdots B}_{(k-1)} X_{t-1} = \cdots = BX_{t-k+1} = X_{t-k}, \quad k = 0, \pm 1, \pm 2, \cdots,$$

因此,称 B^k 为 k 步延迟算子或 k 步后移算子.

为了讨论平稳时间序列的线性模型,我们先看一个实例.

考虑物理学中的单摆现象,单摆在第 t 个摆动周期最大摆幅记为 X_t,由于阻尼作用,在第 $(t+1)$ 个摆动周期中,其最大摆幅 X_{t+1} 满足 $X_{t+1} = \rho X_t, t = 0, \pm 1, \pm 2, \cdots$,其中 ρ 为阻尼系数,$|\rho| < 1$.事实上,单摆还受到外界环境的影响,如空气的随机流动,因此,还应考虑误差,故模型可写为

$$X_{t+1} = \rho X_t + \varepsilon_{t+1}, \quad t = 0, \pm 1, \pm 2, \cdots,$$

其中 $\{\varepsilon_t\}$ 为白噪声序列,$|\rho| < 1$.

$$X_t = \rho X_{t-1} + \varepsilon_t = \rho(\rho X_{t-2} + \varepsilon_{t-1}) + \varepsilon_t = \rho^2 X_{t-2} + \rho\varepsilon_{t-1} + \varepsilon_t = \cdots = \sum_{k=1}^{\infty} \rho^k \varepsilon_{t-k},$$

这里 $\sum_{k=0}^{\infty} \rho^k \varepsilon_{t-k} = \lim_{m\to\infty} \sum_{k=0}^{m} \rho^k \varepsilon_{t-k}, \ |\rho| < 1.$

$$E\left(\sum_{k=m+1}^{\infty} \rho^k \varepsilon_{t-k}\right)^2 = \sum_{k=m+1}^{\infty} (\rho^k)^2 E\varepsilon_{t-k}^2 = \sigma^2 \left(\sum_{k=m+1}^{\infty} \rho^{2k}\right) \to 0, \quad m \to \infty,$$

因此,$\underset{m\to\infty}{\mathrm{l\cdot i\cdot m}} \sum_{k=0}^{m} \rho^k \varepsilon_{t-k}$ 存在.由此不难证明:

$$EX_t = E\left(\sum_{k=0}^{\infty} \rho^k \varepsilon_{t-k}\right) = \sum_{k=0}^{\infty} \rho^k E\varepsilon_{t-k} = \sum_{k=0}^{\infty} \rho^k \cdot 0 = 0,$$

$$D(X_t) = D\left(\sum_{k=0}^{\infty} \rho^k \varepsilon_{t-k}\right) = E\left(\sum_{k=0}^{\infty} \rho^k \varepsilon_{t-k}\right)^2 = \sum_{k=0}^{\infty} \rho^{2k} E(\varepsilon_{t-k}^2) = \sigma^2 \left(\sum_{k=0}^{\infty} \rho^{2k}\right) = \frac{\sigma^2}{1-\rho^2},$$

$$EX_t X_{t+i} = E\left(\sum_{k=0}^{\infty} \rho^k \varepsilon_{t-k}\right)\left(\sum_{l=0}^{\infty} \rho^l \varepsilon_{t+i-l}\right) = \sum_{k=0}^{\infty} \sum_{l=0}^{\infty} \rho^{k+l} E(\varepsilon_{t-k}\varepsilon_{t+i-l}) = \sigma^2 \sum_{k=0}^{\infty} \rho^{k+i+k}$$

$$= \frac{\sigma^2 \rho^i}{1-\rho^2}.$$

我们得到:$EX_t = 0, \upsilon_i = \dfrac{\sigma^2 \rho^i}{1-\rho^2}$,这表明 $\{X_t, t = 0, \pm 1, \pm 2, \cdots\}$ 是平稳时间序列.

一般地,对于平稳时间序列 $\{X_t, t = 0, \pm 1, \pm 2, \cdots\}$,如果 $EX_t = \mu \neq 0$,则可做变换 $X_{t^*} = X_t - \mu$,则时间序列 $\{X_{t^*}, t = 0, \pm 1, \pm 2, \cdots\}$ 为平稳时间序列,且 $EX_{t^*} = 0$,因此,我们只讨论零均值的平稳时间序列.

将单摆的定义加以推广,我们有下面的定义.

定义 8.3　设 $\{X_t, t = 0, \pm 1, \pm 2, \cdots\}$ 为平稳随机序列,满足

$$X_t = \varphi_1 X_{t-1} + \varphi_2 X_{t-2} + \cdots + \varphi_p X_{t-p} + \varepsilon_t, \quad t = 0, \pm 1, \pm 2, \cdots,$$

其中,$\{\varepsilon_t, t = 0, \pm 1, \pm 2, \cdots\}$ 为白噪声序列,且 $EX_s\varepsilon_t = 0$ 对一切 $s < t$ 成立,则 $\{X_t, t = 0, \pm 1, \pm 2, \cdots\}$ 称为 p 阶自回归序列(或称 $\{X_t, t = 0, \pm 1, \pm 2, \cdots\}$ 满足 p 阶自回归模型),简称 $\{X_t, t = 0, \pm 1, \pm 2, \cdots\}$ 为 AR(p) 序列(或称 $\{X_t, t = 0, \pm 1, \pm 2, \cdots\}$ 满足 AR(p) 模型).这里 AR 是自回归的英文 "auto regression" 的缩写.$\varphi_1, \varphi_2, \cdots, \varphi_p(\varphi_p \neq 0)$ 称为模型的参数,p 称为模型的阶数.

从白噪声序列$\{\varepsilon_t, t = 0, \pm 1, \pm 2, \cdots\}$所满足的条件可以看出：$\varepsilon_t$ 之间互不相关，且与以前的观测值 $X_s (s < t)$ 也不相关，$\{\varepsilon_t\}$ 也可称为新信息序列，反映了随机因素的影响，它在时间序列分析的预报理论中有着重要的应用.

记 B 为一步延迟算子，B^k 为 k 步延迟算子.如果 $\{X_t, t = 0, \pm 1, \pm 2, \cdots\}$ 为 AR(p) 序列，则

$$X_t = \varphi_1 B X_t + \varphi_2 B^2 X_t + \cdots + \varphi_p B^p X_t + \varepsilon_t,$$

因此

$$(1 - \varphi_1 B - \cdots - \varphi_p B^p) X_t = \varepsilon_t, \quad t = 0, \pm 1, \pm 2, \cdots.$$

再记 $\Phi(B) = 1 - \varphi_1 B - \cdots - \varphi_p B^p$，AR($p$) 序列 $\{X_t, t = 0, \pm 1, \pm 2, \cdots\}$ 满足

$$\Phi(B) X_t = \varepsilon_t, \quad t = 0, \pm 1, \pm 2, \cdots. \tag{8.1}$$

式(8.1)称为 AR(p) 模型的算子表达式.考虑 B 是一个复变量，称 $\Phi(B) = 0$ 为该 AR(p) 模型的特征方程.

定义 8.4 设 $\{X_t, t = 0, \pm 1, \pm 2, \cdots\}$ 为平稳随机序列，满足

$$X_t = \varepsilon_t - \theta_1 \varepsilon_{t-1} - \theta_2 \varepsilon_{t-2} - \cdots - \theta_q \varepsilon_{t-q}, \quad t = 0, \pm 1, \pm 2, \cdots,$$

其中 $\{\varepsilon_t, t = 0, \pm 1, \pm 2, \cdots\}$ 为白噪声序列，$\{X_t, t = 0, \pm 1, \pm 2, \cdots\}$ 称为 q 阶滑动平均序列（或称 $\{X_t, t = 0, \pm 1, \pm 2, \cdots\}$ 满足 q 阶滑动平均模型），简称 $\{X_t, t = 0, \pm 1, \pm 2, \cdots\}$ 为 MA(q) 序列（或 $\{X_t, t = 0, \pm 1, \pm 2, \cdots\}$ 满足 MA(q) 模型）.$\theta_1, \cdots, \theta_q (\theta_q \neq 0)$ 称为模型的参数，q 称为模型的阶数.MA 是英文"moving average"的缩写.

记 $\Theta(B) = 1 - \theta_1 B - \theta_2 B^2 - \cdots - \theta_q B^q$，则 MA($q$) 模型的算子表达式为

$$X_t = \Theta(B) \varepsilon_t, \quad t = 0, \pm 1, \pm 2, \cdots. \tag{8.2}$$

考虑 B 是一个复变量，称 $\Theta(B) = 0$ 为该 MA(q) 模型的特征方程.

定义 8.5 设 $\{X_t, t = 0, \pm 1, \pm 2, \cdots\}$ 为平稳随机序列，满足

$$X_t - \varphi_1 X_{t-1} - \cdots - \varphi_p X_{t-p} = \varepsilon_t - \theta_1 \varepsilon_{t-1} - \cdots - \theta_q \varepsilon_{t-q},$$

$$t = 0, \pm 1, \pm 2, \cdots; p > 0; q > 0,$$

其中，$\{\varepsilon_t, t = 0, \pm 1, \pm 2, \cdots\}$ 为白噪声序列，且 $EX_s \varepsilon_t = 0$ 对一切 $s < t$ 成立.记 $\Phi(u) = 1 - \varphi_1 u - \varphi_2 u^2 - \cdots - \varphi_p u^p$，$\Theta(u) = 1 - \theta_1 u - \theta_2 u^2 - \cdots - \theta_q u^q$.若 $\Phi(u) = 0$ 与 $\Theta(u) = 0$ 没有公共根，则 $\{X_t, t = 0, \pm 1, \pm 2, \cdots\}$ 称为 p 阶回归与 q 阶滑动平均混合序列，简称 $\{X_t, t = 0, \pm 1, \pm 2, \cdots\}$ 为 ARMA(p, q) 序列.$\varphi_1, \varphi_2, \cdots, \varphi_p; \theta_1, \theta_2, \cdots, \theta_q (\varphi_p \neq 0, \theta_q \neq 0)$ 称为 ARMA(p, q) 模型的参数.

ARMA(p, q) 模型的算子表达式为

$$\Phi(B) X_t = \Theta(B) \varepsilon_t, \quad t = 0, \pm 1, \pm 2, \cdots. \tag{8.3}$$

在 ARMA(p, q) 模型中，如果允许 $p = 0$ 或 $q = 0$，那么只要求 $p \geqslant 0, q \geqslant 0$，因此，AR($p$) 序列或 MA($q$) 序列可以看作 ARMA($p, q$) 序列的特殊情况.

如果 X_t 是非平稳序列，而 $W_t = \nabla^d X_t = (1 - B)^d X_t$ 是平稳的，整合 ARMA(p, q) 的模型 ARIMA(p, d, q) 记为 ARIMA，即

$$\Phi(B) W_t = \Theta(B) \varepsilon_t, \quad t = 0, \pm 1, \pm 2, \cdots,$$

或

$$\Phi(B)(1 - B)^d X_t = \Theta(B) \varepsilon_t, \quad t = 0, \pm 1, \pm 2, \cdots.$$

如果 $\Phi(B)(1 - B)^d$ 有 d 个根在单位圆上（$|B| = 1$），意味着 X_t 是非平稳的，在单位圆上的根叫单位根（unit root）.作为特例，随机游动（随机徘徊）$X_t = X_{t-1} + \varepsilon_t$ 可以写成

$(1 - B)X_t = \varepsilon_t$ 为 ARIMA$(0,1,0)$.

需要指出的是:工程上常见时间序列的线性模型必为上面定义三种线性模型中的一种,因此,了解它们的线性性质是我们进行平稳时间序列分析的基础.

如同平稳过程的时域分析与频域分析有着对应关系一样,这里 ARMA(p,q) 序列与具有有理谱密度的平稳序列之间也存在着对应关系,谱密度可以由自相关函数的 Fourier 变换生成.

设 $\{X_t\}$ 是零均值的平稳序列,谱密度 $f(\lambda)$ 是 $\mathrm{e}^{-\mathrm{i}2\pi\lambda}$ 的有理函数.

$$f(\lambda) = 2\sigma^2 \left| \frac{\Theta(\mathrm{e}^{-\mathrm{i}2\pi\lambda})}{\Phi(\mathrm{e}^{-\mathrm{i}2\pi\lambda})} \right|^2 = 2\sigma^2 \frac{|1 - \theta_1 \mathrm{e}^{-\mathrm{i}2\pi\lambda} - \cdots - \theta_q \mathrm{e}^{-\mathrm{i}2\pi q\lambda}|^2}{|1 - \varphi_1 \mathrm{e}^{-\mathrm{i}2\pi\lambda} - \cdots - \varphi_p \mathrm{e}^{-\mathrm{i}2\pi p\lambda}|^2}, \quad |\lambda| \leqslant \frac{1}{2},$$

(8.4)

其中 $\Phi(\lambda)$ 和 $\Theta(\lambda)$ 是满足式(8.3)的多项式,无公共因子,且 $\Phi(\lambda)$ 满足平稳性条件,$\Theta(\lambda)$ 满足可逆性条件,则称 $\{X_t\}$ 是具有有理谱密度的平稳序列.

下面的定理给出了满足上述线性模型的平稳时间序列谱密度的计算公式.

定理 8.1　零均值的平稳序列 $\{X_t\}$ 满足式(8.3)的充分必要条件是 $\{X_t\}$ 具有形如式(8.4)的有理谱密度.特别地,AR(p) 序列的谱密度为

$$f(\lambda) = 2\sigma^2 |\Phi(\mathrm{e}^{-\mathrm{i}2\pi\lambda})|^2 = \frac{2\sigma^2}{|1 - \varphi_1 \mathrm{e}^{-\mathrm{i}2\pi\lambda} - \cdots - \varphi_p \mathrm{e}^{-\mathrm{i}2\pi p\lambda}|^2}, \quad 0 \leqslant \lambda \leqslant \frac{1}{2}, (8.5)$$

MA(q) 序列的谱密度为

$$f(\lambda) = 2\sigma^2 |1 - \theta_1 \mathrm{e}^{-\mathrm{i}2\pi\lambda} - \theta_2 \mathrm{e}^{-\mathrm{i}4\pi\lambda} - \cdots - \theta_q \mathrm{e}^{-\mathrm{i}2\pi q\lambda}|^2, \quad 0 \leqslant \lambda \leqslant \frac{1}{2}. \quad (8.6)$$

证明略.有兴趣的读者可参考相关书籍.

从定理 8.1 可以看出,AR(p) 序列的功率谱密度就是均匀频谱为 $2\sigma^2$ 的白噪声通过增益为 $|\Phi(\mathrm{e}^{-\mathrm{i}2\pi\lambda})|^2$ 的线性系统后的输出频谱,式(8.5)中 $\Phi(B) = 0$ 的根全部集中在功率谱密度 $f(\lambda)$ 的分母上,它们产生位置不同的极点频率,因此,自回归模型也可称为全极点模型;而 MA(q) 序列中 $\Theta(B) = 0$ 的根全部集中在功率谱密度的分子上,产生位置不同的零点频率,因此,滑动平均模型又称为全零点模型;ARMA(p,q) 模型的功率谱函数在分子分母上均有根存在,它们在不同位置上产生零点和极点,因此,又可将 ARMA(p,q) 模型称为零点极点模型.

例 8.4　考虑一阶自回归模型 AR(1)(也称为 Markov 过程):

$$X_t = \varphi_1 X_{t-1} + \varepsilon_t, \quad t = 0, \pm 1, \pm 2, \cdots,$$

自相关函数为

$$\rho_1 = \varphi_1, \quad \rho_2 = \varphi_1 \rho_1 = \varphi_1^2, \quad \cdots, \quad \rho_k = \varphi_1 \rho_{k-1} = \varphi_1^k.$$

由特征方程 $\varphi(B) = 1 - \varphi_1 B = 0$ 得 $B = 1/\varphi_1$,在满足平稳性条件时,有 $|\varphi_1| < 1$,当 $k \to \infty$ 时 $\varphi_k \to 0$.由于 $\varphi_1^k = \exp(k \ln|\varphi_1|)$,且 $|\varphi_1| < 1$,存在 $c_1 > 0, c_2 > 0$ 使得

$$|\rho_k| < c_1 \mathrm{e}^{-c_2 k},$$

即 $\{\rho_k\}$ 被负指数函数控制.

另外,AR(1) 模型的方差为

$$\sigma_X^2 = \frac{\sigma^2}{1 - \rho_1 \varphi_1} = \frac{\sigma^2}{1 - \varphi_1^2}. \tag{8.7}$$

由于 $|\varphi_1| < 1$,故 $\sigma_X^2 > \sigma^2$,表明平稳线性过程的方差要比原来白噪声的方差大.

再研究 AR(1) 模型的功率频谱.利用定理 8.1 可得

$$f(\lambda) = \frac{2\sigma^2}{|1 - \varphi_1 e^{-i2\pi\lambda}|^2} = \frac{2\sigma^2}{1 + \varphi_1^2 - 2\varphi_1 \cos 2\pi\lambda}, \quad 0 \leqslant \lambda \leqslant \frac{1}{2}. \tag{8.8}$$

最后,讨论 AR(1) 模型的两种特例.

当 $\varphi_1 = 0$ 时,AR(1) 模型变为 $X_t = \varepsilon_t (t = 0, 1, 2, \cdots)$,$X_t$ 实际上是独立的或不相关的序列,它相当于没有"记忆性"的过程,即 t 时刻过程的值和所有过去直到 $t-1$ 时刻的值(实际上包括过程的未来值)都不相关.

当 $\varphi_1 = 1$ 时,AR(1) 模型变为 $X_t - X_{t-1} \triangleq \nabla X_t = \varepsilon_t (t = 1, 2, \cdots)$(这里 ∇ 表示差分算子),它表明系统具有很大的惯性,即有很强的记忆性.当 X_t 从 $t-1$ 时刻移至 t 时刻时,如果没有一个随机项 ε_t,它的值(或响应)将保持不变,也就是说,随机扰动项 ε_t 主宰增量 ∇X_t 的大小,此时,模型可称为随机游动模型.

例 8.5　考虑二阶自回归模型 AR(2) 序列,即

$$X_t = \varphi_1 X_{t-1} + \varphi_2 X_{t-2} + \varepsilon_t, \quad t = 0, \pm 1, \pm 2, \cdots. \tag{8.9}$$

上式两边同时乘以 X_{t-k} 后再求期望,得到(注意到 $EX_s\varepsilon_t = 0, s < t$)

$$\nu_k = \varphi_1 \nu_{k-1} + \varphi_2 \nu_{k-2}, \quad k = 1, 2, \cdots.$$

两边同时除以 ν_0,得到相应的自相关函数为

$$\rho_k = \varphi_1 \rho_{k-1} + \varphi_2 \rho_{k-2}, \quad k = 1, 2, \cdots.$$

它的特征方程为 $\Phi(B) = 1 - \varphi_1 B - \varphi_2 B^2 = 0$,易见它有 G_1^{-1} 和 G_2^{-1} 两个根.

如果 $\varphi_1^2 + 4\varphi_2 \geqslant 0$,则它们都是实根,因此,自相关函数将是指数衰减的叠加(包括正负相间地衰减);如果 $\varphi_1^2 + 4\varphi_2 < 0$,则它们具有一对复根,其相关函数具有衰减振荡的波形.自相关的一般通解为

$$\rho_k = A_1 G_1^k + A_2 G_2^k.$$

注意到 $\rho_0 = 1, \rho_k = \rho_{-k}$,因此有

$$\rho_1 = \varphi_1 + \varphi_2 \rho_1, \quad k = 1,$$
$$\rho_2 = \varphi_1 \rho_1 + \varphi_2, \quad k = 2.$$

从而

$$\rho_1 = \frac{\varphi_1}{1 - \varphi_2}, \quad \rho_2 = \frac{\varphi_1^2}{1 - \varphi_2} + \varphi_2. \tag{8.10}$$

式 (8.9) 两边同时乘以 X_t,再求期望,得到 $\{X_t, t = 0, \pm 1, \pm 2, \cdots\}$ 的方差函数为

$$\sigma_X^2 = \nu_0 = \varphi_1 \nu_1 + \varphi_2 \nu_2 + EX_t\varepsilon_t,$$

因此

$$\sigma_X^2 = \varphi_1 \nu_1 + \varphi_2 \nu_2 + E(\varphi_1 X_{t-1} + \varphi_2 X_{t-2} + \varepsilon_t)\varepsilon_t = \varphi_1 \nu_1 + \varphi_2 \nu_2 + E\varepsilon_t^2$$
$$= \varphi_1 \nu_1 + \varphi_2 \nu_2 + \sigma^2 = \nu_0(\varphi_1 \rho_1 + \varphi_2 \rho_2) + \sigma^2 = \sigma_X^2(\varphi_1 \rho_1 + \varphi_2 \rho_2) + \sigma^2.$$

由式 (8.10),得

$$\sigma_X^2 = \frac{\sigma^2}{1 - \varphi_1 \rho_1 - \varphi_2 \rho_2} = \frac{\sigma^2}{1 - \varphi_1 \dfrac{\varphi_1}{1 - \varphi_2} - \varphi_2 \left(\dfrac{\varphi_1^2}{1 - \varphi_2} + \varphi_2\right)}$$
$$= \frac{(1 - \varphi_2)\sigma^2}{(1 + \varphi_2)(1 - \varphi_1 - \varphi_2)(1 + \varphi_1 - \varphi_2)}. \tag{8.11}$$

再求 AR(2) 的谱密度为

$$f(\lambda) = 2\sigma^2 \frac{1}{|1 - \varphi_1 e^{-i2\pi\lambda} - \varphi_2 e^{-i4\pi\lambda}|^2}$$

$$= \frac{2\sigma^2}{(1 + \varphi_1^2 + \varphi_2^2 - 2\varphi_1(1 - \varphi_2)\cos(2\pi\lambda) - 2\varphi_2\cos(4\pi\lambda))}, \quad 0 \leqslant \lambda \leqslant \frac{1}{2}. \quad (8.12)$$

例如,给定 AR(2) 模型 $X_t = 0.5X_{t-1} + 0.3X_{t-2} + \varepsilon_t$, $E\varepsilon_t^2 = \sigma^2$, 有

$$\rho_0 = 1, \quad \rho_1 = \frac{\varphi_1}{1 - \varphi_2} = 0.7143, \quad \rho_2 = \frac{\varphi_1^2}{1 - \varphi_2} + \varphi_2 = 0.6571.$$

对于 $k > 2$, $\rho_k = 0.5\rho_{k-1} + 0.3\rho_{k-2}$, 由此可以得到它的相关函数如表 8.1 所示.

表 8.1　相关函数

k	0	1	2	3	4	5	6	7	8
ρ_k	1.000	0.714	0.657	0.543	0.469	0.397	0.339	0.289	0.246
k	9	10	11	12	13	14	15	16	17
ρ_k	0.210	0.179	0.152	0.130	0.110	0.094	0.080	0.068	0.058

谱密度为

$$f(\lambda) = \frac{2\sigma^2}{(1 + 0.5^2 + 0.3^2 - 2 \times 0.5(1 - 0.3)\cos(2\pi\lambda) - 2 \times 0.3\cos(4\pi\lambda))}$$

$$= \frac{2\sigma^2}{1.34 - 0.07\cos(2\pi\lambda) - 0.6\cos(4\pi\lambda)}.$$

例 8.6　考虑 MA(1) 模型 $X_t = \varepsilon_t - \theta_1\varepsilon_{t-1}$, $t = 0, \pm 1, \pm 2, \cdots$ 的相关函数和谱密度.

解　MA(1) 模型的特征方程为 $\Theta(B) = 1 - \theta_1 B = 0$, 得 $B = 1/\theta_1$. 模型的方差为

$$\nu_0 = D(X_t) = EX_t^2 = E(\varepsilon_t - \theta_1\varepsilon_{t-1})^2 = E\varepsilon_t^2 + \theta_1^2 E\varepsilon_{t-1}^2 = \sigma^2(1 + \theta_1^2),$$

$$\nu_k = EX_t X_{t+k} = E(\varepsilon_t - \theta_1\varepsilon_{t-1})(\varepsilon_{t+k} - \theta_1\varepsilon_{t+k-1}), \quad k = 1, 2, \cdots.$$

因此,当 $k = 1$ 时,有

$$\nu_1 = E\varepsilon_t\varepsilon_{t+1} - \theta_1 E\varepsilon_t^2 - \theta_1 E\varepsilon_{t-1}\varepsilon_{t+1} + \theta_1^2 E\varepsilon_{t-1}\varepsilon_t = \sigma^2(-\theta_1) = -\theta_1\sigma^2.$$

当 $k > 1$ 时, $\nu_k = 0$. 自相关函数为

$$\rho_k = \begin{cases} \dfrac{-\theta_1}{1 + \theta_1^2}, & k = 1, \\ 0, & k \geqslant 2 \end{cases} \quad (8.13)$$

谱密度为

$$f(\lambda) = 2\sigma^2 \mid 1 - \theta_1 e^{-i2\pi\lambda} \mid^2 = 2\sigma^2(1 + \theta_1^2 - 2\theta_1\cos 2\pi\lambda), \quad 0 \leqslant \lambda \leqslant \frac{1}{2}. \quad (8.14)$$

例 8.7　考虑 MA(2) 模型 $X_t = \varepsilon_t - \theta_1\varepsilon_{t-1} - \theta_2\varepsilon_{t-2}$, $t = 0, \pm 1, \pm 2, \cdots$ 的相关函数和谱密度.

解　模型的特征方程为 $\Theta(B) = 1 - \theta_1 B - \theta_2 B^2 = 0$. 它有两个根,分为两种情况,一种是均为实根,一种是一对复根.

MA(2) 模型的方差为 $\nu_0 = \sigma^2(1 + \theta_1^2 + \theta_2^2)$.

自相关函数为

$$\rho_1 = \frac{-\theta_1(1 - \theta_2)}{1 + \theta_1^2 + \theta_2^2}, \quad \rho_2 = \frac{-\theta_2}{1 + \theta_1^2 + \theta_2^2}, \quad \rho_k = 0 \quad (k \geqslant 3). \quad (8.15)$$

表明 MA(2) 模型的自相关函数只到 ρ_2 处被截断了.

功率谱密度为

$$f(\lambda) = 2\sigma^2 \mid 1 - \theta_1 \mathrm{e}^{-i2\pi\lambda} - \theta_2 \mathrm{e}^{-i4\pi\lambda} \mid^2$$

$$= 2\sigma^2(1 + \theta_1^2 + \theta_2^2 - 2\theta_1(1 - \theta_2)\cos 2\pi\lambda - 2\theta_2\cos 4\pi\lambda), \quad 0 \leqslant \lambda \leqslant \frac{1}{2}. \quad (8.16)$$

例 8.8 考虑 ARMA(1,1)模型 $X_t - \varphi_1 X_{t-1} = \varepsilon_t - \theta_1 \varepsilon_{t-1}$ 的相关函数和谱密度.

解 由 $X_t = \varphi_1 X_{t-1} + \varepsilon_t - \theta_1 \varepsilon_{t-1}$,得

$$\nu_k = EX_t X_{t-k} = E(\varphi_1 X_{t-1} + \varepsilon_t - \theta_1 \varepsilon_{t-1})X_{t-k}$$

$$= \varphi_1 EX_{t-1}X_{t-k} + E\varepsilon_t X_{t-k} - \theta_1 E\varepsilon_{t-1}X_{t-k}.$$

当 $k=0$ 时,$\nu_0 = \varphi_1 \nu_1 + E\varepsilon_t X_t - \theta_1 E\varepsilon_{t-1}X_t$.而

$$E\varepsilon_t X_t = E\varepsilon_t(\varphi_1 X_{t-1} + \varepsilon_t - \theta_1 \varepsilon_{t-1}) = \varphi_1 E\varepsilon_t X_{t-1} + E\varepsilon_t^2 - \theta_1 E\varepsilon_{t-1}\varepsilon_t$$

$$= 0 + \sigma^2 - 0 = \sigma^2, \quad t = 0, \pm 1, \pm 2, \cdots,$$

$$E\varepsilon_{t-1}X_t = E\varepsilon_{t-1}(\varphi_1 X_{t-1} + \varepsilon_t - \theta_1 \varepsilon_{t-1}) = \varphi_1 E\varepsilon_{t-1}X_{t-1} + E\varepsilon_{t-1}\varepsilon_t - \theta_1 E\varepsilon_{t-1}^2$$

$$= \varphi_1 \sigma^2 - \theta_1 \sigma^2,$$

将上述两式代入 ν_0 的表达式,得

$$\nu_0 = \varphi_1 \nu_1 + \sigma^2 - \theta_1(\varphi_1 \sigma^2 - \theta_1 \sigma^2) = \varphi_1 \nu_1 + (1 + \theta_1^2 - \theta_1 \varphi_1)\sigma^2.$$

当 $k=1$ 时,有

$$\nu_1 = \varphi_1 EX_{t-1}^2 + E\varepsilon_t X_{t-1} - \theta_1 E\varepsilon_{t-1}X_{t-1} = \varphi_1 \nu_0 + 0 - \theta_1 \sigma^2$$

$$= \varphi_1(\varphi_1 \nu_1 + (1 + \theta_1^2 - \theta_1 \varphi_1)\sigma^2) - \theta_1 \sigma^2,$$

因此

$$\nu_1 = \frac{(\varphi_1 - \theta_1)(1 - \varphi_1 \theta_1)}{1 - \varphi_1^2}\sigma^2.$$

再代入 ν_0 的表达式,得

$$\nu_0 = \frac{1 + \theta_1^2 - 2\varphi_1 \theta_1}{1 - \varphi_1^2}\sigma^2.$$

当 $k \geqslant 2$ 时,有

$$\nu_k = \varphi_1 \nu_{k-1} + E\varepsilon_t X_{t-k} - \theta_1 E\varepsilon_{t-1}X_{t-k} = \varphi_1 \nu_{k-1} + 0 - \theta_1 \cdot 0 = \varphi_1 \nu_{k-1},$$

因此

$$\nu_k = \varphi_1 \nu_{k-1}.$$

由 $\nu_0, \nu_1, \nu_k(k \geqslant 2)$ 的表达式,容易得到 $\rho_1, \rho_k(k \geqslant 2)$ 的表达式为

$$\rho_1 = \frac{(\varphi_1 - \theta_1)(1 - \varphi_1 \theta_1)}{1 + \theta_1^2 - 2\varphi_1 \theta_1}, \quad \rho_k = \varphi_1 \rho_{k-1} \quad (k \geqslant 2).$$

谱密度为

$$f(\lambda) = 2\sigma^2 \frac{\mid 1 - \theta_1 \mathrm{e}^{-i2\pi\lambda} \mid^2}{\mid 1 - \varphi_1 \mathrm{e}^{-i2\pi\lambda} \mid^2}.$$

8.2 平稳域与可逆域

设$\{X_t, t = 0, \pm 1, \pm 2, \cdots\}$是零均值的平稳时间序列,记

$$\Phi(u) = 1 - \varphi_1 u - \varphi_2 u^2 - \cdots - \varphi_p u^p,$$

$$\Theta(u) = 1 - \theta_1 u - \theta_2 u^2 - \cdots - \theta_q u^q.$$

定理 8.1 中，要求 $\Phi(u)=0$ 的根在单位圆 $|u|=1$ 之外，也就是说，参数 $\varphi_1,\varphi_2,\cdots,\varphi_p$ 必须满足一定的条件，否则有时会出现一些荒谬的结论.例如，在例 8.5 中，对于 AR(2)模型，我们求得方差函数为

$$\sigma_X^2 = \frac{(1-\varphi_2)\sigma^2}{(1+\varphi_2)(1-\varphi_1-\varphi_2)(1+\varphi_1-\varphi_2)},$$

要使 $\sigma_X^2>0$，则 φ_1,φ_2 应满足条件：

$$-1<\varphi_2<1,\quad \varphi_1+\varphi_2<1,\quad \varphi_2-\varphi_1<1.$$

例如，当 $\varphi_1=\varphi_2=\dfrac{2}{3}$ 时，可得到 $\sigma_X^2=-\dfrac{3}{5}\sigma^2<0$ 的荒谬结论.

类似地，要求 $\Theta(u)=0$ 的根也必须在单位圆 $|u|=1$ 之外，满足这些条件的参数就构成一个区域，由此我们可以引出平稳性条件、可逆性条件、平稳域和可逆域的概念.

定义 8.6　p 维欧氏空间的子集 $\Phi^{(p)}=\{(\varphi_1,\varphi_2,\cdots,\varphi_p)\,|\,\Phi(u)=0$ 的 p 个根都在单位圆 $|u|=1$ 之外$\}$称为 AR(p)模型或 ARMA(p,q)模型的平稳域.条件"$\Phi(u)=0$ 的 p 个根都在单位圆 $|u|=1$ 之外"称为 AR(p)模型或 ARMA(p,q)模型的平稳性条件.

定义 8.7　q 维欧氏空间的子集 $\Theta^{(q)}=\{(\theta_1,\theta_2,\cdots,\theta_q)\,|\,\Theta(u)=0$ 的 q 个根都在单位圆 $|u|=1$ 之外$\}$称为 MA(q)模型或 ARMA(p,q)模型的可逆域.条件"$\Theta(u)=0$ 的 q 个根都在单位圆 $|u|=1$ 之外"称为 MA(q)模型或 ARMA(p,q)模型的可逆性条件.

例 8.9　考虑 AR(1)或 ARMA(1,q)模型的平稳域.

解　特征方程 $\Phi(u)=1-\varphi_1 u=0$ 的根为 $u=\dfrac{1}{\varphi_1}$，由平稳性条件得到 $|u|=\dfrac{1}{|\varphi_1|}>1$，即 $|\varphi_1|<1$.因此，AR(1)或 ARMA(1,q)模型的平稳域为

$$\Phi^{(1)}=\{\varphi_1\,|-1<\varphi_1<1\}. \tag{8.17}$$

例 8.10　考虑 AR(2)或 ARMA(2,q)模型的平稳域.

解　特征方程 $\Phi(u)=1-\varphi_1 u-\varphi_2 u^2=0$ 的根为

$$u_1=\frac{1}{2\varphi_2}\big[-\varphi_1-\sqrt{\varphi_1^2-4\varphi_2}\,\big],\quad u_2=\frac{1}{2\varphi_2}\big[-\varphi_1+\sqrt{\varphi_1^2-4\varphi_2}\,\big],$$

由此得到

$$u_1 u_2=-1/\varphi_2,\quad u_1+u_2=-\varphi_1/\varphi_2.$$

由 $|\varphi_2|=\dfrac{1}{|u_1 u_2|}$ 及平稳性条件 $|u_1|>1,|u_2|>1$ 得到 $|\varphi_2|<1$，即 $-1<\varphi_2<1$.又

$$\varphi_2\pm\varphi_1=-\frac{1}{u_1 u_2}\pm\frac{u_1+u_2}{u_1 u_2}=1-\Big(1\mp\frac{1}{u_1}\Big)\Big(1\mp\frac{1}{u_2}\Big),$$

如果 u_1 和 u_2 为实数，由平稳性条件 $\Big(1\mp\dfrac{1}{u_1}\Big)\Big(1\mp\dfrac{1}{u_2}\Big)>0$，可得 $\varphi_2\pm\varphi_1<1$.如果 u_1 和 u_2 为复数，则 $u_1=\bar{u}_2$(共轭复数)，故 $\varphi_2\pm\varphi_1=1-|1\mp1/u_1|^2<1$，又由平稳性条件，得到

$$-1<\varphi_2<1,\quad \varphi_2\pm\varphi_1<1.$$

反之，若 φ_1,φ_2 满足上述条件，那么，如果 u_1 和 u_2 为复数 $u_1=\bar{u}_2$，有：$|u_1|^2=\dfrac{1}{|\varphi_2|}>1$，得到 $|u_2|=|u_1|>1$；$\Big(1\mp\dfrac{1}{u_1}\Big)\Big(1\mp\dfrac{1}{u_2}\Big)>0$，得到 $\Big(1\mp\dfrac{1}{|u_1|}\Big)\Big(1\mp\dfrac{1}{|u_2|}\Big)>0$.再由 $|\varphi_2|<1$，得到 $|u_2 u_2|>1$，$|u_1|,|u_2|$ 至少有一个大于 1，不妨设 $|u_1|>1$，则 $1\mp\dfrac{1}{|u_1|}>0$.故 $1\mp$

$\dfrac{1}{|u_2|}>0$,因此,$|u_2|>1$.

这表明:若 φ_1,φ_2 满足 $-1<\varphi_2<1$,那么平稳性条件成立.因此,我们可得到 AR(2)或 ARMA(2,q)模型的平稳域为

$$\Phi^{(2)} = \{(\varphi_1,\varphi_2)\,|-1<\varphi_2<1,\varphi_2\mp\varphi_1<1\}. \tag{8.18}$$

图 8.1 给出了 AR(2)或 ARMA(2,q)模型的平稳域.

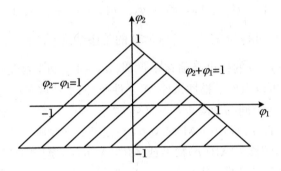

图 8.1 AR(2)或 ARMA(2,q)模型的平稳域

例 8.11 类似可得到 MA(1)或 ARMA(p,1)模型的可逆域为

$$\Theta^{(1)} = \{\theta_1\,|-1<\theta_1<1\}, \tag{8.19}$$

MA(2)或 ARMA(p,2)模型的可逆域为

$$\Theta^{(2)} = \{(\theta_1,\theta_2)\,|-1<\theta_2<1,\theta_2\mp\theta_1<1\}. \tag{8.20}$$

$p+q$ 维欧氏空间的子集$\{(\varphi_1,\cdots,\varphi_p,\theta_1,\cdots,\theta_q)\,|(\varphi_1,\cdots,\varphi_p)\in\Phi^{(p)},(\theta_1,\cdots,\theta_q)\in\Theta^{(q)}\}$称为 ARMA($p$,$q$)模型的平稳可逆域.

例 8.12 ARMA(1,1)的平稳可逆域为$\{(\varphi_1,\theta_1)\,|-1<\varphi_1<1,-1<\theta_1<1\}$,ARMA(1,2)的平稳可逆域为$\{(\varphi_1,\theta_1,\theta_2)\,|-1<\varphi_1<1,-1<\theta_2<1,\theta_2\mp\theta_1<1\}$.图 8.2 给出了 ARMA(1,1)的平稳可逆域.

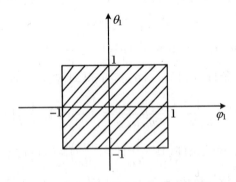

图 8.2 ARMA(1,1)的平稳可逆域

定理 8.1 的证明中(参考相关书籍),当平稳性条件满足时,ARMA(p,q)模型可写为

$$X_t = \sum_{k=0}^{\infty} G_k\varepsilon_{t-k}.$$

由于 $G(0) = \displaystyle\sum_{k=0}^{\infty} G_kO^k = G_0$,又 $G(0) = \Phi^{-1}(0)\Theta(0) = 1$,因此,$G(0) = 1$,这样就有

$$X_t = \varepsilon_t - \sum_{k=1}^{\infty}(-G_k)\varepsilon_{t-k}.$$

这表明：此时 ARMA(p,q) 模型等同于一个无穷阶的 MA 模型.

一般地，有如下进一步的结果：

定理 8.2　设 $\{X_t, t=0,\pm 1,\pm 2,\cdots\}$ 是平稳 AR(p) 序列，则 X_t 可以表示为

$$X_t = \sum_{k=0}^{\infty}G_k\varepsilon_{t-k}, \quad G_0 = 1, \tag{8.21}$$

且存在常数 $C>0$ 和 $\rho>1$，使得

$$|G_k| \leqslant C\rho^{-k}\ (k\geqslant 0), \quad G(B) = \sum_{k=0}^{\infty}G_kB^k \neq 0\ (|B|\leqslant 1)$$

的充分必要条件为 $\Phi(B)=0$ 的根都在单位圆 $|B|=1$ 之外. 即要使 $\Phi(B)\neq 0$，则有 $|B|\leqslant 1$.

定理 8.3　设 $\{X_t, t=0,\pm 1,\pm 2,\cdots\}$ 是平稳 MA(q) 序列，则 X_t 可以表示为

$$\sum_{k=0}^{\infty}I_kX_{t-k} = \varepsilon_t, \quad I_0 = 1, \tag{8.22}$$

且存在常数 $C>0$ 和 $\rho>1$，使得

$$|I_k| \leqslant C\rho^{-k}\ (k\geqslant 0), \quad I(B) = \sum_{k=0}^{\infty}I_kB^k \neq 0\ (|B|\leqslant 1)$$

的充分必要条件为 $\Theta(B)=0$ 的根都在单位圆 $|B|=1$ 之外，即要使 $\Theta(B)\neq 0$，则有 $|B|\leqslant 1$.

对于 ARMA 模型，也有类似的结果. 我们有下面的定义：

定义 8.8　对于 ARMA(p,q) $(p\geqslant 0, q\geqslant 0, p+q>0)$ 序列的 $\{X_t\}$，假设平稳性条件成立，令 $G(B)=\Phi^{-1}(B)\Theta(B)$，$|B|<1$. 当 $|B|<1$ 时，$G(B)$ 可以展开为幂级数：

$$G(B) = \sum_{k=0}^{\infty}G_kB^k(|B|<1), \quad G_0 = G(0) = 1,$$

于是 X_t 可以用 $\{\varepsilon_t\}$ 的现在和过去的值表示为

$$X_t = \sum_{k=0}^{\infty}G_k\varepsilon_{t-k}, \tag{8.23}$$

称此式为 ARMA 的传递形式. 其中系数 G_k 称为格林函数，它是 ε_{t-k} 的权重，称为 Wold 系数.

格林函数的物理意义有两种解释. 首先，从展开式可以看出，G_k 是 k 个时间单位以前加入系统的冲击或扰动 ε_t 对现在响应的权重；其次，格林函数表示系统对冲击 ε_{t-k} 有多大的记忆，或者表征系统对任一特定 ε_t 的动态响应衰减的快慢. 换句话说，如果有单个 ε_t 加入系统，格林函数决定了将有多快就恢复到它的平衡位置.

定义 8.9　对于 ARMA(p,q) $(p\geqslant 0, q\geqslant 0, p+q>0)$ 序列的 $\{X_t\}$，假设可逆性条件成立，令 $I(B)=\Theta^{-1}(B)\Phi(B)$，$|B|<1$. 当 $|B|<1$ 时，$I(B)$ 可以展开为幂级数：

$$I(B) = \sum_{k=0}^{\infty}I_kB^k(|B|<1), \quad I_0 = I(0) = 1,$$

即 ε_t 可以表示为

$$\varepsilon_t = \sum_{k=0}^{\infty}I_kX_{t-k}, \tag{8.24}$$

称为 ARMA 的逆转形式. 它可看作是将 ε_t 表示成 X_t 历史值的加权和.

下面我们来说明定义 8.3 和定义 8.5 中条件 "$EX_s\varepsilon_t = 0$ 对一切 $s<t$ 成立" 的意义. 如

果平稳性条件成立,此时 X_t 可以表示为 $X_t = \sum\limits_{k=0}^{\infty} G_k \varepsilon_{t-k}$,对于任意 $s < t$,有

$$EX_s \varepsilon_t = E\left(\sum_{k=0}^{\infty} G_k \varepsilon_{s-k}\right)\varepsilon_t = E\left(1 \cdot \text{i} \cdot \text{m} \sum_{n \to \infty}^{n} G_k \varepsilon_{s-k} \varepsilon_t\right) = \sum_{k=0}^{\infty} G_k E \varepsilon_{s-k} \varepsilon_t = 0.$$

同理,对于定义 8.4 有类似的结果.

例 8.13 考虑 AR(1)模型 $X_t - \varphi_1 X_{t-1} = \varepsilon_t (-1 < \varphi_1 < 1)$ 的传递形式.

解 由于 $\Phi(B) = 1 - \varphi_1 B$,因此有

$$\Phi^{-1}(B) = (1 - \varphi_1 B)^{-1} = \sum_{k=0}^{\infty} \varphi_1^k B^k,$$

所以 AR(1) 模型的传递形式为 $X_t = \sum\limits_{k=0}^{\infty} \varphi_1^k \varepsilon_{t-k}$.

例 8.14 MA(1)模型 $X_t = \varepsilon_t - \theta_1 \varepsilon_{t-1} (-1 < \theta_1 < 1)$ 的逆转形式为

$$\varepsilon_t = \sum_{k=0}^{\infty} \theta_1^k X_{t-k}.$$

例 8.15 求 $X_t = \varepsilon_t + 1.2\varepsilon_{t-1} + 0.32\varepsilon_{t-2}$ 的逆转形式.

解 有 $\Theta(B) = 1 + 1.2B + 0.32B^2 = (1 + 0.4B)(1 + 0.8B)$. 设 $\dfrac{1}{(1+0.4B)(1+0.8B)}$

$= \dfrac{A}{1+0.4B} + \dfrac{C}{1+0.8B}$,$A, C$ 为待定常数. 由 $\begin{cases} A + C = 1 \\ 0.8A + 0.4C = 0 \end{cases}$ 解得 $\begin{cases} A = -1 \\ C = 2 \end{cases}$. 由此有

$$\Theta^{-1}(B) = -(1 + 0.4B)^{-1} + 2(1 + 0.8B)^{-1} = -\sum_{k=0}^{\infty} (-0.4)^k B^k + 2\sum_{k=0}^{\infty} (-0.8)^k B^k$$

$$= \sum_{k=0}^{\infty} \left[-(-0.4)^k + 2(-0.8)^k \right] B^k.$$

因此,所求的逆转形式为

$$\varepsilon_k = \sum_{k=0}^{\infty} \left[-(-0.4)^k + 2(-0.8)^k \right] X_{t-k}.$$

例 8.16 求 ARMA(1,1)模型 $X_t + 0.3X_{t-1} = \varepsilon_t - 0.4\varepsilon_{t-1}$ 的传递形式和逆转形式.

解 $\Phi(B) = 1 + 0.3B, \Theta(B) = 1 - 0.4B$.

$$G(B) = \Phi^{-1}(B)\Theta(B) = (1 + 0.3B)^{-1}(1 - 0.4B) = \left(\sum_{k=0}^{\infty} (-0.3)^k B^k\right)(1 - 0.4B)$$

$$= \sum_{k=0}^{\infty} (-0.3)^k B^k - \sum_{k=0}^{\infty} 0.4 \cdot (-0.3)^k B^{k+1}$$

$$= 1 + \sum_{k=1}^{\infty} (-0.3)^k B^k - \sum_{j=0}^{\infty} 0.4 \cdot (-0.3)^j B^{j+1}$$

$$= 1 + \sum_{k=1}^{\infty} (-0.3)^k B^k - \sum_{k=1}^{\infty} 0.4 \cdot (-0.3)^{k-1} B^k$$

$$= 1 + \sum_{k=1}^{\infty} \left[(-0.3)^k - 0.4 \cdot (-0.3)^{k-1} \right] B^k$$

$$= 1 + \sum_{k=1}^{\infty} (-0.7) \cdot (-0.3)^{k-1} B^k.$$

因此,ARMA(1,1)模型的传递形式为

$$X_t = \varepsilon_t - 0.7 \cdot \sum_{k=1}^{\infty} (-0.3)^{k-1} \varepsilon_{t-k}.$$

又

$$I(B) = \Theta^{-1}(B)\Phi(B) = (1 - 0.4B)^{-1}(1 + 0.3B) = \Big(\sum_{k=0}^{\infty} (0.4)^k B^k\Big)(1 + 0.3B)$$

$$= \sum_{k=0}^{\infty} (0.4)^k B^k + 0.3 \sum_{k=0}^{\infty} (0.4)^k B^{k+1} = 1 + \sum_{k=1}^{\infty} (0.4)^k B^k + 0.3 \sum_{j=0}^{\infty} (0.4)^j B^{j+1}$$

$$= 1 + \sum_{k=1}^{\infty} (0.4)^k B^k + 0.3 \sum_{k=1}^{\infty} (0.4)^{k-1} B^k = 1 + \sum_{k=1}^{\infty} 0.7 \cdot (0.4)^{k-1} B^k,$$

因此，ARMA(1,1)模型的逆转形式为

$$\varepsilon_t = X_t + 0.7 \cdot \sum_{k=1}^{\infty} (0.4)^{k-1} X_{t-k}.$$

8.3 偏相关函数

设 $\{X_t, t = 0, \pm 1, \pm 2, \cdots\}$ 为零均值的平稳时间序列，则其数字特征除了已介绍的相关函数、协方差函数外，还有本节要介绍的偏相关函数.

定义 8.10 设 $\varphi_{k1}, \varphi_{k2}, \cdots, \varphi_{kk}$ 满足

$$\begin{bmatrix} \nu_0 & \nu_1 & \nu_2 & \cdots & \nu_{k-1} \\ \nu_1 & \nu_0 & \nu_1 & \cdots & \nu_{k-2} \\ \nu_2 & \nu_1 & \nu_0 & \cdots & \nu_{k-3} \\ \cdots & \cdots & \cdots & \cdots & \cdots \\ \nu_{k-1} & \nu_{k-2} & \nu_{k-3} & \cdots & \nu_0 \end{bmatrix} \begin{bmatrix} \varphi_{k1} \\ \varphi_{k2} \\ \varphi_{k3} \\ \cdots \\ \varphi_{kk} \end{bmatrix} = \begin{bmatrix} \nu_1 \\ \nu_2 \\ \nu_3 \\ \cdots \\ \nu_k \end{bmatrix} \tag{8.25}$$

或

$$\begin{bmatrix} 1 & \rho_1 & \rho_2 & \cdots & \rho_{k-1} \\ \rho_1 & 1 & \rho_1 & \cdots & \rho_{k-2} \\ \rho_2 & \rho_1 & 1 & \cdots & \rho_{k-3} \\ \cdots & \cdots & \cdots & \cdots & \cdots \\ \rho_{k-1} & \rho_{k-2} & \rho_{k-3} & \cdots & 1 \end{bmatrix} \begin{bmatrix} \varphi_{k1} \\ \varphi_{k2} \\ \varphi_{k3} \\ \cdots \\ \varphi_{kk} \end{bmatrix} = \begin{bmatrix} \rho_1 \\ \rho_2 \\ \rho_3 \\ \cdots \\ \rho_k \end{bmatrix}. \tag{8.26}$$

约定 $\varphi_{00} = 1$，则称 $\varphi_{kk}(k \geqslant 0)$ 为偏相关函数. 称方程(8.25)式和(8.26)式中的系数矩阵为 Toeplitz 矩阵，称方程(8.25)式和(8.26)式为尤尔—沃克(Yule-Walker)方程.

事实上，偏相关函数 φ_{kk} 在概率上刻画了平稳时间序列 $\{X_t, t = 0, \pm 1, \pm 2, \cdots\}$ 任意一个长为 $k+1$ 的片段 $X_t, X_{t+1}, \cdots, X_{t+k-1}, X_{t+k}$，在中间量 $X_{t+1}, X_{t+2}, \cdots, X_{t+k-1}$ 固定的条件下，两端 X_t 和 X_{t+k} 线性联系的密切程度. 它与相关函数一样，反映了平稳过程独立性结构的重要信息，而且仅与二阶矩有关；偏相关函数也可理解为在给定 $X_{t+1}, X_{t+2}, \cdots, X_{t+k-1}$ 的条件下，$\varphi_{kk}(k \geqslant 0)$ 是 X_t 和 X_{t+k} 的相关系数，所以有"偏"相关之称. 显然 $\varphi_{00} = 1$.

偏相关函数 $\varphi_{kk}(k = 1, 2, \cdots)$ 可以通过解 Yule-Walker 方程求得，但当 k 很大时，计算量很大. 实际应用中，偏相关函数一般用下面的递推公式得到：

$$\begin{cases} \varphi_{11} = \rho_1 \\ \varphi_{k+1,k+1} = \dfrac{\rho_{k+1} - \sum\limits_{j=1}^{k} \varphi_{kj}\rho_{k+1-j}}{1 - \sum\limits_{j=1}^{k} \varphi_{kj}\rho_j} \\ \varphi_{k+1,j} = \varphi_{kj} - \varphi_{k+1,k+1}\varphi_{k,k-(j-1)} \quad (j = 1,2,\cdots,k) \end{cases} \tag{8.27}$$

具体的递推顺序如下：

$$\varphi_{11} \xrightarrow{k=1} \varphi_{22} \to \varphi_{21} \xrightarrow{k=2} \varphi_{33} \to \varphi_{31} \to \varphi_{32}$$
$$\xrightarrow{k=3} \varphi_{44} \to \varphi_{41} \to \varphi_{42} \to \varphi_{43} \xrightarrow{k=4} \cdots.$$

例 8.17 （续例 8.5）在例 8.5 中，已计算出相关函数 $\rho_k(k=1,2,\cdots,17)$，下面来计算其偏相关函数 $\varphi_{kk}(k=1,2,3,4)$.

$\varphi_{11} = \rho_1 = 0.7140$，

$\varphi_{22} = \dfrac{\rho_2 - \rho_1\varphi_{11}}{1 - \rho_1\varphi_{11}} = \dfrac{0.657 - 0.714 \times 0.714}{1 - 0.714^2} = \dfrac{0.1472}{0.4902} = 0.3003$，

$\varphi_{21} = \varphi_{11} - \varphi_{22}\varphi_{11} = 0.4996$，

$\varphi_{33} = \dfrac{\rho_3 - \rho_2\varphi_{21} - \rho_1\varphi_{22}}{1 - \rho_1\varphi_{21} - \rho_2\varphi_{22}} = \dfrac{0.543 - 0.657 \times 0.4996 - 0.714 \times 0.3003}{1 - 0.714 \times 0.4996 - 0.657 \times 0.3003} \approx 0$，

$\varphi_{31} = \varphi_{21} - \varphi_{33}\varphi_{22} = \varphi_{21} = 0.4996$，

$\varphi_{32} = \varphi_{22} - \varphi_{33}\varphi_{21} = \varphi_{22} = 0.3003$，

$\varphi_{44} = \dfrac{\rho_4 - \rho_3\varphi_{31} - \rho_2\varphi_{32} - \rho_1\varphi_{33}}{1 - \rho_1\varphi_{31} - \rho_2\varphi_{32} - \rho_3\varphi_{33}}$

$= \dfrac{0.469 - 0.543 \times 0.4996 - 0.657 \times 0.3003 - 0.714 \times 0}{1 - 0.714 \times 0.4996 - 0.657 \times 0.3003 - 0.543 \times 0} \approx 0.$

8.4　线性模型的性质

平稳时间序列的线性模型有 AR(p) 模型、MA(q) 模型、ARMA(p,q) 模型，不同的模型体现不同的性质.本节主要研究各种模型的（自）相关函数和偏相关函数的性质.研究这些性质，对于线性模型的识别、线性模型的参数估计以及线性模型的应用都是十分重要的.

我们先介绍两个概念：截尾与拖尾.

定义 8.11　设 ρ_k 和 $\varphi_{kk}(k=0,1,2,\cdots)$ 为平稳时间序列 $\{X_t\}$ 的（自）相关函数和偏相关函数，如果 ρ_k 和 $\varphi_{kk}(k=0,1,2,\cdots)$ 满足：

$$k = p \text{ 时}, \rho_k \neq 0; k > p \text{ 时}, \rho_k = 0$$

或

$$k = p \text{ 时}, \varphi_{kk} \neq 0; k > p \text{ 时}, \varphi_{kk} = 0,$$

则称 ρ_k 或 φ_{kk} 在 p 处截尾.若 ρ_k 或 φ_{kk} 不在 p 处截尾，则称 ρ_k 或 φ_{kk} 在 p 处拖尾.

从图像上看，如果 ρ_k 在 p 处截尾，那么，ρ_k 的图像就像在 $k = p + 1$ 处截断了尾巴.图 8.5 给出的图形反映了截尾的性质.

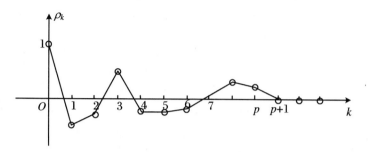

图 8.5　ρ_k 在 p 处截尾时的图像

8.4.1　AR(p)模型的性质

设 $\{X_t, t=0, \pm 1, \pm 2, \cdots\}$ 是 AR(p)序列,且 $\nu_0 = EX_t^2 \neq 0$,即 X_t 满足

$$X_t - \varphi_1 X_{t-1} - \varphi_2 X_{t-2} - \cdots - \varphi_p X_{t-p} = \varepsilon_t. \tag{8.28}$$

上式两边乘以 X_{t-k} 并取期望,得(注意到 $EX_s\varepsilon_t = 0, s < t$)

$$\nu_k - \varphi_1 \nu_{k-1} - \varphi_2 \nu_{k-2} - \cdots - \varphi_p \nu_{k-p} = EX_{t-k}\varepsilon_t.$$

即当 $k \geqslant 1$ 时,有

$$\nu_k = \varphi_1 \nu_{k-1} + \varphi_2 \nu_{k-2} + \cdots + \varphi_p \nu_{k-p}, \quad k = 1, 2, \cdots.$$

当 $k = 0$ 时,$\{X_t\}$ 的方差函数($\nu_k = \nu_{-k}$)为

$$\sigma_X^2 = \nu_0 = \varphi_1 \nu_1 + \varphi_2 \nu_2 + \cdots + \varphi_p \nu_p + E\varepsilon_t^2 = \varphi_1 \nu_1 + \varphi_2 \nu_2 + \cdots + \varphi_p \nu_p + \sigma^2,$$

这里用到了 $EX_t\varepsilon_t = E(\varphi_1 X_{t-1} + \cdots + \varphi_p X_{t-p} + \varepsilon_t)\varepsilon_t = E\varepsilon_t^2$. 取 $k = 1, 2, \cdots, p$,得到方程组:

$$\begin{pmatrix} \nu_0 & \nu_1 & \nu_2 & \cdots & \nu_{p-1} \\ \nu_1 & \nu_0 & \nu_1 & \cdots & \nu_{p-2} \\ \nu_2 & \nu_1 & \nu_0 & \cdots & \nu_{p-3} \\ \cdots & \cdots & \cdots & \cdots & \cdots \\ \nu_{p-1} & \nu_{p-2} & \nu_{p-3} & \cdots & \nu_0 \end{pmatrix} \begin{pmatrix} \varphi_1 \\ \varphi_2 \\ \varphi_3 \\ \cdots \\ \varphi_p \end{pmatrix} = \begin{pmatrix} \nu_1 \\ \nu_2 \\ \nu_3 \\ \cdots \\ \nu_p \end{pmatrix}.$$

这表明:参数 $\varphi_1, \varphi_2, \cdots, \varphi_p$ 也满足 Yule-Walker 方程,因此,对于 AR(p)而言,$\varphi_i = \varphi_{pi}$($i = 1, 2, \cdots, p$). 我们有下面的定理:

定理 8.4　对于 AR(p)序列,参数 $\varphi_1, \varphi_2, \cdots, \varphi_p$ 也满足 Yule-Walker 方程,且方差函数为

$$\nu_0 = \varphi_1 \nu_1 + \varphi_2 \nu_2 + \cdots + \varphi_p \nu_p + \sigma^2, \tag{8.29}$$

其中 σ^2 为白噪声序列的方差.

下面的定理给出了 AR(p)序列的特性.

定理 8.5　设 $\{X_t, t=0, \pm 1, \pm 2, \cdots\}$ 是 AR(p)序列,平稳性条件成立,且 $\nu_0 = EX_t^2 \neq 0$,那么,偏相关函数 φ_{kk} 在 p 处截尾,协方差函数依负指数衰减,即 $|\nu_k| < Ce^{-\delta k}$,其中,C, δ 为正常数,$k = 1, 2, \cdots$.

进一步,还可以证明 φ_{kk} 在 p 处截尾是 AR(p)模型的本质性质.

定理 8.6　设 $\{X_t, t=0, \pm 1, \pm 2, \cdots\}$ 是零均值的平稳时间序列,且 $\nu_0 = EX_t^2 \neq 0$,$\{X_t\}$ 的偏相关函数 φ_{kk} 在 p 处截尾,则 $\{X_t\}$ 是 AR(p)序列.

8.4.2 MA(q)模型的性质

设$\{X_t, t=0, \pm1, \pm2, \cdots\}$为 MA($q$)序列,即 X_t 满足
$$X_t = \varepsilon_t - \theta_1\varepsilon_{t-1} - \cdots - \theta_q\varepsilon_{t-q}.$$
上式两边同乘以 X_{t-k},并取期望,得
$$\nu_k = EX_tX_{t-k} = E\left(\varepsilon_t - \sum_{j=1}^q \theta_j\varepsilon_{t-j}\right)\left(\varepsilon_{t-k} - \sum_{i=1}^q \theta_i\varepsilon_{t-k-i}\right).$$
记 $\theta_0 = -1$,上式可写成
$$\nu_k = E\left(\sum_{j=0}^q \theta_j\varepsilon_{t-j}\right)\left(\sum_{i=0}^q \theta_i\varepsilon_{t-k-i}\right) = \sum_{j=0}^q\sum_{i=0}^q \theta_j\theta_i E\varepsilon_{t-j}\varepsilon_{t-k-i}.$$
取 $k=0$,得
$$\nu_0 = \sum_{j=0}^q \theta_j^2\sigma^2 = \sigma^2 \cdot \sum_{j=0}^q \theta_j^2.$$
当 $1\leqslant k\leqslant q$ 时,有
$$\nu_k = \sum_{j=0}^q \theta_j\theta_{j-k}E\varepsilon_{t-j}^2 + \sum_{j=0}^q\sum_{i\neq j-k}^q \theta_j\theta_i E\varepsilon_{t-j}\varepsilon_{t-k-i} = \sigma^2 \cdot \sum_{j=0}^q \theta_j\theta_{j-k}.$$
当 $k>q$ 时,由于 $k+i>q, 0\leqslant i\leqslant q$,所以,$k+i\neq j, 0\leqslant j\leqslant q$,这表明 $k>q$ 时,$E\varepsilon_{t-j}\varepsilon_{t-k-i}=0, 0\leqslant i\leqslant q, 0\leqslant i\leqslant q$.所以,当 $k>q$ 时,有
$$\nu_k = \sum_{j=0}^q\sum_{i=0}^q \theta_j\theta_i \cdot 0 = 0.$$

定理 8.7 设$\{X_t, t=0, \pm1, \pm2, \cdots\}$是 MA($q$)序列,则:

(1) $\{X_t\}$的(自)协方差函数满足
$$\nu_k = \begin{cases} \sigma^2(1 + \theta_1^2 + \cdots + \theta_q^2), & k=0 \\ \sigma^2(-\theta_k + \theta_1\theta_{k+1} + \cdots + \theta_{q-k}\theta_q), & 1\leqslant k\leqslant q. \\ 0, & k>q \end{cases} \tag{8.30}$$

(2) $\{X_t\}$的偏相关函数φ_{kk}满足:存在常数 $C>0$ 和 $\rho>1$,使得
$$|\varphi_{kk}| \leqslant C\rho^{-k}, \quad k\geqslant 1. \tag{8.31}$$

定理 8.7 表明:对于 MA(q)模型,其协方差函数(或相关函数)在 q 处截尾,即 $k=q$ 时,$\nu_q = -\sigma^2\theta_q\neq0$;当 $k>q$ 时,$\nu_k=0$.这是 MA(q)模型的本质特征.

定理 8.8 设$\{X_t, t=0, \pm1, \pm2, \cdots\}$是零均值的平稳时间序列,那么,$\{X_t\}$是 MA($q$)序列的充分必要条件是$\{X_t\}$的协方差函数(或相关函数)在 q 处截尾.

8.4.3 ARMA 模型的性质

设$\{X_t, t=0, \pm1, \pm2, \cdots\}$是平稳时间序列,如果$\{X_t\}$为 ARMA 序列,即
$$X_t - \varphi_1X_{t-1} - \cdots - \varphi_pX_{t-p} = \varepsilon_t - \theta_1\varepsilon_{t-1} - \cdots - \theta_q\varepsilon_{t-q}. \tag{8.32}$$
记 $Y_t = X_t - \varphi_1X_{t-1} - \cdots - \varphi_pX_{t-p}$,则 $EY_t=0$,且 Y_t 满足
$$Y_t = \varepsilon_t - \theta_1\varepsilon_{t-1} - \cdots - \theta_q\varepsilon_{t-q},$$
即 Y_t 是 MA(q)序列.

记 $\{Y_t\}$ 的协方差函数为 $\nu_k(Y)$，由 MA(q) 模型的性质可知 $\nu_k(Y)$ 在 q 处截尾，即 $\nu_q(Y)\neq 0,k\geqslant q$ 时，$\nu_k(Y)=0$.

由 $Y_t=X_t-\varphi_1 X_{t-1}-\cdots-\varphi_p X_{t-p}$ 可得到

$$\nu_k(Y)=EY_t Y_{t+k}$$
$$=E(X_t-\varphi_1 X_{t-1}-\cdots-\varphi_p X_{t-p})(X_{t+k}-\varphi_1 X_{t+k-1}-\cdots-\varphi_p X_{t+k-p}).$$

记 $\varphi_0=-1$，有

$$\nu_k(Y)=E\Big(\sum_{i=0}^{p}\varphi_i X_{t-i}\Big)\Big(\sum_{j=0}^{p}\varphi_j X_{t+k-i}\Big)=\sum_{i=0}^{p}\sum_{j=0}^{p}\varphi_i\varphi_j\nu_{k+i-j}$$

$$=\varphi_0\Big(\sum_{j=0}^{p}\varphi_j\nu_{k-j}\Big)+\sum_{i=1}^{p}\Big(\sum_{j=0}^{p}\varphi_j\nu_{k+i-j}\Big)\varphi_i.$$

下面证明：$\nu_k(Y)$ 在 q 处截尾的充分必要条件是 $\{X_t\}$ 的协方差函数 $\{\nu_k\}$ 满足

$$\nu_k-\varphi_1\nu_{k-1}-\cdots-\varphi_p\nu_{k-p}\begin{cases}\neq 0, & k=p\\ =0, & k>p\end{cases}.$$

先证充分性. 当 $k=p$ 时，由于 $\nu_k(Y)=\sum_{i=0}^{p}\sum_{j=0}^{p}\varphi_i\varphi_j\nu_{k+i-j}$，得

$$\nu_q(Y)=\varphi_0\Big(\sum_{j=0}^{p}\varphi_j\nu_{q-j}\Big)=\nu_q-\varphi_1\nu_{q-1}-\cdots-\varphi_p\nu_{q-p}\neq 0.$$

当 $k>q$ 时，$\nu_k(Y)=\sum_{i=0}^{p}\varphi_i(\sum_{j=0}^{p}\varphi_j\nu_{k+i-j})=\sum_{i=0}^{p}\varphi_i\cdot 0=0.$

再证必要性. 由 $\nu_q(Y)\neq 0$ 得

$$\nu_q-\varphi_1\nu_{q-1}-\cdots-\varphi_p\nu_{q-p}=\nu_q(Y)\neq 0.$$

由式(8.18)两边同乘以 $X_{t-k}(k>q)$，再取期望，得

$$\nu_k-\varphi_1\nu_{k-1}-\cdots-\varphi_p\nu_{k-p}=E\varepsilon_t X_{t-k}-\theta_1 E\varepsilon_{t-1}X_{t-k}-\cdots-\theta_q E\varepsilon_{t-q}X_{t-k}.$$

注意到 $E\varepsilon_t X_s=0$ 对任意的 $s<t$ 都成立，所以

$$\nu_k-\varphi_1\nu_{k-1}-\cdots-\varphi_p\nu_{k-p}=0, \quad k>q.$$

一般地，有下面的定理：

定理 8.9 设 $\{X_t,t=0,\pm 1,\pm 2,\cdots\}$ 是零均值的平稳时间序列，$\nu_0=EX_t^2\neq 0$，则 $\{X_t\}$ 为 ARMA 序列的充分必要条件是 $\{X_t\}$ 的(自)协方差函数 ν_k 满足

$$\nu_k-\varphi_1\nu_{k-1}-\cdots-\varphi_p\nu_{k-p}\begin{cases}\neq 0, & k=p\\ =0, & k>p\end{cases}. \tag{8.33}$$

定理 8.9 刻画了 ARMA 模型的特征. 对于 ARMA 模型，其(自)协方差函数和偏相关函数都是拖尾，进一步，还可以证明其(自)协方差函数和偏相关函数被负指数函数控制. 因此，我们有下面的定理：

定理 8.10 设 $\{X_t,t=0,\pm 1,\pm 2,\cdots\}$ 是 ARMA(p,q) 序列，$p>0,q>0$，且满足平稳性条件，则：

(1) 存在常数 $C>0$ 和 $\delta>0$，使得 $\{X_t\}$ 的(自)协方差函数 $\{\nu_k\}$ 和(自)相关函数 $\{\rho_k\}$ 满足

$$|\nu_k|\leqslant Ce^{-\delta k}\ (k\geqslant 1), \quad |\rho_k|\leqslant Ce^{-\delta k}\ (k\geqslant 1); \tag{8.34}$$

(2) 存在常数 $C>0$ 和 $\rho>1$，使得 $\{X_t\}$ 的偏相关函数 $\{\varphi_{kk}\}$ 满足

$$|\varphi_{kk}|\leqslant C\rho^k, \quad k\geqslant 1. \tag{8.35}$$

在定理 8.10 中，若记 $\rho=e^\delta$，则 $\rho<1$，且 $|\nu_k|\leqslant C(e^\delta)^{-k}=C\rho^{-k}(k\geqslant 1)$. 这表明在

ARMA 模型中,(自)协方差函数、偏相关函数被负指数函数所控制.MA 模型中的偏相关函数和 AR 模型中的相关函数也有类似的性质.

综合上面的性质,我们得到平稳时间序列线性模型性质如表 8.2 所示.

表 8.2 线性模型性质一览表

模型 \\ 属性	AR	MA	ARMA
模型方程	$\Phi(B)X_t = \varepsilon_t$	$X_t = \Theta(B)\varepsilon_t$	$\Phi(B)X_t = \Theta(B)\varepsilon_t$
平稳性条件	$\Phi(B)=0$ 的根都在单位圆外	无	$\Phi(B)=0$ 的根都在单位圆外
可逆性条件	无	$\Theta(B)=0$ 的根都在单位圆外	$\Theta(B)=0$ 的根都在单位圆外
传递形式	$X_t = \Phi^{-1}(B)\varepsilon_t = \sum\limits_{k=0}^{\infty} G_k\varepsilon_{t-k}$	$X_t = \Theta(B)\varepsilon_t$	$X_t = \Phi^{-1}(B)\Theta(B)\varepsilon_t = \sum\limits_{k=0}^{\infty} G_k\varepsilon_{t-k}$
逆转形式	$\varepsilon_t = \Theta(B)X_t$	$\varepsilon_t = \Theta^{-1}(B)X_t = \sum\limits_{k=0}^{\infty} I_k X_{t-k}$	$\varepsilon_t = \Theta^{-1}(B)\Phi(B)X_t = \sum\limits_{k=0}^{\infty} I_k X_{t-k}$
自相关函数	拖尾	截尾	拖尾
偏相关函数	截尾	拖尾	拖尾

例 8.18 求线性模型 $X_t - \dfrac{1}{2}X_{t-1} = \varepsilon_t$ 的协方差函数和偏相关函数(设 $E\varepsilon_t^2 = \sigma^2$).

解 $\Phi(B) = 1 - \dfrac{1}{2}B, \Phi^{-1}(B) = \sum\limits_{i=0}^{\infty} \left(\dfrac{1}{2}\right)^i B^i$,故 AR(1) 模型的传递形式为 $X_t = \sum\limits_{i=0}^{\infty} \left(\dfrac{1}{2}\right)^i \varepsilon_{t-i}$.

$$EX_t X_{t+k} = E\left(\sum_{i=0}^{\infty} \left(\dfrac{1}{2}\right)^i \varepsilon_{t-i}\right)\left(\sum_{j=0}^{\infty} \left(\dfrac{1}{2}\right)^j \varepsilon_{t+k-j}\right)$$

$$= \left(\sum_{i=0}^{\infty} \left(\dfrac{1}{2}\right)^i \times \left(\dfrac{1}{2}\right)^{i+k}\right)\sigma^2 = \sigma^2 \left(\dfrac{1}{2}\right)^k \times \left(\sum_{i=0}^{\infty} \left(\dfrac{1}{4}\right)^i\right)$$

$$= \dfrac{4}{3} \times \left(\dfrac{1}{2}\right)^k \sigma^2 = \dfrac{4}{3}\sigma^2 2^{-k}.$$

ν_k 依负指数衰减.

又 $\varphi_{11} = \varphi_1 = \dfrac{1}{2}$,且 AR(1) 的 φ_{11} 在 1 处截尾,因此,$\varphi_{kk} = 0, k \geqslant 2$.

例 8.19 考虑 ARMA(2,1)模型

$$X_t - \dfrac{5}{6}X_{t-1} + \dfrac{1}{6}X_{t-2} = \varepsilon_t - \dfrac{1}{2}\varepsilon_{t-1},$$

求 $\{X_t\}$ 的协方差函数和偏相关函数 $\varphi_{11},\varphi_{22}$（设 $E\varepsilon_t^2=\sigma^2$）.

解　$\Phi(B)=1-\dfrac{5}{6}B+\dfrac{1}{6}B^2$，$\Theta(B)=1-\dfrac{1}{2}B$.

$$
\begin{aligned}
\Phi^{-1}(B)\Theta(B) &= \sum_{i=0}^{\infty}\Big(3\times\Big(\frac{1}{2}\Big)^i-2\times\Big(\frac{1}{3}\Big)^i\Big)B^i\Big(1-\frac{1}{2}B\Big)\\
&= \sum_{i=0}^{\infty}\Big(3\times\Big(\frac{1}{2}\Big)^i-2\times\Big(\frac{1}{3}\Big)^i\Big)B^i-\frac{1}{2}\sum_{i=0}^{\infty}\Big(3\times\Big(\frac{1}{2}\Big)^i-2\times\Big(\frac{1}{3}\Big)^i\Big)B^{i+1}\\
&= 1+\sum_{i=1}^{\infty}\Big(3\times\Big(\frac{1}{2}\Big)^i-2\times\Big(\frac{1}{3}\Big)^i\Big)B^i-\frac{1}{2}\sum_{i=1}^{\infty}\Big(3\times\Big(\frac{1}{2}\Big)^{i-1}-2\times\Big(\frac{1}{3}\Big)^{i-1}\Big)B^i\\
&= 1+\sum_{i=1}^{\infty}\Big(\frac{1}{3}\Big)^iB^i=\sum_{i=0}^{\infty}\Big(\frac{1}{3}\Big)^iB^i.
\end{aligned}
$$

传递形式为

$$
X_t=\sum_{i=0}^{\infty}\Big(\frac{1}{3}\Big)^i\varepsilon_{t-i},
$$

协方差函数为

$$
\nu_k=\Big(\sum_{i=0}^{\infty}\Big(\frac{1}{3}\Big)^i\times\Big(\frac{1}{3}\Big)^{i+k}\Big)\sigma^2=\frac{1}{1-1/9}\times\Big(\frac{1}{3}\Big)^k\sigma^2=\frac{9}{8}\times\Big(\frac{1}{3}\Big)^k\sigma^2,\quad k=0,1,2,\cdots.
$$

由此得到

$$
\nu_0=\frac{9}{8}\sigma^2,\quad \nu_1=\frac{3}{8}\sigma^2,\quad \nu_2=\frac{1}{8}\sigma^2.
$$

由偏相关函数的递推公式可得到

$$
\varphi_{11}=\frac{\nu_1}{\nu_0}=\frac{3}{9}=\frac{1}{3},
$$

$$
\varphi_{22}=\frac{\nu_2-\varphi_{11}\nu_1}{\nu_0-\varphi_{11}\nu_1}=\frac{1/8\times\sigma^2-1/3\times 3/8\times\sigma^2}{9/8\times\sigma^2-1/3\times 3/8\times\sigma^2}=0.
$$

习　题　8

8.1　设 $\{X_t,t=0,\pm1,\pm2,\cdots\}$ 为平稳时间序列，$a_i(i=0,1,2,\cdots,p)$ 为实数，记 $Y_t=a_0X_t+a_1X_{t-1}+\cdots+a_pX_{t-p}$，证明：时间序列 $\{Y_t,t=0,\pm1,\pm2,\cdots\}$ 也是平稳时间序列.

8.2　写出下列模型的算子表达式：

(1) $X_t-0.2X_{t-1}=\varepsilon_t$；

(2) $X_t-0.5X_{t-1}=\varepsilon_t-0.4\varepsilon_{t-1}$；

(3) $X_t+0.7X_{t-1}-0.5X_{t-2}=\varepsilon_t-0.4\varepsilon_{t-1}$；

(4) $X_t=\varepsilon_t-0.5\varepsilon_{t-1}+0.3\varepsilon_{t-2}$；

(5) $X_t-0.3X_{t-1}=\varepsilon_t-1.5\varepsilon_{t-1}+\varepsilon_{t-2}$.

8.3　判定下列线性模型的参数是否在平稳域或可逆域中：

(1) $X_t+1.2X_{t-1}=\varepsilon_t$；

(2) $X_t-X_{t-1}+0.2X_{t-2}=\varepsilon_t$；

(3) $X_t + 0.6X_{t-1} - 0.5X_{t-2} = \varepsilon_t$;

(4) $X_t = \varepsilon_t - 2\varepsilon_{t-1} + \varepsilon_{t-2}$;

(5) $X_t + 0.37X_{t-1} = \varepsilon_t - 1.39X_{t-1}$;

(6) $X_t - 0.6X_{t-1} - 0.3X_{t-2} = \varepsilon_t + 1.6\varepsilon_{t-1} - 0.7\varepsilon_{t-2}$.

8.4　求出下列线性模型的传递形式和逆转形式：

(1) $X_t - 0.7X_{t-1} = \varepsilon_t$;

(2) $X_t = \varepsilon_t + 0.46\varepsilon_{t-1}$;

(3) $X_t - 0.1X_{t-1} - 0.72X_{t-2} = \varepsilon_t$;

(4) $X_t + 0.3X_{t-1} = \varepsilon_t - 0.4\varepsilon_{t-1}$;

(5) $X_t - 1.6X_{t-1} + 0.63X_{t-2} = \varepsilon_t + 0.4\varepsilon_{t-1}$.

8.5　设方程 $1 - \varphi_1 B - \varphi_2 B^2 = 0$ 有两不同根 λ_1^{-1} 和 λ_2^{-1}，又 $-1 < \theta < 1$，求 ARMA(2, 1)模型 $X_t - \varphi_1 X_{t-1} - \varphi_2 X_{t-2} = \varepsilon_t - \theta_1 \varepsilon_{t-1}$ 的传递形式和逆转形式.

8.6　AR(1)模型 $X_t - 1.2X_{t-1} = \varepsilon_t$ 是否存在传递形式？为什么？

8.7　零均值平稳时间序列的自相关函数为 ρ_1, ρ_2, ρ_3，求此平稳时间序列的偏相关函数 φ_{33}.

8.8　给出一个平稳时间序列 $\{X_t\}$，其协方差函数为 $\nu_k = \begin{cases} 1, & k=0 \\ 0.3, & |k|=1. \\ 0, & \text{其他} \end{cases}$

8.9　给出一个平稳时间序列 $\{X_t\}$，其偏相关函数为 $\varphi_{kk} = \begin{cases} 0.2, & k=1 \\ 0.01, & k=2. \\ 0, & k \geqslant 3 \end{cases}$

第 9 章　平稳时间序列的统计分析

在第 8 章我们已经系统地研究了 ARMA 模型的线性性质. ARMA 模型在自然科学、工程技术及社会、经济学的建模分析中有着非常重要的作用,它的主要分析方法是:通过分析平稳时间序列的统计规律,构造拟合它的最佳线性模型,利用模型预报时间序列的未来取值,或用来进行分析和控制.但实际应用都依赖于数理统计方法,例如,人们获得样本曲线 $\{X_t, t \in T\}$ 以后,如果要用平稳时间序列方法分析的话,首先要判断的是随机过程 $\{X_t, t \in T\}$ 是否是平稳过程,这就需要用假设检验的方法做出判断,这些工作是不可缺少的,它们是正确应用随机过程方法的前提.本章就是基于这一前提介绍平稳时间序列的时域统计分析,包括平稳性检验、样本自相关函数和偏相关函数、线性模型的判别与定阶、线性模型的参数估计和平稳时间序列的预报等,在本章的最后,我们讨论金融时间序列分析中应用十分广泛的 ARCH 类模型.

9.1　序列的平稳性检验

平稳过程是一类应用十分广泛的随机过程,其理论较为成熟和丰富,一些非平稳过程经过差分运算等可以转化为平稳过程加以研究.例如,对于具有季节性周期变化时间序列 $\{X_t\}$,经过季节性差分 $(1 - B^s)$(其中,s 是时间序列 $\{X_t\}$ 的周期),常可使 $\{X_t\}$ 转化为平稳时间序列 $\{(1 - B^s)X_t\}$.由此,对于应用工作者来说,经过试验或观测得到样本曲线之后,如何判断所研究的随机过程是平稳过程就成为必不可少的前提条件.

在实际应用中,要进行平稳性检验,首先可以通过专业知识来判断所研究的过程是否为平稳过程,例如,飞机着陆引起的振动,地震引起的地面运动等都不是平稳的;其次,可以通过定量的分析来判断,即用假设检验的方法来判断序列的平稳性.

下面介绍随机过程的平稳性检验的常用方法.

9.1.1　平稳性的非参数游程检验法

该方法也称轮次检验法,在保持随机序列原有顺序的情况下,将观测序列分成两个相互排斥的类.由于只涉及一组实测数据,不需要假设数据的分布规律,因此该方法有很好的实用性.游程检验法的基本步骤如下:

(1) 采集样本.由采样得到样本曲线在 $t_i = i\Delta t$ 处的数值 $x_i = x(t_i), i = 1, 2, \cdots, N(N$ 为样本容量).

（2）计算样本均值. 计算 $\bar{x} = \frac{1}{N} \sum_{i=1}^{N} x_i$，考察 $x_i - \bar{x}$ 的正负情况. 若 $x_i - \bar{x} \geqslant 0$，就记为"+"，若 $x_i - \bar{x} < 0$，就记为"−". 按"+"和"−"出现的顺序将原序列写成"+"和"−"号组成的序列.

（3）计算游程数. 把连续出现"+"或"−"称为一个游程，记 N_1 为"+"出现的次数，N_2 为"−"出现的次数，$N = N_1 + N_2$，并用 U_N 表示游程的总数.

（4）假设检验. 检验假设 $H_0: \{X_i, i = 1, 2, \cdots, N\}$ 为平稳随机序列. 一般地，当游程太多时，被认为存在非随机趋势，当游程太少时，则认为序列有明显的趋势性，即 x_i 不在 $\bar{x}$ 上下轮番波动. 附表 3（游程检验的临界值表）给出了游程总数的上限 r_U 和下限 r_L.

当 $U_N \leqslant r_L$ 或 $U_N \geqslant r_U$ 时，拒绝 H_0，否则接受 H_0. 一旦接受 H_0，就认为研究的随机序列为平稳序列.

例 9.1 对于 $N = 22$ 的观测值，得到其"+"和"−"号序列为

$$\underbrace{++}_{1} \underbrace{--}_{2} - \underbrace{+}_{3} \underbrace{-}_{4} \underbrace{-}{} \underbrace{+++++}_{5} \underbrace{--}_{6} \underbrace{+}_{7} \underbrace{-}_{8} \underbrace{-}{} \underbrace{++}_{9} \underbrace{-}_{10} \underbrace{+}_{11}.$$

得到 $U_N = 11, N_1 = 12, N_2 = 10$，查附表 3，得 $r_L = 7, r_U = 17$. 由于 $r_L \leqslant U_N \leqslant r_U$，由此接受 H_0，即认为原序列为平稳序列.

需要说明的是，附表 3 中只给出了 $\alpha = 0.05$ 时，$N_1 \leqslant 15, N_2 \leqslant 15$ 情形的临界值，当 N_1 和 N_2 超过 15 时，理论上可以证明，游程统计量 U_N 近似地服从正态分布 $N(\mu, \sigma^2)$，其中

$$\mu = \frac{2N_1 N_2}{N} + 1, \quad \sigma^2 = \frac{2N_1 N_2 (2N_1 N_2 - N)}{N^2 (N - 1)}.$$

若记 $Z = \frac{U_N - \mu}{\sigma}$，则 Z 近似服从 $N(0, 1)$. 查附表 2，取显著性水平 $\alpha = 0.05$，当 $|Z| \leqslant 1.96$ 时，接受原假设.

例 9.2 某河流的水文资料记录了每年的最大径流量 X_t 共 59 个数据，如表 9.1 所示. 以 X_n 表示第 n 年最大径流量，检验 X_n 是否为平稳序列.

表 9.1 年最大径流量数据表

t	X_t	W_t	t	X_t	W_t	t	X_t	W_t	t	X_t	W_t
1	15600	6931	16	8820	151	31	9900	1231	46	6180	−2489
2	8960	291	17	14400	5731	32	7310	−1359	47	9630	961
3	10400	1731	18	7440	−1229	33	9040	371	48	9490	821
4	10600	1931	19	7240	−1429	34	7310	−1359	49	2340	−6329
5	10800	2131	20	6430	−2239	35	8850	181	50	11100	2431
6	9880	1211	21	11000	2231	36	7840	−829	51	5090	−3579
7	9850	1181	22	7340	−1329	37	10700	2031	52	10900	2231
8	10900	2231	23	9260	591	38	6190	−2479	53	6490	−2179
9	8810	141	24	5290	−3379	39	9610	941	54	12600	3931
10	9960	1291	25	9130	461	40	7580	−1089	55	6640	−2029
11	12200	3531	26	7480	−1189	41	9990	1321	56	7430	−1239

t	X_t	W_t	t	X_t	W_t	t	X_t	W_t	t	X_t	W_t
12	7510	-1159	27	6980	-1689	42	6150	-2519	57	6760	-1909
13	8640	-29	28	9650	981	43	8250	-419	58	10000	1331
14	6380	-2289	29	7260	-1409	44	6030	-2639	59	9300	631
15	6810	-1859	30	8750	81	45	8980	311			

解　将 $W_i = X_i - \bar{X}, i = 1, 2, \cdots, 59$ 的"＋"和"－"序号写出：

$$+\ +\ +\ +\ +\ +\ +\ +\ +\ +\ +\ -\ -\ -\ -\ +\ +\ -\ -\ -\ +\ -\ +\ -\ +\ -\ -\ -\ +\ -\ +\ +\ -\ +\ -\ +\ -$$

$$\underbrace{}_{1}\ \underbrace{}_{2}\ \underbrace{}_{3}\ \underbrace{}_{4}\ \underbrace{}_{5}\ \underbrace{}_{6}\ \underbrace{}_{7}\ \underbrace{}_{8}\ \underbrace{}_{9}\ \underbrace{}_{10}\ \underbrace{}_{11}\ \underbrace{}_{12}\ \underbrace{}_{13}\ \underbrace{}_{14}\ \underbrace{}_{15}\ \underbrace{}_{16}\ \underbrace{}_{17}\ \underbrace{}_{18}\ \underbrace{}_{19}$$

$$-\ +\ +\ +\ -\ -\ +\ +\ +\ +\ -\ +\ -\ -\ -\ -\ +\ +$$

$$\underbrace{}_{20\ 21\ 22\ 23}\ \underbrace{}_{24}\ \underbrace{}_{25\ 26}\ \underbrace{}_{27}\ \underbrace{}_{28\ 29\ 30\ 31\ 32\ 33}\ \underbrace{}_{34}\ \underbrace{}_{35}$$

容易得到 $U_N = 35, N_1 = 32, N_2 = 27, N = 59$，则有

$$|X| = \left| \frac{35 - \left[\dfrac{2 \times 32 \times 27}{59} + 1\right]}{\sqrt{\dfrac{2 \times 32 \times 27 \times (2 \times 32 \times 27 - 59)}{59^2 \times 58}}} \right| = 1.2467 < 1.96,$$

因此，可以认为 $\{X_n\}$ 为平稳时间序列．

实际应用中遇到的时间序列往往是非平稳的，需要进行平稳化．设样本数据 $x_1, x_2, \cdots,$ x_N，首先取一阶差分 $\nabla x_k = x_k - x_{k-1}(k \geqslant 2)$，然后通过计算 ∇x_k，判断是否为平稳序列，如果不是则再进行差分，再判断，直到得到平稳序列为止．

9.1.2　平稳性的单位根检验法

在实际应用中，非平稳序列往往可以通过差分转化为平稳序列，利用平稳序列的分析结果可以导出其源头的关于非平稳序列的结论．如果一个非平稳序列在 d 次差分后变成平稳序列，称其为 d 阶单整的（integrated of orderd），记为 $I(d)$．也就是说，如果 $\nabla^d X_t$ 是平稳的，则称序列 X_t 有 d 个单位根．

最简单的也是最典型的 1 阶单整序列是随机游动．事实上，利用迭代，随机游动 $X_t = X_{t-1} + \varepsilon_t$ 可以写成 $X_t = \sum\limits_{j=0}^{\infty} \varepsilon_{t-j}$，$X_t$ 的方差是 ε_t 方差的无穷和，进行一阶差分后显然变成平稳过程．

另一个典型的一阶单整是趋势平稳过程 $X_t = \beta t + \varepsilon_t$．事实上，进行一阶差分后，得到平稳的 MA(1) 模型 $\nabla X_t = \beta + \varepsilon_t - \varepsilon_{t-1}$．

以上两种情况都可以写为 $\nabla X_t = (1 - B)X_t = \alpha + u_t$，这里 α 为常数，u_t 为平稳过程，其特征方程 $(1 - B) = 0$ 有一个单位根．

由于 ARIMA(p, d, q) 模型可以写成 $\Phi(B)(1 - B)^d X_t = \Theta(B)\varepsilon_t$，也就是说，特征方程 $\Phi(B)(1 - B)^d = 0$ 有 d 个根在单位圆上．

对序列进行单位根检验，即检验序列的特征方程是否存在单位根，如果存在单位根，则说明序列不平稳．下面介绍几种常用的单位根检验方法，基本思路是，先介绍 AR(1) 模型的检验，再将情况推广．

常见的单位根检验方法有 DF 检验（Dickey-Fuller test）、ADF 检验（augmented Dickey-Fuller test）和 PP 检验（Phillips-Perron test）. DF 检验假定时间序列是由具有白噪声随机干扰项的一阶自回归过程生成的，这种序列的假设显然并不是很普遍的现象. 针对这种情况，我们可以使用 ADF 检验来检验随机时间序列的平稳性. ADF 检验法是通过在 DF 检验回归方程式的右端加入滞后差分项来控制高阶序列相关的.

1. DF 检验

DF 检验法是 20 世纪 80 年代由迪基-福勒发表的一系列文章中建立的. 首先考虑简单的 AR(1) 模型. 为了方便，先模拟产生一个序列 $X_t = X_{t-1} + \varepsilon_t$. 这里 $X_0 = 0$, $\varepsilon_t \sim \mathrm{iid}(\mu, \sigma^2)$（iid 表示独立同分布序列），为了考察 $\{X_t\}$ 的平稳性，我们利用最小二乘法对序列进行分析，得到估计式 $X_t = \varphi_1 X_{t-1} + \varepsilon_t$. 显然，$X_t$ 的平稳性取决于 X_{t-1} 的系数 φ_1，若 $|\varphi_1| < 1$，序列 $\{X_t\}$ 是稳定的；若 $\varphi_1 = 1$，则序列 $\{X_t\}$ 非平稳，存在单位根. 通过检验 φ_1 是否可能为 1，判断序列是平稳序列还是有单位根的非平稳序列. 因此，我们给出如下的原假设和备择假设：

$$H_0: \varphi_1 = 1, \quad H_1: |\varphi_1| < 1.$$

若真值 $\varphi_1 = 0$，统计量

$$t_{\hat{\varphi}_1} = \frac{\hat{\varphi}_1}{S(\hat{\varphi}_1)} \sim t(T-1)$$

的极限分布为标准正态分布，序列 X_t 平稳. 其中 $\hat{\varphi}_1$ 是参数 φ_1 的最小二乘估计，并有

$$S(\hat{\varphi}_1) = \sqrt{\frac{S_T^2}{\sum\limits_{i=1}^{T} x_{i-1}^2}}, \quad S_T^2 = \frac{\sum\limits_{i=1}^{T}(x_i - \hat{\varphi}_1 x_{i-1})}{T-1}.$$

若真值 $|\varphi_1| < 1$，统计量

$$t_{\hat{\varphi}_1} = \frac{\hat{\varphi}_1 - \varphi_1}{S(\hat{\varphi}_1)} \sim t(T-1)$$

渐近服从正态分布. 当 $T \to \infty$ 时，$\sqrt{T}(\hat{\varphi}_T - \varphi_1) \to N(0, \sigma^2(1 - \varphi_1^2))$ 的极限分布为标准正态分布，序列 X_t 平稳.

若真值 $|\varphi_1| = 1$，可以得到当 $T \to \infty$ 时，$t_{\hat{\varphi}_1}$ 的渐近分布不再是正态分布.

称统计量 $\tau = \dfrac{|\hat{\varphi}_1| - 1}{S(\hat{\varphi}_1)}$ 为 DF 统计量，它的极限分布为

$$\tau = t_{\hat{\varphi}_1} = \frac{|\hat{\varphi}_1| - 1}{S(\hat{\varphi}_1)} \to \frac{(1/2)[W^2(1) - 1]}{\sqrt{\int_0^1 W^2(r)\mathrm{d}r}}.$$

其中 $W(r)$ 表示自由度为 r 的 Wiener 过程.

DF 检验为单边检验，当显著性水平为 α 时，记 τ_α 为 DF 检验的 α 分位点，则当 $\tau \leqslant \tau_\alpha$ 时，拒绝原假设，认为序列显著平稳，否则接受原假设，认为序列非平稳. 从形式上看，该检验统计量与回归系数检验的 t 统计量类似，但事实上，该统计量的极限分布和有限样本分布仍有差异. 由于 DF 统计量的极限分布无法用解析方法得到结果，一般采用数值计算方法模拟得到 DF 统计量的有限样本分布. 目前使用较多的是用 Monte Carlo 方法对该统计量的分

布进行模型.

DF 检验有如下三种形式:第一种是无常数项和无趋势项 1 阶自回归序列 $X_t = \varphi_1 X_{t-1} + \varepsilon_t$. 第二种是有常数均值和无趋势项的 1 阶自回归序列 $X_t = \mu + \varphi_1 X_{t-1} + \varepsilon_t$,在这种情况下,可以利用最小二乘法得到两个未知参数的估计值,通过检验特征根的性质,考察中心化序列 $\{X_t - \mu\}$ 的平稳性.第三种是有常数均值和有线性趋势项的 1 阶自回归序列 $X_t = \mu + \beta t + \varphi_1 X_{t-1} + \varepsilon_t$,在这种情况下,可以利用最小二乘法得到三个未知参数的估计值,通过检验特征根的性质,考察中心化序列 $\{X_t - \mu - \beta t\}$ 的平稳性.

需要指出的是,DF 检验只能处理一些简单的模型,往往用于一阶自回归模型的单位根检验,当时间序列的生成机制相对复杂,如涉及高阶自回归和高阶移动平均等序列时,需要将 DF 检验推广到 ADF 检验.

2. ADF 检验

对于 AR(p) 模型而言,如果其特征方程的所有特征根都在单位圆之内,则序列平稳,如果有一个特征根存在且等于 1,则序列非平稳,且自回归系数之和为 1.事实上,由 AR(p) 的特征方程 $\lambda^p - \varphi_1 \lambda^{p-1} - \cdots - \varphi_{p-1}\lambda - \varphi_p = 0$,令 $\lambda = 1$,得到 $\varphi_1 + \varphi_2 + \cdots + \varphi_p = 1$.我们可以通过检验回归系数之和是否为 1 来检验序列的平稳性.给出如下的原假设和备择假设:

$$H_0 : \rho = 0, \quad H_1 : \rho < 0,$$

其中 $\rho = \varphi_1 + \varphi_2 + \cdots + \varphi_p - 1$.

令 ADF 统计量 $\tau = \dfrac{\hat{\rho}}{S(\hat{\rho})}$,其中 $S(\hat{\rho})$ 为参数 ρ 的样本标准差.

和 DF 检验一样,ADF 检验也有三种不同形式.对于样本来说,ADF 检验和 DF 检验的基本思想是一致的,关键是 p 的选取,对于 ARMA(p,q) 模型,最好尽量使 p 大到足以覆盖基本的相关结构,关于该统计量的估计以及相关原假设的渐近分布产生了很多不同的结果和检验.

3. PP 检验

PP 检验与 DF 检验的主要不同点在于如何处理序列相关和误差项的异方差性,DF 检验对随机扰动项的假定是独立同分布,但实际问题常常违背扰动项这一假定,特别是当模型的 DW 统计量偏离 2 较大时,这时可进行 PP 检验.

仍以 AR(1) 模型为例说明其检验步骤.首先,用最小二乘法得到回归系数和残差估计,计算残差序列的样本自协方差;然后计算系数估计量的标准差和残差估计方差,再将计算结果代入 PP 统计量的表达式,该表达式是 DF 统计量的修正;查临界值并进行比较,最后做出推断.修正的 PP 统计量的极限分布与 DF 检验中对应情形的极限分布相同,从而可以使用 DF 检验的临界值表进行判断.

需要指出的是,上面介绍的方法是常见的平稳性检验方法,但这些检验存在明显的缺陷.原假设 H_0 是"有单位根",即序列 X_t 非平稳,备择假设 H_1 是"无单位根",即序列 X_t 平稳.因此,在数据量不够或者缺乏足够证据时,往往无法拒绝原假设,容易得到有单位根(不平稳)的结论.实际上,只能得到"没有足够证据说明没有单位根"(没有足够证据说明平稳)的结论,而不能得到"有证据说不平稳"的结论.

9.2　线性模型的判别和阶数的确定

第 8 章我们讨论的平稳时间序列模型的识别,是根据理论自相关函数或偏相关函数是否截尾来判断的.但是,在实际应用中,人们根据所获得长度为 N 的样本值 $x_1,x_2,\cdots,x_N$,算出的样本自相关函数 $\hat{\rho}_k$ 和样本偏相关函数 $\hat{\varphi}_{kk}$ 只是 ρ_k 和 φ_{kk} 的估计值,因样本的随机性,估计总存在误差.为了更准确地估计出 ρ_k 和 φ_{kk} 的值,我们首先来介绍样本自相关函数 $\hat{\rho}_k$ 和样本偏相关函数 $\hat{\varphi}_{kk}$ 的概念.

定义 9.1　设 $\{X_t\}$ 是零均值的平稳时间序列,$x_1,x_2,\cdots,x_N$ 为一段样本观测值,称

$$\hat{\nu}_k = \frac{1}{N}\sum_{i=1}^{N-k} x_i x_{i+k}, \quad k = 0,1,\cdots,K \tag{9.1}$$

为样本协方差函数;称

$$\hat{\rho}_k = \frac{\hat{\nu}_k}{\hat{\nu}_0}, \quad k = 0,1,\cdots,K \tag{9.2}$$

为样本自相关函数.

对于平稳过程,有 $\nu_k = \nu_{-k}$,$\rho_k = \rho_{-k}$,因此,我们补充规定 $\hat{\nu}_k = \hat{\nu}_{-k}$,$\hat{\rho}_k = \hat{\rho}_{-k}$.下面的定理给出了 $\hat{\nu}_k$ 的性质.

定理 9.1　设 $x_1,x_2,\cdots,x_N$ 是取自零均值平稳时间序列的一段样本观测值,则有:

(1) $E\hat{\nu}_k = \dfrac{N-k}{N}\nu_k$,$k = 0,1,\cdots,K$.

(2) $\hat{\nu}_{j-i}$ 作为 (i,j) 元的矩阵是非负定的,即对于任意 m 个实数 $\lambda_1,\lambda_2,\cdots,\lambda_m$,有

$$\sum_{i=1}^{m}\sum_{j=1}^{m} \lambda_i\lambda_j\hat{\nu}_{j-i} \geqslant 0.$$

证明　(1) 由平稳序列的定义容易得到.

(2) 设当 $t>N$ 或 $t\leqslant 0$ 时,$x_t = 0$,则有

$$\hat{\nu}_{j-i} = \hat{\nu}_{|j-i|} = \frac{1}{N}\sum_{t=1}^{N-|j-i|} x_t x_{t+|j-i|} = \frac{1}{N}\sum_{t=-\infty}^{+\infty} x_t x_{t+j-i} = \frac{1}{N}\sum_{t=-\infty}^{+\infty} x_{t+i} x_{t+j},$$

因此

$$\sum_{i=1}^{m}\sum_{j=1}^{m} \lambda_i\lambda_j\hat{\nu}_{j-i} = \frac{1}{N}\sum_{i=1}^{m}\sum_{j=1}^{m} \lambda_i\lambda_j \sum_{t=-\infty}^{+\infty} x_{t+i} x_{t+j} = \frac{1}{N}\sum_{t=-\infty}^{+\infty} \Big(\sum_{i=1}^{m}\lambda_i x_{t+i}\Big)\Big(\sum_{j=1}^{m}\lambda_j x_{t+j}\Big)$$

$$= \frac{1}{N}\sum_{t=-\infty}^{+\infty} \Big(\sum_{i=1}^{m}\lambda_i x_{t+i}\Big)^2 \geqslant 0.$$

定理 9.1 的性质 (1) 表明:$\hat{\nu}_k$ 不是 ν_k 的无偏估计,但由于 $\lim\limits_{n\to\infty} E\hat{\nu}_k = \nu_k$,因而 $\hat{\nu}_k$ 是 ν_k 的渐近无偏估计.注意到平稳序列自协方差函数 ν_{j-i} 为 (i,j) 之组成的矩阵也具有非负定性,故定理 9.1 之性质 (2) 表明:用 $\hat{\nu}_k$ 来估计 ν_k 具有一定的合理性.

在实际应用中,N 一般取得较大(不小于 50),K 值与 N 相比不能取得太大,通常取 $K \leqslant N/10$,这是因为当 K 太大时,式 (9.1) 中加项较少,估计误差随 K 的增大而增大,从而影

响估计的精度,通常取 $K = N/10$ 较为合理.举一个极端的例子,取 $K = N - 1$ 时,$\hat{\nu}_{N-1} = \frac{1}{N}x_1 x_N$.

例 9.3　计算例 9.2 中给出的平稳时间序列 $\{W_t\}$ 的样本协方差.

解　$\hat{\nu}_0 = \frac{1}{59}(6931^2 + 291^2 + 1731^2 + \cdots + 631^2) = 5020385$.

$\hat{\nu}_1 = \frac{1}{59}(6931 \times 291 + 291 \times 1731 + \cdots + 1331 \times 631) = -1154689$.

$\hat{\nu}_2 = \frac{1}{59}(6931 \times 173 + 291 \times 1931 + \cdots + (-1909) \times 631) = 1455912$.

$\hat{\nu}_3 = \frac{1}{59}(6931 \times 1931 + 291 \times 2131 + \cdots + (-1239) \times 631) = -803262$.

$\cdots\cdots$

$\hat{\nu}_{15} = \frac{1}{59}(6931 \times 151 + 291 \times 5731 + \cdots + (-2639) \times 631) = 1857542$.

将上述计算结果列表如表 9.2 所示.

表 9.2　样本数据协方差

k	0	1	2	3	4	5	6	7
$\hat{\nu}_k$	5020385	-1154689	1455912	-803262	1405708	-451835	1104485	3865696
k	8	9	10	11	12	13	14	15
$\hat{\nu}_k$	200815	2610600	1255096	4317531	3715081	1556319	-2309377	1857542

有关样本自相关函数,我们不加证明地给出下面的渐近分布定理.

定理 9.2　设 $\{X_t\}$ 是零均值的正态 MA(q) 序列(即 $\{X_t\}$ 是正态过程且是 MA(q) 序列),当 N 充分大时,样本自相关函数 $\hat{\rho}_k(k > q)$ 近似服从正态分布 $N\left(0, \frac{1}{N}(1 + 2\sum_{i=1}^{q}\hat{\rho}_i^2)\right)$.

需要说明的是,在实际应用中,由于 $|\hat{\rho}_i| \leqslant 1$,$q$ 一般不大,而 N 很大,通常取 $\frac{1}{N}(1 + 2\sum_{i=1}^{q}\hat{\rho}_i^2) \approx \frac{1}{N}$,即认为 $\hat{\rho}_k(k > q)$ 近似服从正态分布 $N\left(0, \frac{1}{N}\right)$.我们有

$$P\left(|\hat{\rho}_k| \leqslant \frac{1}{\sqrt{N}}\right) = 2\Phi(1) - 1 = 68.3\%$$

或

$$P\left(|\hat{\rho}_k| \leqslant \frac{2}{\sqrt{N}}\right) = 2\Phi(2) - 1 = 95.5\%.$$

例 9.4　(续例 9.3)计算例 9.3 中样本自相关函数.

解　计算结果见表 9.3.

表 9.3　样本数据自相关函数

k	1	2	3	4	5	6	7	8
$\hat{\rho}_k$	-0.23	0.29	-0.16	0.28	-0.09	0.22	0.77	-0.04
k	9	10	11	12	13	14	15	
$\hat{\rho}_k$	0.52	0.25	0.86	-0.74	0.31	-0.46	0.37	

定义 9.2 设 $\{X_t\}$ 是零均值的平稳时间序列，$x_1, x_2, \cdots, x_N$ 为一段样本观测值，$\hat{\nu}_k$ 为样本协方差，称满足下列方程的 $\hat{\varphi}_{kk}(k=1,2,\cdots,K)$ 为样本偏相关函数：

$$\begin{pmatrix} \hat{\nu}_0 & \hat{\nu}_1 & \hat{\nu}_2 & \cdots & \hat{\nu}_{k-1} \\ \hat{\nu}_1 & \hat{\nu}_0 & \hat{\nu}_1 & \cdots & \hat{\nu}_{k-2} \\ \hat{\nu}_2 & \hat{\nu}_1 & \hat{\nu}_0 & \cdots & \hat{\nu}_{k-3} \\ \cdots & \cdots & \cdots & \cdots & \cdots \\ \hat{\nu}_{k-1} & \hat{\nu}_{k-2} & \hat{\nu}_{k-3} & \cdots & \hat{\nu}_0 \end{pmatrix} \begin{pmatrix} \hat{\varphi}_{k1} \\ \hat{\varphi}_{k2} \\ \hat{\varphi}_{k3} \\ \cdots \\ \hat{\varphi}_{kk} \end{pmatrix} = \begin{pmatrix} \hat{\nu}_1 \\ \hat{\nu}_2 \\ \hat{\nu}_3 \\ \cdots \\ \hat{\nu}_k \end{pmatrix} \tag{9.3}$$

或

$$\begin{pmatrix} 1 & \hat{\rho}_1 & \hat{\rho}_2 & \cdots & \hat{\rho}_{k-1} \\ \hat{\rho}_1 & 1 & \hat{\rho}_1 & \cdots & \hat{\rho}_{k-2} \\ \hat{\rho}_2 & \hat{\rho}_1 & 1 & \cdots & \hat{\rho}_{k-3} \\ \cdots & \cdots & \cdots & \cdots & \cdots \\ \hat{\rho}_{k-1} & \hat{\rho}_{k-2} & \hat{\rho}_{k-3} & \cdots & 1 \end{pmatrix} \begin{pmatrix} \hat{\varphi}_{k1} \\ \hat{\varphi}_{k2} \\ \hat{\varphi}_{k3} \\ \cdots \\ \hat{\varphi}_{kk} \end{pmatrix} = \begin{pmatrix} \hat{\rho}_1 \\ \hat{\rho}_2 \\ \hat{\rho}_3 \\ \cdots \\ \hat{\rho}_k \end{pmatrix}. \tag{9.4}$$

关于样本偏相关函数，我们不加证明地给出下面的渐近分布定理.

定理 9.3 设 $\{X_t\}$ 是零均值的正态 $\mathrm{AR}(p)$ 序列（即 $\{X_t\}$ 是正态过程且是 $\mathrm{AR}(p)$ 序列），当 N 充分大且 $k > p$ 时，样本偏相关函数 $\hat{\varphi}_{kk}(k > p)$ 近似服从正态分布 $N\left(0, \dfrac{1}{N}(1 + 2\sum\limits_{i=1}^{p} \hat{\varphi}_{kk}^2)\right)$.

同计算样本自相关函数一样，在实际中，由于 $|\hat{\varphi}_{kk}| \leqslant 1$，$p$ 一般不大，而 N 很大，且 $\hat{\varphi}_{kk}$ $(k > p)$ 近似服从正态分布 $N\left(0, \dfrac{1}{N}\right)$. 我们有

$$P\left(|\hat{\varphi}_{kk}| \leqslant \frac{1}{\sqrt{N}}\right) = 2\Phi(1) - 1 = 68.3\%$$

或

$$P\left(|\hat{\varphi}_{kk}| \leqslant \frac{2}{\sqrt{N}}\right) = 2\Phi(2) - 1 = 95.5\%.$$

由于利用式 (9.4) 计算样本偏相关函数步骤比较繁琐，一般地，和解偏相关函数一样，可以利用下面的递推公式求解：

$$\begin{cases} \hat{\varphi}_{11} = \hat{\rho}_1 \\ \\ \hat{\varphi}_{k+1,k+1} = \dfrac{\hat{\rho}_{k+1} - \sum\limits_{j=1}^{k} \hat{\varphi}_{kj}\hat{\rho}_{k+1-j}}{1 - \sum\limits_{j=1}^{k} \hat{\varphi}_{kj}\hat{\rho}_j} \\ \\ \hat{\varphi}_{k+1,j} = \hat{\varphi}_{kj} - \hat{\varphi}_{k+1,k+1}\hat{\varphi}_{k,k-(j-1)} \quad (j = 1,2,\cdots,k) \end{cases} \tag{9.5}$$

具体的递推顺序如下：

$$\hat{\varphi}_{11} \xrightarrow{k=1} \hat{\varphi}_{22} \to \hat{\varphi}_{21} \xrightarrow{k=2} \hat{\varphi}_{33} \to \hat{\varphi}_{31} \to \hat{\varphi}_{32}$$

$$\xrightarrow{k=3} \hat{\varphi}_{44} \rightarrow \hat{\varphi}_{41} \rightarrow \hat{\varphi}_{42} \rightarrow \hat{\varphi}_{43} \xrightarrow{k=4} \cdots$$

例 9.5　（续例 9.4）计算例 9.4 中样本偏相关函数.

解　$\hat{\varphi}_{11} = \hat{\rho}_1 = -0.23.$

$$\hat{\varphi}_{22} = \frac{\hat{\rho}_2 - \hat{\rho}_1 \hat{\varphi}_{11}}{1 - \hat{\rho}_1 \hat{\varphi}_{11}} = \frac{0.29 - (-0.23) \times (-0.23)}{1 - (-0.23)^2} = 0.25.$$

$$\hat{\varphi}_{21} = \hat{\varphi}_{11} - \hat{\varphi}_{22} \hat{\varphi}_{11} = (-0.23) - 0.25 \times (-0.23) = -0.17.$$

$$\hat{\varphi}_{33} = \frac{\hat{\rho}_3 - \hat{\rho}_2 \hat{\varphi}_{21} - \hat{\rho}_1 \hat{\varphi}_{22}}{1 - \hat{\rho}_1 \hat{\varphi}_{21} - \hat{\rho}_2 \hat{\varphi}_{22}} = \frac{(-0.16) - 0.29 \times (-0.17) - (-0.23) \times 0.25}{1 - (-0.23) \times (-0.17) - 0.29 \times 0.25} = -0.06.$$

$\cdots\cdots$

将上述计算结果列表如表 9.4 所示.

表 9.4　样本偏相关函数

k	1	2	3	4	5	6	7	8
$\hat{\varphi}_{kk}$	-0.23	0.25	-0.06	0.20	0.14	0.14	0.18	-0.08
k	9	10	11	12	13	14	15	
$\hat{\varphi}_{kk}$	-0.02	-0.01	-0.02	-0.11	-0.09	-0.04	0.00	

前面我们介绍了平稳时间序列常用的线性模型,包括自回归模型（AR 模型）、滑动平均模型（MA 模型）、自回归滑动平均模型（ARMA 模型）.并且由线性模型的性质可知:如果平稳时间序列 $\{X_t\}$ 是 AR(p) 模型,那么,$\{X_t\}$ 的偏相关函数 φ_{kk} 在 p 处截尾;如果平稳时间序列 $\{X_t\}$ 是 MA(q) 模型,那么,$\{X_t\}$ 的自相关函数 ρ_k 在 q 处截尾.理论上,如果样本偏相关函数 $\hat{\varphi}_{kk}$ 在 p 处截尾,我们就可判定该模型为 AR(p) 模型;如果样本自相关函数 $\hat{\rho}_k$ 在 q 处截尾,就可判定其为 MA(q) 模型.但在实际应用中,由于样本的随机性,估计总存在误差,对于 AR(p) 模型,当 $k>p$ 时,样本偏相关函数 $\hat{\varphi}_{kk}$ 不会全为零,而是在零的附近波动;同理,对于 MA(q) 模型,当 $k>q$ 时,样本自相关函数 $\hat{\rho}_k$ 也不会全为零.我们用数理统计的方法来讨论平稳时间序列适合哪种线性模型以及模型的阶数是多少.

（1）由定理 9.3 知,若 $\{X_t\}$ 是零均值的正态 AR(p) 序列,当样本容量 N 很大且 $k>p$ 时,有 $P\left(|\hat{\varphi}_{kk}| \leqslant \dfrac{2}{\sqrt{N}}\right) = 2\Phi(2) - 1 = 95.5\%.$

若记 $^{\#}A$ 为集合中元素的个数,则有

$$f(r) = ^{\#}\frac{\{k: |\hat{\varphi}_{kk}| \leqslant 2/\sqrt{N}, K \geqslant k > r\}}{K - r}, \tag{9.6}$$

其中,r 为正整数,$r = 1, 2, \cdots, K-1$.由此算出 $f(1), f(2), \cdots, f(K/4)$,若第一个达到 0.955 的为 $f(p)$,就可判定模型为 AR(p) 序列.

（2）由定理 9.2 知,若 $\{X_t\}$ 是零均值的正态 MA(q) 序列,当样本容量 N 很大且 $k>q$ 时,有 $P\left(|\hat{\rho}_k| \leqslant \dfrac{2}{\sqrt{N}}\right) = 2\Phi(2) - 1 = 95.5\%.$

类似于 AR(p) 模型的情况,记

$$h(r) = ^\# \frac{\{k : |\hat{\rho}_k| \leqslant 2/\sqrt{N}, K \geqslant k > r\}}{K - r}, \tag{9.7}$$

其中, r 为正整数, $r = 1, 2, \cdots, K-1$. 由此算出 $h(1), h(2), \cdots, h(K/4)$, 若第一个达到 0.955 的为 $h(q)$, 就可判定其模型为 MA(q) 模型.

例 9.6 (续例 9.5) 例 9.5 中计算出的 $\hat{\varphi}_{kk}$ ($k = 1, 2, \cdots, 15$) 见表 9.4. 由于 $N = 59$, 计算出 $\frac{2}{\sqrt{N}} = \frac{2}{\sqrt{59}} = 0.26$, 表中 $\hat{\varphi}_{22} = 0.25$ 与 0.26 非常接近, 且 $k > 2$ 时, $|\hat{\varphi}_{kk}| < 0.26$, $k = 3, 4, \cdots, 15$, 所以可靠. 取模型的阶数为 2, 即可以认为此时间序列满足 AR(2) 模型.

例 9.7 设由零均值的平稳时间序列 $\{X_t\}$ 的样本观测值 $x_1, x_2, \cdots, x_{300}$, 计算出样本自相关函数 $\hat{\rho}_k$ 和样本偏相关函数 $\hat{\varphi}_{kk}$ 如表 9.5 所示.

表 9.5　样本自相关函数

k	1	2	3	4	5	6	7	8
$\hat{\rho}_k$	-0.39	-0.10	0.04	-0.07	0.07	-0.05	0.04	-0.05
$\hat{\varphi}_{kk}$	-0.59	-0.39	-0.20	-0.19	-0.10	-0.10	0.03	-0.08
k	9	10	11	12	13	14	15	16
$\hat{\rho}_k$	0.10	0.16	0.17	-0.10	0.00	0.05	-0.06	-0.02
$\hat{\varphi}_{kk}$	0.07	-0.10	0.04	0.01	-0.03	0.00	0.00	-0.12

因为 $n = 300$, $\frac{2}{\sqrt{N}} = 0.1155$. $k \geqslant 2$ 时, 满足 $|\hat{\rho}_k| > \frac{2}{\sqrt{N}}$ 的 $\hat{\rho}_k$ 有 2 个, 即 $\hat{\rho}_{10} = 0.16$, $\hat{\rho}_{11} = 0.17$, 这表明在除去 $\hat{\rho}_1$ 后的 15 个数据中有 2 个大于 $\frac{2}{\sqrt{N}}$. 而 $0.05 = \frac{1}{20}$, 因此, 要满足 $P\left(|\hat{\rho}_k| \leqslant \frac{2}{\sqrt{N}}\right) = 95.5\%$, 就要求在 15 个数据中至多有 1 个大于 $\frac{2}{\sqrt{N}}$, 也就是说, 在要求的精度 95.5% 下, 不能认为该模型为 MA(2) 模型. 如果考虑 $k = 11$, 当 $k > 11$ 时 $\hat{\rho}_k$ 的数据只有 5 个, 5 个数据不足以判断 $k > 11$ 时 $|\hat{\rho}_k| \leqslant \frac{2}{\sqrt{N}}$. 因此, 可以判断 ρ_k 是拖尾的.

同样的方法, 如果考虑 $\hat{\varphi}_{kk}$, 由于 $\hat{\varphi}_{16,16} = -0.12$, 也不能认为 φ_{kk} 截尾. 因此, 也不能认为该序列是 AR 序列.

例 9.8 设由零均值的平稳时间序列 $\{X_t\}$ 的样本观测值 $x_1, x_2, \cdots, x_{150}$, 计算出样本自相关函数 $\hat{\rho}_k$ 和样本偏相关函数 $\hat{\varphi}_{kk}$ 如表 9.6 所示.

表 9.6　样本自相关函数和偏相关函数

k	1	2	3	4	5	6	7	8
$\hat{\rho}_k$	0.80	0.59	0.42	0.32	0.25	0.17	0.10	0.05
$\hat{\varphi}_{kk}$	0.80	-0.15	0.00	0.08	-0.03	-0.06	-0.02	0.02
k	9	10	11	12	13	14	15	16
$\hat{\rho}_k$	0.03	0.03	0.03	0.00	-0.05	-0.07	-0.08	-0.04
$\hat{\varphi}_{kk}$	0.00	0.04	-0.02	-0.09	-0.04	0.01	0.00	0.09

计算 $\dfrac{2}{\sqrt{N}} = 0.163$，从表中可以看出，$\hat{\rho}_k$ 随 k 的增大趋于零，但不能认为是截尾的；而 $\hat{\varphi}_{kk}$ 有截尾性，从 $k = 2$ 起，$|\hat{\varphi}_{kk}|$ 都小于 0.16，可以初步认定该序列为 AR(1) 序列，但由于 $|\hat{\varphi}_{22}| = 0.15$ 很接近 0.16，因此，也可考虑该序列为 AR(2) 序列.

从上面的例子可以看出，模型识别有一定的灵活性，同一序列可以考虑用不同的模型拟合.一般地，在样本容量 N 一定时，模型的阶数尽量低，因为阶数越高，各种参数估计精度会越低.在实际应用中，应根据实际效果的好坏考虑模型是否可以接受.

(3) 若 $\{\hat{\rho}_k\}$ 和 $\{\hat{\varphi}_{kk}\}$ 都不截尾，但收敛速度很快(都被负指数列所控制)，则初步判定该序列为 ARMA(p, q) 序列，但定阶较为复杂.在实际应用中，一般由低到高逐个试探，如取 (p, q) 为 $(1,1)$，$(1,2)$，$(2,1)$，$(2,2)$，$\cdots$，直到检验为合适的模型为止.

下面给出较为流行的日本学者赤池(Akaike)提出的 AIC 定阶准则.
$$\mathrm{AIC}(k) = \ln\hat{\sigma}^2 + 2k/N, \quad k = 0, 1, \cdots, L,$$
其中 $\hat{\sigma}^2 = \hat{\gamma}_0 - \sum_{j=1}^{k} \hat{\varphi}_j \hat{\gamma}_j$，$N$ 为样本容量，L 为预先给定的最高阶数.

若 $\mathrm{AIC}(p) = \min\limits_{0 \leqslant k \leqslant L} \mathrm{AIC}(k)$，则定 AR 模型的阶为 p.

同理，对于 ARMA 序列，AIC 准则定义为
$$\mathrm{AIC}(n, m) = \ln\hat{\sigma}^2 + 2(n + m + 1)/N.$$
若 $\mathrm{AIC}(p, q) = \min\limits_{0 \leqslant n, m \leqslant L} \mathrm{AIC}(n, m)$，则定 ARMA 模型的阶为 (p, q)，其中 $\hat{\sigma}^2$ 是相应的 ARMA 序列的 σ^2 的极大似然估计值.

9.3　线性模型参数的估计

当选定模型及确定阶数后，下面的问题是要估计出模型的未知参数.参数估计方法有矩估计法、最小二乘法估计、极大似然估计、最大熵估计法等.这里我们介绍矩估计法，它是一种较为简单的估计方法，尽管不如最小二乘法和极大似然估计精确和有效，但它的算法方便实用，特别是对于正态性的时间序列，在样本数据足够多的情况下，其估计精度与其他最佳估计精度相当.

矩估计法的基本思想是：假设随机变量的概率分布含有 k 个未知参数 $\theta_1, \theta_2, \cdots, \theta_k$，我们把分布的前 k 阶矩阵表示成 $\theta_1, \theta_2, \cdots, \theta_k$ 的函数，即
$$m_1 = f_1(\theta_1, \theta_2, \cdots, \theta_k),$$
$$\cdots\cdots$$
$$m_k = f_k(\theta_1, \theta_2, \cdots, \theta_k).$$
由这些方程反过来将 $\theta_1, \theta_2, \cdots, \theta_k$ 表示成 $m_1, m_2, \cdots, m_k$ 的函数，即
$$\theta_1 = g_1(m_1, m_2, \cdots, m_k),$$
$$\cdots\cdots$$
$$\theta_k = g_k(m_1, m_2, \cdots, m_k).$$

根据样本的 N 个观测值计算 k 个样本矩 $\hat{m}_1, \hat{m}_2, \cdots, \hat{m}_k$, 并认为它们是 $m_1, m_2, \cdots, m_k$ 的合理估计值, 于是可以得到 $\theta_1, \theta_2, \cdots, \theta_k$ 的估计值为

$$\hat{\theta}_1 = g_1(\hat{m}_1, \hat{m}_2, \cdots, \hat{m}_k),$$
$$\cdots\cdots$$
$$\hat{\theta}_k = g_k(\hat{m}_1, \hat{m}_2, \cdots, \hat{m}_k).$$

下面我们分别讨论几种模型的矩估计方法.

9.3.1 AR(p)模型的参数估计

设零均值平稳时间序列$\{X_t\}$为 AR(p)序列,即$\{X_t\}$满足

$$X_t - \varphi_1 X_{t-1} - \varphi_2 X_{t-2} - \cdots - \varphi_p X_{t-p} = \varepsilon_t, \quad t = 0, \pm 1, \pm 2, \cdots,$$

其中,ε_t为白噪声序列. 现在有估计参数 $\varphi_1, \varphi_2, \cdots, \varphi_p$ 和 $\sigma^2 = E\varepsilon_t^2$.

由定理 8.4, 对于 AR(p)序列$\{X_t\}$,满足 Yule-Walker 方程:

$$\begin{pmatrix} 1 & \rho_1 & \rho_2 & \cdots & \rho_{p-1} \\ \rho_1 & 1 & \rho_1 & \cdots & \rho_{p-2} \\ \rho_2 & \rho_1 & 1 & \cdots & \rho_{p-3} \\ \cdots & \cdots & \cdots & \cdots & \cdots \\ \rho_{p-1} & \rho_{p-2} & \rho_{p-3} & \cdots & 1 \end{pmatrix} \begin{pmatrix} \varphi_1 \\ \varphi_2 \\ \varphi_3 \\ \cdots \\ \varphi_p \end{pmatrix} = \begin{pmatrix} \rho_1 \\ \rho_2 \\ \rho_3 \\ \cdots \\ \rho_p \end{pmatrix},$$

且

$$\sigma^2 = \nu_0 - \varphi_1 \nu_1 - \cdots - \varphi_p \nu_p.$$

若用样本协方差和样本自相关函数来替代协方差和自相关函数,可得

$$\begin{pmatrix} 1 & \hat{\rho}_1 & \hat{\rho}_2 & \cdots & \hat{\rho}_{p-1} \\ \hat{\rho}_1 & 1 & \hat{\rho}_1 & \cdots & \hat{\rho}_{p-2} \\ \hat{\rho}_2 & \hat{\rho}_1 & 1 & \cdots & \hat{\rho}_{p-3} \\ \cdots & \cdots & \cdots & \cdots & \cdots \\ \hat{\rho}_{p-1} & \hat{\rho}_{p-2} & \hat{\rho}_{p-3} & \cdots & 1 \end{pmatrix} \begin{pmatrix} \hat{\varphi}_1 \\ \hat{\varphi}_2 \\ \hat{\varphi}_3 \\ \cdots \\ \hat{\varphi}_p \end{pmatrix} = \begin{pmatrix} \hat{\rho}_1 \\ \hat{\rho}_2 \\ \hat{\rho}_3 \\ \cdots \\ \hat{\rho}_p \end{pmatrix},$$

且

$$\hat{\sigma}^2 = \hat{\nu}_0 - \hat{\varphi}_1 \hat{\nu}_1 - \cdots - \hat{\varphi}_p \hat{\nu}_p.$$

另一方面,由定义 9.2,$\hat{\varphi}_{p1}, \hat{\varphi}_{p2}, \cdots, \hat{\varphi}_{pp}$满足

$$\begin{pmatrix} 1 & \hat{\rho}_1 & \hat{\rho}_2 & \cdots & \hat{\rho}_{p-1} \\ \hat{\rho}_1 & 1 & \hat{\rho}_1 & \cdots & \hat{\rho}_{p-2} \\ \hat{\rho}_2 & \hat{\rho}_1 & 1 & \cdots & \hat{\rho}_{p-3} \\ \cdots & \cdots & \cdots & \cdots & \cdots \\ \hat{\rho}_{p-1} & \hat{\rho}_{p-2} & \hat{\rho}_{p-3} & \cdots & 1 \end{pmatrix} \begin{pmatrix} \hat{\varphi}_{p1} \\ \hat{\varphi}_{p2} \\ \hat{\varphi}_{p3} \\ \cdots \\ \hat{\varphi}_{pp} \end{pmatrix} = \begin{pmatrix} \hat{\rho}_1 \\ \hat{\rho}_2 \\ \hat{\rho}_3 \\ \cdots \\ \hat{\rho}_p \end{pmatrix},$$

由此,我们得到 AR(p)序列的参数 $\varphi_1, \varphi_2, \cdots, \varphi_p$ 的估计为

$$\hat{\varphi}_j = \hat{\varphi}_{pj}, \quad j = 1, 2, \cdots, p.$$

然后用递推的方法求出 $\hat{\varphi}_j$ 的值,由

$$\hat{\sigma}^2 = \hat{\nu}_0 - \hat{\varphi}_1 \hat{\nu}_1 - \cdots - \hat{\varphi}_p \hat{\nu}_p,$$

即可得到参数 σ^2 的估计值.

例 9.9　求出 AR(1) 和 AR(2) 模型的参数估计式.

解　对于 AR(1) 模型, $X_t - \varphi_1 X_{t-1} = \varepsilon_t$, 参数 φ_1 和 $\sigma^2 = E\varepsilon_t^2$ 的估计式分别为

$$\hat{\varphi}_1 = \hat{\rho}_1, \quad \hat{\sigma}^2 = \hat{\nu}_0 - \hat{\varphi}_1 \hat{\nu}_1.$$

对于 AR(2) 模型, $X_t - \varphi_1 X_{t-1} - \varphi_2 X_{t-2} = \varepsilon_t$, 参数 φ_1 、 φ_2 和 $\sigma^2 = E\varepsilon_t^2$ 的估计 $\hat{\varphi}_1$ 、 $\hat{\varphi}_2$ 和 $\hat{\sigma}^2$ 满足方程

$$\begin{bmatrix} 1 & \hat{\rho}_1 \\ \hat{\rho}_1 & 1 \end{bmatrix} \begin{bmatrix} \hat{\varphi}_1 \\ \hat{\varphi}_2 \end{bmatrix} = \begin{bmatrix} \hat{\rho}_1 \\ \hat{\rho}_2 \end{bmatrix}$$

和 $\hat{\sigma}^2 = \hat{\nu}_0 - \hat{\varphi}_1 \hat{\nu}_1 - \hat{\varphi}_2 \hat{\nu}_2$. 解得 AR(2) 模型的参数估计式为

$$\hat{\varphi}_1 = (\hat{\rho}_1 - \hat{\rho}_1 \hat{\rho}_2)/(1 - \hat{\rho}_1^2), \hat{\varphi}_2 = (\hat{\rho}_2 - \hat{\rho}_1^2)/(1 - \hat{\rho}_1^2),$$

$$\hat{\sigma}^2 = \hat{\nu}_0 - \hat{\varphi}_1 \hat{\nu}_1 - \hat{\varphi}_2 \hat{\nu}_2.$$

例 9.10　(续例 9.6) 在例 9.6 中给出的平稳时间序列 $\{W_t\}$ 适合 AR(2) 模型, 估计参数 $\hat{\varphi}_1, \hat{\varphi}_2$ 和 $\hat{\sigma}^2$ 的值.

解　$\hat{\nu}_0, \hat{\nu}_1, \hat{\nu}_2, \hat{\rho}_1, \hat{\rho}_2$ 的数值见例 9.3 和例 9.4, 利用例 9.5 中得到的公式计算得到

$$\hat{\varphi}_1 = \frac{\hat{\rho}_1(1 - \hat{\rho}_2)}{1 - \hat{\rho}_1^2} = \frac{(-0.23) \times (1 - 0.29)}{1 - (-0.23)^2} = -0.17,$$

$$\hat{\varphi}_2 = \frac{\hat{\rho}_2 - \hat{\rho}_1^2}{1 - \hat{\rho}_1^2} = \frac{0.29 - (-0.23)^2}{1 - (-0.23)^2} = 0.25,$$

$$\hat{\sigma}^2 = \hat{\nu}_0 - \hat{\varphi}_1 \hat{\nu}_1 - \hat{\varphi}_2 \hat{\nu}_2 = 5020385 + 0.17 \times (-1154689) - 0.25 \times 1455912$$

$$= 4460109.87.$$

本题也可直接利用式 (9.8) 和例 9.5 中计算出的结果来估计参数:

$$\hat{\varphi}_1 = \hat{\varphi}_{21} = -0.17, \quad \hat{\varphi}_2 = \hat{\varphi}_{22} = 0.25.$$

需要说明的是, 在模型参数很少的情况下, 我们可以用解析的方法求解 Yule-Walker 方程, 但是, 当模型参数很多 (模型阶数 p 很大) 时, 容易带来很多实际困难, 如算法的复杂度、运算的实时性等. 因此, 在实际的 AR 模型参数的矩估计法中通常采用较高效的 Y-W 矩阵逆算法, 下面介绍应用最广泛的 Levinson-Darbion 递推算法 (简称 L-D 算法).

L-D 递推算法是一种使 AR 模型阶数逐次增 1 的递推算法. 就是先估计 $p=1$ 时的 $\hat{\varphi}_{11}$ 和 $\hat{\sigma}^2(1)$, 再估计 $p=2$ 时的 $\hat{\varphi}_{21}, \hat{\varphi}_{22}$ 和 $\hat{\sigma}^2(2)$ …… 一直估计到 $p=p$ 时的 $\hat{\varphi}_{p1}, \hat{\varphi}_{p2}, \cdots, \hat{\varphi}_{pp}$ 和 $\hat{\sigma}^2(p)$. 所谓递推算法, 即不是每次从头计算一遍, 而是每次由低一阶 ($p-1$ 阶) 的模型参数 $\hat{\varphi}_{p-1,j}$ 和 $\hat{\sigma}^2(p-1)$ 推算出高一阶 (p 阶) 的模型参数 $\hat{\varphi}_{pj}$ 和 $\hat{\sigma}^2(p)$. 这样做的好处不仅能减少计算量, 还便于随着阶数逐次升高找到模型最佳的阶次.

L-D 递推算法的计算步骤如下:

(1) 初始化. $p=1$ 时, 取 $\hat{\varphi}_{11} = \hat{\rho}_1$ 和 $\hat{\sigma}^2(1) = \hat{\nu}_0 - \hat{\varphi}_{11} \hat{\nu}_1 = \hat{\nu}_0(1 - \hat{\rho}_1^2)$.

（2）递推. 设已经计算出 $p-1$ 阶时的 $\hat{\varphi}_{p-1,j}$ 和 $\hat{\sigma}^2(p-1)$.

首先计算反射系数：

$$\hat{\beta}(p) = \frac{\hat{\Delta}(p-1)}{\hat{\sigma}^2(p-1)}, \tag{9.8}$$

其中过渡参数 $\hat{\Delta}(p-1) = \hat{\nu}_p - \sum_{j=1}^{p-1} \hat{\varphi}_{p-1,j}\hat{\nu}_{p-j}$.

再估计 p 阶模型系数.

最高项：

$$\hat{\varphi}_{pp} = \hat{\beta}(p).$$

其余各项：

$$\hat{\varphi}_{pj} = \hat{\varphi}_{p-1,j} - \hat{\beta}(p)\hat{\varphi}_{p-1,p-j}, \quad j = 1,2,\cdots,p-1.$$

也就是说，从初值 $\hat{\varphi}_{11} = \hat{\rho}_1$ 出发，随着 p 的增加，$\hat{\varphi}_{pj}(j=1,2,\cdots,p)$ 的值可由 $\hat{\varphi}_{p-1,j}(j=1,2,\cdots,p-1)$ 递推算出.

（3）由 $\hat{\sigma}^2(p-1)$ 递推 p 阶模型的白噪声序列功率（残差方差）为

$$\hat{\sigma}^2(p) = \hat{\sigma}^2(p-1)(1-\hat{\beta}^2(p)). \tag{9.9}$$

在递推过程中所有阶数小于等于 p 的模型参数都求出来了.

L-D 递推算法得出的 AR 模型有下面的特点：

（1）所得模型必定稳定，即 AR 模型的传递函数 $X_t = \Phi^{-1}(B)\varepsilon_t = \sum_{k=0}^{\infty} G_k\varepsilon_{t-k}$ 的极点都在单位圆内.

（2）均方预测误差 $\hat{\sigma}^2(p)$ 随阶数 p 的升高而减少.

这是因为可以证明反射系数的绝对值 $|\beta(p)|$ 必定小于 1，因此由式（9.9）可知 $\sigma^2(p) \leqslant \sigma^2(p-1)$. 实际上 $\Delta(p-1) = \nu_p - \sum_{j=1}^{p-1} \varphi_{p-1,j}\nu_{p-j}$ 可以看成是用 $(p-1)$ 阶模型对 ν_p 做预测 $(\hat{\nu}_p = \sum_{j=1}^{p-1} \varphi_{p-1,j}\nu_{p-j})$ 的预测误差 $\Delta(p-1) = \nu_p - \hat{\nu}_p$. 如果观测数据确实来自 p 阶 AR 模型，则当模型阶数升高到 p 后，由自相关函数的递推性质 $\nu_p = \sum_{j=1}^{p} \varphi_{pj}\nu_{p-j}$ 知 $\Delta(p)$ 将等于零，此时 $\beta(p+1) = 0$，$\varphi_{p+1,j} = \varphi_{pj}$，$\varphi_{p+1,p+1} = 0$. 系数的校正项变为零，阶数便不再升高.

9.3.2　MA(q) 模型的参数估计

设零均值平稳时间序列 $\{X_t\}$ 为 MA(q) 序列，即 $\{X_t\}$ 满足

$$X_t = \varepsilon_t - \theta_1\varepsilon_{t-1} - \theta_2\varepsilon_{t-2} - \cdots - \theta_q\varepsilon_{t-q}.$$

现在要估计参数 $\theta_1, \theta_2, \cdots, \theta_q$ 和 $\sigma^2 = E\varepsilon_t^2$.

根据定理 8.7，由方程组

$$\nu_k = \begin{cases} \sigma^2(1+\theta_1^2+\cdots+\theta_q^2), & k=0 \\ \sigma^2(-\theta_k+\theta_1\theta_{k+1}+\cdots+\theta_{q-k}\theta_q), & 1\leqslant k\leqslant q \end{cases},$$

将各参数换成估计，得到

$$\hat{\nu}_k = \begin{cases} \hat{\sigma}^2(1 + \hat{\theta}_1^2 + \cdots + \hat{\theta}_q^2), & k = 0 \\ \hat{\sigma}^2(-\hat{\theta}_k + \hat{\theta}_1\hat{\theta}_{k+1} + \cdots + \hat{\theta}_{q-k}\hat{\theta}_q), & 1 \leqslant k \leqslant q \end{cases} \quad (9.10)$$

式(9.10)是关于参数的非线性方程,如果阶数 q 较大,通过解方程组来得到参数的估计是比较困难的.下面我们介绍用迭代法求解.

记 $\hat{\theta}_i (i = 1, 2, \cdots, q)$ 和 $\hat{\sigma}^2$ 的第 k 次迭代值为 $\hat{\theta}_i(k)(i = 1, 2, \cdots, q)$ 和 $\hat{\sigma}^2(k)$.

首先,将式(9.10)写成

$$\begin{cases} \hat{\sigma}^2 = \hat{\nu}_0(1 + + \cdots +) - 1 \\ \hat{\theta}_1 = (-\hat{\nu}_1/\hat{\sigma}^2) + \hat{\theta}_1\hat{\theta}_2 + \cdots + \hat{\theta}_{q-1}\hat{\theta}_q \\ \hat{\theta}_2 = (-\hat{\nu}_2/\hat{\sigma}^2) + \hat{\theta}_1\hat{\theta}_3 + \cdots + \hat{\theta}_{q-2}\hat{\theta}_q \\ \cdots\cdots \\ \hat{\theta}_{q-1} = (-\hat{\nu}_{q-1}/\hat{\sigma}^2) + \hat{\theta}_1\hat{\theta}_q \\ \hat{\theta}_q = -\hat{\nu}_q/\hat{\sigma}^2 \end{cases} \quad (9.11)$$

然后,选取一组初始值 $\hat{\theta}_1(0) = \hat{\theta}_2(0) = \cdots = \hat{\theta}_q(0) = 0, \hat{\sigma}^2(0) = \hat{\nu}_0$(或取 $\hat{\sigma}^2(0) = \hat{\nu}_0/2$),代入到式(9.11),得到一步迭代值 $\hat{\sigma}^2(1) = \hat{\nu}_0$ 和 $\hat{\theta}_i(1) = -\hat{\rho}_i (i = 1, 2, \cdots, q)$.

再将上述一步迭代值代入式(9.11),可得到二步迭代值:

$$\begin{cases} \hat{\sigma}^2(2) = \hat{\nu}_0(1 + + + \cdots +) - 1 \\ \hat{\theta}_1(2) = -\hat{\rho}_1 + \hat{\rho}_1\hat{\rho}_2 + \cdots + \hat{\rho}_{q-1}\hat{\rho}_q \\ \hat{\theta}_2(2) = -\hat{\rho}_2 + \hat{\rho}_1\hat{\rho}_3 + \cdots + \hat{\rho}_{q-2}\hat{\rho}_q \\ \cdots\cdots \\ \hat{\theta}_{q-1}(2) = -\hat{\rho}_{q-1} + \hat{\rho}_1\hat{\rho}_q \\ \hat{\theta}_q(2) = -\hat{\rho}_q \end{cases} \quad (9.12)$$

如此重复迭代,直到精度达到要求为止.

实际应用中,先给定精度 r,如 $r = 0.001$.如果迭代到 m 步得到的 $\hat{\sigma}^2(m), \hat{\theta}_i(m)(i = 1, 2, \cdots, q)$ 与前一步得到的 $\hat{\sigma}^2(m-1), \hat{\theta}_i(m-1)(i = 1, 2, \cdots, q)$ 差别在预定的范围内,即

$$|\hat{\sigma}^2(m) - \hat{\sigma}^2(m-1)| \leqslant r,$$

$$|\hat{\theta}_i(m) - \hat{\theta}_i(m-1)| \leqslant r, \quad i = 1, 2, \cdots, q,$$

就可用迭代值 $\hat{\sigma}^2(m)$ 和 $\hat{\theta}_i(m)(i = 1, 2, \cdots, q)$ 作为参数 σ^2 和 $\theta_i(i = 1, 2, \cdots, q)$ 的估计值.

例 9.11　求 MA(1)模型和 MA(2)模型的参数估计式.

解　对于 MA(1)模型,由式(9.10),有

$$\hat{\nu}_0 = \hat{\sigma}^2(1 + \hat{\theta}_1^2), \quad \hat{\nu}_1 = \hat{\sigma}^2(-\hat{\theta}_1).$$

由第二式得到 $\hat{\theta}_1 = -\hat{\nu}_1/\hat{\sigma}^2$,代入第一式,得 $(\hat{\sigma}^2)^2 - \hat{\nu}_0\hat{\sigma}^2 + \hat{\nu}_1^2 = 0$.解得

$$\hat{\sigma}^2 = \frac{\hat{\nu}_0 \pm \sqrt{\hat{\nu}_0^2 - 4\hat{\nu}_1^2}}{2} = \frac{\hat{\nu}_0(1 \pm \sqrt{1 - 4\hat{\rho}_1^2})}{2}.$$

将 $\hat{\theta}_1 = -\hat{\nu}_1/\hat{\sigma}^2$ 代入，得到 $\hat{\theta}_1 = -\dfrac{2\hat{\rho}_1}{1 \pm \sqrt{1-4\hat{\rho}_1^2}}$. 注意到可逆性条件 $|\hat{\theta}_1| < 1$，因为

$$\left| \frac{2\hat{\rho}_1}{1+\sqrt{1-4\hat{\rho}_1^2}} \right| < 1,$$ 故取

$$\hat{\theta}_1 = -\frac{2\hat{\rho}_1}{1+\sqrt{1-4\hat{\rho}_1^2}}, \tag{9.13}$$

由此得到

$$\hat{\sigma}^2 = \frac{\hat{\nu}_0(1+\sqrt{1-4\hat{\rho}_1^2})}{2}. \tag{9.14}$$

它们分别是 θ_1 和 σ^2 的估计式.

对于 MA(2) 模型，可类似于 MA(1) 模型进行推导，但比较繁琐，这里只给出结果：

$$\hat{\theta}_2 = \frac{1}{2} - \frac{1}{4\hat{\rho}_2} - \frac{1}{2\hat{\rho}_2}\sqrt{(\hat{\rho}_2+1/2)^2 - \hat{\rho}_1^2} \pm \sqrt{\left[\frac{1}{2} - \frac{1}{4\hat{\rho}_2} - \frac{1}{2\hat{\rho}_2}\sqrt{(\hat{\rho}_2+1/2)^2 - \hat{\rho}_1^2}\right]^2 - 1}.$$

$$\hat{\theta}_1 = \frac{\hat{\rho}_1\hat{\theta}_2}{\hat{\rho}_1(1-\hat{\theta}_2)}, \quad \hat{\sigma}^2 = -\hat{\nu}_0 \cdot \frac{\hat{\rho}_2}{\hat{\theta}_2},$$

其中，"$\pm$"号依 $\hat{\rho}_2 > 0$ 或 $\hat{\rho}_2 < 0$ 分别取"$-$"或"$+$".

由于直接计算要解 $2q$ 次方程，在 $p \geqslant 3$ 时一般只能用数值解法.

9.3.3 ARMA(p,q) 模型的参数估计

设平稳随机序列 $\{X_t, t = 0, \pm 1, \pm 2, \cdots\}$ 为 ARMA(p,q) 序列，即 X_t 满足

$$X_t - \varphi_1 X_{t-1} - \cdots - \varphi_p X_{t-p} = \varepsilon_t - \theta_1\varepsilon_{t-1} - \cdots - \theta_q\varepsilon_{t-q},$$

要估计的参数为 $\varphi_1, \varphi_2, \cdots, \varphi_p, \theta_1, \theta_2, \cdots, \theta_q$ 和 $\sigma^2 = E\varepsilon_t^2$.

ARMA(p,q) 模型的参数估计方法建立在综合 AR(p) 模型和 MA(q) 模型的参数估计方法的基础上. 一般分两步完成：

第一步 先估计参数 $\varphi_1, \varphi_2, \cdots, \varphi_p$.

由定理 8.9，当 $k > q$ 时，有 $\nu_k - \varphi_1\nu_{k-1} - \cdots - \varphi_p\nu_{k-p} = 0$，两边除 ν_0，得到：当 $k > q$ 时，有 $\rho_k - \varphi_1\rho_{k-1} - \cdots - \varphi_p\rho_{k-p} = 0$. 特别地，分别取 $k = q+1, q+2, \cdots, q+p$ 时，得到

$$\rho_{q+1} = \varphi_1\rho_q + \cdots + \varphi_p\rho_{q-p+1},$$
$$\rho_{q+2} = \varphi_1\rho_{q+1} + \cdots + \varphi_p\rho_{q-p+2},$$
$$\cdots\cdots$$
$$\rho_{q+p} = \varphi_1\rho_{q+p-1} + \cdots + \varphi_p\rho_q.$$

写成矩阵形式，并将 ρ_i、φ_i 分别用 $\hat{\rho}_i$、$\hat{\varphi}_i$ 替代，得到下面的方程组：

$$\begin{bmatrix} \hat{\varphi}_1 \\ \hat{\varphi}_2 \\ \cdots \\ \hat{\varphi}_p \end{bmatrix} = \begin{bmatrix} \hat{\rho}_q & \hat{\rho}_{q-1} & \cdots & \hat{\rho}_{q-p+1} \\ \hat{\rho}_{q+1} & \hat{\rho}_q & \cdots & \hat{\rho}_{q-p+2} \\ \cdots & \cdots & \cdots & \cdots \\ \hat{\rho}_{q+p-1} & \hat{\rho}_{q+p-2} & \cdots & \hat{\rho}_q \end{bmatrix}^{-1} \begin{bmatrix} \hat{\rho}_{q+1} \\ \hat{\rho}_{q+2} \\ \cdots \\ \hat{\rho}_{q+p} \end{bmatrix}. \tag{9.15}$$

这样就得到了参数 $\varphi_1, \varphi_2, \cdots, \varphi_p$ 的估计值 $\hat{\varphi}_1, \hat{\varphi}_2, \cdots, \hat{\varphi}_p$. 由于没有考虑 MA($q$) 部分的作用, 故所得到的 $\hat{\varphi}_i$ 是近似值.

当解上述方程组比较困难时, 也可利用下面的递推公式:

$$\begin{cases} \varphi_{11} = \hat{\rho}_{q+1}/\hat{\rho}_q \\ \varphi_{k+1,k+1} = \dfrac{\hat{\rho}_{k+q-1} - \sum\limits_{j=1}^{k} \varphi_{kj}\hat{\rho}_{k+1+q-j}}{\hat{\rho}_q - \sum\limits_{j=1}^{k} \varphi_{kj}\hat{\rho}_{j+q}}, \\ \varphi_{k+1,j} = \varphi_{kj} - \varphi_{k+1,k+1}\varphi_{k,k-(j-1)} \end{cases} \tag{9.16}$$

得 $\varphi_{p1}, \varphi_{p2}, \cdots, \varphi_{pp}$, 再利用 $\hat{\varphi}_1 = \varphi_{p1}, \hat{\varphi}_2 = \varphi_{p2}, \cdots, \hat{\varphi}_p = \varphi_{pp}$, 得到 $\varphi_1, \varphi_2, \cdots, \varphi_p$ 的估计值 $\hat{\varphi}_1, \hat{\varphi}_2, \cdots, \hat{\varphi}_p$.

第二步　估计参数 $\theta_1, \theta_2, \cdots, \theta_q$ 和 $\sigma^2 = E\varepsilon_t^2$.

记 $Y_t = X_t - \varphi_1 X_{t-1} - \cdots - \varphi_p X_{t-p}$. 由于 X_t 是 ARMA(p,q) 序列, 则

$$Y_t - \varepsilon_t - \theta_1\varepsilon_{t-1} - \cdots - \theta_q\varepsilon_{t-q} = 0,$$

即 $\{Y_t\}$ 是 MA(q) 序列, 可以用 MA(q) 模型参数估计方法估计出 $\hat{\theta}_1, \hat{\theta}_2, \cdots, \hat{\theta}_q$ 和 $\hat{\sigma}^2$. 当然首先要解决的问题是 $\{Y_t\}$ 的自协方差函数 $\nu_k(Y)$ 的估计:

$$\begin{aligned} \nu_k(Y) &= EY_tY_{t+k} = E\left(X_t - \sum_{i=1}^{p} \varphi_i X_{t-i}\right)\left(X_{t+k} - \sum_{j=1}^{p} \varphi_j X_{t+k-j}\right) \\ &= EX_tX_{t+k} - \sum_{j=1}^{p} EX_tX_{t+k-j} - \sum_{i=1}^{p} \varphi_i EX_{t-i}X_{t+k} + \sum_{i=1}^{p}\sum_{j=1}^{p} \varphi_i\varphi_j EX_{t-i}X_{t+k-j} \\ &= \nu_k - \sum_{j=1}^{p} \varphi_j\nu_{k-j} - \sum_{i=1}^{p} \varphi_i\nu_{k+i} + \sum_{i=1}^{p}\sum_{j=1}^{p} \varphi_i\varphi_j\nu_{k-j+i}, \end{aligned}$$

因此, $\nu_k(Y)$ 的估计式为

$$\hat{\nu}_k(Y) = \hat{\nu}_k - \sum_{j=1}^{p} \hat{\varphi}_j\hat{\nu}_{k-j} - \sum_{i=1}^{p} \hat{\varphi}_i\hat{\nu}_{k+i} + \sum_{i=1}^{p}\sum_{j=1}^{p} \hat{\varphi}_i\hat{\varphi}_j\hat{\nu}_{k-j+i}. \tag{9.17}$$

这样, 在 MA(q) 模型参数估计的迭代式中用 $\hat{\nu}_k(Y)$ 替代 $\hat{\nu}_k$, 就能够得到 $\hat{\theta}_1, \hat{\theta}_2, \cdots, \hat{\theta}_q$ 和 $\hat{\sigma}^2$ 的值.

从上面介绍的模型参数估计方法和公式可以看出: 当模型的阶数比较高时, 计算量是很大的. 实际应用中, 随着计算机技术的发展, 很多统计分析软件能够帮助我们快速算出 $\hat{\rho}_k$、$\hat{\varphi}_{kk}$ 和模型参数估计. 现在国际上比较流行的统计分析软件有 SAS(statistical analysis system)、SPSS(statistical product and service Solutions) 和 Eviews(econometrics views), 它们对平稳时间序列理论的发展起着很重要的作用. 可以毫不夸张地说, 时间序列的广泛应用与计算机技术的发展是分不开的, 计算机使高阶模型的计算成为可能. 作为例题, 一般对较低阶模型, 我们可以采用解方程组的方法, 直接计算出参数估计的表达式.

9.4 线性模型的检验

由样本观测序列,经过模型的识别、阶数的确定和参数的估计后,可以初步建立 $\{X_t\}$ 的模型.但在实际应用中,这样建立的模型一般还需要进行统计检验,只有经过检验确认模型基本上反映了 $\{X_t\}$ 的统计特征时,用来进行预测才能收到良好的效果.这里我们介绍模型的自相关函数检验法.它的基本思想是:如果模型是正确的,则模型的估计值与实际观测值之间所产生的误差序列 $\varepsilon_i = x_i - \hat{x}_i (i = 1, 2, \cdots, N)$ 应是随机干扰产生的误差,也就是说,$\{\varepsilon_i\}$ 应该是白噪声序列.否则,模型不正确.

设 $x_1, x_2, \cdots, x_N$ 为样本观测值,不失一般性,不妨设模型为 ARMA(p, q) 模型:
$$\varepsilon_t = X_t - \varphi_1 X_{t-1} - \cdots - \varphi_p X_{t-p} + \theta_1 \varepsilon_{t-1} + \cdots + \theta_q \varepsilon_{t-q},$$
代入参数估计值和观测值:
$$\varepsilon_i = x_i - \hat{\varphi}_1 x_{i-1} - \cdots - \hat{\varphi}_p x_{i-p} + \hat{\theta}_1 \varepsilon_{i-1} + \cdots + \hat{\theta}_q \varepsilon_{i-q}, \quad i = 1, 2, \cdots, N. \quad (9.18)$$
若 $t = 0$ 为开始时刻,即上式中对于 $i \leqslant p, i \leqslant q$ 的项,规定其值为零,则有
$$\varepsilon_1 = x_1,$$
$$\varepsilon_2 = x_2 - \hat{\varphi}_1 x_1 + \hat{\theta}_1 \varepsilon_1 = x_2 - (\hat{\varphi}_1 - \hat{\theta}_1) x_1,$$
$$\varepsilon_3 = x_3 - \hat{\varphi}_1 x_2 + \hat{\theta}_1 \varepsilon_2 = x_3 - (\hat{\varphi}_1 - \hat{\theta}_1) x_2 - [(\hat{\varphi}_2 - \hat{\theta}_2) + \hat{\theta}_1 (\hat{\varphi}_1 - \hat{\theta}_1)] x_1,$$
$$\cdots\cdots$$
$$\varepsilon_N = x_N - \hat{\varphi}_1 x_{N-1} + \hat{\theta}_1 \varepsilon_{N-1}.$$
下面的问题是我们要检验假设 $H_0 : \{\varepsilon_t, t = 1, 2, \cdots, N\}$ 为白噪声序列.

由 $\varepsilon_1, \varepsilon_2, \cdots, \varepsilon_N$ 计算序列的协方差函数和自相关函数估计值.记
$$\hat{\nu}_k(\varepsilon) = \frac{1}{N} \sum_{t=1}^{N-k} \varepsilon_t \varepsilon_{t+k}, \quad k = 0, 1, 2, \cdots, K.$$
其中 K 取 $N/10$ 左右.令
$$\hat{\rho}_k(\varepsilon) = \hat{\nu}_k(\varepsilon) / \hat{\nu}_0(\varepsilon), \quad k = 0, 1, 2, \cdots, K.$$
可以证明,当 H_0 真时,对于充分大的 N,$(\sqrt{N}\hat{\rho}_1(\varepsilon), \sqrt{N}\hat{\rho}_2(\varepsilon), \cdots, \sqrt{N}\hat{\rho}_K(\varepsilon))$ 的联合分布近似于 K 维独立标准正态分布 $N(0, I_K)$,于是,统计量 $Q_K = N \sum_{i=1}^{K} \hat{\rho}_i^2(\varepsilon)$ 服从自由度为 K 的 χ^2 分布.对于给出的显著性水平 α,查表 $\chi_\alpha^2(K)$.若计算统计量满足 $Q_K > \chi_\alpha^2(K)$,则在水平 α 下否定假设 H_0,即所选择的估计模型不合适,应重新选择其他模型.否则,就认为估计模型选择合理.

到现在为止,我们已经介绍了平稳时间序列建立模型的方法.现总结一般步骤如下:

(1) 取样.得到样本观测值 $x_1, x_2, \cdots, x_N$.

(2) 数据的处理.要做好以下两项工作:

① 平稳性检验.若为非平稳序列,首先通过变换(差分变换、对数变换等)变成平稳时间序列.

② 均值归零. 做变换 $W_i = x_i - \bar{x}, i = 1, 2, \cdots, N$, 其中 $\bar{x} = \dfrac{1}{N} \sum\limits_{i=1}^{N} x_i$.

(3) 计算. 计算 $\{W_i\}$ 的样本自协方差函数 $\hat{\nu}_k$、样本自相关函数 $\hat{\rho}_k$ 及样本偏相关函数 $\hat{\varphi}_{kk}$.

(4) 模型识别. 利用平稳时间序列计算出的样本自相关函数 $\hat{\rho}_k$ 和偏相关函数 $\hat{\varphi}_{kk}$ 的截尾性和拖尾性来判断模型的类别和阶数.

(5) 模型的参数估计. 根据第(4)步确定模型的类别和阶数, 利用 9.3 节介绍的方法估计出模型的参数值.

(6) 模型的检验. 利用本节介绍的数理统计方法(一般用 χ^2 检验法)检验所建立的模型是否合适.

(7) 写出模型方程. 先写出 W_t 的模型方程, 再利用 $W_i = x_i - \bar{x}, i = 1, 2, \cdots, N$, 得到模型 X_t 的方程.

根据例 9.2 给出的数据, 通过例 9.6 判断出其适合 AR(2) 模型, 再利用例 9.10 中得到的 $\hat{\varphi}_1 = -0.17, \hat{\varphi}_1 = 0.25$, 我们可以写出模型方程为

$$W_t + 0.17 W_{t-1} - 0.25 W_{t-2} = \varepsilon_t.$$

再由例 9.2 中计算得到的 $\bar{x} = 8669$, 最后得到该模型的方程为

$$X_t = 7966 - 0.17 X_{t-1} + 0.25 X_{t-2} + \varepsilon_t. \tag{9.19}$$

这样就建立了关于 X_t 的线性模型.

9.5　平稳时间序列的预报

平稳时间序列模型的一个重要应用是预报. 所谓预报, 就是由时间序列现在和过去的观测值 $X_1, X_2, \cdots, X_N$ 来预测未来某时刻 $N + l$ 的取值 X_{N+l}, 若记 X_{N+l} 的估计值为 $\hat{X}_N(l)$ 或 $\hat{X}_{N+l}$, 称它为在时刻 N 作 l 步预报值. 同概率统计中的预报一样, 我们以方差最小的预报作为最好的预报, 因此, 采用最小方差预报法.

平稳时间序列的预报方法通常有两种: 一是直接预报法; 另一是递推法. 不同模型的具体实施方法有所不同. 直接预报法是利用逆函数直接预报, 一般运算量较大; 递推法是按照递推预报公式进行, 必须按次序递推. 本节介绍递推预报法.

9.5.1　最小线性方差预报

定义 9.3　设 $\{X_t\}$ 是平稳序列, 如果 X_{N+l} 的估计值 $\hat{X}_N(l)$ 为样本序列 $X_1, X_2, \cdots, X_N$ 的线性组合, 即

$$\hat{X}_N(l) = a + \sum_{i=1}^{N} b_i X_i, \quad a, b_i, i = 1, 2, \cdots, N \text{ 为实数},$$

则称 $\hat{X}_N(l)$ 为 X_{N+l} 的线性预报(linear prediction), 称 $e_N(l) = X_{N+l} - \hat{X}_N(l)$ 为预报的误

差. 如果存在常数 $a, b_1, b_2, \cdots, b_N$, 使得均方误差值 $E(e_N(l))^2 = E(X_{N+l} - \hat{X}_N(l))^2$ 达到最小, 则称 $\hat{X}_N(l) = a + \sum_{i=1}^{N} b_i X_i$ 为 X_{N+l} 的最小线性方差预报 (least linear variance prediction).

下面的定理给出了平稳时间序列递推预报法的理论基础.

定理 9.4 如果平稳时间序列 $\{X_t\}$ 的样本序列为 $X_1, X_2, \cdots, X_N$, 则:

(1) 当 $l \leqslant 0$ 时, $\hat{X}_{N+l} = X_{N+l}$.

(2) 当 $l > 0$ 时, $\hat{\varepsilon}_{N+l} = 0$ a.s. (其中 $\hat{\varepsilon}_{N+l}$ 为 X_{N+l} 的最小线性方差估计值).

证明 (1) 这是显然的. 因为当 $l \leqslant 0$ 时, $N + l \leqslant N$, 有了样本序列 $X_1, X_2, \cdots, X_N$, 则 X_{N+l} 最好的估计值当然是其观测值.

(2) 在已知样本序列 $X_1, X_2, \cdots, X_N$ 下, X_{N+l} 的最小线性方差估计值为

$$\hat{\varepsilon}_{N+l} = a + \sum_{i=1}^{N} b_i X_i, \quad a, b_i, i = 1, 2, \cdots, N \text{ 为实的常数},$$

误差为

$$\delta = e(\varepsilon_{N+l} - \hat{\varepsilon}_{N+l})^2 = E\left(\varepsilon_{N+l} - a - \sum_{i=1}^{N} b_i X_i\right)^2$$

$$= E\varepsilon_{N+l}^2 - 2E\varepsilon_{N+l}\left(a + \sum_{i=1}^{N} b_i X_i\right) + E\left(a + \sum_{i=1}^{N} b_i X_i\right)^2$$

$$= \sigma^2 - 2\sum_{i=1}^{N} b_i E\varepsilon_{N+l} X_i + E\left(a + \sum_{i=1}^{N} b_i X_i\right)^2.$$

对于线性模型而言, 总有 $s > t$, $E\varepsilon_s X_t = 0$, 因此

$$\delta = \sigma^2 + E\left(a + \sum_{i=1}^{N} b_i X_i\right)^2 \geqslant \sigma^2,$$

并且当 $E\left(a + \sum_{i=1}^{N} b_i X_i\right)^2 = 0$ 时, δ 达到最小. 而 $E\left(a + \sum_{i=1}^{N} b_i X_i\right)^2 = 0$ 的充要条件是

$$P\left(a + \sum_{i=1}^{N} b_i X_i = 0\right) = 1,$$

因此

$$\hat{\varepsilon}_{N+l} = a + \sum_{i=1}^{N} b_i X_i = 0 \text{ a.s.}.$$

9.5.2 AR(p)序列的预报方法

设平稳时间序列 $\{X_t\}$ 为 AR(p)序列, 即 $\{X_t\}$ 满足

$$X_t = a + \varphi_1 X_{t-1} + \varphi_2 X_{t-2} + \cdots + \varphi_p X_{t-p} + \varepsilon_t,$$

其中, a 为实的常数, ε_t 为白噪声序列.

现有样本序列 $X_1, X_2, \cdots, X_N$, 我们来求 $\hat{X}_N(l)(l > 0)$. 取 $t = N + l$, 得到

$$X_N(l) = a + \varphi_1 X_N(l-1) + \varphi_2 X_N(l-2) + \cdots + \varphi_p X_N(l-p) + \varepsilon_{N+l}.$$

两边都用估计值来替代, 得

$$\hat{X}_N(l) = a + \varphi_1 \hat{X}_N(l-1) + \varphi_2 \hat{X}_N(l-2) + \cdots + \varphi_p \hat{X}_N(l-p) + \hat{\varepsilon}_{N+l},$$

其中 $\varphi_1, \varphi_2, \cdots, \varphi_p$ 是由样本序列所确定的估计值. 由定理 9.4 得

$$\hat{X}_N(l) = a + \varphi_1 \hat{X}_N(l-1) + \varphi_2 \hat{X}_N(l-2) + \cdots + \varphi_p \hat{X}_N(l-p).$$

取 $l = 1$, 并注意到 $\hat{X}_N(0) = X_N, \hat{X}_N(1-p) = X_{N+1-p}$, 有

$$\hat{X}_N(1) = a + \varphi_1 X_N + \varphi_2 X_{N-1} + \cdots + \varphi_p X_{N+1-p}.$$

取 $l = 2$, 类似可以得到

$$\hat{X}_N(2) = a + \varphi_1 \hat{X}_N(1) + \varphi_2 X_N + \cdots + \varphi_p X_{N+2-p}.$$

代入 $\hat{X}_N(1)$ 的值, 就可求出 $\hat{X}_N(2)$.

一般地, 当 $l \leqslant p$ 时, 在已计算出 $\hat{X}_N(1), \hat{X}_N(2), \cdots, \hat{X}_N(l-1)$ 数值的条件下, 有

$$\hat{X}_N(l) = a + \varphi_1 \hat{X}_N(l-1) + \cdots + \varphi_{l-1} \hat{X}_N(1) + \varphi_l X_N + \cdots + \varphi_p X_{N+l-p}. \quad (9.20)$$

当 $l > p$ 时, 在已计算出 $\hat{X}_N(l-p), \hat{X}_N(l+1-p), \cdots, \hat{X}_N(l-1)$ 数值的条件下, 有

$$\hat{X}_N(l) = a + \varphi_1 \hat{X}_N(l-1) + \varphi_2 \hat{X}_N(l-2) + \cdots + \varphi_p \hat{X}_N(l-p). \quad (9.21)$$

式 (9.20) 和式 (9.21) 给出了 AR(p) 的预报公式. 即先求出 $\hat{X}_N(1)$, 然后由此得到 $\hat{X}_N(2)$, 如此类推地得到 $\hat{X}_N(3), \hat{X}_N(4), \cdots, \hat{X}_N(l)$, 称这种预报方法为递推预报法 (recursive prediction).

从式 (9.20) 和式 (9.21) 可以看出, 对于 AR(p) 序列, 其预报值 $\hat{X}_N(l)$ 的计算只需用到 N 时刻前 p 个观测数据 $X_N, X_{N-1}, \cdots, X_{N-p+1}$, 预报的精度随着步数 l 的增大而降低. 常用的是一步预报, 即

$$\hat{X}_N(1) = a + \varphi_1 X_N + \varphi_2 X_{N-1} + \cdots + \varphi_p X_{N+1-p}.$$

模型方程中 $t = N + 1$ 时, 有

$$X_{N+1} = a + \varphi_1 X_N + \varphi_2 X_{N-1} + \cdots + \varphi_p X_{N-p+1} + \varepsilon_{N+1},$$

得到一步预报误差为

$$\hat{e}_N(1) = X_{N+1} - \hat{X}_N(1) = \varepsilon_{N+1},$$

一步预报均方误差为

$$E(\hat{e}_N(1))^2 = E\varepsilon_{N+1}^2 = \sigma^2.$$

这表明离散白噪声的方差 σ^2 刻画了一步预报的精度.

进一步, 若 $\{X_t\}$ 还是正态序列, 则可证明 $\hat{e}_N(1)$ 服从正态分布 $N(0, \sigma^2)$, 即

$$P(|\hat{e}_N(1)| \leqslant 2\sigma) = 2\Phi(2) - 1 \approx 0.955, \quad (9.22)$$

即 $\hat{e}_N(1)$ 的置信水平 0.955 的置信区间为 $[-2\sigma, 2\sigma]$.

实际应用中, 一般 σ 未知, 常用 $\sqrt{\hat{\sigma}^2}$ 来替代 σ, 并称 $[0, \sqrt{\hat{\sigma}^2}]$ 为置信水平为 0.955 的一步预报的绝对误差范围.

例 9.12 平稳序列 $\{X_t\}$ 适合线性模型 $X_t = 0.03 + 0.27 X_{t-1} + 0.36 X_{t-2} + \varepsilon_t$, 且已知 $\hat{\sigma}^2 = 0.82$, 观测值 $X_{100} = 3.6, X_{99} = 5.7$.

(1) 用递推法求预报值 $\hat{X}_{100}(1), \hat{X}_{100}(2), \hat{X}_{100}(3)$.

(2) 设 $\{X_t\}$ 为正态平稳序列, 求置信水平 0.955 的一步预报的绝对误差范围.

解 (1) $\hat{X}_{100}(1) = 0.03 + 0.27 X_{100} + 0.36 X_{99} = 0.03 + 0.27 \times 3.6 + 0.36 \times 5.7 = 3.05.$

$\hat{X}_{100}(2) = 0.03 + 0.27\hat{X}_{100}(1) + 0.36X_{100} = 0.03 + 0.27 \times 3.05 + 0.36 \times 3.6 = 2.15.$

$\hat{X}_{100}(3) = 0.03 + 0.27\hat{X}_{100}(2) + 0.36\hat{X}_{100}(1) = 0.03 + 0.27 \times 2.15 + 0.36 \times 3.05 = 1.71.$

(2) $2\sqrt{\hat{\sigma}^2} = 2\sqrt{0.82} = 1.81$,因此,一步预报的绝对误差范围是$[0, 1.81]$.

例 9.13 (续例 9.10)根据例 9.2 中的数据,式(9.19)给出了$\{X_t\}$适合的线性模型$X_t = 7966 - 0.17X_{t-1} + 0.25X_{t-2} + \varepsilon_t$,再由表 9.1 中给出的$X_{59} = 9300$,$X_{58} = 10000$,得

$\hat{X}_{59}(1) = 7966 - 0.17X_{59} + 0.25X_{58} = 7966 - 0.17 \times 9300 + 0.25 \times 10000 = 8896,$

$\hat{X}_{59}(2) = 7966 - 0.17\hat{X}_{59}(1) + 0.25X_{59} = 7966 - 0.17 \times 8896 + 0.25 \times 9300 = 8789,$

$\hat{X}_{59}(3) = 7966 - 0.17\hat{X}_{59}(2) + 0.25\hat{X}_{59}(1) = 7966 - 0.17 \times 8789 + 0.25 \times 8896 = 8705.$

例 9.10 中求出$\hat{\sigma}^2 = 4460109.87$,因此,一步预报的绝对误差范围是$[0, 4222]$,预报的误差太大,反映出预报的效果不佳.

9.5.3　MA(q)序列的预报方法

设平稳时间序列$\{X_t\}$为 MA(q)序列,即$\{X_t\}$满足
$$X_t = b + \varepsilon_t - \theta_1\varepsilon_{t-1} - \cdots - \theta_q\varepsilon_{t-q},$$
其中,b为实常数.

现有样本序列$X_1, X_2, \cdots, X_N$,我们来求$\hat{X}_N(l)(l>0)$.取$t = N+l$,由模型方程得
$$X_{N+l} = b + \varepsilon_{N+l} - \theta_1\varepsilon_{N+l-1} - \cdots - \theta_q\varepsilon_{N+l-q}.$$
两边都用估计值来替代,得
$$\hat{X}_N(l) = b + \hat{\varepsilon}_{N+l} - \theta_1\hat{\varepsilon}_{N+l-1} - \cdots - \theta_q\hat{\varepsilon}_{N+l-q}.$$
注意到$l \geqslant 1$时,$\hat{\varepsilon}_{N+l} = 0$,因此
$$\hat{X}_N(l) = b - \theta_1\hat{\varepsilon}_{N+l-1} - \cdots - \theta_q\hat{\varepsilon}_{N+l-q}.$$
分别取$l = 1, l = 2$,得到
$$\hat{X}_N(1) = b - \theta_1\hat{\varepsilon}_N - \cdots - \theta_q\hat{\varepsilon}_{N+1-q},$$
$$\hat{X}_N(2) = b - \theta_1\hat{\varepsilon}_{N+1} - \theta_2\hat{\varepsilon}_N - \cdots - \theta_q\hat{\varepsilon}_{N+2-q} = b - \theta_2\hat{\varepsilon}_N - \cdots - \theta_q\hat{\varepsilon}_{N+2-q}.$$
一般地,对于$1 \leqslant l \leqslant q$,由
$$\hat{X}_N(l) = b - \theta_l\hat{\varepsilon}_N - \theta_{l+1}\hat{\varepsilon}_{N-1} - \cdots - \theta_q\hat{\varepsilon}_{N+l-q}, \tag{9.23}$$
当$l > q$时,由于$\hat{\varepsilon}_{N+l-1} = \cdots = \hat{\varepsilon}_{N+l-q} = 0$,因此有
$$\hat{X}_N(l) = b. \tag{9.24}$$
式(9.23)和式(9.24)给出了 MA(q)序列的预报式.

值得注意的是:当$1 \leqslant l \leqslant q$时,要求出$\hat{X}_N(l)$,必须先求出$\hat{\varepsilon}_N, \hat{\varepsilon}_{N-1}, \cdots, \hat{\varepsilon}_{N+l-q}$,下面介绍其求法.

假定$\hat{\varepsilon}_i = 0(i \leqslant 0)$,由模型方程得
$$\varepsilon_t = X_t - b + \theta_1\varepsilon_{t-1} + \cdots + \theta_q\varepsilon_{t-q}.$$
分别取$t = 1, t = 2, t = 3$,且用预报值替代等式的两边,有

$$\hat{\varepsilon}_1 = X_1 - b + \theta_1\hat{\varepsilon}_0 + \cdots + \theta_q\hat{\varepsilon}_{1-q} = X_1 - b,$$
$$\hat{\varepsilon}_2 = X_2 - b + \theta_1\hat{\varepsilon}_1 = X_2 - b + \theta_1(X_1 - b),$$
$$\hat{\varepsilon}_3 = X_3 - b + \theta_1\hat{\varepsilon}_2 + \theta_2\hat{\varepsilon}_1 = X_3 - b + \theta_1(X_2 - b + \theta_1(X_1 - b)) + \theta_2(X_1 - b).$$

由此类推,就可得到 $\hat{\varepsilon}_1,\hat{\varepsilon}_2,\cdots,\hat{\varepsilon}_N$. 再代入式(9.23)就可求出 $\hat{X}_N(l)$,其中 $1\leqslant l\leqslant q$.

例 9.14　平稳时间序列 $\{X_t\}$ 适合模型
$$X_t = 1.72 + \varepsilon_t - 1.1\varepsilon_{t-1} + 0.24\varepsilon_{t-2},$$
利用样本序列 $X_1,X_2,\cdots,X_{50}$,计算出 $\hat{\varepsilon}_{50} = 1.47,\hat{\varepsilon}_{49} = 0.73$,试利用递推法求预报值.

解　$\hat{X}_{50}(1) = 1.72 - 1.1\hat{\varepsilon}_{50} + 0.23\hat{\varepsilon}_{49} = 1.72 - 1.1\times1.1 + 0.23\times0.73 = 0.2709.$

$\hat{X}_{50}(2) = 1.72 + 0.23\hat{\varepsilon}_{50} = 1.72 + 0.23\times1.47 = 2.0581.$

$\hat{X}_{50}(3) = 1.72.$

9.5.4　ARMA(p,q)序列的预报方法

ARMA(p,q)序列的预报方法是 AR(p)序列和 MA(q)序列预报方法的综合.

设平稳时间序列 $\{X_t\}$ 为 ARMA(p,q)序列,即 $\{X_t\}$ 适合线性模型
$$X_t = b + \varphi_1 X_{t-1} + \cdots + \varphi_p X_{t-p} + \varepsilon_t - \theta_1\varepsilon_{t-1} - \cdots - \theta_q\varepsilon_{t-q}.$$
现有样本序列 $X_1,X_2,\cdots,X_N$,我们来求 $\hat{X}_N(l)(l>0)$.

取 $t = N+l$,由模型方程得
$$X_{N+l} = b + \varphi_1 X_{N+l-1} + \cdots + \varphi_p X_{N+l-p} + \varepsilon_{N+l} - \theta_1\varepsilon_{N+l-1} - \cdots - \theta_q\varepsilon_{N+l-q}.$$
两边都用预报值替代,得
$$\hat{X}_N(l) = b + \varphi_1\hat{X}_N(l-1) + \cdots + \varphi_p\hat{X}_N(l-p) + \hat{\varepsilon}_{N+l} - \theta_1\hat{\varepsilon}_{N+l-1} - \cdots - \theta_q\hat{\varepsilon}_{N+l-q}$$
$$= b + \varphi_1\hat{X}_N(l-1) + \cdots + \varphi_p\hat{X}_N(l-p) - \theta_1\hat{\varepsilon}_{N+l-1} - \cdots - \theta_q\hat{\varepsilon}_{N+l-q}.$$
取 $l = 1$,得到一步预报值
$$\hat{X}_N(1) = b + \varphi_1 X_N + \cdots + \varphi_p X_{N-p+1} - \theta_1\hat{\varepsilon}_N - \cdots - \theta_q\hat{\varepsilon}_{N-q+1}.$$
取 $l = 2$,得
$$\hat{X}_N(2) = b + \varphi_1\hat{X}_N(1) + \varphi_2 X_N + \cdots + \varphi_p X_{N+2-p} + \hat{\varepsilon}_{N+1} - \theta_2\hat{\varepsilon}_N - \cdots - \theta_q\hat{\varepsilon}_{N+2-q}.$$
一般地,当 $1\leqslant l\leqslant q$ 时,有
$$\hat{X}_N(l) = b + \varphi_1\hat{X}_N(l-1) + \cdots + \varphi_p\hat{X}_N(l-p) - \theta_l\hat{\varepsilon}_N - \theta_{l+1}\hat{\varepsilon}_{N-1} - \cdots - \theta_q\hat{\varepsilon}_{N+l-q}.$$
$$(9.25)$$
当 $l>q$ 时,有
$$\hat{X}_N(l) = b + \varphi_1\hat{X}_N(l-1) + \cdots + \varphi_p\hat{X}_N(l-p). \tag{9.26}$$

和 MA(q)序列一样,当 $1\leqslant l\leqslant q$ 时,要求出 $\hat{X}_N(l)$,必须先求出 $\hat{\varepsilon}_N,\hat{\varepsilon}_{N-1},\cdots,\hat{\varepsilon}_{N+l-q}$,下面介绍其求法.

假定 $\hat{\varepsilon}_i = 0,\hat{X}_i = 0(i\leqslant0)$,由模型方程得
$$\varepsilon_t = X_t - b - \varphi_1 X_{t-1} - \cdots - \varphi_p X_{t-p} + \theta_1\varepsilon_{t-1} + \cdots + \theta_q\varepsilon_{t-q}.$$
用预报值替代等式的两边,有

$$\hat{\varepsilon}_t = \hat{X}_t - b - \varphi_1 \hat{X}_{t-1} - \cdots - \varphi_p \hat{X}_{t-p} + \theta_1 \hat{\varepsilon}_{t-1} + \cdots + \theta_q \hat{\varepsilon}_{t-q}.$$

分别取 $t=1, t=2$,得

$$\hat{\varepsilon}_1 = X_1 - b - \varphi_0 \hat{X}_0 - \cdots - \varphi_p \hat{X}_{1-p} + \theta_1 \hat{\varepsilon}_0 + \cdots + \theta_q \hat{\varepsilon}_{1-q} = X_1 - b,$$

$$\hat{\varepsilon}_2 = X_2 - b - \varphi_2 X_1 + \theta_1 \hat{\varepsilon}_1 = X_2 - b - \varphi_2 X_1 + \theta_1 (X_1 - b).$$

由此类推,就可得到 $\hat{\varepsilon}_1, \hat{\varepsilon}_2, \cdots, \hat{\varepsilon}_N$.再代入式(9.25)就可求出 $\hat{X}_N(l)$,其中 $1 \leqslant l \leqslant q$.

例 9.15 平稳时间序列 $\{X_t\}$ 适合模型

$$X_t = -0.07 - 0.47 X_{t-1} + \varepsilon_t - 0.66 \varepsilon_{t-1},$$

利用样本序列 $X_1, X_2, \cdots, X_{50}$,计算出 $\hat{\varepsilon}_{50} = 0.83, X_{50} = 23.7$,试利用递推法求预报值.

解 $\hat{X}_{50}(1) = -0.07 - 0.47 X_{50} - 0.66 \hat{\varepsilon}_{50} = -0.07 - 0.47 \times 23.7 - 0.66 \times 0.83 = -11.7568.$

$$\hat{X}_{50}(2) = -0.07 - 0.47 \hat{X}_{50}(1) = -0.07 - 0.47 \times (-11.7568) = 5.4557.$$

$$\hat{X}_{50}(3) = -0.07 - 0.47 \times \hat{X}_{50}(2) = -0.07 - 0.47 \times 5.4557 = -2.6342.$$

从上面的分析可以看出,正确利用已知的数据、公式对所给出的模型进行预报分为两个问题:一是求预报公式;二是计算预报值并求出置信区间.在实际应用中,往往要求连续预报,每获得一个新数据后,应立即用于对未来做出预报,递推预报法可以适当减少计算量和存储量,如果模型阶数较低,也可利用逆函数法求预报公式.有兴趣的读者可参考相关书籍.

9.5.5 基于 Eviews 的产量数据 ARMA 模型的建立与预测

表 9.7 给出了某工厂 201 个连续生产的产量数据,借助 Eviews 9.0,运用经典 B-J 方法对生产数据建立合适的 ARMA(p,q) 模型,并利用此模型进行短期预测.

表 9.7 产量样本数据表

81.9	89.4	79.0	81.4	84.8	85.9	88.0	80.3	82.6	83.5	80.2	85.2	87.2	83.5
84.3	82.9	84.7	82.9	81.5	83.4	87.7	81.8	79.6	85.8	77.9	89.7	85.4	86.3
80.7	83.8	90.5	84.5	82.4	86.7	83.0	81.8	89.3	79.3	82.7	88.0	79.6	87.8
83.6	79.5	83.3	88.4	86.6	84.6	79.7	86.0	84.2	83.0	84.8	83.6	81.8	85.9
88.2	83.5	87.2	83.7	87.3	83.0	90.5	80.7	83.1	86.5	90.0	77.5	84.7	84.6
87.2	80.5	86.1	82.6	85.4	84.7	82.8	81.9	83.6	86.8	84.0	84.2	82.8	83.0
82.0	84.7	84.4	88.9	82.4	83.0	85.0	82.2	81.6	86.2	85.4	82.1	81.4	85.0
85.8	84.2	83.5	86.5	85.0	80.4	85.7	86.7	86.7	82.3	86.4	82.5	82.0	79.5
86.7	80.5	91.7	81.6	83.9	85.6	84.8	78.4	89.9	85.0	86.2	83.0	85.4	84.4
84.5	86.2	85.6	83.2	85.7	83.5	80.1	82.2	88.6	82.0	85.0	85.2	85.3	84.3
82.3	89.7	84.8	83.1	80.6	87.4	86.8	83.5	86.2	84.1	82.3	84.8	86.6	83.5
78.1	88.8	81.9	83.3	80.0	87.2	83.3	86.6	79.5	84.1	82.2	90.8	86.5	79.7
81.0	87.2	81.6	84.4	84.4	82.2	88.9	80.9	85.1	87.1	84.0	76.5	82.7	85.1
83.3	90.4	81.0	80.3	79.8	89.0	83.7	80.9	87.3	81.1	85.6	86.6	80.0	86.6
83.3	83.1	82.3	86.7	80.2									

1. 数据的预处理

首先,对原序列产量数据做描述统计分析(在 Eviews 9.0 序列工作文件窗口点击

“View/Descriptive Statistics/Histogram and States”），序列均值为 84.11940，我们通常对零均值平稳序列进行建模分析，点击主菜单“Quick/Generate Series”，在对话框中输入“Series x = production-84.11940”，生成均值为零的新序列 x.

其次，通过绘制序列 x 的时序图，粗略看出 201 个连续生产的数据是平稳的（见图9.3），为了精确，需要用统计的方法进行平稳性验证.

最后，利用 ADF 检验序列的平稳性，由于序列不存在明显的趋势，且均值为 0，所以选择不带常数项、不带趋势的模型进行检验，出现图 9.4 中的检验结果，伴随概率表明拒绝存在一个单位根的原假设，序列平稳.

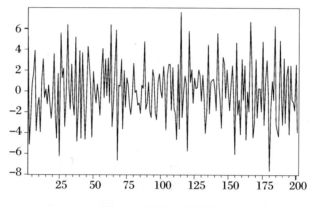

图 9.1　序列 x 时序图

Series: X　Workfile: PRODUCTION::Untitled\

View | Proc | Object | Properties | Print | Name | Freeze | Sample | Genr | Sheet | Graph | Stats | Ider

Augmented Dickey-Fuller Unit Root Test on X

Null Hypothesis: X has a unit root
Exogenous: Constant
Lag Length: 2 (Automatic - based on SIC, maxlag=14)

		t-Statistic	Prob.*
Augmented Dickey-Fuller test statistic		-11.99647	0.0000
Test critical values:	1% level	-3.463405	
	5% level	-2.875972	
	10% level	-2.574541	

*MacKinnon (1996) one-sided p-values.

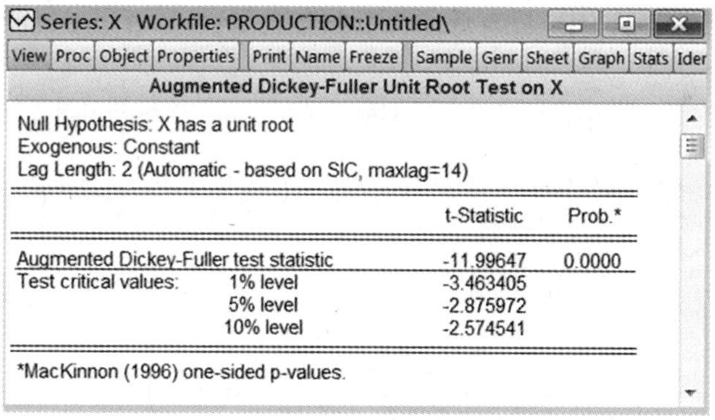

图 9.2　序列 x 平稳性检验结果

2. 模型判别和定阶

通过绘制序列相关图（点击“view/Correlogram”，在“Correlogram of”对话框中选择“Level”即表示对原始序列 x 做相关分析，在滞后阶数中选择 14（$\sqrt{201}$）），即出现相关图如图 9.5 所示. 自相关系数迅速衰减为 0，说明序列平稳，但最后一列白噪声检验的 Q 统计量和相应的伴随概率（各系数为零的概率）表明序列存在相关性. 偏相关系数在 $k=3$ 后很快趋于 0（即 3 阶截尾），可以尝试用模型 AR(3)拟合；自相关系数在 $k=1$ 时显著不为 0，当 $k=2$ 时 2 倍标准差的置信带边缘，也可以考虑用模型 MA(1)或模型 MA(2)拟合；同时可以考虑 ARMA(3,1)模型等.

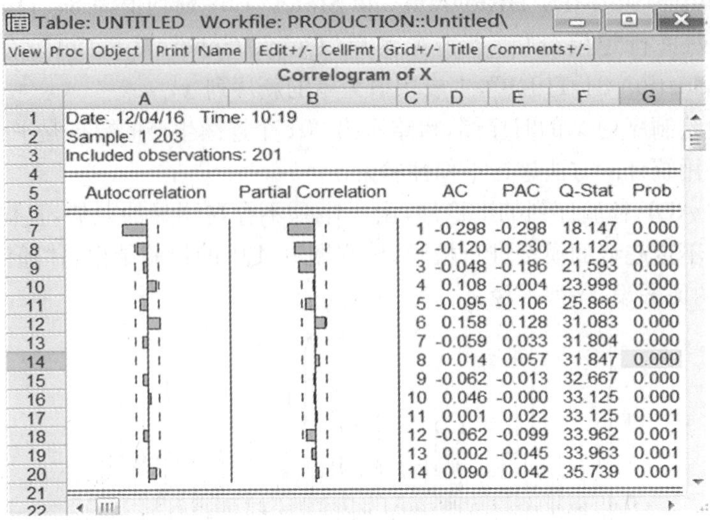

Table: UNTITLED　Workfile: PRODUCTION::Untitled\

Correlogram of X

Date: 12/04/16　Time: 10:19
Sample: 1 203
Included observations: 201

	AC	PAC	Q-Stat	Prob
1	-0.298	-0.298	18.147	0.000
2	-0.120	-0.230	21.122	0.000
3	-0.048	-0.186	21.593	0.000
4	0.108	-0.004	23.998	0.000
5	-0.095	-0.106	25.866	0.000
6	0.158	0.128	31.083	0.000
7	-0.059	0.033	31.804	0.000
8	0.014	0.057	31.847	0.000
9	-0.062	-0.013	32.667	0.000
10	0.046	-0.000	33.125	0.000
11	0.001	0.022	33.125	0.001
12	-0.062	-0.099	33.962	0.001
13	0.002	-0.045	33.963	0.001
14	0.090	0.042	35.739	0.001

图 9.3　序列 x 相关图

3. 模型的参数估计

首先尝试用 AR 模型. 在主窗口输入"ls x ar(1) ar(2) ar(3)". 模型参数估计结果和相关诊断统计量见图 9.4. 由伴随概率可知, AR(i)($i=1,2,3$)均高度显著, 表中最下方给出的是滞后多项式 $\Phi(x^{-1})=0$ 的倒数根, 只有这些值都在单位圆内时, 过程才平稳, 表中的三个根都在单位圆内. AIC 和 SC 准则都是选择模型的重要标准, 在进行比较时, 希望这两个指标越小越好. DW 统计量是对残差的自相关检验统计量, 在 2 附近, 说明残差不存在一阶自相关, 得到下面的 AR(3)模型(AIC 的值为 4.823575):

$$x_t=-0.411685x_{t-1}-0.296322x_{t-2}-0.188609x_{t-3}+\varepsilon_t. \tag{9.27}$$

Equation: UNTITLED　Workfile: PRODUCTION::Un...

Dependent Variable: X
Method: ARMA Maximum Likelihood (BFGS)
Date: 12/04/16　Time: 10:52
Sample: 1 201
Included observations: 201
Convergence achieved after 6 iterations
Coefficient covariance computed using outer product of gradients

Variable	Coefficient	Std. Error	t-Statistic	Prob.
AR(1)	-0.411685	0.075792	-5.431762	0.0000
AR(2)	-0.296322	0.075637	-3.917700	0.0001
AR(3)	-0.188609	0.069280	-2.722416	0.0071
SIGMASQ	6.989151	0.746118	9.367357	0.0000

R-squared	0.168596	Mean dependent var	2.99E-06
Adjusted R-squared	0.155935	S.D. dependent var	2.906625
S.E. of regression	2.670405	Akaike info criterion	4.823575
Sum squared resid	1404.819	Schwarz criterion	4.889312
Log likelihood	-480.7692	Hannan-Quinn criter.	4.850175
Durbin-Watson stat	1.992258		

Inverted AR Roots	.06-.60i	.06+.60i	-.53

图 9.4　AR(3)模型的参数估计图

尝试 MA 模型. 在主窗口输入"ls x ma(1) ma(2)"即可. 从模型输出结果看, 由 MA(1)估计结果的伴随概率可知该系数不显著, 故剔除该项, 继续对模型估计, 得到 MA(1)模型(AIC 的值为 4.828016):

$$x_t = \varepsilon_t - 0.477317\varepsilon_{t-1}. \tag{9.28}$$

尝试 ARMA 模型.在主窗口输入“ls x ar(1)ar(2) ar(3) ma(1)”,由参数估计结果看出,各系数均不显著,说明模型并不适合拟合 ARMA(3,1)模型.经过进一步筛选,逐步剔除不显著的滞后项或移动平均项,最后得到如下 ARMA(2,1)模型(AIC 的值为 4.821560):

$$x_t = -0.139321x_{t-2} - 0.422219\varepsilon_{t-1} + \varepsilon_t. \tag{9.29}$$

综上可见,可以对同一个平稳序列建立多个适合模型,通过比较 AIC 和 SC 的值,以及综合考虑其他检验统计量和模型的简约原则,我们认为 ARMA(2,1)模型是较优选择.

4. 模型检验

参数估计后,应对拟合模型的适应性进行检验,实质是对模型残差序列进行白噪声检验.若残差序列不是白噪声,说明还有一些重要信息没被提取,应重新设定模型.可以对残差进行纯随机性检验,也可用针对残差的 χ^2 检验.

通常有两种方法进行 χ^2 检验.当一个模型估计完毕之后,会自动生成一个估计模型的 resid 序列,对其进行相关图分析便可看出检验结果;另一种方法是在方程输出窗口中点击“View/Residual Tests/Correlogram-Q-Statistics”,输入相应的滞后阶数 14,即出现残差的相关图,如图 9.6 所示,从相关图的 Q 统计量的值和伴随概率知,残差为白噪声序列,通过检验.

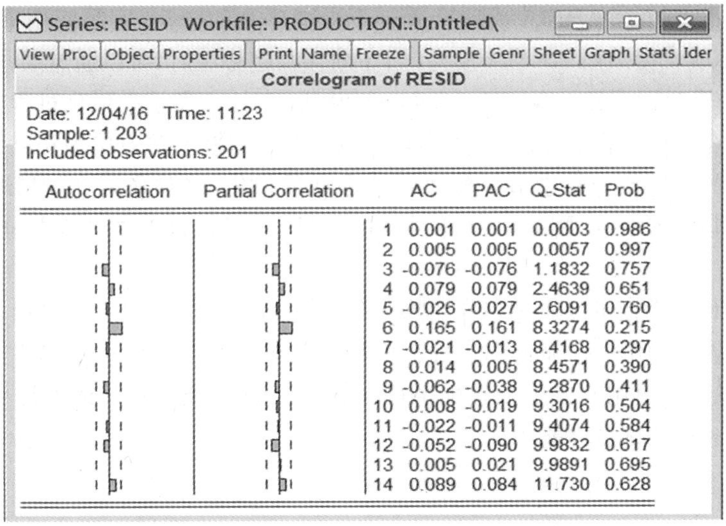

	AC	PAC	Q-Stat	Prob
1	0.001	0.001	0.0003	0.986
2	0.005	0.005	0.0057	0.997
3	-0.076	-0.076	1.1832	0.757
4	0.079	0.079	2.4639	0.651
5	-0.026	-0.027	2.6091	0.760
6	0.165	0.161	8.3274	0.215
7	-0.021	-0.013	8.4168	0.297
8	0.014	0.005	8.4571	0.390
9	-0.062	-0.038	9.2870	0.411
10	0.008	-0.019	9.3016	0.504
11	-0.022	-0.011	9.4074	0.584
12	-0.052	-0.090	9.9832	0.617
13	0.005	0.021	9.9891	0.695
14	0.089	0.084	11.730	0.628

图 9.5　ARMA(2,1)模型残差序列相关图

5. 模型预测

我们用拟合的有效模型进行短期预测,比如预测未来 2 期的产量.首先需要扩展样本期,在命令栏输入“expand 1 203”,样本序列长度就变成 203 了,在模型方程估计窗口点击“Froecast”即可.预测方法常用的有 Dynamic forecast(动态预测)和 Static forecast(统计预测,也称静态预测),前者是根据所选择的一定的估计区间,进行多步向前预测;后者是只滚动地进行向前一步预测,即每预测一次,用真实值代替预测值,加入到估计区间,再进行向前一步预测.预测值存放在 *xf* 序列中,此时我们可以观察原序列 x 和 *xf* 之间的动态关系.同时选中 x 和 *xf*,单击右键,选择“open/as group”,然后点击“view/graph/line”,选择“Static forecast”,点击“ok”,出现如图 9.6 所示的预测对话框.

经过向前 2 步预测，x 的未来 2 期预测值分别为 1.144181 和 0.546053，考虑产量均值 84.11940，就可以得出未来 2 期的产量分别为 85.263581 和 84.665453.

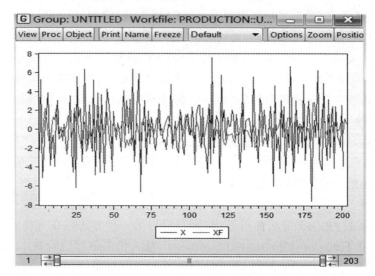

图 9.6　ARMA(2,1)模型静态预测图

最后需要指出的是，ARMA 模型只适合于平稳序列的分析，实际应用中的时间序列并非平稳序列，不能直接采用 ARMA 模型．当序列存在趋势性时，可以通过某些阶数的差分处理使序列平稳化，这时采用 ARIMA(p,d,q) 模型，其中 d 表示平稳化过程中的差分阶数；当序列同时存在趋势性和季节性时，序列具有以季节为周期的整数倍为长度的相关性，需要经过某些阶数的逐期差分和季节差分才能使序列平稳化，这时采用 ARIMA(p,d,q)(P,D,Q)^s 模型，其中 P,Q 为季节性的自回归和移动平均阶数，D 为季节性差分阶数，s 为季节周期.

虽然 ARIMA 模型可以通过差分消除序列中的趋势性来得到平稳序列，但实际中的序列通过有限次差分并不一定能得到较好的平稳化效果，因此，可以选取趋势模型拟合，然后从序列中剔除趋势，再用残差序列建立 ARMA 模型，这样能更有效地发挥 ARMA 模型对平稳时间序列建模的优良性能.

9.6　ARCH 类模型

一些时间序列特别是金融时间序列，常常会出现某一特征的值成群出现的情况，如对股票收益率序列建模，其随机扰动项往往在较大幅度波动后伴随着较大幅度的波动，在较小幅度波动后紧接着较小幅度的波动，这种性质称为波动的集群性．在一般的回归分析和时间序列分析中，要求随机扰动项同方差，但这类序列随机扰动项无条件方差是常量，条件方差是变化的量，这种模型需要利用条件异方差模型（ARCH）建模．本节主要研究利用 ARCH 模型及其拓广形式建模.

9.6.1　ARCH 模型

在对股票价格等金融时间序列进行建模预测时,常常遇到残差序列$\{\varepsilon_t\}$方差为常数的假设一般不成立的情况,解决这一问题的方法之一是将残差序列中的一些有用的信息提取出来. 自回归条件异方差(autoregressive conditional heteroskedastic)模型(ARCH)是一类提取残差序列信息的一种很实用的模型,主要是将方差设定成不同方式得到的,进而表现出数据波动的集聚效应,最常用的两类设定方式是加法形式和乘法形式. 目前常用的是 Engle 于 1982 年提出的下面的定义.

1. ARCH 基本模型

若有一随机过程$\{\varepsilon_t\}$,它的平方ε_t^2服从 AR(q)过程,即有

$$\varepsilon_t^2 = \alpha_0 + \alpha_1 \varepsilon_{t-1}^2 + \cdots + \alpha_q \varepsilon_{t-q}^2 + \eta_t, \tag{9.30}$$

其中$\{\eta_t\}$独立同分布,且$E(\eta_t)=0, D(\eta_t)=\lambda^2 (t=1,2,\cdots)$,则称$\{\varepsilon_t\}$服从$q$阶 ARCH 过程,记为$\varepsilon_t \sim$ARCH$(q)$.

ARCH 模型常用于某些残差序列的描述,其条件均值模型可以是通常的回归模型、自回归模型等. 如在线性回归模型$y_t = \beta_0 + \beta_1 x_{1t} + \cdots + \beta_k x_{kt} + \varepsilon_t$中,假设$\varepsilon_t \sim$ARCH$(q)$,则表明序列可以在回归的同时,带有 ARCH 模型.

2. ARCH 模型的另一种形式

为了方便研究模型的性质,也为了方便与其拓展形式相联系,ARCH(q)模型可以表示为

$$\varepsilon_t = \sqrt{h_t} \cdot \nu_t, \tag{9.31}$$

其中$\{\nu_t\}$独立同分布,且$E(\nu_t)=0, D(\nu_t)=1, h_t$可以表示为

$$h_t = \alpha_0 + \alpha_1 \varepsilon_{t-1}^2 + \cdots + \alpha_q \varepsilon_{t-q}^2. \tag{9.32}$$

对于任意时刻t, ε_t的条件期望$E(\varepsilon_t | \varepsilon_{t-1}, \cdots) = \sqrt{h_t} E(\nu_t) = 0$,条件方差为$D(\varepsilon_t^2 | \varepsilon_{t-1}^2, \cdots) = h_t E(\nu_t^2) = h_t$.

式(9.32)中参数必须满足$\alpha_0 > 0, \alpha_i \geqslant 0 (i=1,2,\cdots,q)$. 为确保$\{\varepsilon_t\}$是一个平稳过程,需要式(9.30)的特征方程$1 - \alpha_1 B - \alpha_2 B^2 - \cdots - \alpha_q B^q = 0$的所有根都在单位圆外,即$\alpha_1 + \alpha_2 + \cdots + \alpha_q < 1$,这些约束条件决定了参数估计后需要进行合理性检验.

若$\varepsilon_t \sim$ARCH(q),则ε_t的无条件方差

$$\sigma^2 = E(\varepsilon_t^2) = \frac{\alpha_0}{1 - \alpha_1 - \cdots - \alpha_q}$$

为常数,而过程在t时刻的条件方差σ_t^2在给定$\varepsilon_{t-1}^2, \varepsilon_{t-2}^2, \cdots, \varepsilon_{t-q}^2$的值时,为

$$\sigma_t^2 = E(\varepsilon_t^2 | \varepsilon_{t-1}^2, \cdots, \varepsilon_{t-q}^2) = \alpha_0 + \alpha_1 \varepsilon_{t-1}^2 + \cdots + \alpha_q \varepsilon_{t-q}^2.$$

可以看出,ε_t的条件方差是时间t的函数,只要知道参数$\alpha_0, \alpha_1, \cdots, \alpha_q$的值,就可以在$t-1$时刻,利用给定的数据$\varepsilon_{t-1}^2, \varepsilon_{t-2}^2, \cdots, \varepsilon_{t-q}^2$预测$\varepsilon_t$在时刻$t$的条件方差.

3. ARCH 效应检验

ARCH 效应检验的最常用方法是拉格朗日乘子检验,即 LM 检验. 假设$\varepsilon_t \sim$ARCH(q),则可以建立如式(9.32)所示的辅助回归模型,检验是否存在 ARCH 效应等价于检验式(9.32)是否成立.若式中所有回归系数同时为 0,表明不存在 ARCH 效应;若式中有一个回

归系数不为 0,表明存在 ARCH 效应. 相应的假设为

$$H_0: \alpha_1 = \cdots = \alpha_q = 0; \quad H_1: \text{存在 } \alpha_i \neq 0 \ (1 \leqslant i \leqslant q).$$

检验统计量为 $LM = nR^2 \sim \chi^2(q)$. 其中 n 为计算辅助回归时的样本数据个数,R^2 为辅助回归方程式(9.32)的未调整可决定系数,即拟合度.

检验时,根据式(9.32)的最小二乘估计,得到拟合优度 R^2,计算 LM 统计量,根据给定的显著性水平 α 和自由度 q,得到临界值 $\chi_\alpha^2(q)$. 若 $LM > \chi_\alpha^2(q)$,拒绝原假设,表明序列存在 q 阶 ARCH 效应;若 $LM < \chi_\alpha^2(q)$,不能拒绝原假设,表明序列不存在 q 阶 ARCH 效应. 也可以根据原假设 H_0 成立的概率 p 与显著性水平 α 比较得出结论.

检验时,从 $q = 1$ 开始,直到不存在 ARCH 效应为止. 存在 ARCH 效应的最高阶数为 q 的取值.

4. ARCH 模型参数的估计和检验

通常 ARCH 模型用于均值模型的残差,当模型的残差存在 ARCH 效应时,可以采用二步最大似然估计.

ARCH 模型的参数检验包括参数的合理性检验和显著性检验. 由于模型参数有限制,参数估计后需要进行合理性检验,即检验参数是否满足 $\alpha_0 > 0, \alpha_i \geqslant 0 (i = 1, 2, \cdots, q)$ 和 $\alpha_1 + \alpha_2 + \cdots + \alpha_q < 1$. ARCH 模型的参数是具有实际意义的,系数的大小反映不同滞后的残差平方对条件方差变动的影响大小,参数的显著性检验类似于回归分析中的参数 t 检验,只有当估计参数与 0 有显著性差异时,才表明所建立的模型是合适的.

9.6.2 广义 ARCH 模型

对于某些存在条件异方差的序列来说,使用 ARCH 模型并不合适,特别是存在高阶 ARCH 效应时,参数往往不能通过合理性或显著性检验,这种情况下可以考虑采用广义的 ARCH(p,q) 模型,即 GARCH(p,q) 模型. 特别需要提到的是,ARCH 模型是 2003 年获得诺贝尔奖的计量经济学成果之一,这也很大程度上推动了 GARCH 类模型近年来理论研究和应用层面的发展.

1. GARCH(p,q) 模型

假设在 ARCH(q) 模型中 $\varepsilon_t = \sqrt{h_t} \cdot \nu_t, \{\nu_t\}$ 独立同分布,且 $\nu_t \sim N(0,1)$,若过程的阶数 $q \to +\infty$,条件异方差 h_t 可以表示为

$$h_t = \alpha_0 + \alpha_1 \varepsilon_{t-1}^2 + \cdots + \alpha_q \varepsilon_{t-q}^2 + \beta_1 h_{t-1} + \cdots + \beta_p h_{t-p}, \tag{9.33}$$

则称过程 $\varepsilon_t = \sqrt{h_t} \nu_t$ 为广义的 ARCH 过程,记为 $\varepsilon_t \sim$ GARCH(p,q). 其中,特征方程 $1 - \beta_1 B - \cdots \beta_p B^p = 0$ 的根都在单位圆之外. 显然,当 $p = 0$ 时,$\varepsilon_t \sim$ ARCH(q);当 $p = q = 0$ 时,ε_t 为白噪声过程. 可以证明,GARCH(p,q) 过程是平稳过程的充分必要条件是

$$\alpha(1) + \beta(1) < 1,$$

式中 $\alpha(1) = \alpha_1 + \alpha_2 + \cdots + \alpha_q, \beta(1) = \beta_1 + \beta_2 + \cdots + \beta_p$. 因此,GARCH$(p,q)$ 模型对参数的约束条件是:$\alpha_0 > 0, \alpha_i \geqslant 0 (i = 1, 2, \cdots, q), \beta_j \geqslant 0 (j = 1, 2, \cdots, p)$ 及 $\alpha(1) + \beta(1) < 1$.

GARCH$(1,1)$ 模型是最常用的 GARCH 模型. 参数 α_0 反映序列波动的平均水平,数据量不同,即数据时期不同,α_0 可能不同;由于通常在研究金融时间序列变化中,Y_t 是日收盘价指数,反映当日价格,ε_t 是取对数后差分结果,称为对数收益,因此,参数 α_1 的大小反映波

动受市场的影响. GARCH(1,1)是平稳过程的充要条件是 $\alpha_1 \geqslant 0, \beta_1 \geqslant 0$ 且 $\alpha_1 + \beta_1 < 1$. 当 $\alpha_1 + \beta_1 = 1$ 时,模型含有单位根.

2. GARCH(p,q)效应检验

GARCH 效应检验可以借助 ARCH 效应检验的结果. 如果序列存在高阶的 ARCH 效应,而 ARCH 模型并不适用,可以考虑存在 GARCH 效应,从而建立 GARCH 模型;也可以通过对辅助回归式(9.33)式的参数 $\beta_1, \cdots, \beta_p$ 是否同时为 0 进行检验,得出结论. 检验仍采用 LM 检验,$LM = nR^2 \sim \chi^2(p)$.

对 GARCH 模型效应进行检验,还可以采用 BL(Box-Ljung)检验. 原假设为
$$H_0 : \nu_t^2 \text{无自相关}, \quad H_1 : \nu_t^2 \text{存在自相关}.$$
检验统计量为
$$BL(m) = n(n+2) \sum_{k=1}^{m} (n-k)^{-1} r_k(\nu_t^2) \sim \chi^2(m-p-q),$$
其中 $r_k(\nu_t^2)$ 是残差序列 $\{\nu_t^2\}$ 的自相关系数,$\nu_t^2 = \varepsilon_t^2 / h_t$,即 ν_t 的估计值平方序列,p、q 为模型的阶数.

检验统计量服从 χ^2 分布,检验标准同 LM 检验. 若拒绝 H_0,表明 GARCH 模型没有有效地描述序列 $\{\varepsilon_t\}$;若不能拒绝 H_0,表明 GARCH 模型有效地描述了序列 $\{\varepsilon_t\}$.

3. GARCH 模型的参数估计

与 ARCH 模型一样,GARCH 模型也常用于均值模型的残差. 如回归分析中,GARCH 回归模型为
$$y_t = x_t' B + \varepsilon_t,$$
$$\varepsilon_t = \sqrt{h_t} \cdot \nu_t,$$
$$h_t = \alpha_0 + \sum_{i=1}^{q} \alpha_i \varepsilon_{t-i}^2 + \sum_{j=1}^{p} \beta_j h_{t-j}, \tag{9.34}$$
其中,y_t、x_t 分别为被解释变量和解释变量序列,$\{x_t\}$ 可以包含 $\{y_t\}$ 的滞后值. 参数估计一般采用广义最小二乘法估计(GLS)和二步最大似然估计(ML).

当用 ARCH(q)模型描述序列变化所需阶数 q 很大时,是很不方便的,同时也常常违背模型对参数的约束,这时,一般应考虑采用 GARCH(p,q)模型.

4. GARCH 模型的检验与评价

(1) 参数检验

GARCH 模型与 ARCH 模型一样,参数估计后需要进行检验,包括合理性检验和显著性检验,如果检验没有通过,表明模型的设置有问题,需要调整模型或选用其他形式的模型. 合理性检验时考察估计参数是否满足参数约束 $\alpha_0 > 0, \alpha_i \geqslant 0 (i = 1, 2, \cdots, q), \beta_j \geqslant 0 (j = 1, 2, \cdots, p)$ 及 $\alpha(1) + \beta(1) < 1$,GARCH 模型的参数是有实际意义的;显著性检验是通过考察参数与 0 是否有显著性差异,从而判断这些参数的实际意义是否存在. $\sum_{i=1}^{q} \alpha_i$ 部分是金融时间序列对数收益的系数,常称为回报系数,反映不同滞后期的市场回报对当期波动(条件方差)的影响;$\sum_{j=1}^{p} \beta_j$ 部分是不同滞后期条件方差的系数,称为滞后系数,反映不同滞后期波动对当前波动的影响.

(2) 残差检验

GARCH 模型与其他统计模型一样,都假定残差序列独立同分布,也就是说残差序列不能存在自相关.

5. GARCH 模型预测

模型如果可以被接受,则可以进行递推预测.例如,对于 GARCH(1,1)模型来说,有

$$h_t = \alpha_0 + \alpha_1 \varepsilon_{t-1}^2 + \beta_1 h_{t-1},$$

由于 $E(\varepsilon_t^2) = h_t$,因此,h_t 的预测式可以写成

$$\hat{h}_t = \alpha_0 + \alpha_1 h_{t-1} + \beta_1 h_{t-1} = \alpha_0 + (\alpha_1 + \beta_1) h_{t-1}. \tag{9.35}$$

由 $t-1$ 时刻的实际波动可以预测 t 时刻,如果 t 时刻实际波动已知,可以不断递推得到 $t+1$, $t+2$,… 的预测值.需要注意的是,在每一步递推预测时都会有误差,随着预测值的不断加长,误差可能会越来越大.

9.6.3 ARCH 模型的拓广形式

当不能用上述某一类模型很好地描述实际序列的变化时,常意味着其预测的精度不高,特别是当残差序列中仍存在自相关时,模型必须加以改进.下面介绍几种 ARCH 模型的拓广形式.

1. 指数的 GARCH 模型(EGARCH)

在 ARCH 过程 $\varepsilon_t = \sqrt{h_t} \cdot \nu_t$ 中,$\{\nu_t\}$ 独立同分布,且 $E(\nu_t) = 0, D(\nu_t) = 1$,并设条件方差 h_t 有下面的形式:

$$\log(h_t) = \alpha_0 + \sum_{i=1}^{q} \left(\alpha_i \left| \frac{\varepsilon_{t-i}}{\sqrt{h_{t-i}}} \right| + \varphi_i \frac{\varepsilon_{t-i}}{\sqrt{h_{t-i}}} \right) + \sum_{j=1}^{p} \beta_j \log(h_{t-j}), \tag{9.36}$$

则称 ε_t 服从 EGARCH 过程.

EGARCH 模型的条件方差 h_t 是由指数形式表示的.模型在条件方差 h_t 中引入了一个参数 φ_i.当随机干扰项 $\nu_{t-i} = \frac{\varepsilon_{t-i}}{\sqrt{h_{t-i}}}$ 取正值或负值时,h_t 会有不同程度的变化.如果参数 φ_i 为负值,且 $-1 < \varphi_i < 0$,则一个负干扰($\nu_{t-i} < 0$)引起 h_t 变化,比相同程度的正干扰($\nu_{t-i} > 0$)引起 h_t 变化要大,表明序列变化存在杠杆效应;若 φ_i 为正值,相同程度的正干扰引起 h_t 的变化要大于负干扰;若 $\varphi_i = 0$,h_t 对正、负干扰的变化是对称的.参数估计后,需要对 φ_i 是否与 0 有显著差异进行检验.EGARCH 模型的参数估计采用最大似然估计.

2. ARCH-M 模型

ARCH 模型和 GARCH 模型主要描述回归模型干扰项的条件方差,一般与 y_t 的条件期望无关.但在实际应用中,干扰项条件方差的变化会直接影响 y_t 条件期望的值.ARCH-M 模型对回归模型和条件方差模型都做了描述.

如果随机过程 $\{y_t\}$ 有

$$y_t = x_t \beta + \delta g(h_t) + \varepsilon_t, \tag{9.37}$$

其中 $\varepsilon_t = \sqrt{h_t} \cdot \nu_t$,$\{\nu_t\}$ 独立同分布,且 $\nu_t \sim N(0,1)$;$g(h_t)$ 为条件方差 h_t 的函数,h_t 可以有 ARCH(q) 或 GARCH(p,q) 的形式,则称随机过程 $\{y_t\}$ 服从 ARCH-M 过程或 GARCH-M 过程.

由式(9.37)可以看出,ARCH-M 模型中条件方差 h_t 同时出现在 $g(h_t)$ 和 ε_t 中,因此,

其参数估计较为复杂. 为了简单起见,实际应用时,通常取 $g(h_t) = h_t$ 或 $g(h_t) = \sqrt{h_t}$ 或 $g(h_t) = \ln h_t$. 在运用 $g(h_t) = \ln h_t$ 时,若 $h_t \to 0$ 时,$\ln h_t \to -\infty$,这种情况下不宜采用这种形式.

是否需要采用这种模型,参数估计后特别要对参数 δ 的显著性进行检验. 如果参数与 0 没有显著性差异,表明序列的波动没有影响其均值,不宜选用该模型;如果参数通过显著性检验,表明条件方差变化影响序列均值变化,应该选用该模型. 系数的符号和大小反映其对条件均值的影响方向和程度.

3. TARCH 模型

TARCH(threshold ARCH)模型最早由 Zakoian 于 1990 年提出,它具有如下形式的条件方差:

$$h_t = \alpha_0 + \sum_{i=1}^{q} \alpha_i \varepsilon_{t-i}^2 + \varphi \varepsilon_{t-1}^2 d_{t-1} + \sum_{j=1}^{p} \beta_j h_{t-j}, \tag{9.38}$$

其中 d_t 是一个名义变量,$d_t = \begin{cases} 1, & \varepsilon_t < 0 \\ 0, & \varepsilon_t \geq 0 \end{cases}$. 由于引入了 d_t,股价上涨信息($\varepsilon_t > 0$) 和下跌信息($\varepsilon_t < 0$) 对条件方差的作用效果不同. 上涨时 $\varphi \varepsilon_{t-1}^2 d_{t-1} = 0$,其影响可用系数 $\sum_{i=1}^{q} \alpha_i$ 代表;下跌时影响系数为 $\sum_{i=1}^{q} \alpha_i + \varphi$. 若 $\varphi \neq 0$,说明信息作用是非对称的;若 $\varphi > 0$,认为存在杠杆效应. 是否运用这个模型,需要在参数估计后对 φ 进行显著性检验,只有参数与 0 有显著性差异,才可以采用该模型.

4. 幂 ARCH 模型

GARCH 模型是对方差的模拟(不是标准差),而不同冲击对于不同幂次的标准差影响不同. 基于这一思想,幂 ARCH(power ARCH)模型对 GARCH 模型做了进一步扩展,对标准差的幂次进行模拟,这个幂次并不需要事先给定,而是通过模型自身来决定,它的形式为

$$(\sqrt{h_t})^{\delta} = \alpha_0 + \sum_{i=1}^{q} \alpha_i (|\varepsilon_{t-i}| + \varphi_i \varepsilon_{t-i})^{\delta} + \sum_{j=1}^{p} \beta_j (\sqrt{h_{t-j}})^{\delta}, \tag{9.39}$$

其中 $\delta > 0$,$|\varphi_i| \leqslant 1 (i = 1, 2, \cdots, k)$,对于 $i > k$,有 $\varphi_i = 0$,对 k 的约束是 $1 \leqslant k \leqslant q$,参数 φ_i 用于考察 $1 \sim k$ 期的非对称性. 如果对于所有的 i,$\varphi_i = 0$,则模型是对称的;如果 $\varphi_i \neq 0$,则模型是非对称的,系统存在杠杆效应. 当 $\delta = 2$,$\varphi_i = 0$(对于所有的 i)时,幂 ARCH 模型就是 GARCH 模型. 模型是否合适,需要参数估计后通过显著性检验来确定.

5. 成分 ARCH 模型

对于 GARCH(1,1)模型,条件方差可以写为

$$h_t = \tilde{\omega} + \alpha_1 (\varepsilon_{t-1}^2 - \tilde{\omega}) + \beta_1 (h_{t-1} - \tilde{\omega}),$$

反映条件方差与常数 $\tilde{\omega}$ 的平均偏离程度. 成分(Component) ARCH 模型反映条件方差对于一个变量 c_t 的平均偏离趋势:

$$h_t - c_t = \alpha (\varepsilon_{t-1}^2 - c_{t-1}) + \beta (h_{t-1} - c_{t-1}), \tag{9.40}$$

其中

$$c_t = \omega + \sigma (\varepsilon_{t-1}^2 - h_{t-1}) + \rho (c_{t-1} - \omega). \tag{9.41}$$

式(9.40)描述短期(transitory)成分 $h_t - c_t$,以 $\alpha + \beta$ 的势(反映衰减速度)趋于 0;式(9.41)描述长期(permanent)成分 c_t,以 ρ 的势趋于 ω. 一般地,$0.99 < \rho < 1$,以保证 c_t 的收敛速

度足够慢.另外,可以在两式或任一个中引入外生变量,来改变序列短期或长期波动水平.模型是否实用,需要在参数估计后进行显著性检验确定.

6. 非对称成分 ARCH 模型

将非对称的 TARCH 模型和成分 ARCH 模型相结合,可以得到非对称的成分 ARCH 模型.

$$c_t = \omega + \sigma(\varepsilon_{t-1}^2 - h_{t-1}) + \rho(c_{t-1} - \omega) + \xi_1 z_{1t}, \tag{9.42}$$

$$h_t - c_t = \alpha(\varepsilon_{t-1}^2 - c_{t-1}) + \varphi(\varepsilon_{t-1}^2 - c_{t-1})d_{t-1} + \beta(h_{t-1} - c_{t-1}) + \xi_2 z_{2t}. \tag{9.43}$$

其中 z_{1t} 和 z_{2t} 是外生变量,d_t 是名义变量.当 $\varphi > 0$ 时,条件方差存在短期杠杆效应.模型是否适用,需要在参数估计后进行显著性检验确定.

ARCH 模型还有许多拓广形式,有兴趣的读者可以参看相关书籍.

9.6.4 条件异方差模型对上证指数的实证研究

以上证指数(代码 999999)为研究对象,选取 2015.07.13~2017.12.02 每个交易日上证指数收盘价为样本,共 584 个日收盘价,得到 583 个日对数收益率(基本数据见附表 4).

1. 基本描述性统计和平稳性检验

样本期内上证指数日收益率均值为 0.0227%,标准差为 2.405%,偏度为 -0.324552,峰度为 4.64,高于正态分布的峰度值 3,表明收益率 r_t 具有尖峰厚尾特征.JB 正态性检验统计量为 75.51,表明收益率 r_t 显著异于正态分布.在 0.01 的显著水平下,上证指数日收益率 r_t 拒绝存在一个单位根的原假设,表明上证指数日收益率序列是平稳的.通过样本自相关函数(ACF)和偏自相关函数(PACF)可以看出,滞后 20 阶的自相关函数和偏自相关函数至少在 95% 置信水平下认为与 0 无显著差异,Box-Ljung 统计量显示 $Q(20) = 42.835$(在显著性水平 $\alpha = 0.01$ 时的临界值为 37.566),接受直到第 20 阶自相关函数全部为 0 的原假设,表明日收益率序列本身的自相关性很弱,但是日收益率平方 r_t^2 却表现出很强的自相关性,判断出日收益率序列可能存在 ARCH 效应,有必要对其进行 ARCH 效应检验.

2. ARCH 效应检验

日收益率序列本身有很弱的自相关性,因此可把日收益率写成

$$r_t = \mu + \varepsilon_t,$$

其中 μ 为常数项,ε_t 为误差项.

检验序列 $\{\varepsilon_t\}$ 是否存在 ARCH 效应,最常用的方法就是 LM 检验.首先对日收益率序列 r_t 关于均值回归,在命令栏里输入"ls rt c"得到回归方程,然后对残差进行检验.

在出现的"Equation"窗口中进行 ARCH-LM 检验,选择 6 阶滞后,得到如图 9.7 所示的结果.

ARCH Test:			
F-statistic	2.702501	Probability	0.013517
Obs*R-squared	15.96012	Probability	0.013970

图 9.7 日收益率残差的 ARCH-LM 检验

LM 统计量为 15.96,显著性水平 $\alpha = 0.05$ 的临界值为 12.592,且相伴概率为 0.0135,

小于显著性水平 $\alpha = 0.05$,拒绝原假设 H_0,认为 $\{\varepsilon_t\}$ 存在高阶 ARCH 效应,因此,可对误差项 ε_t 进一步建模分析.

3. ARCH 族模型的建立

(1) GARCH(1,1)模型估计结果

我们首先用 GARCH(1,1)模型建模.点击"Quick"→"Estimate Equation",在出现的窗口"Method"选项中选择"ARCH",在"Mean Equation"栏输入均值方程"rt c","Error"项选择正态分布,得到 GARCH(1,1)模型如图 9.8 所示.

	Coefficient	Std. Error	z-Statistic	Prob.
C	0.001350	0.000791	1.705229	0.0882
Variance Equation				
C	2.14E-06	1.33E-06	1.608923	0.1076
RESID(-1)^2	0.036802	0.009217	3.992753	0.0001
GARCH(-1)	0.963612	0.008861	108.7431	0.0000
R-squared	-0.002183	Mean dependent var		0.000227
Adjusted R-squared	-0.007376	S.D. dependent var		0.024054
S.E. of regression	0.024142	Akaike info criterion		-4.733400
Sum squared resid	0.337470	Schwarz criterion		-4.703430
Log likelihood	1383.786	Durbin-Watson stat		2.022254

图 9.8 上证指数日收益率 GARCH(1,1)模型估计结果

收益率条件方差方程中 ARCH 项和 GARCH 项都是高度显著的,表明收益率序列具有显著的波动集簇性.ARCH 项和 GARCH 项系数之和为 0.999<1,因此 GARCH(1,1)过程是平稳的,但波动的持续性很高,模型合适.

建立的 GARCH(1,1)模型为

$$r_t = 0.001350 + \varepsilon_t, \quad \varepsilon_t = \sqrt{h_t} \cdot \nu_t,$$
$$h_t = 2.14 \times 10^{-6} + 0.036802\varepsilon_{t-1}^2 + 0.963612h_{t-1},$$
$$\quad (1.608923) \qquad (3.992753) \qquad (108.7431)$$
$$\quad (0.1076) \qquad (0.0001) \qquad (0.0000) \tag{9.44}$$

式中每个系数下方的第一个括号中是系数估计的 t 统计量,第二个括号中是系数为 0 的概率.

(2) EGARCH 模型估计结果

建立的 EGARCH 模型为

$$r_t = 0.000898 + \varepsilon_t, \quad \varepsilon_t = \sqrt{h_t} \cdot \nu_t,$$
$$\log(h_t) = -0.344826 + 0.152820\left|\frac{\varepsilon_{t-1}}{\sqrt{h_{t-1}}}\right| - 0.049853\frac{\varepsilon_{t-1}}{\sqrt{h_{t-1}}} + 0.969350\log(h_{t-1}).$$
$$\quad (-4.365621) \quad (4.797460) \qquad (-3.0666610) \qquad (100.6575)$$
$$\quad (0.0000) \qquad (0.0000) \qquad (0.0022) \qquad (0.0000) \tag{9.45}$$

条件方差方程的各参数估计结果都是高度显著的,说明上证指数日收益率显示出高度的非对称性,且 $\dfrac{\varepsilon_{t-1}}{\sqrt{h_{t-1}}}$ 的系数是负值,系数为 0 的概率是 0.0022,通过检验,表明对利空消息的反

应更敏感,存在杠杆效应.

(3) TARCH 模型估计结果

建立的 TARCH 模型为

$$r_t = 0.001214 + \varepsilon_t, \quad \varepsilon_t = \sqrt{h_t} \cdot \nu_t,$$
$$h_t = 4.86 \times 10^{-6} + 0.040672\varepsilon_{t-1}^2 + 0.032056\varepsilon_{t-1}^2 d_{t-1} + 0.937654h_{t-1}.$$
$$\qquad (2.040352) \qquad (2.300227) \qquad (1.595625) \qquad\quad (81.66805)$$
$$\qquad (0.0413) \qquad\;\; (0.0214) \qquad\quad (0.1106) \qquad\qquad (0.0000) \tag{9.46}$$

上式中 $\varepsilon_{t-1}^2 d_{t-1}$ 的系数为正值,表明上证指数日收益率存在杠杆效应,但系数为 0 的概率为 0.1106,没有通过显著性检验,该模型不合适.

(4) ARCH-M 模型估计结果

建立式(9.37)的 ARCH-M 模型,选取 $g(h_t) = \sqrt{h_t}$,其中,h_t 的表达式是 TARCH 模型,得到其系数为 0 的概率是 0.1204,显著性检验没有通过,表明条件方差变化并不显著影响条件均值;若选取 $g(h_t) = \ln h_t$,h_t 的表达式是 TARCH 模型,得到其系数为 0 的概率是 0.1287,显著性检验没有通过,表明条件方差变化并不显著影响条件均值.同样也可以选取方差的其他形式讨论,同样得到条件方差变化并不显著影响条件均值,这类模型不合适.

我们运用 GARCH 族模型,对上证指数日收益率的波动性、波动的非对称性,做了全面的分析.上证指数日收益率本身不存在相关性,而收益率的平方存在高度自相关性,且存在明显的 GARCH 效应;上证指数日收益率不存在 ARCH-M 效应,即条件标准差或方差对均值几乎没有显著影响;上证指数日收益率存在明显的杠杆效应,反映了在我国股票市场上坏消息引起的波动要大于好消息引起的波动.

习 题 9

9.1 下面的数据给出了一个随机过程的样本序列:

1057,3003,167,1541,833,451.667,1260.333,1009.333,1075.667,2858,856.667,160.333,2166.667,132.833,1647.833,2176.833,2246.333,2961.167,261.833,2023.167,1631.667

在显著性水平 0.05 下,能否认为此随机过程为平稳过程?

9.2 由零均值的平稳序列 $\{X_t\}$ 的大小 $N=160$ 的样本计算得到样本自相关函数和偏相关函数如表 9.8 所示,判断 $\{X_t\}$ 适合的线性模型的类别和阶数.

表 9.8 相关函数表

k	1	2	3	4	5	6	7	8
$\hat{\rho}_k$	0.56	0.30	0.17	0.05	0.07	0.05	-0.02	0.05
$\hat{\varphi}_{kk}$	0.56	-0.02	0.02	-0.07	0.10	-0.03	0.07	-0.02
k	9	10	11	12	13	14	15	16
$\hat{\rho}_k$	-0.09	-0.05	0.02	0.01	0.02	0	0.05	0.09
$\hat{\varphi}_{kk}$	-0.05	-0.05	0.05	-0.03	0.02	-0.02	0.01	0.02

9.3 某化学反应记录了 200 个温度数据,计算得样本自相关函数和偏相关函数如表 9.9 所示,判断 $\{X_t\}$ 适合的线性模型的类别和阶数.

表 9.9 样本自相关函数表

k	1	2	3	4	5	6	7	8
$\hat{\rho}_k$	-0.50	-0.84	-0.13	-0.11	-0.01	-0.04	-0.09	-0.05
$\hat{\varphi}_{kk}$	-0.72	-0.64	-0.71	-0.82	-0.73	-0.75	-0.76	-0.72
k	9	10	11	12	13	14	15	16
$\hat{\rho}_k$	-0.08	0.13	-0.04	0.07	-0.05	0.02	0.03	-0.02
$\hat{\varphi}_{kk}$	0.14	-0.32	0.11	-0.16	-0.12	-0.10	-0.07	-0.01

9.4 对于题 9.2 中给出的线性模型的类别和阶数,估计出其参数 σ^2(设 $\hat{\nu}_0 = 0.1$).

9.5 假定题 9.3 中的 $\{X_t\}$ 适合线性模型 MA(1),估计出模型的参数,并写出模型方程式.设 200 个温度数据的样本均值 $\bar{x} = 50$,$\hat{\nu}_0 = 0.1$.

9.6 某人心跳时间间隔(即两次心跳之间的时间间隔)有 400 个数据,计算出样本均值 $\bar{x} = 76.9$,样本自相关函数 $\hat{\rho}_1 = 0.567$,$\hat{\rho}_2 = 0.474$,假设心跳时间间隔 $(X_t - \bar{X})$ 识别为 ARMA(1,1) 序列,写出 $\{X_t\}$ 适合的线性模型方程.

9.7 平稳序列 $W_t = Z_t - \bar{Z}$ 的样本自相关函数如表 9.10 所示,若 $\hat{\nu}_0 = 3.34$,样本均值 $\bar{Z} = 0.03$,模型识别为 AR(1),写出 Z_t 的模型方程并求出 $\hat{\sigma}^2$ 的值.

表 9.10 样本自相关函数表

k	1	2	3	4	5
$\hat{\rho}_k$	-0.800	0.676	-0.518	0.390	-0.310

9.8 零均值平稳序列 $\{W_t\}$ 的样本自相关函数如表 9.11 所示,若 $\hat{\nu}_0 = 1.34$,模型识别为 MA(1),写出 W_t 适合的线性模型方程并求出 $\hat{\sigma}^2$ 的值.

表 9.11 样本自相关函数表

k	1	2	3	4	5
$\hat{\rho}_k$	0.449	0.056	-0.023	0.028	0.013

9.9 零均值平稳序列 $\{W_t\}$ 的样本自相关函数如表 9.12 所示,若 $\hat{\nu}_0 = 2.32$,模型识别为 ARMA(1,1),写出 W_t 适合的线性模型方程并求出 $\hat{\sigma}^2$ 的值.

表 9.12 样本自相关函数表

k	1	2	3	4	5
$\hat{\rho}_k$	-0.719	0.337	-0.083	0.075	-0.088

9.10 平稳序列 $\{Z_t\}$ 满足线性模型

$$Z_t = 0.05 - 0.80 Z_{t-1} + \varepsilon_t,$$

且 $\hat{\sigma}^2 = 1.20$. 观察值 $Z_{100} = 3.2$, 用递推法求预报值 $\hat{Z}_{100}(1), \hat{Z}_{100}(2), \hat{Z}_{100}(3)$, 并求置信水平为 0.95 的一步预报的绝对误差范围(假定 $\{Z_t\}$ 为正态序列).

9.11 平稳序列 $\{Z_t\}$ 满足线性模型

$$Z_t = -0.34 + \varepsilon_t + 0.62\varepsilon_{t-1},$$

且 $\hat{\sigma}^2 = 0.96$, 利用观察值 $Z_1, Z_2, \cdots, Z_{50}$ 计算出 $\varepsilon_{50} = 1.26$, 用递推法求预报值 $\hat{Z}_{50}(1)$, $\hat{Z}_{50}(2), \hat{Z}_{50}(3)$.

9.12 平稳序列 $\{Z_t\}$ 满足线性模型

$$Z_t = -0.07 - 0.47Z_{t-1} + \varepsilon_t - 0.66\varepsilon_{t-1},$$

且 $\hat{\sigma}^2 = 0.88$. 利用观察值 $Z_1, Z_2, \cdots, Z_{50}$ 计算出 $\hat{\varepsilon}_{50} = 0.83$, 且 $Z_{50} = 23.7$, 用递推法求预报值 $\hat{Z}_{50}(1), \hat{Z}_{50}(2), \hat{Z}_{50}(3)$.

第 10 章　随机积分与随机微分方程

对于普通函数的研究,微分与积分是一对互逆的运算,一般地,我们常从导数入手,进而得到微分与积分,但对于非常复杂的函数,导数往往很难得到甚至不存在,积分却可以通过数值方法得到,比导数更容易理解与处理,也容易做近似计算,因此,人们也常常以积分作为微积分的核心.本章主要目的是引入关于 Brown 运动的积分,讨论其性质并给出在随机分析及金融学中有重要应用的 Itô 公式.

10.1　关于随机游动和 Brown 运动的积分

10.1.1　关于随机游动的积分

我们从讨论关于简单的随机游动的积分开始研究随机积分.设 $X_1, X_2, \cdots, X_n$ 是独立的随机变量,我们可以将 X_n 理解为第 n 次公平赌博的结果($X_n = 1$ 为赢 1 元, $X_n = -1$ 为输 1 元),即 $P\{X_i = 1\} = P\{X_i = -1\} = \dfrac{1}{2}$,令

$$S_n = X_1 + X_2 + \cdots + X_n,$$

$\mathscr{F}_n = \sigma(X_1, X_2, \cdots, X_n)$ 为由 $\{X_i, 1 \leqslant i \leqslant n\}$ 生成的 σ 代数,也可理解为包含 $X_1, X_2, \cdots, X_n$ 的信息.令 B_n 是 $\mathscr{F}_{n-1}$ 可测的随机变量序列,比如它表示第 n 次赌博时所下的赌注,则它只能利用第 $n-1$ 次及以前的信息,而不能利用第 n 次的结果,于是得到 n 时刻的收益

$$Z_n = \sum_{i=1}^{n} B_i X_i = \sum_{i=1}^{n} B_i(S_i - S_{i-1}) = \sum_{i=1}^{n} B_i \Delta S_i,$$

这里 $\Delta S_i = S_i - S_{i-1}, S_0 = 0$.我们称 Z_n 为 B_n 关于 S_n 的积分.

容易看出, $EZ_n = 0$,且 $\{Z_n\}$ 是关于 $\mathscr{F}_n$ 的鞅,即若 $m < n$,有 $E(Z_n | \mathscr{F}_m) = Z_m$.进一步,如果假定 $E(B_n^2) < +\infty$,则有

$$\mathrm{Var}(Z_n) = E(Z_n^2) = \sum_{i=1}^{n} E(B_i^2).$$

事实上,由

$$Z_n^2 = \sum_{i=1}^{n} B_i^2 X_i^2 + 2 \sum_{1 \leqslant i < j \leqslant n} B_i B_j X_i X_j,$$

注意到 $X_i^2 = 1$,如果 $i < j$,则 B_i, X_i, B_j 都是 $\mathscr{F}_{j-1}$ 可测的,且 X_j 独立于 $\mathscr{F}_{j-1}$,于是由条件期望的性质,得

$$E(B_i B_j X_i X_j) = E[E(B_i B_j X_i X_j \mid \mathscr{F}_{j-1})] = E[B_i B_j X_i E(X_j)] = 0.$$

10.1.2　关于 Brown 运动的积分

设 $\{B(t)\}$ 是一维标准 Brown 运动,有时也记为 $\{w_t\}$. 首先考虑一个非随机的简单过程 $X(t)$,即 $X(t)$ 是一个简单函数(不依赖于 $B(t)$),由简单函数的定义,存在 $[0,T]$ 上的一个分割 $0 = t_0 < t_1 < t_2 < \cdots < t_n = T$ 及常数 $c_0, c_1, \cdots, c_{n-1}$,使得

$$X(t) = \begin{cases} c_0, & \text{如果 } t = 0 \\ c_i, & \text{如果 } t_i < t \leqslant t_{i+1}, i = 0, 1, \cdots, n-1 \end{cases}.$$

也可表示为

$$X(t) = c_0 I_0(t) + \sum_{i=0}^{n-1} c_i I_{(t_i, t_{i+1}]}(t).$$

于是,可定义其积分为

$$\int_0^T X(t) dB(t) = \sum_{i=0}^{n-1} c_i [B(t_{i+1}) - B(t_i)]. \tag{10.1}$$

由 Brown 运动的独立增量性可知,式(10.1)所定义的积分是 Gauss 分布的随机变量,其均值为 0,方差为

$$\begin{aligned}
\text{Var}\left[\int_0^T X(t) dB(t)\right] &= E\left\{\sum_{i=0}^{n-1} c_i [B(t_{i+1}) - B(t_i)]\right\}^2 \\
&= E\left\{\sum_{i=0}^{n-1} \sum_{j=0}^{n-1} c_i c_j [B(t_{i+1}) - B(t_i)][B(t_{j+1}) - B(t_j)]\right\} \\
&= \sum_{i=0}^{n-1} \sum_{j=0}^{n-1} c_i c_j E\{[B(t_{i+1}) - B(t_i)][B(t_{j+1}) - B(t_j)]\} \\
&= \sum_{i=0}^{n-1} c_i^2 (t_{i+1} - t_i). \tag{10.2}
\end{aligned}$$

用取极限的方法可以将这一定义推广到一般非随机函数 $X(t)$. 但是要定义随机过程的积分,我们必须将简单函数中的常数 c_i 用随机变量 ξ_i 来替代,并且要求 ξ_i 是 $\mathscr{F}_{t_i}$ 可测的. 这里 $\mathscr{F}_t = \sigma\{B(u), 0 \leqslant u \leqslant t\}$. 于是,由 Brown 运动的鞅性质,得到

$$E\{\xi_i [B(t_{i+1}) - B(t_i)] \mid \mathscr{F}_{t_i}\} = \xi_i E\{[B(t_{i+1}) - B(t_i)] \mid \mathscr{F}_{t_i}\} = 0.$$

因此

$$E\{\xi_i [B(t_{i+1}) - B(t_i)]\} = 0. \tag{10.3}$$

定义 10.1　设 $\{X(t), 0 \leqslant t \leqslant T\}$ 是一个简单的随机过程,即存在 $[0,T]$ 上的一个分割 $0 = t_0 < t_1 < t_2 < \cdots < t_n = T$,随机变量 $\xi_0, \xi_1, \cdots, \xi_{n-1}$ 使得 ξ_0 是常数, ξ_i 依赖于 $B(t), t \leqslant t_i$,但不依赖于 $B(t), t > t_i, i = 0, 1, \cdots, n-1$,并且

$$X(t) = \xi_0 I_0(t) + \sum_{i=0}^{n-1} \xi_i I_{(t_i, t_{i+1}]}(t), \tag{10.4}$$

则称

$$\int_0^T X(t) dB(t) = \sum_{i=0}^{n-1} \xi_i [B(t_{i+1}) - B(t_i)] \tag{10.5}$$

为 Itô 积分,记为 $\int_0^T X dB$.

性质 10.1　简单过程的积分是一个随机变量,且满足下述性质:

(1)(线性性)如果 $X(t),Y(t)$ 是简单过程,则

$$\int_0^T [\alpha X(t)+\beta Y(t)]\mathrm{d}B(t)=\alpha\int_0^T X(t)\mathrm{d}B(t)+\beta\int_0^T Y(t)\mathrm{d}B(t),$$

这里 α,β 是常数.

(2) $\int_0^T I_{[a,b]}(t)\mathrm{d}B(t)=B(b)-B(a)$,这里 $I_{[a,b]}(t)$ 是区间 $[a,b]$ 上的示性函数.

(3)(零均值性)如果 $E(\xi_i^2)<+\infty$ $(i=0,1,\cdots,n-1)$,则

$$E\left[\int_0^T X(t)\mathrm{d}B(t)\right]=0.$$

(4)(等距性)如果 $E(\xi_i^2)<+\infty$ $(i=0,1,\cdots,n-1)$,则

$$E\left[\int_0^T X(t)\mathrm{d}B(t)\right]^2=\int_0^T E[X^2(t)]\mathrm{d}t. \tag{10.6}$$

证明　性质(1)(2)(3)是简单的,只证明性质(4).

由 Cauchy-Schwarz 不等式,得

$$E\{|\xi_i[B(t_{i+1})-B(t_i)]|\}\leqslant\sqrt{E(\xi_i^2)E[B(t_{i+1})-B(t_i)]^2}<+\infty.$$

于是

$$\begin{aligned}
\mathrm{Var}\left(\int_0^T X\mathrm{d}B\right)&=E\left[\sum_{i=0}^{n-1}\xi_i(B(t_{i+1})-B(t_i))\right]^2\\
&=E\left[\sum_{i=0}^{n-1}\xi_i(B(t_{i+1})-B(t_i))\cdot\sum_{j=0}^{n-1}\xi_j(B(t_{j+1})-B(t_j))\right]\\
&=\sum_{i=0}^{n-1}E[\xi_i^2(B(t_{i+1})-B(t_i))^2]\\
&\quad+2\sum_{i<j}E[\xi_i\xi_j(B(t_{i+1})-B(t_i))(B(t_{j+1})-B(t_j))].
\end{aligned}$$

由 Brown 运动的独立增量性及关于 ξ_i 的假定,有

$$E[\xi_i\xi_j(B(t_{i+1})-B(t_i))(B(t_{j+1})-B(t_j))]=0.$$

再由 Brown 运动的鞅性,得到

$$\begin{aligned}
\mathrm{Var}\left(\int_0^T X\mathrm{d}B\right)&=\sum_{i=0}^{n-1}E[\xi_i^2(B(t_{i+1})-B(t_i))^2]\\
&=\sum_{i=0}^{n-1}E\{E[\xi_i^2(B(t_{i+1})-B(t_i))^2]|\mathscr{F}_{t_i}\}\\
&=\sum_{i=0}^{n-1}E\{[\xi_i^2 E(B(t_{i+1})-B(t_i))^2]|\mathscr{F}_{t_i}\}\\
&=\sum_{i=0}^{n-1}E\xi_i^2(t_{i+1}-t_i)\\
&=\int_0^T E[X^2(t)]\mathrm{d}t.
\end{aligned}$$

下面我们讨论更一般的可测适应随机过程的关于 Brown 随机积分的定义,为此,我们先讨论适应的概念.

定义 10.2　设 $\{X(t),t\geqslant0\}$ 是随机过程,$\{\mathscr{F}_t,t\geqslant0\}$ 是 σ 代数流,如果对任意 t,$X(t)$ 是 $\mathscr{F}_t$ 可测的,则称 $\{X(t),t\geqslant0\}$ 是 $\{\mathscr{F}_t,t\geqslant0\}$ 适应的.

记 $\mathscr{B}$ 为 $[0,+\infty)$ 上的 Borel σ 代数，$\mathscr{V}=\{h:\{h\}$ 是定义在 $[0,T]$ 上的 $\mathscr{B}\times\mathscr{F}$ 可测的适应过程，且 $\forall T>0$ 满足 $E\left[\int_0^T h^2(s)\mathrm{d}s\right]<+\infty\}$. 我们将随机积分的定义按下面的步骤扩展到 $\mathscr{V}$.

首先，令 $h\in\mathscr{V}$ 有界，且对每个 $\omega\in\Omega,h(\cdot,\omega)$ 连续. 则存在简单过程 $\{\varphi_n\}$：

$$\varphi_n=\sum_i h(t_i,\omega)\cdot I_{[t_i,t_{i+1}]}(t)\in\mathscr{V},$$

使得当 $n\to+\infty$ 时，对每个 $\omega\in\Omega$，有 $\int_0^T(h-\varphi_n)^2\mathrm{d}t\to0$. 由有界收敛定理得

$$E\left[\int_0^T(h-\varphi_n)^2\mathrm{d}t\right]\to0.$$

其次，令 $h\in\mathscr{V}$ 有界，则存在 $h_n\in\mathscr{V}$ 有界，且对每个 $\omega\in\Omega,\forall n,h_n(\cdot,\omega)$ 连续，使得

$$E\left[\int_0^T(h-h_n)^2\mathrm{d}t\right]\to0.$$

事实上，不妨设 $|h(t,\omega)|\leqslant M,\forall(t,\omega)$，定义

$$h_n(t,\omega)=\int_0^t\psi_n(s-t)h(s,\omega)\mathrm{d}s,$$

这里，ψ_n 是 $\mathbf{R}$ 上非负连续函数，对所有 $x\notin(-\frac{1}{n},0),\psi_n(x)=0$ 且 $\int_{-\infty}^{+\infty}\psi_n(x)\mathrm{d}x=1$，则对每个 $\omega\in\Omega,\forall n,h_n(\cdot,\omega)$ 连续且 $|h_n(t,\omega)|\leqslant M$. 由 $h\in\mathscr{V}$，可以看出 $h_n\in\mathscr{V}$ 且当 $n\to\infty$ 时，对每个 $\omega\in\Omega$，有 $\int_0^T[h_n(s,\omega)-h(s,\omega)]^2\mathrm{d}t\to0$，再由控制收敛定理得到

$$E\left[\int_0^T(h-h_n)^2\mathrm{d}t\right]\to0.$$

最后，对任意 $f\in\mathscr{V}$，存在有界序列 $h_n\in\mathscr{V}$，使得

$$E\left[\int_0^T(f(t,\omega)-h_n(t,\omega))^2\mathrm{d}t\right]\to0.$$

事实上，只要令

$$h_n(t,\omega)=\begin{cases}-n, & \text{若 } f(t,\omega)<-n\\ f(t,\omega), & \text{若 }-n\leqslant f(t,\omega)<n,\\ n, & \text{若 } f(t,\omega)>n\end{cases}$$

由控制收敛定理即可得.

于是我们有下面的定义：

定义 10.3 设 $f\in V(0,T)$，则对 f 的 Itô 积分，可定义为

$$\int_0^T f(t,\omega)\mathrm{d}B(t,\omega)=\lim_{n\to\infty}\int_0^T\varphi_n(t,\omega)\mathrm{d}B(t,\omega)\quad(L^2(P)\text{ 中极限})\qquad(10.7)$$

这里 $\{\varphi_n\}$ 是初等随机过程的序列，使得当 $n\to\infty$ 时

$$E\left[\int_0^T(f(t,\omega)-\varphi_n(t,\omega))^2\mathrm{d}t\right]\to0.\qquad(10.8)$$

需要指出的是，在实际问题中，我们常常遇到的过程并不满足 $\mathscr{V}$ 中的可积性条件而仅仅满足下面 $\mathscr{V}^*$ 中的条件. 事实上，Itô 积分的定义可以推广到更广泛的函数类.

$\mathscr{V}^*=\{h:\{h\}$ 是定义在 $[0,T]$ 上的 $\mathscr{B}\times\mathscr{F}$ 可测的适应过程，且 $\forall T>0$，满足 $E\left[\int_0^T h^2(s)\mathrm{d}s\right]<+\infty\quad\text{a.s.}\}$.

例 10.1　设 f 是连续函数,考虑 $\int_0^1 f(B(t))\mathrm{d}B(t)$. 因为 $B(t)$ 有连续的路径,所以 $f(B(t))$ 也在 $[0,1]$ 上连续,因此 $\int_0^1 f(B(t))\mathrm{d}B(t)$ 有定义.然而,根据 f 的不同,这个积分可以有(或没有)有限的矩.例如:

(1) 取 $f(t) = t$,由于 $\int_0^1 E[B^2(t)]\mathrm{d}t < \infty$, $E\left[\int_0^1 B(t)\mathrm{d}B(t)\right] = 0$,有

$$E\left[\int_0^1 B(t)\mathrm{d}B(t)\right]^2 = \int_0^1 E[B^2(t)]\mathrm{d}t = \frac{1}{2}.$$

(2) 取 $f(t) = \mathrm{e}^{t^2}$,考虑 $\int_0^1 \mathrm{e}^{B^2(t)}\mathrm{d}B(t)$,虽然积分存在,但由于当 $t \geqslant \frac{1}{4}$ 时,$E[\mathrm{e}^{2B^2(t)}] = \infty$,因此 $\int_0^1 E[\mathrm{e}^{2B^2(t)}]\mathrm{d}t = \infty$,说明 $\int_0^1 E[f(B^2(t))]\mathrm{d}t < \infty$ 不成立,即积分的二阶矩不存在.

例 10.2　求积分 $J = \int_0^1 t\,\mathrm{d}B(t)$ 的均值与方差.

解　因为 $\int_0^1 t^2\mathrm{d}t < \infty$,且 t 是 $\mathscr{F}_t = \sigma\{B(s), 0 \leqslant s \leqslant t\}$ 适应的,所以,Itô 积分 J 是适应的,且其均值 $EJ = 0$,方差 $E(J^2) = \int_0^1 t^2\mathrm{d}t = \frac{1}{3}$.

10.2　Itô 积分过程

假设对任意实数 $T > 0$, $X \in \mathscr{V}^*$,则对于 $t \leqslant T$,积分 $\int_0^t X(s)\mathrm{d}B(s)$ 是适应的,因为对任意固定的 t, $\int_0^t X(s)\mathrm{d}B(s)$ 是一个随机变量,作为上限 t 的函数,它定义了一个随机过程 $\{Y(t)\}$,其中 $Y(t) = \int_0^t X(s)\mathrm{d}B(s)$.可以证明,Itô 积分 $Y(t)$ 存在连续的样本路径,即存在一个连续随机过程 $\{Z(t)\}$,使得对所有的 t,有 $Y(t) = Z(t)$ a.s..因此,我们所讨论的积分都假定其有连续的样本路径.下面我们讨论这一积分过程的各种性质.

定理 10.1　设 $X(t) \in \mathscr{V}^*$,且 $\int_0^\infty E[X^2(s)]\mathrm{d}s < \infty$,则

$$Y(t) = \int_0^t X(s)\mathrm{d}B(s), \quad 0 \leqslant t \leqslant T \tag{10.9}$$

是零均值的连续的平方可积鞅.

证明　由于 $Y(t) = \int_0^t X(s)\mathrm{d}B(s)$, $0 \leqslant t \leqslant T$ 是适应的且具有一阶及二阶矩,如果 $\{X(t)\}$ 是简单过程,由式 (10.3) 同样的方法可以证明:

$$E\left[\int_s^t X(u)\mathrm{d}B(u) \mid \mathscr{F}_s\right] = 0, \quad \forall s < t.$$

于是有

$$E[Y(t) \mid \mathscr{F}_s] = E\Big[\int_0^t X(u)\mathrm{d}B(u) \mid \mathscr{F}_s\Big]$$

$$= \int_0^s X(u)\mathrm{d}B(u) + E\Big[\int_s^t X(u)\mathrm{d}B(u) \mid \mathscr{F}_s\Big].$$

$$= \int_0^s X(u)\mathrm{d}B(u) = Y(s).$$

所以$\{Y(t)\}$是鞅,由等距性可得其二阶矩

$$E\Big[\int_0^t X(s)\mathrm{d}B(s)\Big]^2 = \int_0^t E[X^2(s)]\mathrm{d}s.$$

可以证明,对于任意有界的 Borel 可测函数,$\Big\{\int_0^t f(B(s))\mathrm{d}B(s)\Big\}$是平方可积鞅. 事实上,令 $X(t) = f(B(t))$ 是可测适应的且有常数 $K > 0$,使得 $\mid f(x) \mid < K$,则有

$$\int_0^T E[f(B^2(s))]\mathrm{d}(s) < K^2 T.$$

上述定理提供了构造鞅的方法. 我们知道,非随机的简单过程的 Itô 积分是正态分布的随机变量,更一般地,有下面的定理:

定理 10.2 设 X 是非随机的,且$\int_0^T X^2(s)\mathrm{d}s < \infty$,则对于任意 t,$Y(t) = \int_0^t X(s)\mathrm{d}B(s)$ 是服从正态分布的随机变量,即$\{Y(t), 0 \leqslant t \leqslant T\}$ 是 Gauss 过程,均值为零,协方差为

$$\mathrm{Cov}(Y(t), Y(t + u)) = \int_0^t X^2(s)\mathrm{d}s, \quad u \geqslant 0.$$

$\{Y(t)\}$也是平方可积鞅.

证明 因为被积函数是非随机的,所以

$$\int_0^t E[X^2(s)]\mathrm{d}s = \int_0^t X^2(s)\mathrm{d}s < \infty.$$

由定理 10.1 知 $Y(t)$ 具有零均值,再由 $Y(t)$ 的鞅性质,得

$$E\Big[\int_0^t X(s)\mathrm{d}B(s) \int_t^{t+u} X(s)\mathrm{d}B(s)\Big]$$

$$= E\Big[E\int_0^t X(s)\mathrm{d}B(s)\int_t^{t+u} X(s)\mathrm{d}B(s) \Big| \mathscr{F}_t\Big]$$

$$= E\Big[\int_0^t X(s)\mathrm{d}B(s) E\int_t^{t+u} X(s)\mathrm{d}B(s) \Big| \mathscr{F}_t\Big] = 0.$$

因此

$$\mathrm{Cov}(Y(t), Y(t + u)) = E\Big[\int_0^t X(s)\mathrm{d}B(s) \int_0^{t+u} X(s)\mathrm{d}B(s)\Big]$$

$$= E\Big[\int_0^t X(s)\mathrm{d}B(s)\Big(\int_0^t X(s)\mathrm{d}B(s) + \int_t^{t+u} X(s)\mathrm{d}B(s)\Big)\Big]$$

$$= E\Big[\int_0^t X(s)\mathrm{d}B(s)\Big]^2$$

$$= \int_0^t E[X^2(s)]\mathrm{d}s = \int_0^t X^2(s)\mathrm{d}s.$$

根据上述定理,可得 $J = \int_0^t s\mathrm{d}B(s) \sim N(0, \dfrac{t^3}{3})$.

下面讨论 Itô 积分的二次变差.

定义 10.4 设 $Y(t) = \int_0^t X(s)\mathrm{d}B(s), 0 \leqslant t \leqslant T$ 是 Itô 积分,如果在概率的意义下,

极限

$$\lim_{\delta_n \to 0} \sum_{i=0}^{n-1} \mid Y(t_{i+1}^n) - Y(t_i^n) \mid^2$$

当 $\{t_i^n\}_{i=0}^n$ 取遍 $[0,t]$ 的分割,且其模 $\delta_n = \max\limits_{0 \leqslant i \leqslant n-1}(t_{i+1}^n - t_i^n) \to 0$ 时存在,则称此极限为 Y 的二次变差,记为 $[Y,Y](t)$.

定理 10.3　设 $Y(t) = \int_0^t X(s)\mathrm{d}B(s), 0 \leqslant t \leqslant T$ 是 Itô 积分,则 Y 的二次变差为

$$[Y,Y](t) = \int_0^t X^2(s)\mathrm{d}s. \tag{10.10}$$

证明见参考文献[6]中 186 页的定理 8.3.

对于同一个 Brown 运动 $\{B(t)\}$ 的两个不同的 Itô 积分 $Y_1(t) = \int_0^t X_1(s)\mathrm{d}B(s)$ 和 $Y_2(t) = \int_0^t X_2(s)\mathrm{d}B(s)$,由于 $Y_1(t) + Y_2(t) = \int_0^t [X_1(s) + X_2(s)]\mathrm{d}B(s)$,我们可以定义 Y_1 和 Y_2 的二次协变差:

$$[Y_1, Y_2](t) = \frac{1}{2}\{[Y_1 + Y_2, Y_1 + Y_2](t) - [Y_1, Y_1](t) - [Y_2, Y_2](t)\}.$$

由定理 10.3,得到

$$[Y_1, Y_2](t) = \int_0^t X_1(s) X_2(s)\mathrm{d}s.$$

10.3　Itô 公式

根据定义计算 Itô 积分是很麻烦的,为了方便计算,我们引入 Itô 公式.在介绍 Itô 公式之前,先介绍 Itô 过程.

定义 10.5　(Itô 过程)设过程 $\{Y(t), 0 \leqslant t \leqslant T\}$ 可以表示为

$$Y(t) = Y(0) + \int_0^t \mu(s)\mathrm{d}s + \int_0^t \sigma(s)\mathrm{d}B(s), \quad 0 \leqslant t \leqslant T, \tag{10.11}$$

其中过程 $\{\mu(t)\}$ 和 $\{\sigma(t)\}$ 满足:

(1) $\mu(t)$ 是适应的且 $\int_0^T \mid \mu(t) \mid \mathrm{d}t < +\infty$　a.s.;

(2) $\sigma(t) \in \mathcal{V}^*$,

则称 $\{Y(t)\}$ 为 Itô 积分过程,简称 Itô 过程.

上述积分 $\int_0^t \mu(s)\mathrm{d}s$ 为一般的积分,$\int_0^t \sigma(s)\mathrm{d}B(s)$ 为 Itô 积分.Itô 过程对于光滑函数的复合运算是封闭的,即 $\{X(t)\}$ 是 Itô 过程,二元函数 $f(t,x)$ 对 x 二阶光滑且对 t 一阶光滑,$\{Y(t)\}$ 为复合得到的随机过程 $Y(t) = f(t, X(t))$,则 $\{Y(t)\}$ 也是一个 Itô 过程.

有时我们将 Itô 过程式(10.11)形式写成微分形式:

$$\mathrm{d}Y(t) = \mu(t)\mathrm{d}t + \sigma(t)\mathrm{d}B(t), \quad 0 \leqslant t \leqslant T, \tag{10.12}$$

其中函数 $\mu(t)$ 称为漂移系数,$\sigma(t)$ 称为扩散系数,它们可以依赖 $Y(t)$ 或 $B(t)$,甚至整个路径 $\{B(s), s \leqslant t\}$.一类很重要的情形是 $\mu(t)$ 与 $\sigma(t)$ 仅仅通过 $Y(t)$ 依赖于 t,在这种情况

下, 式(10.12)可以改写为

$$dY(t) = \mu(Y(t))dt + \sigma(Y(t))dB(t), \quad 0 \leqslant t \leqslant T. \tag{10.13}$$

因为 Brown 运动在$[0, t]$上的二次变差为t, 即在概率收敛的意义下

$$\lim_{\delta_n \to 0} \sum_{i=0}^{n-1} |B(t_{i+1}^n) - B(t_i^n)|^2 = t,$$

当$\{t_i^n\}$是$[0, t]$的分割, 且其模$\delta_n = \max\limits_{0 \leqslant i \leqslant n-1} (t_{i+1}^n - t_i^n) \to 0$时, 上式可以表示为

$$\int_0^t [dB(s)]^2 = \int_0^t ds = t,$$

或

$$[dB(t)]^2 = dt.$$

上式说明$dB(t)$是dt的半阶无穷小, 为此, 我们可以证明下面的 Itô 公式.

定理 10.4 如果f是二次连续可微函数, 则对于任意t, 有

$$f(B(t)) = f(0) + \int_0^t f'(B(s))dB(s) + \frac{1}{2}\int_0^t f''(B(s))ds. \tag{10.14}$$

证明 显然式(10.14)中的积分都是适应的, 取$[0, t]$的分割$\{t_i^n\}$, 有

$$f(B(t)) = f(0) + \sum_{i=0}^{n-1} (f(B(t_{i+1}^n)) - f(B(t_i^n))).$$

对$f(B(t_{i+1}^n)) - f(B(t_i^n))$应用 Taylor 公式得

$$f(B(t_{i+1}^n)) - f(B(t_i^n)) = f'[B(t_i^n)][B(t_{i+1}^n) - B(t_i^n)] + \frac{1}{2}f''(\theta_i^n)[B(t_{i+1}^n) - B(t_i^n)]^2,$$

其中$\theta_i^n \in (B(t_i^n), B(t_{i+1}^n))$. 于是

$$f(B(t)) = f(0) + \sum_{i=0}^{n-1} f'[B(t_i^n)][B(t_{i+1}^n) - B(t_i^n)] + \frac{1}{2}\sum_{i=0}^{n-1} f''(\theta_i^n)[B(t_{i+1}^n) - B(t_i^n)]^2.$$

$$\tag{10.15}$$

令$\delta_n \to 0$取极限, 则式(10.15)中的第一个和收敛于 Itô 积分$\int_0^t f'(B(s))dB(s)$. 可以证明第二个和收敛于$\int_0^t f''(B(s))ds$(参见文献[4]中 187 页的定理 8.4).

式(10.14)称为 Brown 运动的 Itô 公式, 由此看出 Brown 运动的函数可以表示为一个 Itô 积分加上一个具有有界变差的绝对连续过程(Itô 过程).

Itô 公式用微分形式可以表示为

$$d(f(B(t))) = f'(B(t))dB(t) + \frac{1}{2}f''(B(t))dt. \tag{10.15}$$

例 10.3 求$d(e^{B(t)})$.

解 对函数$f(x) = e^x$应用 Itô 公式, 此时$f'(x) = e^x$, $f''(x) = e^x$, 所以

$$d(e^{B(t)}) = d(f(B(t))) = f'(B(t))dB(t) + \frac{1}{2}f''(B(t))dt$$

$$= e^{B(t)}dB(t) + \frac{1}{2}e^{B(t)}dt.$$

于是, $X(t) = e^{B(t)}$具有随机微分形式:

$$dX(t) = X(t)dB(t) + \frac{1}{2}X(t)dt.$$

下面的定理给出了关于 Itô 过程的 Itô 公式.

定理 10.5　设 $\{X(t)\}$ 是由

$$dX(t) = \mu(t)dt + \sigma(t)dB(t)$$

给出的 Itô 过程, $g(t,x)$ 是 $[0, +\infty) \times \mathbf{R}$ 上的二次可微函数, 则 $\{Y(t) = g(t, X(t))\}$ 仍是 Itô 过程, 并且

$$dY(t) = \frac{\partial g}{\partial t}(t, X(t))dt + \frac{\partial g}{\partial x}(t, X(t))dX(t) + \frac{1}{2}\frac{\partial^2 g}{\partial x^2}(t, X(t)) \cdot (dX(t))^2,$$

$$(10.16)$$

其中 $(dX(t))^2 = (dX(t)) \cdot (dX(t))$ 按照下面的规则计算:

$$dt \cdot dt = dt \cdot dB(t) = dB(t) \cdot dt = 0, \quad dB(t) \cdot dB(t) = dt.$$

于是, 式 (10.16) 可以改写为

$$dY(t) = \left[\frac{\partial g}{\partial t}(t, X(t)) + \frac{\partial g}{\partial x}(t, X(t))\mu(t)\right]dt +$$

$$\frac{\partial g}{\partial x}(t, X(t))\sigma(t)dB(t) + \frac{1}{2}\frac{\partial^2 g}{\partial x^2}(t, X(t))\sigma^2(t)dt.$$

特别地, 如果 $g(t,x) = g(x)$ 只是 x 的函数, 式 (10.16) 可以简化为

$$dY(t) = \left[g'(X(t))\mu(t) + \frac{1}{2}g''(X(t))\sigma^2(t)\right]dt + g'(X(t))\sigma(t)dB(t).$$

$$(10.17)$$

定理 10.6　(高维 Itô 公式) 设 $B(t) = (B^1(t), B^2(t), \cdots, B^d(t))$ 是 d 维 Brown 运动, 令

$$dX_i(t) = \mu_i(t)dt + \sum_{j=1}^{d} \sigma_{ij}(t)dB_j(t), \quad i = 1, 2, \cdots, n$$

是一个 n 维 Itô 过程, 设 $g = (g_1, g_2, \cdots, g_m)$ 为 $[0, +\infty) \times \mathbf{R}^n \to \mathbf{R}^m$ 上的二次连续可导函数, 则 $\{Y(t) = g(t, X(t))\}$ 仍是 Itô 过程, 即对 $k(1 \leqslant k \leqslant m)$, 有

$$dY_k(t) = \frac{\partial g_k}{\partial t}[t, X(t)]dt + \sum_j \frac{\partial g_k}{\partial x_j}[t, X(t)]dX_j(t)$$

$$+ \sum_{i,j} \frac{1}{2}\frac{\partial^2 g_k}{\partial x_i x_j}[t, X(t)]dX_i(t)dX_j(t),$$

其中 $dB_i(t) \cdot dB_j(t) = \delta_{ij}dt, dt \cdot dt = dt \cdot dB_i(t) = dB_i(t) \cdot dt = 0$.

由此我们可以得到下面的乘积公式:

设 $\{X(t)\}, \{Y(t)\}$ 都是 Itô 过程, 则

$$d(X(t)Y(t)) = X(t)dY(t) + Y(t)dX(t) + dX(t) \cdot dY(t). \quad (10.18)$$

例 10.4　利用 Itô 公式求 $\int_0^t B(s)dB(s)$.

解　令 $X(t) = B(t)$, 则 $dX(t) = dB(t)$. 令 $g(t,x) = \frac{1}{2}x^2$, $Y(t) = \frac{1}{2}g(t, B(t)) = \frac{1}{2}B^2(t)$, 由 Itô 公式, 得

$$dY(t) = 0 \cdot dt + B(t) \cdot dB(t) + \frac{1}{2} \cdot 1 \cdot dt,$$

即

$$d\left(\frac{1}{2}B^2(t)\right) = B(t) \cdot dB(t) + \frac{1}{2}dt.$$

积分得

$$\int_0^t d\left(\frac{1}{2}B^2(s)\right) = \int_0^t B(s) \cdot dB(s) + \frac{1}{2}\int_0^t ds,$$

于是

$$\int_0^t B(s) \cdot dB(s) = \frac{1}{2}B^2(t) - \frac{t}{2}.$$

例 10.5　设 σ, b 是常数,证明高斯过程 $\eta(t) = e^{-bt}\left[\eta(0) + \sigma\int_0^t e^{bs}dB(s)\right]$ 满足:

$$d\eta(t) = -b\eta(t)dt + \sigma dB(t).$$

证明　令 $\xi(t) = \eta(0) + \sigma\int_0^t e^{bs}dB(s)$,则 $\eta(t) = e^{-bt}\xi(t)$.由此

$$d\xi(t) = \sigma e^{bt} \cdot dB(t) + 0 \cdot dt.$$

令 $g(t,x) = e^{-bt}x, \eta(t) = e^{-bt} \cdot \xi(t)$.由于

$$\frac{\partial g}{\partial t} = -be^{-bt}x, \quad \frac{\partial g}{\partial x} = e^{-bt}, \quad \frac{\partial^2 g}{\partial x^2} = 0,$$

由 Itô 公式,得

$$\begin{aligned}
d\eta(t) &= [-be^{-bt}\xi(t) + 0 + 0]dt + e^{-bt}\sigma e^{bt}dB(t) \\
&= \sigma dB(t) - be^{-bt}\xi(t)dt = \sigma dB(t) - b\eta(t)dt.
\end{aligned}$$

10.4　随机微分方程

上节我们定义了 Itô 过程,本节将上节的随机积分的形式稍作一般化,考虑

$$dX(t) = \mu(t, X(t))dt + \sigma(t, X(t))dB(t), \tag{10.19}$$

式中,μ, σ 是 $[0, +\infty) \times \mathbf{R}$ 上的函数,$\{B(t)\}$ 是一维标准 Brown 运动,这就是随机微分方程.也可以理解为积分形式:

$$X(t) = X(0) + \int_0^t \mu(s, X(s))ds + \int_0^t \sigma(s, X(s))dB(s), \tag{10.20}$$

其中第一个积分理解为对任意固定的 ω,对时间参数做普通函数的积分,第二个积分为 Itô 积分.

上述随机微分方程解的存在性和唯一性的研究是随机微分方程理论研究的一个基本问题.它不仅是随机分析的理论基础,而且对许多应用问题也有重要意义.例如,例 10.5 给出的 $\eta(t)$ 满足的微分方程最早出现在理论物理中,称为 Langevin 方程,也是一个 Gauss Markov 过程.

定义 10.6　设随机过程 $\{X(t), t \geqslant 0\}$ 满足方程(10.20)式,则称 $X(t)$ 为随机微分方程(10.19)式在初始值 $X(0)$ 时的解.

由于随机微分方程的解是随机过程,所以本质上与常微分方程的解有很大差别.事实上,在随机分析中,有两种类型的解.第一种类型的解与常微分方程的解类似,给定漂移系数、扩散系数和随机微分项 $dB(t)$,我们可以确定一个随机过程 $\{X(t), t \geqslant 0\}$,它的路径满

足方程(10.20)式, 显然, $\{X(t)\}$ 依赖于时间 t 和 Brown 运动过去和现在的值, 这种类型的解称为强解. 另一种类型的解称为弱解. 对于弱解, 我们确定一个过程 $\{\widetilde{X}(t)\}$ 满足 $\widetilde{X}(t) = f(t, \widetilde{B}(t))$, 这里的 Brown 运动与 $\{\widetilde{X}(t)\}$ 同时确定. 因此, 对于弱解来说, 问题只需给定漂移系数和扩散系数. 本书讨论的随机微分方程的解是指第一类型的强解. 下面我们不加证明地给出解的存在唯一性定理.

定理 10.7　设 μ, σ 为定义在 $[0, T] \times \mathbf{R}$ 上的函数, 满足:

(1) $\mu(t, x), \sigma(t, x)$ 二元可测, 且 $|\mu(t, x)|^{1/2}, |\sigma(t, x)|$ 平方可积.

(2) (Lipschitz 条件) 存在常数 $M > 0$, 使得对于 $t \in [0, T]$, 有
$$|\mu(t, x) - \mu(t, y)| + |\sigma(t, x) - \sigma(t, y)| \leqslant M|x - y|, \quad \forall x, y \in \mathbf{R}.$$

(3) (线性增长条件) 存在常数 $K > 0$, 使得
$$|\mu(t, x)| + |\sigma(t, x)| \leqslant K(1 + |x|), \quad \forall t \in [0, T], \forall x \in \mathbf{R}.$$

(4) (初始条件) 随机变量 $X(t_0)$ 关于 $\mathscr{F}_{t_0}$ 可测, 且 $E[X^2(t_0)] < \infty$,

则存在唯一的具有连续路径的随机过程 $\{X(t), t \geqslant t_0\} \in V(t_0, +\infty)$, 满足随机微分方程:
$$X(t) = X(0) + \int_{t_0}^t \mu(s, X(s)) \mathrm{d}s + \int_{t_0}^t \sigma(s, X(s)) \mathrm{d}B(s), \quad t \geqslant t_0. \quad (10.21)$$

例 10.6　设 $\{X(t), t \geqslant 0\}$ 满足奥恩斯坦—乌伦贝克 (Ornstein-Uhlenbeck) 过程的方程
$$\mathrm{d}X(t) = -\mu X(t) \mathrm{d}t + \sigma \mathrm{d}B(t), \quad (10.22)$$
从物理学的角度, 称它为 Langevin 方程, 其中 μ, σ 为常数. 它用于描述摩擦作用下粒子的运动, $X(t)$ 表示粒子速度的某个分量, 求解 $X(t)$.

解　将方程化为 $\mathrm{d}X(t) + \mu X(t) \mathrm{d}t = \sigma \mathrm{d}B(t)$, 两边同乘以 $\mathrm{e}^{\mu t}$, 得到
$$\mathrm{e}^{\mu t}(\mathrm{d}X(t) + \mu X(t) \mathrm{d}t) = \sigma \mathrm{e}^{\mu t} \mathrm{d}B(t),$$
即
$$\mathrm{d}(X(t) \mathrm{e}^{\mu t}) = \sigma \mathrm{e}^{\mu t} \mathrm{d}B(t).$$
两边积分, 得
$$X(t) \mathrm{e}^{\mu t} - X(0) = \int_0^t \sigma \mathrm{e}^{\mu s} \mathrm{d}B(s).$$
于是, 有
$$X(t) = X(0) \mathrm{e}^{-\mu t} + \sigma \int_0^t \mathrm{e}^{-\mu(t-s)} \mathrm{d}B(s).$$
由此得到
$$E[X(t)] = \mathrm{e}^{-\mu t} E[X(0)], \quad \mathrm{Var}[X(t)] = \mathrm{e}^{-2\mu t} \mathrm{Var}[X(0)] + \frac{\sigma^2}{2\mu}(1 - \mathrm{e}^{-2\mu t}).$$
因此, 有
$$\sigma \int_0^t \mathrm{e}^{-\mu(t-s)} \mathrm{d}B(s) \sim N\left(0, \frac{\sigma^2}{2\mu}(1 - \mathrm{e}^{-2\mu t})\right).$$
即当 $t \to +\infty$ 时, $X(t)$ 渐近服从正态分布 $N(0, \sigma^2/2\mu)$. 若记 $Y(t)$ 为粒子的位置, 则
$$\begin{aligned} Y(t) &= Y(0) + \int_0^t X(s) \mathrm{d}s \\ &= Y(0) + \frac{X(0)}{\mu}(1 - \mathrm{e}^{-\mu t}) + \frac{\sigma}{\mu} \int_0^t [1 - \mathrm{e}^{-\mu(t-s)}] \mathrm{d}B(s) \\ &= Y(0) + \mu^{-1}[X(0) + \sigma B(t) - X(t)]. \end{aligned}$$

因此
$$E[Y(t)] = E[Y(0)] + \mu^{-1}(1 - e^{-\mu t})E[X(0)].$$

例 10.7 （人口模型）设 $\{N(t), t \geqslant 0\}$ 满足
$$dN(t) = \gamma N(t)dt + \alpha N(t)dB(t), \tag{10.23}$$
其中 λ, α 为常数，求 $N(t)$.

解 令 $B(0) = 0$, 得
$$\int_0^t \frac{dN(t)}{N(t)} = \gamma t + \alpha B(t).$$

令 $g(t, x) = \ln x$, $Y(t) = \ln N(t)$, 由 Itô 公式, 得
$$dY(t) = d\ln N(t) = \left(\gamma - \frac{\alpha^2}{2}\right)dt + \alpha dB(t).$$

对上式积分, 注意到 $B(0) = 0$, 得
$$\ln \frac{N(t)}{N(0)} = \left(\gamma - \frac{\alpha^2}{2}\right)t + \alpha B(t),$$

即
$$N(t) = N(0) \cdot \exp\left\{\left(\gamma - \frac{\alpha^2}{2}\right)t + \alpha B(t)\right\}.$$

形如式(10.23)的方程称为布莱克—斯柯尔斯(Black-Scholes)微分方程. 对上述解进行讨论, 得到:

(1) 当 $\gamma > \frac{\alpha^2}{2}$ 时, $N(t) \to +\infty (t \to +\infty)$ a.s..

(2) 当 $\gamma < \frac{\alpha^2}{2}$ 时, $N(t) \to 0 (t \to +\infty)$ a.s..

(3) 当 $\gamma = \frac{\alpha^2}{2}$ 时, $N(t) = N(0) \cdot e^{\alpha B(t)}$ 为随机波动, 几乎必然在任意大和任意小的值之间波动, 且

$$
\begin{aligned}
EN(t) &= E\left[N(0)\exp\left\{(\gamma - \frac{\alpha^2}{2})t + \alpha B(t)\right\}\right] \\
&= N(0)\exp\left\{(\gamma - \frac{\alpha^2}{2})t\right\}E[\alpha B(t)] \\
&= N(0)\exp\left\{(\gamma - \frac{\alpha^2}{2})t\right\}\int_{-\infty}^{+\infty} e^{\alpha x}\frac{1}{\sqrt{2\pi t}}\exp\left\{-\frac{x^2}{2t}\right\}dx \\
&= \frac{1}{\sqrt{2\pi t}}N(0)\exp\left\{(\gamma - \frac{\alpha^2}{2})t\right\}\int_{-\infty}^{+\infty}\exp\left\{\alpha x - \frac{x^2}{2t}\right\}dx.
\end{aligned}
$$

例 10.8 （线性随机微分方程）对于线性微分方程
$$dX(t) = (\mu X(t) + a)dt + (\sigma X(t) + c)dB(t), \tag{10.24}$$
可以仿照常微分方程的方法得到它的解.

首先, 将方程改写为
$$dX(t) - (\mu X(t)dt + \sigma X(t)dB(t)) = adt + cdB(t),$$
它所对应的齐次线性随机微分方程
$$dY(t) - (\mu Y(t)dt + \sigma Y(t)dB(t)) = 0 \tag{10.25}$$
是一个 Black-Scholes 随机微分方程, 故通解为

$$Y(t) = Y(0) \cdot \exp\left\{\left(\mu - \frac{\sigma^2}{2}\right)t + \sigma B(t)\right\}. \tag{10.26}$$

其次,仿照常微分方程中恰当因子的方法,把其倒数 $Y^{-1}(t)$ 乘到非齐次方程上,以便利用 Itô 公式,求得 $d(X(t)Y^{-1}(t))$.

由于

$$Y^{-1}(t) = Y^{-1}(0)\exp\left\{-\left(\mu - \frac{\sigma^2}{2}\right)t - \sigma B(t)\right\}$$
$$= Y^{-1}(0)\exp\left\{\left[(-\mu + \sigma^2) - \frac{\sigma^2}{2}\right]t - \sigma B(t)\right\},$$

可见 $Y^{-1}(t)$ 满足方程

$$dY^{-1}(t) = Y^{-1}(t)[(-\mu + \sigma^2)dt - \sigma dB(t)]. \tag{10.27}$$

由乘积公式,得到

$$d(X(t)Y^{-1}(t)) = X(t)d(Y^{-1}(t)) + Y^{-1}(t)dX(t) + d(X(t))d(Y^{-1}(t))$$
$$= Y^{-1}(t)X(t)[(-\mu + \sigma^2)dt - \sigma dB(t)]$$
$$+ Y^{-1}(t)[(\mu X(t) + a)dt + (\sigma X(t) + c)dB(t)]$$
$$- (\sigma X(t) + c)Y^{-1}(t)\sigma dt$$
$$= Y^{-1}(t)[(a - c\sigma)dt + cdB(t)].$$

于是得到 $X(t)$ 的显式表示为

$$X(t) = Y(t)\left[X(0)Y^{-1}(0) + (a - c\sigma)\int_0^t Y^{-1}(s)ds + c\int_0^t Y^{-1}(s)dB(s)\right]$$
$$= X(0)\exp\left\{\left(\mu - \frac{\sigma^2}{2}\right)t + \sigma B(t)\right\}$$
$$+ (a - c\sigma)\int_0^t \exp\left\{\left(\mu - \frac{\sigma^2}{2}\right)(t - s) + \sigma(B(t) - B(s))\right\}ds$$
$$+ c\int_0^t \exp\left\{\left(\mu - \frac{\sigma^2}{2}\right)(t - s) + \sigma(B(t) - B(s))\right\}dB(s).$$

例 10.9 求解 $dX(t) = (aX(t) + b\sqrt{X(t)})dt + cX(t)dB(t)$.

解 令 $M(t) = \exp\left\{-cB(t) + \frac{1}{2}c^2 t\right\}$,则有

$$d(M(t)X(t)) = M(t)(aX(t) + b\sqrt{X(t)})dt.$$

记 $Y(t) = M(t)X(t)$,那么它满足如下的常微分方程:

$$\frac{dY(t)}{dt} = aY(t) + b\exp\left\{-\frac{1}{2}cB(t) + \frac{1}{4}c^2 t\right\}\sqrt{Y(t)}.$$

再进行变换 $Z(t) = \sqrt{Y(t)}$,得到

$$\frac{dZ(t)}{dt} = \frac{a}{2}Z(t) + \frac{b}{2}\exp\left\{-\frac{1}{2}cB(t) + \frac{1}{4}c^2 t\right\},$$

解得

$$Z(t) = \exp\left\{\frac{at}{2}\right\} \cdot \left(\frac{b}{2}\int_0^t \exp\left\{-\frac{1}{2}cB(s) + \left(\frac{1}{4}c^2 - \frac{a}{2}\right)s\right\}ds + Z(0)\right).$$

将解回代,得到

$$X(t) = \exp\left\{cB(t) - \frac{c^2 t}{2} + at\right\} \cdot \left(\frac{b}{2}\int_0^t \exp\left\{-\frac{1}{2}cB(s) + \left(\frac{1}{4}c^2 - \frac{a}{2}\right)s\right\}ds + \sqrt{X(0)}\right)^2.$$

10.5　随机微分方程在金融上的应用

10.5.1　金融市场的术语与基本假定

随机积分已经广泛应用于金融衍生品定价中,在研究之前,我们先给出金融市场的一些术语与基本假定.

金融市场一个最基本的假设就是不允许存在没有初始投资的无风险利润,若违背了这个原则,就可以得到套利机会.所谓套利,是指在开始时无资本,经过资本的市场运作后,变成有非负的随机资金,而且有正资金的概率为正.套利机会在实际操作中很少存在,违背无套利原则的情况一般是短暂且难以把握的,因为在出现套利机会时,大量的投机者涌向市场进行套利,他们追逐套取利润的积极性将有效地消除套利机会,于是经过一个相对短时期的混乱后,市场会重返正常,即回到无套利状态.在金融衍生品的定价理论中,并不讨论这段混乱时期,因此,在研究中常常设置无套利假定的可行市场.

定义 10.7　看涨期权指一种不附带义务的未来购买的权力.在时刻 $t=0$ 时甲方(一般指证券公司)与乙方订立一个合约,按此合约规定乙方有一个权力,能在时刻 T 以价格 K(称为敲定价格 striking price)从甲方买进一批(一般为 100 份)某种证券,如果时刻 T 的市场价格 S_T 低于 K,乙方可以不买,而只要时刻 T 的市场价格 S_T 高于 K,乙方获利.也就是说,乙方在时刻 T 净得随机收益为 $X_T=(S_T-K)^+$.这种合约(数学表示为 $X_T=(S_T-K)^+$)称为期权,又因为乙方只能在最终时刻 T 做出选择,故属于欧式期权.此外,乙方希望 S_T 尽量大,以便有更多的获利,也就是有选择权的乙方盼望股票上涨,所以称为欧式看涨期权(european call option)或者买权.

买方在时刻 T 净随机收益为

$$(S_T-K)^+=\max(0,S_T-K)=\begin{cases}S_T-K, & \text{若 } S_T>K \\ 0, & \text{若 } S_T\leqslant K\end{cases}. \tag{10.28}$$

这里讨论的期权中,卖方只有在到期时才能执行期权,这种看涨期权称为欧式看涨期权.若解除执行期权的时间限制,允许卖方在到期日前任何时间行使期权,则称为美式看涨期权.由于欧式期权合约能给乙方带来 X_T 的随机收益,就需要乙方在 $t=0$ 时刻用钱从甲方购买,这个合约在 $t=0$ 时刻的价格称为贴水或保证金(premium).

定义 10.8　看跌期权指一种不附带义务的未来出售的权力.在时刻 $t=0$ 时甲方(一般指证券公司)与乙方订立一个合约,按此合约规定乙方有一个权力,能在时刻 T 以价格 K 卖给甲方一批(一般为 100 份)这种证券,如果时刻 T 的市场价格 S_T 高于 K,乙方可以不卖,而只要时刻 T 的市场价格 S_T 低于 K,乙方获利.也就是说,乙方在时刻 T 净得随机收益为 $X_T=(K-S_T)^+$.这种合约也是一种欧式期权,此时,乙方希望 S_T 尽量小,以便有更多的获利,也就是有选择权的乙方盼望股票下跌,所以称为欧式看跌期权(european put option)或者卖权.

买方在时刻 T 净随机收益为

$$(K - S_T)^+ = \max\{0, K - S_T\} = \begin{cases} K - S_T, & \text{若 } S_T < K \\ 0, & \text{若 } S_T \geqslant K \end{cases}. \tag{10.29}$$

如果乙方只有在到期时才能执行期权,这种看跌期权称为欧式看跌期权.若解除执行期权的时间限制,允许乙方在到期日前任何时间行使期权,则称为美式看跌期权.由于欧式期权合约能给乙方带来 X_T 的随机收益,就需要乙方在 $t = 0$ 时刻用钱从甲方购买,这个合约在 $t = 0$ 时刻的价格称为贴水或保证金(premium).

比看涨期权与看跌期权更为一般的欧式期权是:甲方卖给乙方一个由证券组合组成的合约,此合约能在时刻 T 给乙方带来随机收益 $f(S_T)$,称为欧式未定权益.

假设看涨期权、看跌期权、远期合约在任意时刻 $t(t < T)$ 的价格分别为 C_t、P_t、F_t,在无套利原则下,有

$$C_t - P_t = F_t - Ke^{-rt}, \tag{10.30}$$

其中,K 表示执行价格,r 表示银行利率.这种关系式称为欧式看涨—看跌期权的平权关系(call-put parity).有了这种关系,欧式看涨看跌期权中只要知道一个价格,就可以得到另一个价格.平权关系还可以写成

$$(S_T - K)^+ - (K - S_T)^+ = S_T - K. \tag{10.31}$$

这说明买进一张(在金融中称为多头一张)在 T 时刻到期的执行价格为 K 的看涨期权与卖出一张(在金融中称为空头一张)相应的看跌期权,就相当于买进一张远期合约与卖出一张在时刻 T 到期的额度为 K 的银行存款.

10.5.2 Black-Scholes 模型

期权的价格是期权合约中唯一随市场不断变化的量,它受到期权合约中的期限、执行价格、标的资产的价格、无风险利率等众多因素的影响.期权价格的高低直接影响到购买者和出售者的盈亏状况,如何对期权进行定价是期权交易的核心问题.在对期权进行定价的过程中,首先遇到的问题就是如何构建合适的模型来描述标的资产的价格变化过程.

法国数学家 Barchelier 是研究期权定价问题的先驱人物,他的博士论文中首次提到利用随机游走的思想给出股票价格运行的随机模型;1942 年日本数学家 Itô 对 Brown 运动引进随机积分,开创了随机微分方程理论;1965 年经济学家 Samuelson 将 Itô 提出的随机分析学作为工具引进到金融学中,对 Barchelier 的股票模型进行了修正,首次提出了运用 Brown 运动来描述股票价格过程;几何 Brown 运动模型克服了 Barchelier 模型中可能使得股票价格为负值的这种与现实问题不符合的情况,基于这种模型,Samuelson 研究了看涨期权的定价问题,但给出的公式有一个令人遗憾的地方就是依赖于投资者的个人风险偏好,这就限制了一些问题.

Black 和 Scholes 在 1973 年找到了弥补这一遗憾的新方法,他们提出建立期权定价模型的关键突破点在于构造一个由标的股票和无风险债券构成的适当组合(投资组合),这个投资组合有如下特点:投资组合的损益特征与期权在到期日的损益特征是相同的,不管标的股票的价格在未来的时间里怎样变化,两种资产构成的投资组合产生无风险的回报.根据无套利原理,他们用动态复制的方法推导出欧式期权的定价公式,并且是精确的显式解.Black 和 Scholes 的开创性工作在于在他们的模型中,所有投资者的投资回报率都是同一个无风险利率,不依赖于投资者个人风险偏好.模型自问世以来,有关欧式期权、美式期权、障碍期权、

股票期权、利率期权、外汇期权等各种期权定价问题得到了广泛而深入的讨论.

下面考虑欧式看涨期权,给出 Black-Scholes 期权定价公式.

(1) 设某种风险资产(如股票)在时刻 t 的价格为 S_t,且满足如下模型:

$$\mathrm{d}S_t = \mu S_t \mathrm{d}t + \sigma S_t \mathrm{d}B_t, \quad t \in [0, T], \tag{10.32}$$

其中,常数 μ 表示风险资产的平均回报率,σ 表示风险资产的波动率,B_t 表示标准 Brown 运动,T 表示期权的到期日.

式(10.32)的解是几何 Brown 运动:

$$S_t = S_0 \cdot \exp\left\{ \left(\mu - \frac{\sigma^2}{2} \right) t + \sigma B_t \right\}. \tag{10.33}$$

事实上,由 $\mathrm{d}S_t = \mu S_t \mathrm{d}t + \sigma S_t \mathrm{d}B_t$,有 $\dfrac{\mathrm{d}S_t}{S_t} = \mu \mathrm{d}t + \sigma \mathrm{d}B_t$,两边同时积分得

$$\int_0^t \frac{\mathrm{d}S_t}{S_t} = \mu t + \sigma B_t, \quad B_0 = 0.$$

对 $g(t, x) = \ln x (x > 0)$,使用 Itô 公式,得

$$\mathrm{d}(\ln S_t) = \frac{1}{S_t}\mathrm{d}S_t + \frac{1}{2}\left(-\frac{1}{S_t^2}\right)(\mathrm{d}S_t)^2 = \frac{\mathrm{d}S_t}{S_t} - \frac{\sigma^2 S_t^2}{2S_t^2}\mathrm{d}t = \frac{\mathrm{d}S_t}{S_t} - \frac{\sigma^2}{2}\mathrm{d}t.$$

因此

$$\frac{\mathrm{d}S_t}{S_t} = \mathrm{d}(\ln S_t) + \frac{\sigma^2}{2}\mathrm{d}t,$$

从而

$$\ln \frac{S_t}{S_0} = \left(\mu - \frac{\sigma^2}{2} \right) t + \sigma B_t,$$

即

$$S_t = S_0 \cdot \exp\left\{ \left(\mu - \frac{\sigma^2}{2} \right) t + \sigma B_t \right\}.$$

(2) 给出一个无风险资产,由如下微分方程来刻画:

$$\mathrm{d}\beta_t = r\beta_t \mathrm{d}t, \quad t \in [0, T], \tag{10.34}$$

其中,常数 r 为银行利率,为了处理简单,假设它不随时间变化.

事实上,由 $\mathrm{d}\beta_t = r\beta_t \mathrm{d}t$,有 $\dfrac{\mathrm{d}\beta_t}{\beta_t} = r\mathrm{d}t$,积分得 $\ln\beta_t - \ln\beta_0 = rt$,即 $\beta_t = \beta_0 \mathrm{e}^{rt}$.

(3) 用 a_t 表示时刻 t 投资于风险资产的资金数量,b_t 表示时刻 t 投资于无风险资产的资金数量,(a_t, b_t) 称为一个投资组合,在时刻 t,由数量为 a_t 的风险资产和数量为 b_t 的无风险资产构成的投资组合的财富值为

$$V_t = a_t S_t + b_t \beta_t, \quad t \in [0, T]. \tag{10.35}$$

(4) 假设投资组合是自融资的,即财富值的增量仅由 S_t 和 β_t 的变动引起,即

$$\mathrm{d}V_t = a_t \mathrm{d}S_t + b_t \mathrm{d}\beta_t, \quad t \in [0, T]. \tag{10.36}$$

下面我们寻找一个自融资的策略 (a_t, b_t) 和一个相应的财富值 V_t,使得

$$V_t = a_t S_t + b_t \beta_t = u(T - t, S_t), \quad t \in [0, T],$$

其中 $u(t, x)$ 为待求的光滑函数.

由于在到期日 T 时刻,投资组合的值 V_T 应为 T 时刻的现金流 $(S_T - K)^+$,因此,可以得到一个终端条件:

$$V_T = u(0, S_T) = (S_T - K)^+.$$

令 $f(t,x) = u(T-t,x)$，则有 $V_t = f(t,S_t)$. 已知 S_t 满足下面的积分方程：

$$S_t = S_0 + \mu \int_0^t S_s \mathrm{d}s + \sigma \int_0^t S_s \mathrm{d}B_s,$$

由 Itô 公式，得到

$$V_t - V_0 = f(t,S_t) - f(0,S_0)$$

$$= \int_0^t \left[\frac{\partial f(s,S_s)}{\partial t} - \mu S_s \frac{\partial f(s,S_s)}{\partial x} + \frac{1}{2}\sigma^2 S_s^2 \frac{\partial^2 f(s,S_s)}{\partial x^2} \right] \mathrm{d}s + \int_0^t \sigma S_s \frac{\partial f(s,S_s)}{\partial x} \mathrm{d}B_s$$

$$= \int_0^t \left[-\frac{\partial u(T-s,S_s)}{\partial t} + \mu S_s \frac{\partial u(T-s,S_s)}{\partial x} + \frac{1}{2}\sigma^2 S_s^2 \frac{\partial^2 u(T-s,S_s)}{\partial x^2} \right] \mathrm{d}s$$

$$+ \int_0^t \sigma S_s \frac{\partial u(T-s,S_s)}{\partial x} \mathrm{d}B_s. \tag{10.37}$$

另一方面，(a_t, b_t) 是自融资的，故

$$V_t - V_0 = \int_0^t a_s \mathrm{d}B_s + \int_0^t b_s \mathrm{d}\beta_s.$$

由式(10.34)和式(10.35)，得

$$b_t = \frac{V_t - a_t S_t}{\beta_t}.$$

因此

$$V_t - V_0 = \int_0^t a_s \mathrm{d}B_s + \int_0^t \frac{V_s - a_s S_s}{\beta_s} \cdot r\beta_s \mathrm{d}s$$

$$= \int_0^t a_s \mathrm{d}B_s + \int_0^t r(V_s - a_s S_s) \mathrm{d}s$$

$$= \int_0^t a_s (\mu S_s \mathrm{d}s + \sigma S_s \mathrm{d}B_s) + \int_0^t r(V_s - a_s S_s) \mathrm{d}s$$

$$= \int_0^t \left[(\mu - r) a_s S_s + rV_s \right] \mathrm{d}s + \int_0^t \sigma a_s S_s \mathrm{d}B_s. \tag{10.38}$$

比较式(10.37)和式(10.38)，得

$$a_t = \frac{\partial u(T-t,S_t)}{\partial x}, \tag{10.39}$$

且有

$$(u-r) a_t S_t + ru(T-t,S_t) = (u-r) S_t \frac{\partial u(T-t,S_t)}{\partial x} + ru(T-t,S_t)$$

$$= -\frac{\partial u(T-t,S_t)}{\partial t} + \mu S_t \frac{\partial u(T-t,S_t)}{\partial x}$$

$$+ \frac{1}{2}\sigma^2 S_t^2 \frac{\partial^2 u(T-t,S_t)}{\partial x^2}.$$

即得到下面的偏微分方程：

$$-\frac{\partial u(T-t,S_t)}{\partial t} + rS_t \frac{\partial u(T-t,S_t)}{\partial x} + \frac{1}{2}\sigma^2 S_t^2 \frac{\partial^2 u(T-t,S_t)}{\partial x^2} - ru(T-t,S_t) = 0.$$

也就是说，$u(t,x)$ 满足下面的偏微分方程：

$$-\frac{\partial u(t,x)}{\partial t} + rx \frac{\partial u(t,x)}{\partial x} + \frac{1}{2}\sigma^2 x^2 \frac{\partial^2 u(t,x)}{\partial x^2} - ru(t,x) = 0, \quad x > 0, t \in [0,T].$$

$$\tag{10.40}$$

由 $V_T = u(0,S_T) = (S_T - K)^+$ 可得

$$u(0,x) = (x - K)^+, \quad x > 0. \tag{10.41}$$

10.5.3 Black-Scholes 公式

一般地,求解一个偏微分方程的显式解是比较困难的,很多时候只能寻求数值解. Black 和 Scholes 基于无红利支付的情况,根据无套利原理,用动态复制的方法推导出欧式期权(看涨或看跌)的定价公式,给出了精确的显式解.

微分方程(10.40)式的解为

$$u(t,x) = x\Phi[d_1(t,x)] - Ke^{-rt}\Phi[d_2(t,x)], \tag{10.42}$$

其中 $\Phi(x)$ 为标准正态分布的分布函数,且

$$d_1(t,x) = \frac{\ln(x/K) + (r + \sigma^2/2)t}{\sigma\sqrt{t}}, \quad d_2(t,x) = d_1(t,x) - \sigma\sqrt{t}.$$

即有

$$V_0 = u(T,S_0) = S_0\Phi[d_1(T,S_0)] - Ke^{-rT}\Phi[d_2(T,S_0)], \tag{10.43}$$

其中

$$d_1(T,S_0) = \frac{\ln(S_0/K) + (r + \sigma^2/2)T}{\sigma\sqrt{T}}, \quad d_2(T,S_0) = d_1(T,S_0) - \sigma\sqrt{T}.$$

随机过程 $V(T-t,S_t)$ 表示的是自融资的投资组合在时刻 $t(t \in [0,T])$ 的价值,自融资投资策略 (a_t, b_t) 为

$$a_t = \frac{\partial u(T-t,S_t)}{\partial x}, \quad b_t = \frac{u(T-t,S_t) - a_t S_t}{\beta_t}. \tag{10.44}$$

我们称式(10.44)为 Black-Scholes 期权定价公式.可以看出期权价格与平均回报率 μ 无关,但与波动率 σ 有关.

假设初始期权价格为 q,则有 $q = u(T,S_0)$.事实上,若初始期权价格 $p \neq q$,若 $p > q$,可以采取如下投资策略:在 $t = 0$ 时刻,以价格 p 降期权卖出,同时根据式(10.44)所提供的投资策略投资 q,可以得到一个初始纯利润 $p - q > 0$,在到期日 T 时刻,投资组合的价值为 $a_T S_T + b_T S_T = (S_T - K)^+$,并且有义务支付 $(S_T - K)^+$ 给期权的购买者,这就意味着,若 $S_T > K$,必须以价格 S_T 购买股票,而以执行价格 K 将股票卖给期权买方,故净损失 $S_T - K$;若 $S_T \leqslant K$,期权不会被执行,故净利润 $p - q$,这就导致了套利机会的存在.若 $p < q$,会导致类似情况发生.在无套利原则下,期权的初始价格一定为 $q = u(T,S_0)$.

Harrison 和 Kreos 于 1979 年提出了一种鞅定价方法来解决期权的定价问题,用于 Black-Scholes 期权定价公式的推导,详见文献[3]. Black-Scholes 公式在对股票价格波动率的实际研究中,发现价格波动率呈现出一些统计特征,如波动率微小、肥尾分布、群聚效应、均值回复、杠杆作用等.针对这些现象,许多学者对 Black-Scholes 模型中标的资产服从几何 Brown 运动、波动率为常数等假设做了改进.在对标的资产分布的修正中,提出用跳扩散过程等来描述股价波动过程.

习　题　10

10.1　找出使得 Itô 积分 $Y(t) = \int_0^t (t-s)^{-\alpha} dB(s)$ 存在的 α 的值, 并给出过程 $\{Y(t)\}$ 的协方差函数(此过程称为分形 Brown 运动).

10.2　证明: $X(t,s)$ 是非随机的二元函数(不依赖于 $B(t)$), 并且使得 $\int_0^t X^2(t,s)ds < \infty$, 则对任意 $t, \int_0^t X(t,s)dB(s)$ 是服从 Gauss 分布的随机变量, $\{Y(t), 0 \leqslant t \leqslant T\}$ 是 Gauss 过程, 其均值函数为 0, 协方差函数为

$$\mathrm{Cov}(Y(t), Y(t+u)) = \int_0^t X(t,s)X(t+u,s)ds, \quad u > 0.$$

10.3　设 $X(t)$ 具有随机微分形式

$$dX(t) = (bX(t) + c)dt + 2\sqrt{X(t)}dB(t),$$

并假设 $X(t) \geqslant 0$, 求过程 $\{Y(t) = \sqrt{X(t)}\}$ 的随机微分形式.

10.4　利用 Itô 公式证明:

$$\int_0^t B^2(s)dB(s) = \frac{1}{3}B^3(t) - \int_0^t B(s)ds.$$

10.5　设 $\{X(t)\}$ 和 $\{Y(t)\}$ 都是 Itô 过程, 证明:

$$d(X(t)Y(t)) = X(t)dY(t) + Y(t)dX(t) + dX(t)dY(t).$$

并由此导出下面的分部积分公式:

$$\int_0^t X(s)dY(s) = X(t)Y(t) - X(0)Y(0) - \int_0^t Y(s)dX(s) - \int_0^t dX(s) \cdot dY(s).$$

10.6　求下列 Itô 随机微分方程的解(其中 $t \geqslant 0$).

(1) $dX(t) = \mu X(t)dt + \sigma dB(t), \mu, \sigma > 0$ 为常数(此方程称为 Orenstein-Uhlenbeck 方程), $X(0) \sim N(0, \sigma^2)$ 且与 $\{B(t), t \geqslant 0\}$ 独立;

(2) $dX(t) = -X(t)dt + e^{-t}dB(t)$;

(3) $dX(t) = \gamma dt + \sigma X(t)dB(t), \gamma, \sigma$ 为常数;

(4) $dX(t) = (m - X(t))dt + \sigma dB(t), m, \sigma$ 为常数.

10.7　设 $G(t,x)$ 是方程 $\frac{\partial G}{\partial x} + \frac{1}{2}\sigma^2 x^2 \frac{\partial^2 G}{\partial x^2} + rx\frac{\partial G}{\partial x} = 0$ 的根, $V(t,x) = e^{rt}G(t,x)$, 验证 $V(t,x)$ 满足 Black-Scholes 偏微分方程.

10.8　设 $F_T = e^{rT}S_0$ 表示 T 时刻交割的股票远期合约的价格, 证明 Black-Scholes 定价公式中的两个参数 $d_1(t,x), d_2(t,x)$ 可以表示为 $\dfrac{\ln(F_T/K)}{\sigma\sqrt{T}} \pm \dfrac{\sigma\sqrt{T}}{2}$.

10.9　根据看涨期权与看跌期权的平价公式 $P = C - F + Ke^{-rT}$ 和欧式看涨期权的 Black-Scholes 定价公式, 计算欧式看跌期权的价格.

习 题 解 析

习 题 2

2.1 $X(t)$ 的一维概率密度 $f_t(x) = f(y)|y'(x)|f\left(-\dfrac{\ln x}{t}\right)\Big/(tx), t>0$，因此

$$EX(t) = E(\mathrm{e}^{-Yt}) = \int_0^\infty f(y)\mathrm{e}^{yt}\mathrm{d}y, \quad R_X(t_1, t_2) = E[X(t_1)X(t_2)] = \int_0^\infty \mathrm{e}^{-y(t_1+t_2)} f(y)\mathrm{d}y.$$

2.2 $EX(t) = E[A\cos(\omega t) + B\sin(\omega t)] = 0, R_X(t_1, t_2) = E[X(t_1)X(t_2)] = \sigma^2 \cos\omega(t_1 - t_2).$

2.3 $m_Y(t) = EY(t) = E[X(t) + \varphi(t)] = m_X(t) + \varphi(t).$

$$\begin{aligned} C_Y(t_1, t_2) &= R_Y(t_1, t_2) - m_Y(t_1)m_Y(t_2) = E[Y(t_1)Y(t_2)] - m_Y(t_1)m_Y(t_2) \\ &= R_X(t_1, t_2) - m_X(t_1)m_X(t_2) = C_X(t_1, t_2). \end{aligned}$$

2.4 $EX(t) = E(X + Yt + Zt^2) = 0, C_X(t_1, t_2) = E[X(t_1)X(t_2)] = 1 + t_1 t_2 + t_1^2 t_2^2.$

2.5 $E[X(t)X(t+\tau)] = E[f(t-Y)f(t+\tau-Y)] = \dfrac{1}{T}\int_0^T f(t-y)f(t+\tau-y)\mathrm{d}y.$ 令 $t-y=s$，则

$$E[X(t)X(t+\tau)] = -\frac{1}{T}\int_t^{t-T} f(s)f(s+\tau)\mathrm{d}s = \frac{1}{T}\int_{t-T}^t f(s)f(s+\tau)\mathrm{d}s.$$

$f(t)$ 为周期函数，因此结论成立.

2.6 由 Schwarz 不等式，有

$$\begin{aligned} C_{XY}(t_1, t_2) &= E[X(t_1) - EX(t_1)]\overline{[Y(t_2) - EY(t_2)]} \\ &\leqslant [E|X(t_1) - EX(t_1)|^2 \cdot E|Y(t_2) - EY(t_2)|^2]^{\frac{1}{2}} = \sigma_X(t_1)\sigma_Y(t_2). \end{aligned}$$

2.7 $EY(t) = E[X(t) + V] = 0.$

$C_Y(t_1, t_2) = E[X(t_1) + V][X(t_2) + V] = E[X(t_1)X(t_2)] + EV^2 = \sigma_X^2[\min(t_1, t_2)] + 1.$

2.8 $EY = EZ = 0, DY = DZ = 1.$

$$EX(t) = E[Y\cos(\theta t) + Z\sin(\theta t)] = \cos(\theta t)EY + \sin(\theta t)EZ = 0.$$

$$\begin{aligned} R_X(t_1, t_2) &= E[Y\cos(\theta t_1) + Z\sin(\theta t_1)][Y\cos(\theta t_2) + Z\sin(\theta t_2)] \\ &= EY^2 \cos(\theta t_1)\cos(\theta t_2) + EZ^2 \sin(\theta t_1)\sin(\theta t_2) = \cos\theta(t_2 - t_1). \end{aligned}$$

$$EX^2(t) = R_X(t, t) = 1 < \infty.$$

$X(t)$ 是广义平稳过程，又由于 $X(t)$ 的分布与 t 有关，因此，$X(t)$ 不是严平稳过程.

2.11 $P(S_T = 0) = \dfrac{p^N(1-p)^a - p^a(1-p)^N}{p^{N+a} - p^a(1-p)^N}.$

习　题　3

3.1　设 $\{N(t),t\geqslant 0\}$ 表示到达商店的顾客数，ξ_i 表示第 i 个顾客购物与否，则 ξ_i 独立同分布，且 $P(\xi_i=1)=p$，$P(\xi_i=0)=1-p$，则 $Y(t)=\sum_{i=1}^{N(t)}\xi_i$ 是复合 Poisson 过程，$EY(t)=\lambda tE(\xi_i)=\lambda pt$，强度为 λp.

3.2　(1) $P(N(t+2)-N(t)=3)=\dfrac{(2\lambda)^3}{3!}\mathrm{e}^{-2\lambda}=\dfrac{4}{3}\lambda^3\mathrm{e}^{-2\lambda}$.

(2) $P=\sum_{k=0}^{2}P(N(1)-N(0))=k,N(2)-N(1)\geqslant 3-k\}$

$\quad=\mathrm{e}^{-\lambda}\big[(1+\lambda+\dfrac{\lambda^2}{2})-\mathrm{e}^{-\lambda}(1+2\lambda+2\lambda^2)\big]$.

3.3　$P(S>s_1+s_2\,|\,S>s_1)=P(X(s_1+s_2)-X(s_1)=0)$

$\quad\quad\quad\quad\quad\quad=\dfrac{(\lambda s_2)^0}{0!}\mathrm{e}^{-\lambda s_2}=1-P(S\leqslant s_2)=P(S>s_2)$.

3.4　(1) 绿色汽车之间不同到达时刻的概率密度为 $f(t)=\begin{cases}\lambda_1\mathrm{e}^{-\lambda_1 t}, & t\geqslant 0\\ 0, & t<0\end{cases}$.

(2) 汽车合并单个输出过程 $Y(t)$，则 $Y(t)$ 还是 Poisson 过程，到达率为 $\lambda_1+\lambda_2+\lambda_3$，因此汽车之间的不同到达时刻的概率密度为 $f_Y(t)=\begin{cases}(\lambda_1+\lambda_2+\lambda_3)\mathrm{e}^{-(\lambda_1+\lambda_2+\lambda_3)t}, & t\geqslant 0\\ 0, & t<0\end{cases}$.

3.5　设 $\{N(t),t\geqslant 0\}$ 表示 $[0,t]$ 区间脉冲到达计数器的个数，则 $X(t)=\sum_{i=1}^{N(t)}\xi_i$ 为复合 Poisson 过程，$EX(t)=\lambda pt$，强度为 λp，因此

$$P(X(t)=k)=\mathrm{e}^{-\lambda pt}\dfrac{(\lambda pt)^k}{k!},\quad k=0,1,2,\cdots.$$

3.6　顾客到达率为 $\lambda(t)=\begin{cases}5+5t, & 0\leqslant t<3\\ 20, & 3\leqslant t<5.\\ 20-2(t-5), & 5\leqslant t<9\end{cases}$

$$m_X(1.5)-m_X(0.5)=\int_{0.5}^{1.5}(5+5t)\mathrm{d}t=10,\quad P(X(1.5)-X(0.5)=0)=\mathrm{e}^{-10}.$$

3.7　设 $N(t)$ 为时间 $[0,t]$ 内移民户数，Y_i 表示每户的人口数，则在 $[0,t]$ 的移民人数 $X(t)=\sum_{i=1}^{N(t)}Y_i$ 是一个复合 Poisson 过程，Y_i 独立同分布，分布列为

$$P(Y=1)=P(Y=4)=\dfrac{1}{6},\quad P(Y=2)=P(Y=3)=\dfrac{1}{3}.$$

$EY=\dfrac{15}{6}$，$EY^2=\dfrac{43}{6}$，因此 $m_X(5)=10\times EY_1=25$，$\sigma_X(5)=10\times EY^2=\dfrac{215}{3}$.

3.8　$m(t)=\dfrac{1}{2}\lambda t-\dfrac{1}{4}(1-\mathrm{e}^{-2\lambda t})$.

习 题 4

4.1 $\quad P = \begin{pmatrix} 1 & 0 & 0 & 0 & 0 \\ \frac{1}{3} & \frac{1}{3} & \frac{1}{3} & 0 & 0 \\ 0 & \frac{1}{3} & \frac{1}{3} & \frac{1}{3} & 0 \\ 0 & 0 & \frac{1}{3} & \frac{1}{3} & \frac{1}{3} \\ 0 & 0 & 0 & 0 & 1 \end{pmatrix}, \quad P^2 = \begin{pmatrix} 1 & 0 & 0 & 0 & 0 \\ \frac{4}{9} & \frac{2}{9} & \frac{2}{9} & \frac{1}{9} & 0 \\ \frac{1}{9} & \frac{2}{9} & \frac{3}{9} & \frac{2}{9} & \frac{1}{9} \\ 0 & \frac{1}{9} & \frac{2}{9} & \frac{2}{9} & \frac{4}{9} \\ 0 & 0 & 0 & 0 & 1 \end{pmatrix}.$

4.2 $\quad P^{(3)} = \begin{pmatrix} 0.25 & 0.375 & 0.375 \\ 0.375 & 0.25 & 0.375 \\ 0.375 & 0.375 & 0.25 \end{pmatrix} \cdot p_3(3) = 0.25.$

4.3 $\quad p_{00}^{(4)} = 0.5749.$

4.4 $\quad$ (1) $f_{11}^{(1)} = \frac{1}{2}, f_{11}^{(2)} = \frac{1}{6}, f_{11}^{(3)} = \frac{1}{9}, f_{12}^{(1)} = \frac{1}{2}, f_{12}^{(2)} = \frac{1}{4}, f_{12}^{(3)} = \frac{1}{8}.$

(2) $f_{11}^{(1)} = p_1, f_{11}^{(2)} = 0, f_{11}^{(3)} = q_1 q_2 q_3, f_{12}^{(1)} = q_1, f_{12}^{(2)} = p_1 q_1, f_{12}^{(3)} = p_1^2 q_1.$

4.5 $\quad$ 遍历的.

4.6 $\quad I = \{2\} \bigcup \{0,1\} \bigcup \{3\}.$

4.7 $\quad$ 转移概率为 $p_{ii} = 0, p_{i,i+1} = \frac{2N-i}{2N}, p_{i,i-1} = \frac{i}{2N}, i = 0,1,\cdots,2N$, 由平稳分布的方程组解得 $\pi_j = C_{2N}^j \pi_0$, 因此平稳分布 $\pi_j = C_{2N}^j 2^{-2N}, j = 0,1,\cdots,2N.$

4.8 $\quad$ (1) $P = \begin{pmatrix} \frac{1}{3} & \frac{2}{3} & 0 \\ \frac{2}{9} & \frac{5}{9} & \frac{2}{9} \\ 0 & \frac{2}{3} & \frac{1}{3} \end{pmatrix}$; (3) $\lim\limits_{n\to\infty} p_{i_0}^{(n)} = \pi_0 = \frac{1}{5}, \lim\limits_{n\to\infty} p_{i_1}^{(n)} = \pi_1 = \frac{3}{5}, \lim\limits_{n\to\infty} p_{i_2}^{(n)} = \pi_2 = \frac{1}{5}.$

4.9 $\quad$ (2) $\pi_1 = 0.2112, \pi_2 = 0.3028, \pi_3 = 0.3236, \pi_4 = 0.1044$; (3) $\mu_4 = 9$(天).

4.10 $\quad$ (1) $\frac{7}{18}$; (2) $\frac{3}{5} + \left(-\frac{1}{6}\right)^n \left(p - \frac{3}{5}\right)$; (3) $p = \frac{3}{5}$, $p_1(n) = \frac{3}{5}, p_2(n) = \frac{2}{5}$; (4) 具有遍历性, 因为 $p_{ij}(n)$ 的极限存在与 i 无关; (5) $\left(\frac{3}{5}, \frac{2}{5}\right).$

4.11 $\quad$ (2) $\left(\frac{1}{4}, \frac{1}{2}, \frac{1}{4}\right).$

4.12 $\quad$ (1) $p_{ij}(n) = \begin{cases} e^{-n\lambda} \dfrac{(n\lambda)^{j-1}}{(j-1)!}, & j \geqslant i \\ 0, & j < i \end{cases}.$

4.13 $\quad$ (1) $P^{(3)} = P^3 = \begin{pmatrix} 0.496 & 0.252 & 0.252 \\ 0.504 & 0.252 & 0.244 \\ 0.504 & 0.244 & 0.252 \end{pmatrix}.$

(2) 由平稳方程 $(\pi_1, \pi_2, \pi_3) = (\pi_1, \pi_2, \pi_3)P$ 与方程 $\sum\limits_{i=1}^{3} \pi_i = 1$ 得 $(\pi_1, \pi_2, \pi_3) = (0.5, 0.25, 0.25)$, 即如果顾客流动情况长此下去, 最终 A、B、C 三个品牌市场占有率将分别为 50%、25%、25%.

4.14　(1) $\left(\dfrac{15}{38},\dfrac{4}{19},\dfrac{15}{38}\right)$；(2) $\dfrac{3}{19}$；(3) $\dfrac{3}{19}$.

习　题　5

5.1　Kolmogorov 向前方程为 $p'_{ij}(t)=-p_{ij}(t)+\dfrac{1}{2}p_{i,j-1}(t)+\dfrac{1}{2}p_{i,j+1}(t)$，由于状态空间 $I=\{1,$ $2,3\}$，由此 $p_{ij}(t)+p_{i,j-1}(t)+p_{i,j+1}(t)=1$，故

$$p'_{ij}(t)=-p_{ij}(t)+\frac{1}{2}(1-p_{ij}(t))=-\frac{3}{2}p_{ij}(t)+\frac{1}{2},$$

解得 $p_{ij}(t)=ce^{-\frac{3}{2}t}+\dfrac{1}{3}$. 由初始条件 $p_{ij}(0)=\begin{cases}1,&i=j\\0,&i\neq j\end{cases}$，得

$$p_{ij}(t)=\begin{cases}\dfrac{1}{3}-\dfrac{1}{3}e^{-\frac{3}{2}t},&i\neq j\\[2mm]\dfrac{1}{3}+\dfrac{1}{3}e^{-\frac{3}{2}t},&i=j\end{cases}.$$

平稳分布为 $\pi_j=\lim\limits_{n\to\infty}p_{ij}(t)=\dfrac{1}{3}(j=1,2,3)$.

5.2　(1) 由题意知 $N(t)$ 是连续时间 Markov 链，状态空间 $I=\{0,1,2,\cdots,M\}$，设时刻 t 有 i 台车床，在 $(t,t+h]$ 内又有一台车床开始工作，则在不计高阶无穷小时，它应等于原来停止工作的 $M-i$ 台车床，在 $(t,t+h]$ 内恰好有一台开始工作，因此

$$p_{i,i+1}(h)=(M-i)\lambda h+0(h),\quad i=0,1,\cdots,M-1.$$

类似地，有

$$p_{i,i-1}(h)=i\mu h+0(h)\ (i=0,1,\cdots,M),\quad p_{ij}(h)=0\ (|i-j|\geqslant 2).$$

显然 $N(t)$ 是生灭过程，其中 $\lambda_i=(M-i)\lambda h(i=0,1,2,\cdots,M),\mu_i=i\mu h(i=0,1,2,\cdots,M)$.

平稳分布为 $\pi_0=\left(1+\dfrac{\lambda}{\mu}\right)^{-M},\pi_j=C_M^i\left(\dfrac{\lambda}{\mu}\right)^j\pi_0=C_M^i\left(\dfrac{\lambda}{\lambda+\mu}\right)^j\left(\dfrac{\mu}{\lambda+\mu}\right)^{M-j}(j=0,1,\cdots,M)$.

(2) $P(N(t)>5)=\sum\limits_{j=6}^{10}\pi_j=0.7809$.

5.3　(1) $Q=\begin{bmatrix}-m\lambda&m\lambda&0&\cdots&.\\m\mu&-m(\lambda+\mu)&m\lambda&\cdots&0\\\cdots&\cdots&\cdots&\cdots&\cdots\\0&0&\cdots&m\mu&-m\mu\end{bmatrix}$.

(2) $\begin{cases}p'_0(t)=-m\lambda p_0(t)+m\mu p_1(t)\\p'_j(t)=m\lambda p_{j-1}(t)-m(\lambda+\mu)p_j(t)+m\mu p_{j+1}(t)\\p'_m(t)=m\lambda p_{m-1}(t)-m\mu p_m(t)\\p_0(0)=0\end{cases}$.

(3) 由于 $\lim\limits_{t\to\infty}p_j(t)=p_j$（常数），由(2)可解出 $p_j(j=0,1,\cdots,m)$.

5.4　设服务员服务时间为 T，则 T 服从指数分布，其概率密度函数为 $f(t)=\begin{cases}\mu e^{-\mu t},&t>0\\0,&t\leqslant 0\end{cases}$，记在时间 $[0,t]$ 内到达的顾客数为 $X(t)$，则 $P(X(t)=n)=\dfrac{(\lambda t)^n}{n!}e^{-\lambda t},n=0,1,2,\cdots$.

(1) 在服务员的服务时间内到达顾客的平均数为

$$E[EX(t) \mid T = t] = \int_0^\infty \Big(\sum_{n=0}^\infty n \frac{(\lambda t)^n}{n!} e^{-\lambda t} \Big) e^{-\mu t} dt = \int_0^\infty \lambda t \mu e^{-\mu t} dt = \frac{\lambda}{\mu}.$$

(2) 在服务员的服务时间内无顾客到达的概率为

$$p_0 = \int_0^\infty e^{-\lambda t} \cdot \mu e^{-\mu t} dt = \int_0^\infty \mu e^{-(\mu+\lambda)t} dt = \frac{\mu}{\lambda + \mu}.$$

习 题 6

6.2 (1) $X(t)$ 是平稳过程，$\mu_X = 0$，$R_X(\tau) = \cos \tau$.

(2) $X(t)$ 是严平稳过程，因为 $X(t)$ 是正态过程.

6.3 $m_X = 0$，$R_X(\tau) = \sigma^2 \cos \omega \tau$.

6.4 (1) $m_X = 0$，$R_X(m) = \begin{cases} 1/2, & m = 0 \\ 0, & m \neq 0 \end{cases}$.

(2) $m_X(t) = \begin{cases} 0, & t = 0 \\ \dfrac{1 - \cos 2\pi t}{2\pi t}, & t > 0 \end{cases}$.

6.5 $\langle X(t) \rangle = 0$，$\langle X(t) X(t+\tau) \rangle = \dfrac{1}{2} (U^2 + V^2) \cos \tau$.

6.6 $\langle X(t) \rangle = 0$，$\langle X(t) X(t+\tau) \rangle = \dfrac{1}{2} A^2 \cos \omega \tau$.

6.8 (1) $\mu_Y = \mu_X + c$，$C_Y(\tau) = C_X(\tau) + 1$.

(2) $Y(t)$ 的均值不具有各态历经性，因为 $\langle Y(t) \rangle = \mu_X + U \neq \mu_Y$ a.s..

6.9 (1) $E[Z(t)] = E[X(t) + Y(t)] = 0$.

(2) $R_Z(t+\tau, t) = E[X(t+\tau) + Y(t+\tau)] \overline{[X(t) + Y(t)]} = R_A(\tau) \cos \tau$.

(3) $E |Z(t)|^2 = R_Z(0) = R_A(0) < \infty$，由 (1)(2)(3) 知 $\{Z(t)\}$ 是平稳过程.

6.10 (1) $R_{Z_1 Z_2}(t+\tau, t) = E[X_1(t+\tau) + i Y_1(t+\tau)] \overline{[X_2(t) + i Y_2(t)]} = R_A(\tau) \cos \tau$

$\quad = R_{X_1 X_2}(t+\tau, t) + R_{Y_1 Y_2}(t+\tau, t) - i R_{X_1 Y_2}(t+\tau, t) + i R_{Y_1 X_2}(t+\tau, t)$.

(2) 若所有的实过程都互不相关，则 $R_{Z_1 Z_2}(t+\tau, t) = 0$.

6.11 $E |Y|^2 = E \Big[\big| \int_a^{a+T} X(t) dt \big|^2 \Big] = \int_a^{a+T} \int_a^{a+T} R_X(s, t) ds dt$，令 $\tau_1 = t + s$，$\tau_2 = t - s$，则

$$E |Y|^2 = \frac{1}{2} \int_{-T}^T \int_{2a+|\tau_2|}^{2a+2T-|\tau_2|} R_X(\tau_2) d\tau_1 d\tau_2 = \int_{-T}^T (T - |\tau|) R_X(\tau) d\tau.$$

6.12 (1) $X(t)$ 的均值具有各态历经性；(2) $X(t)$ 的均方值不具有各态历经性；(3) $X(t)$ 的均值具有各态历经性.

习 题 7

7.1 由谱密度的性质：谱密度是实的偶函数，对于有理谱分母的次数大于分子的次数，且分母无实根，由此 (1)、(2)、(4) 是谱密度，(3) 不是.

7.2 (1) $s_X(\omega) = \dfrac{2}{1 + (\omega - \pi)^2} + \dfrac{2}{1 + (\omega + \pi)^2} + \pi \delta(\omega - 3\pi) + \pi \delta(\omega + 3\pi)$.

(2) $s_X(\omega) = \dfrac{10}{1+\omega^2} + \dfrac{6}{9+\omega^2}.$

(3) $s_X(\omega) = 2\pi\delta(\omega) + \dfrac{1}{1+(\omega-1)^2} + \dfrac{1}{1+(\omega+1)^2}.$

(4) $s_X(\omega) = 3 + \pi\delta(\omega-2) + \pi\delta(\omega+2).$

7.3 (1) $R_X(\tau) = \dfrac{1}{\sqrt{3}}e^{-\sqrt{3}|\tau|} - \dfrac{1}{2\sqrt{2}}e^{-\sqrt{2}|\tau|}$; (2) $R_X(\tau) = \dfrac{1}{2}\sum\limits_{k=1}^{\infty}\dfrac{1}{k}e^{-k|\tau|}$;

(3) $R_X(\tau) = \dfrac{4}{\pi} + \dfrac{8}{\pi\tau^2}\sin^2 5\tau$; (4) $R_X(\tau) = \begin{cases} \dfrac{1}{2}(1-|\tau|), & |\tau| \leqslant 1 \\ 0, & |\tau| > 1 \end{cases}.$

7.6 (1) $s_{XY}(\omega) = 2\pi m_X \overline{m_Y}\delta(\omega)$; (2) $s_{XZ}(\omega)s = {}_X(\omega) + s_{XY}(\omega).$

7.7 $R_Y(\tau) = \begin{cases} T - |\tau|, & |\tau| < T \\ 0, & \text{其他} \end{cases}$, $s_Y(\omega) = T^2\left(\dfrac{\sin\dfrac{\omega T}{2}}{\dfrac{\omega T}{2}}\right)^2$, $s_{XY}(\omega) = \dfrac{e^{i\omega T}-1}{i\omega}.$

7.9 $s_Y(\omega) = \dfrac{2\beta\sigma^2 a^2}{(\beta^2+\omega^2)(b^2+\omega^2)}$, $R_Y(\tau) = \dfrac{\sigma^2 a^2}{b(\beta^2-b^2)}(\beta e^{-b|\tau|} - be^{-\beta|\tau|}).$

7.10 (1) $R_{Y_1 Y_2}(\tau) = \displaystyle\int_{-\infty}^{+\infty}\int_{-\infty}^{+\infty} R_X(\tau+u-v)h_1(u)h_2(v)\mathrm{d}u\mathrm{d}v.$

(2) $s_{Y_1 Y_2}(\omega) = s_X(\omega)H_1(\omega)H_2(\omega).$

7.11 $s_{Y_1}(\omega) = \dfrac{\alpha^2+\omega^2}{(2\alpha)^2+\omega^2}\cdot\dfrac{2\sigma^2\beta}{\beta^2+\omega^2}$, $s_{Y_2}(\omega) = \dfrac{\alpha^2}{(2\alpha)^2+\omega^2}\cdot\dfrac{2\sigma^2\beta}{\beta^2+\omega^2},$

$s_{Y_1 Y_2}(\omega) = \dfrac{i\omega+\alpha}{i\omega+2\alpha}\cdot\dfrac{\alpha}{2\alpha-i\omega}\cdot\dfrac{2\sigma^2\beta}{\beta^2+\omega^2}.$

习 题 8

8.2 (1) $(1-0.2B)X_t = \varepsilon_t$;

(2) $(1-0.5B)X_t = (1-0.4B)\varepsilon_t$;

(3) $(1+0.7B-0.5B^2)X_t = (1-0.4B)\varepsilon_t$;

(4) $X_t = (1-0.5B+0.3B^2)\varepsilon_t$;

(5) $(1-0.3B)X_t = (1-1.5B+B^2)\varepsilon_t.$

8.3 (1) 不在平稳域中;(2) 在平稳域中;(3) 不在平稳域中;(4) 不在可逆域中;(5) 在平稳域中,不在可逆域中;(6) 在平稳域中,不在可逆域中.

8.4 (1) $X_t = \displaystyle\sum_{k=0}^{\infty} 0.7^k \varepsilon_{t-k}$;

(2) $\varepsilon_t = \displaystyle\sum_{k=0}^{\infty}(-1)^k 0.46^k X_{t-k}$;

(3) $X_t = \displaystyle\sum_{k=0}^{\infty}\dfrac{1}{1.7}\big[(-1)^k 0.8^{k+1} + 0.9^{k+1}\big]\varepsilon_{t-k}$;

(4) $X_t = \displaystyle\sum_{k=0}^{\infty}\big[(-0.3)^k - 0.4\times 0.3^{k-1}\big]\varepsilon_{t-k}$, $\varepsilon_t = X_t + \displaystyle\sum_{k=0}^{\infty}\big[0.4^k + 0.3\times 0.4^{k-1}\big]X_{t-k}$;

(5) $X_t = \displaystyle\sum_{k=0}^{\infty}\dfrac{1}{2}\big[-11\times 0.7^k + 13\times 0.9^k\big]\varepsilon_{t-k},$

$$\varepsilon_t = X_t - 2X_{t-1} + \sum_{k=0}^{\infty}\big[(-0.4)^k - 1.6\times(-0.4)^{k-1} + 0.63\times(-0.4)^{k-2}\big]X_{t-k}.$$

8.5 $\varepsilon_t = X_t + (\theta_1 - \varphi_1)X_{t-1} + \sum_{k=2}^{\infty}(\theta_1^k - \varphi_1\theta_1^{k-1} - \varphi_2\theta_1^{k-2})X_{t-k}.$

8.6   无传递形式,$1 - 1.2B = 0$ 的根在单位圆内.

8.7 $\varphi_{33} = \dfrac{\rho_3 + \rho_1^3 + \rho_1\rho_2^2 - 2\rho_1\rho_2 - \rho_1^2\rho_3}{1 + 2\rho_1^2\rho_2 - \rho_2^2 - 2\rho_1^2}.$

8.8   MA(2)序列,$\varepsilon_t + \dfrac{1}{1/2 - \sqrt{11/12}}\varepsilon_{t-1} - (1/2 + \sqrt{11/12})\varepsilon_{t-2} = X_t$,且 $E\varepsilon_t^2 = 0.3.$

8.9   AR(2)序列,$X_t - 0.2X_{t-1} - 0.01X_{t-2} = \varepsilon_t.$

习 题 9

9.1   可以认为是平稳过程.

9.2   AR(1)模型.

9.3   MA(2)模型.

9.4 $\hat{\varphi}_1 = 0.5$,模型方程为 $X_t - 0.5X_{t-1} = \varepsilon_t$,$\hat{\sigma}^2 = 0.072.$

9.5 $X_t = \varepsilon_t - \varepsilon_{t-1}$,$\hat{\sigma}^2 = 0.05.$

9.6 $X_t - 0.84X_{t-1} = 12.3 + \varepsilon_t - 0.42\varepsilon_{t-1}.$

9.7 $Z_t = 0.05 - 0.80Z_{t-1} + \varepsilon_t$,$\sigma^2 = 1.20.$

9.8 $W_t = \varepsilon_t + 0.62\varepsilon_{t-1}$,$\hat{\sigma}^2 = 0.96.$

9.9 $W_t = -0.47W_{t-1} + \varepsilon_t - 0.64\varepsilon_{t-1}$,$\hat{\sigma}^2 = 0.88.$

9.10 $\hat{Z}_{100}(1) = -2.51$,$\hat{Z}_{100}(2) = 2.06$,$\hat{Z}_{100}(3) = -1.60$,绝对误差范围是 2.19.

9.11 $\hat{Z}_{50}(1) = 0.44$,$\hat{Z}_{50}(2) = -0.34$,$\hat{Z}_{50}(3) = -0.34.$

9.12 $\hat{Z}_{50}(1) = -11.76$,$\hat{Z}_{50}(2) = 5.46$,$\hat{Z}_{50}(3) = -2.64.$

习 题 10

10.1 $\alpha < \dfrac{1}{2}$；$Y(t)$ 的协方差函数为 $\mathrm{Cov}(Y(t), Y(t+u)) = \int_0^t (t-s)^{-\alpha}(t+u-s)^{-\alpha}\mathrm{d}s.$

10.3 $\mathrm{d}Y(t) = \Big[\dfrac{b}{2}Y(t) + \dfrac{c-1}{2Y(t)}\Big]\mathrm{d}t + \mathrm{d}B(t).$

10.6   (1) $X(t) = X(0)\mathrm{e}^{\mu t} + \int_0^t \mathrm{e}^{\mu(t-s)}\mathrm{d}B(s)$；

(2) $X(t) = X(0)\mathrm{e}^{-t} + \mathrm{e}^{-t}B(t)$；

(3) $X(t) = \exp\Big\{\sigma B(t) - \dfrac{\sigma^2}{2}\Big\}X(0) + \gamma\int_0^t \exp\Big\{\dfrac{\sigma^2}{2}(s-t) - \sigma(B(t) - B(s))\Big\}\mathrm{d}s$；

(4) $X(t) = m + (X(0) - m)\mathrm{e}^{-t} + \sigma\int_0^t \mathrm{e}^{s-t}\mathrm{d}B(s).$

附表 1　常见分布的数学期望、方差和特征函数

分布	分布律或概率密度	期望	方差	特征函数
0-1 分布 $B(1,p)$	$P(X=1)=p, P(X=0)=q, p+q=1,$ $0<p<1$	p	pq	$q+pe^{it}$
二项分布 $B(n,p)$	$P(X=k)=C_n^{\,k}p^kq^{n-k}, k=0,1,\cdots,n,$ $0<p<1, p+q=1$	np	npq	$(q+pe^{it})^n$
泊松分布 $P(\lambda)$	$P(X=k)=\dfrac{\lambda^k}{k!}e^{-\lambda}, \lambda>0, k=0,1,\cdots$	λ	λ	$e^{\lambda(e^{it}-1)}$
几何分布	$P(X=k)=pq^{k-1}, 0<p<1, p+q=1,$ $k=0,1,\cdots$	$\dfrac{1}{p}$	$\dfrac{q}{p^2}$	$\dfrac{pe^{it}}{1-qe^{it}}$
巴斯加分布	$P(X=k)=C_{k-1}^{n-1}p^nq^{k-n}, k=n,n+1,\cdots,$ $0<p<1, p+q=1$	$\dfrac{n}{p}$	$\dfrac{nq}{p^2}$	$\left(\dfrac{pe^{it}}{1-qe^{it}}\right)^n$
均匀分布 $R(a,b)$	$f(x)=\dfrac{1}{b-a}, a<x<b$	$\dfrac{a+b}{2}$	$\dfrac{(b-a)^2}{12}$	$\dfrac{e^{ibt}-e^{iat}}{i(b-a)t}$
正态分布 $N(\mu,\sigma^2)$	$f(x)=\dfrac{1}{\sqrt{2\pi}\sigma}\exp\left\{-\dfrac{(x-\mu)^2}{2\sigma^2}\right\}$	μ	σ^2	$e^{i\mu t-\frac{1}{2}\sigma^2t^2}$
指数分布 $E(\lambda)$	$f(x)=\lambda e^{-\lambda x}, x\geqslant0, \lambda>0$	$\dfrac{1}{\lambda}$	$\dfrac{1}{\lambda^2}$	$\dfrac{\lambda}{\lambda-it}$
爱尔朗分布	$f(x)=\dfrac{\lambda^n}{(n-1)!}x^{n-1}e^{-\lambda x}, x>0$	$\dfrac{n}{\lambda}$	$\dfrac{n}{\lambda^2}$	$\left(\dfrac{\lambda}{\lambda-it}\right)^n$
Γ 分布 $G(\lambda,b)$	$f(x)=\dfrac{\lambda^b}{\Gamma(b)}x^{b-1}e^{-\lambda x}, x>0$	$\dfrac{b}{\lambda}$	$\dfrac{b}{\lambda^2}$	$\left(\dfrac{\lambda}{\lambda-it}\right)^b$
χ^2 分布 $\chi^2(n)$	$f(x)=\dfrac{1}{2^{n/2}\Gamma(n/2)}x^{n/2-1}e^{-x/2}, x>0$	n	$2n$	$(1-2it)^{-\frac{n}{2}}$

注:这里密度函数 $f(x)$ 只列出了正的函数值.

附表 2 标准正态分布函数值表

本表列出标准正态函数值 $\Phi(x) = \int_{-\infty}^{x} \frac{1}{\sqrt{2\pi}} \mathrm{e}^{-t^2/2} \mathrm{d}t$.

x	0.00	0.01	0.02	0.03	0.04	0.05	0.06	0.07	0.08	0.09
0.0	0.5000	0.5040	0.5080	0.5120	0.5160	0.5199	0.5239	0.5279	0.5319	0.5359
0.1	0.5698	0.5438	0.5478	0.5517	0.5557	0.5596	0.5636	0.5675	0.5714	0.5753
0.2	0.5793	0.5832	0.5871	0.5910	0.5948	0.5987	0.6026	0.6064	0.6103	0.6141
0.3	0.6179	0.6217	0.6255	0.6393	0.6331	0.6368	0.6406	0.6443	0.6480	0.6517
0.4	0.6554	0.6591	0.6628	0.6664	0.6700	0.6736	0.6772	0.6808	0.6844	0.6879
0.5	0.6915	0.6950	0.6985	0.7019	0.7054	0.7088	0.7123	0.7157	0.7190	0.7224
0.6	0.7257	0.7291	0.7324	0.7357	0.7389	0.7422	0.7454	0.7486	0.7517	0.7549
0.7	0.7580	0.7611	0.7642	0.7673	0.7704	0.7734	0.7764	0.7794	0.7823	0.7852
0.8	0.7881	0.7910	0.7939	0.7967	0.7995	0.8023	0.8051	0.8078	0.8106	0.8133
0.9	0.8159	0.8186	0.8212	0.8238	0.8264	0.8289	0.8315	0.8340	0.8365	0.8389
1.0	0.8413	0.8438	0.8461	0.8485	0.8508	0.8531	0.8554	0.8577	0.8599	0.8621
1.1	0.8643	0.8665	0.8686	0.8708	0.8729	0.8749	0.8770	0.8790	0.8810	0.8830
1.2	0.8849	0.8869	0.8888	0.8907	0.8925	0.8944	0.8962	0.8980	0.8997	0.9015
1.3	0.9032	0.9049	0.9066	0.9082	0.9099	0.9115	0.9131	0.9147	0.9162	0.9177
1.4	0.9192	0.9207	0.9222	0.9236	0.9251	0.9265	0.9279	0.9292	0.9306	0.9319
1.5	0.9332	0.9345	0.9357	0.9370	0.9382	0.9394	0.9406	0.9418	0.9429	0.9441
1.6	0.9452	0.9463	0.9474	0.9784	0.9495	0.9505	0.9515	0.9525	0.9535	0.9545
1.7	0.9554	0.9564	0.9573	0.9582	0.9591	0.9599	0.9608	0.9616	0.9625	0.9633
1.8	0.9641	0.9649	0.9656	0.9664	0.9671	0.9678	0.9686	0.9693	0.9699	0.9706
1.9	0.9713	0.9719	0.9726	0.9732	0.9738	0.9744	0.9750	0.9756	0.9761	0.9767
2.0	0.9772	0.9778	0.9783	0.9788	0.9793	0.9798	0.9803	0.9808	0.9812	0.9817
2.1	0.9821	0.9826	0.9830	0.9834	0.9838	0.9842	0.9846	0.9850	0.9854	0.9857
2.2	0.9861	0.9864	0.9868	0.9871	0.9875	0.9878	0.9881	0.9884	0.9887	0.9890
2.3	0.9893	0.9896	0.9898	0.9901	0.9904	0.9906	0.9909	0.9911	0.9913	0.9916
2.4	0.9918	0.9920	0.9922	0.9925	0.9927	0.9929	0.9931	0.9932	0.9934	0.9936
2.5	0.9938	0.9940	0.9941	0.9943	0.9945	0.9946	0.9948	0.9949	0.9951	0.9952
2.6	0.9953	0.9955	0.9956	0.9957	0.9959	0.9960	0.9961	0.9962	0.9963	0.9964
2.7	0.9965	0.9966	0.9967	0.9968	0.9969	0.9970	0.9971	0.9972	0.9973	0.9974
2.8	0.9974	0.9975	0.9976	0.9977	0.9977	0.9978	0.9979	0.9979	0.9980	0.9981
2.9	0.9981	0.9982	0.9982	0.9983	0.9984	0.9984	0.9985	0.9985	0.9986	0.9986
3.0	0.9987	0.9987	0.9987	0.9988	0.9988	0.9989	0.9989	0.9989	0.9990	0.9990
3.1	0.9990	0.9991	0.9991	0.9991	0.9992	0.9992	0.9992	0.9992	0.9993	0.9993
3.2	0.9993	0.9993	0.9994	0.9994	0.9994	0.9994	0.9994	0.9995	0.9995	0.9995
3.3	0.9995	0.9995	0.9995	0.9996	0.9996	0.9996	0.9996	0.9996	0.9996	0.9997
3.4	0.9997	0.9997	0.9997	0.9997	0.9997	0.9997	0.9997	0.9997	0.9997	0.9998

附表 3　游程检验的临界值表

给定 N_1 和 N_2，表中给出下限 r_L 和上限 r_U，使得它们左右对应的概率为 $\alpha/2 = 0.025$，即

$$P(U_N \leqslant r_L) + P(U_N \geqslant r_U) = 0.05.$$

N_2		N_1=2	3	4	5	6	7	8	9	10	11	12	13	14	15
2	r_L											2	2	2	2
	r_U														
3	r_L					2	2	2	2	2	2	2	2	2	2
	r_U														
4	r_L				2	2	2	3	3	3	3	3	3	3	3
	r_U				9	9									
5	r_L			2	2	3	3	3	3	3	4	4	4	4	4
	r_U			9	10	10	11	11							
6	r_L		2	2	3	3	3	3	4	4	4	4	5	5	5
	r_U			9	10	11	12	12	13	13	13	13			
7	r_L		2	2	3	3	3	4	4	5	5	5	5	5	6
	r_U				11	12	13	14	14	14	14	14	15	15	15
8	r_L		2	3	3	3	4	4	5	5	5	6	6	6	6
	r_U				11	12	13	14	15	15	15	16	16	16	16
9	r_L		2	3	3	4	4	5	5	5	6	6	6	7	7
	r_U					13	14	14	15	16	16	16	17	17	17
10	r_L		2	3	3	4	5	5	5	6	6	7	7	7	7
	r_U					13	14	15	16	16	17	17	18	18	18
11	r_L		2	3	4	4	5	5	6	6	7	7	7	8	8
	r_U					13	14	15	15	17	17	18	19	19	19
12	r_L	2	2	3	4	4	5	6	6	7	7	7	8	8	8
	r_U					13	14	16	16	17	18	19	19	20	20
13	r_L	2	2	3	4	5	5	6	6	7	7	8	8	9	9
	r_U						15	16	17	18	19	19	20	20	21
14	r_L	2	2	3	4	5	5	6	7	7	8	8	9	9	9
	r_U						15	16	17	18	19	20	20	21	22
15	r_L	2	3	3	4	5	6	6	7	7	8	8	9	9	10
	r_U						15	16	18	18	19	20	21	22	22

附表 4　上证指数日对数收益率数据表

0.005685	0.010561	0.000808	− 0.02348	0.006036	0.00615	0.000366
0.011649	0.000706	− 0.00683	− 0.00787	− 0.03011	− 0.00754	0.000162
0.000119	− 0.01949	− 0.01457	0.02119	− 0.00127	0.017271	− 8.7E − 05
− 0.02216	0.015741	0.01292	− 0.00812	− 0.00332	0.001957	0.007597
− 0.0006	0.006565	6.16E − 06	0.016747	0.000351	0.002529	0.002076
− 0.01332	0.012647	0.00395	0.00482	− 0.00656	0.004079	0.004182
0.012395	− 0.00382	0.000178	0.018389	0.006914	0.001297	− 0.00161
0.004866	− 0.00897	− 0.00173	− 0.00567	0.007214	0.006886	0.008861
0.018639	− 0.0003	0.002932	− 0.00668	0.003638	− 0.00751	− 0.00419
0.013117	0.002827	− 0.00106	− 0.01745	0.025693	0.000814	0.002212
− 0.00192	0.001371	0.015534	0.009595	− 0.00237	0.008097	0.010633
0.001706	− 0.01209	0.015763	− 0.00695	− 0.01045	0.013044	0.01821
0.009631	0.015455	0.022808	0.009998	0.001868	0.010235	− 0.00562
− 0.00172	− 0.00419	0.007511	0.021766	0.001314	0.027959	0.00537
− 0.00771	6.96E − 05	− 0.0297	0.04065	0.01748	0.00203	0.01147
0.010966	0.02541	0.013521	0.003812	− 0.01284	0.000312	0.038541
0.017891	0.022592	0.012226	0.041157	0.014932	− 0.02777	0.024632
0.036486	0.006312	− 0.01983	− 0.03752	0.046354	0.009374	− 0.01504
− 0.00792	0.026921	0.035033	0.005423	0.008774	− 0.04039	0.008777
0.021518	− 0.005	− 0.05046	− 0.00033	− 0.04112	− 0.02296	0.023888
0.015015	0.007903	− 0.00268	0.027732	0.00876	0.025527	0.029815
0.001823	0.013953	− 0.09256	0.038668	− 0.02955	0.012202	− 0.01646
0.019508	0.019667	0.010792	0.003372	0.00577	0.003338	− 0.01992
0.01549	− 0.00722	0.028248	0.005874	0.00827	0.00452	0.000996
0.015659	0.005117	0.010834	0.007698	− 0.00425	0.021323	0.011828
7.29E − 05	0.00835	0.00134	0.022421	0.013251	0.014679	0.010193
− 0.00362	0.021975	0.004281	0.000147	− 0.04628	0.038445	0.034736
0.002594	0.006278	0.010389	− 0.00615	0.021419	0.027915	0.015843
0.009081	− 0.00694	0.006125	− 0.03706	0.022032	0.015496	− 0.00446
0.01036	0.009325	0.01529	− 0.00542	0.006878	0.021849	0.014595
− 0.06722	0.013858	− 0.02686	− 0.08618	0.026005	0.002445	0.029865
0.005725	0.020874	0.018955	0.0253	− 0.01478	0.004282	0.028735
0.003795	− 0.02087	0.011769	− 0.0335	− 0.03744	0.00816	0.026139
− 0.04114	− 0.02418	0.004072	0.016399	− 0.02166	− 0.05391	0.044749
0.026584	− 0.00781	0.003291	0.01292	− 0.00041	− 0.02391	0.019246
0.008656	− 0.00437	0.036611	0.037361	− 0.00072	0.026633	0.005188
− 0.00025	0.021719	0.006791	− 0.03887	0.024615	0.034132	0.014657
0.004983	0.002562	0.019314	− 0.001	0.014774	0.01088	− 0.0006
− 0.02168	− 0.02311	0.051947	0.010213	0.005006	0.010469	0.014828
0.008277	0.008617	− 0.01655	0.011375	0.009811	0.019399	− 0.00509

0.003144	0.015497	− 0.02183	0.014693	− 0.04611	0.011405	0.01933
0.007291	0.02035	0.000704	− 0.00553	0.013769	− 0.00282	0.005547
− 0.01084	− 0.01623	0.01319	0.026074	0.024983	0.004055	0.009675
0.024267	− 0.00169	0.021257	0.010224	− 0.0092	− 0.03558	− 0.00124
− 0.02625	0.018541	0.012004	− 0.04924	0.004885	0.027939	0.025624
0.009717	− 0.00682	− 0.02335	− 0.02513	− 0.01752	0.011709	− 0.04973
− 0.00272	− 0.02434	− 0.00573	0.048174	− 0.0088	− 0.00917	− 0.00878
0.004521	− 0.01513	− 0.04513	0.009578	− 0.01467	− 0.01991	− 0.01194
0.040782	− 0.02664	− 0.00065	0.009664	0.025459	− 0.0015	0.011196
0.013685	0.002546	− 0.01549	− 0.02736	0.010008	− 0.02654	− 0.00836
0.021603	0.020383	0.011481	0.025636	− 0.00634	0.006166	0.014331
− 0.00896	0.002136	0.008884	0.00781	0.005908	− 0.00126	0.009107
0.003806	0.005144	0.002407	− 0.00989	− 0.02854	− 0.02662	0.00559
− 0.05273	− 0.07491	0.030943	0.003117	0.009275	− 0.07462	0.008708
− 0.00903	− 0.00783	− 0.01439	0.07819	− 0.01563	− 0.02398	0.013624
− 0.0122	0.015669	0.020829	− 0.02107	− 0.00876	− 0.03527	− 0.04152
0.01083	0.022369	− 0.008	0.011339	0.020425	− 0.02344	− 0.00992
0.015795	− 0.01396	− 0.03652	0.004711	− 0.02326	− 0.02459	− 0.00217
− 0.03665	− 0.04037	0.024955	0.011219	− 0.00197	− 0.04592	0.000945
− 0.00629	− 0.05569	0.048256	− 0.03047	− 0.04222	0.005607	0.028956
0.043545	0.003583	− 0.05655	0.016798	0.006074	− 0.05782	0.015555
− 0.01709	− 0.02114	− 0.04055	0.007183	0.009836	0.040634	0.088875
− 0.00708	− 0.02361	0.013915	0.04704	0.018219	− 0.00734	− 0.04222
0.021474	− 0.01193	0.003726	− 0.01857	0.026933	− 0.00551	− 0.00361
− 0.00539	− 0.04587	0.02892	− 0.01666	− 0.0036	− 0.03175	0.003226
0.024471	− 0.01679	0.009338	0.007455	− 0.00657	− 0.01954	− 0.00543
− 0.00658	− 0.08044	− 0.01578	− 0.02231	− 0.03046	0.001846	− 0.028
0.051048	− 0.0676	0.029701	− 0.02551	0.015315	0.035739	− 0.00109
− 0.05432	− 0.0045	− 0.03137	4.53E − 05	0.019346	− 0.01252	0.044864
0.008043	0.036827	− 0.01556	− 0.00657	0.007543	− 0.03493	− 0.02683
− 0.00782	0.034266	0.029454	− 0.00536	− 0.00291	0.025206	− 0.01565
0.013145	− 0.01832	− 0.0048	− 0.02172	0.009359	− 0.02168	− 0.01877
0.01058	0.003015	− 0.04571	− 0.05346	− 0.00522	− 0.00445	− 0.00378
0.005536	− 0.05483	0.010548	0.0735	− 0.03696	− 0.01095	0.003379
− 0.02657	− 0.00338	0.003406	0.019897	− 0.03059	− 0.00875	− 0.01232
0.000325	− 0.03347	− 0.02717	0.0011	0.002318	− 0.03394	0.000332
− 0.04576	− 0.02942	− 0.01737	0.090343	0.074867	− 0.01573	0.006926
0.035752	− 0.00162	− 0.05375	− 0.00734	− 0.03088	− 0.00847	− 0.03633
0.03584	− 0.0275	− 0.01129	− 0.04341	0.010785	0.02221	− 0.00787
− 0.03254	− 0.01074	− 0.01935	− 0.06529	0.027737	− 0.02979	0.025149
− 0.01994	− 0.00523	− 0.00763	0.031099	− 0.02466	0.017309	0.070196
− 0.01678	0.008372	0.036183	0.030063	0.021933	− 0.06515	0.058712
− 0.01685	− 0.00727	− 0.03742	− 0.00441	0.004838	0.010473	− 0.02465
0.01246	− 0.00263					

参 考 文 献

［1］ 潘伟,王志刚.概率论与数理统计[M].北京:高等教育出版社,2010.

［2］ 王志刚.概率论与数理统计全程学习指导[M].合肥:中国科学技术大学出版社,2015.

［3］ 刘次华.随机过程[M].2版.武汉:华中科技大学出版社,2006.

［4］ 何迎晖,钱伟民.随机过程简明教程[M].上海:同济大学出版社,2003.

［5］ 孙荣恒.随机过程及其应用[M].北京:清华大学出版社,2001.

［6］ 张波,商豪.应用随机过程[M].3版.北京:中国人民大学出版社,2014.

［7］ 王家生,刘嘉锟.随机过程基础[M].天津:天津大学出版社,2000.

［8］ 何声武.随机过程导论[M].上海:华东师范大学出版社,1989.

［9］ 林元烈.应用随机过程[M].北京:清华大学出版社,2002.

［10］ 张卓奎,陈慧婵.随机过程[M].西安:西安电子科技大学出版社,2003.

［11］ 严士健,刘秀芳.测度与概率[M].北京:北京师范大学出版社,2003.

［12］ 徐光辉.随机服务系统[M].2版.北京:科学出版社,1988.

［13］ 常学将,等.时间序列分析[M].北京:高等教育出版社,1993.

［14］ 钱敏平,龚光鲁.随机过程论[M].2版.北京:北京大学出版社,2000.

［15］ 易丹辉.时间序列分析方法与应用[M].北京:中国人民大学出版社,2011.

［16］ 薛薇.SPSS统计分析方法及应用[M].3版.北京:电子工业出版社,2013.